U0115045

国家出版基金项目
NATIONAL PUBLICATION FOUNDATION

"十三五"国家重点图书出版规划项目

国家社科基金重大项目"海外藏珍稀中国民俗文献
与文物资料整理、研究暨数据库建设"（项目编号：
16ZDA163）阶段性成果

海外藏中国民俗文化珍稀文献

编委会

主　编

王霄冰

编　委（以姓氏笔画为序）

刁统菊　　王　京　　王加华

白瑞斯（德，Berthold Riese）　　刘宗迪

李　扬　　肖海明　　张　勃　　张士闪

张举文（美，Juwen Zhang）

松尾恒一（日，Matsuo Koichi）

周　星　　周　越（英，Adam Y. Chau）

赵彦民　　施爱东　　黄仕忠　　黄景春

梅谦立（法，Thierry Meynard）

国家出版基金项目
NATIONAL PUBLICATION FOUNDATION

"十三五"
国家重点图书
出版规划项目

海外藏
中国民俗文化
珍稀文献

王霄冰 主编

[法] 戴遂良 (Léon Wieger) 编著

卢梦雅 任哨奇 编译

民间道德、习俗与民间叙事

Morale et usages
Narrations populaires

故事

陕西师范大学出版总社

图书代号　SK22N0165

图书在版编目（CIP）数据

民间道德、习俗与民间叙事/（法）戴遂良编著；卢梦雅，任哨奇编译. —西安：陕西师范大学出版总社有限公司，2022.3
（海外藏中国民俗文化珍稀文献/王霄冰主编）
"十三五"国家重点图书出版规划项目　国家出版基金项目
ISBN 978-7-5695-2821-3

Ⅰ.①民…　Ⅱ.①戴…　②卢…　③任…
Ⅲ.①道德规范—中国—古代　②风俗习惯—中国—古代
③民间故事—作品集—中国—古代　Ⅳ.①B82-092
②K892 ③I276.3

中国版本图书馆CIP数据核字（2022）第027847号

民间道德、习俗与民间叙事
MINJIAN DAODE、XISU YU MINJIAN XUSHI

[法] 戴遂良 编著　卢梦雅　任哨奇　编译

出 版 人	刘东风	
责任编辑	庄婧卿	
责任校对	王文翠	
出版发行	陕西师范大学出版总社	
	（西安市长安南路199号　邮编 710062）	
网　　址	http://www.snupg.com	
印　　刷	陕西龙山海天艺术印务有限公司	
开　　本	710mm×1000mm　1/16	
印　　张	25.5	
插　　页	4	
字　　数	337千	
版　　次	2022年3月第1版	
印　　次	2022年3月第1次印刷	
书　　号	ISBN 978-7-5695-2821-3	
定　　价	98.00元	

读者购书、书店添货或发现印装质量问题，请与本公司营销部联系、调换。
电话：（029）85307864　85303635　传真：（029）85303879

海外藏中国民俗文化珍稀文献

总序

◎ 王霄冰

　　民俗学、人类学是在西方学术背景下建立起来的现代学科，其后影响东亚，在建设文化强国的大战略之下，成为当前受到国家和社会各界广泛重视的学科。16世纪，传教士进入中国，开始关注中国的民俗文化；19世纪之后，西方的旅行家、外交官、商人、汉学家和人类学家在中国各地搜集大批民俗文物和民俗文献带回自己的国家，并以文字、图像、影音等形式对中国各地的民俗进行记录。而今，这些实物和文献资料经过岁月的沉淀，很多已成为博物馆和图书馆等公共机构的收藏品。其中，不少资料在中国本土已经散佚无存。

　　这些民俗文献和文物分散在全球各地，数量巨大并带有通俗性和草根性特征，其价值难以评估，且不易整理和研究，所以大部分资料迄今未能得到披露和介绍，学者难以利用。本人负责的2016年度国家社科基金重大项目"海外藏珍稀中国民俗文献与文物资料整理、研究暨数据库建设"（项目编号：16ZDA163）即旨在对海外所存的各类民俗资料进行摸底调查，建立数据库并开展相关的专题研究。目的是抢救并继承这笔流落海外的文化遗产，同时也将这部分研究资料纳入中国民俗学和人类学的学术视野。

所谓民俗文献，首先是指自身承载着民俗功能的民间文本或图像，如家谱、宝卷、善书、契约文书、账本、神明或祖公图像、民间医书、宗教文书等；其次是指记录一定区域内人们的衣食住行、生产劳动、信仰禁忌、节日和人生礼仪、口头传统等的文本、图片或影像作品，如旅行日记、风俗纪闻、老照片、风俗画、民俗志、民族志等。民俗文物则是指反映民众日常生活文化和风俗习惯的代表性实物，如生产工具、生活器具、建筑装饰、服饰、玩具、戏曲文物、神灵雕像等。

本丛书所收录的资料，主要包括三大类：

第一类是直接来源于中国的民俗文物与文献（个别属海外对中国原始文献的翻刻本）。如元明清三代的耕织图，明清至民国时期的民间契约文书，清代不同版本的"苗图"、外销画、皮影戏唱本，以及其他民俗文物。

第二类是17—20世纪来华西方人所做的有关中国人日常生活的记录和研究，包括他们对中国古代典籍与官方文献中民俗相关内容的摘要和梳理。需要说明的是，由于原书出自西方人之手，他们对中国与中国文化的认识和理解难免带有自身文化特色，但这并不影响其著作作为历史资料的价值。其中包含的文化误读成分，或许正有助于我们理解中西文化早期接触中所发生的碰撞，能为中西文化交流史的研究提供鲜活的素材。

第三类是对海外藏或出自外国人之手的民俗相关文献的整理和研究。如对日本东亚同文书院中国调查手稿目录的整理和翻译。

我们之所以称这套丛书为"海外藏中国民俗文化珍稀文

献"，主要是从学术价值的角度而言。无论是来自中国的民俗文献与文物，还是出自西方人之手的民俗记录，在今天均已成为难得的第一手资料。与传世文献和出土文物有所不同的是，民俗文献和文物的产生语境与流通情况相对比较清晰，藏品规模较大且较有系统性，因此能够反映特定历史时期和特定区域中人们的日常生活状况。同时，我们也可借助这些文献与文物资料，研究西方人的收藏兴趣与学术观念，探讨中国文化走向世界的方式与路径。

是为序。

2020 年 12 月 20 日于广州

戴遂良（左）与其中国助手合影

［图片源自耶稣会季刊《中国记述》（*Relations de Chine*）1906 年 1 月第 1 期］

戴遂良（后排右一）和上海的中外耶稣会士合影

（图片源自《鼎——徐家汇今昔图片特辑》1992年第12卷总第70期，第10页）

法文版正文书影

本书导读：《汉语入门》的底本与编纂考论

◎ 卢梦雅

河北献县天主教神父戴遂良 ① （Léon Wieger，1856—1933），生于法国阿尔萨斯地区斯特拉斯堡市。其父在斯特拉斯堡大学医学系任教，戴遂良也受训于医科，1881 年加入耶稣会，1887 年被派遣到直隶东南教区任教职，负责卫生和医疗。在与中国教区老百姓的近距离接触中，戴遂良产生了对中国民间思想文化的浓厚兴趣。1893 年，他开始研究汉学，研究方向主要是中国民俗、佛教、道教相关 ②，1933 年卒于河北献县，毕生致力于中国语言与文化的辑译和推广。

1856 年，天主教献县教区建立。至 1928 年，献县教区有教徒 136487 人，仅次于北京教区。③ 该教区素有文化传教与学术传教的传统。中华人民共和国成立前，这里创办了至少 739 所乡村教会小学，另有中心公教学校 5 所、要理学校 9 所、女传教学校 4 所、男传教学校 6 所、法文学校 3 所，以及著名的慕华中学和天津工商大学（河北大学的前身）。④

---

① 戴遂良的生平和著述情况，参见［美］魏若望：《在中国从事汉学研究：戴遂良著述回顾》，见杨煦生、孙郁、耿幼壮编著：《世界汉学》2009 年秋季号，北京：中国人民大学出版社，2009 年，第 146—156 页。

② 参见 Jean-Paul Blatz, « Léon Georges Frédéric Wieger », *Nouveau dictionnaire de biographie alsacienne*, vol. 40, p. 4236. 沙畹十分关注戴遂良的创作，不断在汉学专刊《通报》（*T'oung Pao*）上发表书评。

③ 参见河北省地方志编纂委员会编：《河北省志·宗教志》，北京：中国书籍出版社，1995 年，第 261—263 页。

④ 参见吕永森：《献县教区与河北大学》，见政协献县第十三届委员会编：《献县文史资料》第 11 辑，2016 年，第 135—136 页；河北省地方志编纂委员会编：《河北省志·宗教志》，北京：中国书籍出版社，1995 年，第 213 页。

戴遂良所在的张庄天主教堂始建于 1861 年，统辖直隶东南三十六县天主教务。[1]张庄教堂内的印书馆胜世堂先后出版了教徒、教会学生和传教士的日课经本、教史手册、教义说明、教义辩解等（译）著作，涉及语言、文字、政治、历史、社会等方面。至 1940 年，胜世堂出版了十五种汉文著作和九十八种中西合璧著作，是天主教在华的主要出版印刷机构。戴遂良的中法文对照版著作多次在这里再版印刷，广泛使用于教会学校，影响甚大。[2]

使戴遂良声名鹊起的是 1892—1908 年出版的十二卷系列教程《汉语汉文入门》（*Rudiments de parler et de style chinois*），该教程在出版过程中获得了法国汉学最高奖"儒莲奖"。在编写过程中，戴遂良搜集了大量民间故事，不断补充和再版这一系列汉语教程，力求以民间故事为基础，揭示中国传统伦理道德、宗教信仰，以教化当地教民。这些故事又分为口头故事和书面故事：口头故事以河北方言编写出来，主要收入其教程的前六卷；书面故事选自中国历代文学和历史文献，主要收入后六卷教程。[3]

该教程第一至六卷名为《汉语入门》（*Rudiments de parler chinois*），包括第一卷《河间府方言》[4]（前附有《河间府介绍》），第二至三卷《要理问答》[5]和《布道教义》[6]，第四卷《民间道德与习俗》[7]，第五、六卷（合为一册）《民间叙事》[8]。此六卷的编写思路，是将中西

---

① 参见王凤鸣：《献县历史编年》，见政协献县学习文史委员会编：《献县文史资料》第 6 辑，1997 年，第 45—46 页。

② 参见魏正如：《献县印书馆》，见献县文史资料编辑委员会编：《献县文史资料》第 3 辑，1991 年，第 118—122 页。事实上，该印书馆的出版物很可能普遍使用于整个河北教区。

③ 参见本书"附录：戴遂良学术年表"。

④ Léon Wieger, *Dialecte de Ho-Kien-Fou*. Ho Kien fu: Imprimerie de la mission catholique, 1895-1896.

⑤ Léon Wieger, *Catéchèses*, Ho Kien fu: Imprimerie de la mission catholique, 1897.

⑥ Léon Wieger, *Sermons de mission*, Ho Kien fu: Imprimerie de la mission catholique, 1898.

⑦ Léon Wieger, *Rudiments 4: Morale et usages populaires*, Ho Kien fu: Imprimerie de la mission catholique, 1894.

⑧ Léon Wieger, *Rudiments 5 et 6: Narrations vulgaires*, Ho Kien fu: Imprimerie de la mission catholique, 1894-1898.

方教化性的经典文本或民间见闻改编为河北方言故事，既辑录了北方口语，介绍了河间府方言，又富含献县地区民俗。第一卷讲解了献县地区口语发音、语法和惯用语，是一本内容丰富的汉语口语阅读课本，包含大量的民间词汇、句段、篇章；第二至三卷是天主教义，从福音书里择选了一些教化文章，用方言改写，并用方言编写了教义问答及全年各个节日和主日的讲道内容；第四卷《民间道德与习俗》包括道德劝诫和民间习俗辑录；第五、六卷《民间叙事》用方言改编了六十三个民间故事，文本来自《传家宝集》《笑林广记》《聊斋志异》《今古奇观》等。

随后几年，戴遂良又补充编写了书面语教程，包括第七至十卷哲学思想相关、第十一卷历史相关和第十二卷汉字与词汇相关。而后，他将这些初稿整理再版，命名《汉文入门》（*Rudiments de style chinois*），包括《历史文献集》①三卷、《哲学文献集》②一卷、《汉字与词汇》③一卷以及《汉文文法》④一卷。

《历史文献集》以《史记》《资治通鉴纲目》和《纲鉴易知录》等史学文献为素材；《哲学文献集》从小说、经书等古代文献中摘取了一些有关哲学和道德的片段，展示了中国传统儒、释、道思想。⑤《汉字》分为四部分：首先回顾了汉字发展史（包括比较中欧字典分类异同）；接着介绍了一百七十七个部首并分别例举多个汉字及详解；随后便是附录"上古图像"，对汉字铭文进行由字到篇的介绍；最后按照声旁整理了一个检索文档。该书是西方学者对汉字字源问题的首次全面研究成果。戴遂良表示这一研究是为了指出拉克伯里"中国文化西来说"⑥的错误，

---

① Léon Wieger, *Textes historiques*, Ho Kien fu: Imprimerie de la mission catholique, 2173 pages, 3 volumes, 1903-1905.

② Léon Wieger, *Textes philosophiques*, Ho Kien fu: Imprimerie de la mission catholique, 550 pages, en 2 volumes, 1906. 1930 年再版，更名为《哲学文集：儒家、道家、佛教》（*Textes philosophiques : Confucianisme, Taoïsme, Bouddhisme*, 1930）。

③ Léon Wieger, *première partie*：*Caractère*, 431 pages; *seconde partie: Lexiques*, 223, 206, 197 pages, Ho Kien fu: Imprimerie de la mission catholique, 854 pages, 1900. 1905 年再版，1916 年三版更名为《汉字》（*Caractères chinois*, 1916）。

④ Léon Wieger, *Grammaire, phraséologie*, Ho Kien fu: Imprimerie de la mission catholique, 102 pages, 1908. 参见 *T'oung Pao*, Leide: E. J. Brill, 1908, p. 717.

⑤ 参见 *T'oung Pao*, Leide: E. J. Brill, 1903, pp. 155-156。

⑥ Terrien de Lacouperie, *Western origin of the early Chinese civilisation from 2,300 BC to 200 AD*, 1894.

他希望通过该书，特别是1916年版增写的附录，说明古汉字与象形文字、楔形文字毫无关系。[①]该书与顾赛芬神父的《法汉辞典：汉语最常用的惯用语》《古汉语辞典》实为今天七卷本《利氏汉法辞典》（2010）的前身。[②]

1903年，考狄（Henri Cordier）在《通报》介绍了《汉语汉文入门》的七至十二卷，文中写道："他本人谦称为'普及读物'，而我们称之为伟大的著作，这些教程尽管不专门为欧洲民众所撰（为其他教会神父所撰——笔者按），却无形中成为欧洲读者的福祉。"[③]1904年，沙畹（Édouard Chavannes）在《通报》发表书评，高度赞扬《历史文献集》，认为"该书是传播中国历史的极大贡献，书中的见解比一般著作更为准确"[④]。1906年，沙畹在《通报》就《哲学文献集》发表书评，称"作者目的是提取适合我们了解中国人精神和性格的大量中国书面文学……这些卷宗将对欧洲人认识中国人灵魂的方式产生重大影响"[⑤]。

随后，戴遂良又陆续出版了《近世中国民间故事》（1909，*Folklore chinois moderne*）、《中国宗教信仰及哲学观点通史》（1917，*Histoire des croyances religieuses et opinions philosophiques en Chine depuis l'origine jusqu'à nos jours*）、《历代中国：至三国》（1920，*La Chine à travers les âges, première et deuxième périodes : jusqu'en 220 après J. C.*）等，还编译了反映当时中国状况的《现代中国》（*La Chine moderne*），1921—1932年共出版十卷。

实际上，西方传教士对中国民俗和民间文学的调查、呈现和阐释，作为早期汉学的一部分，一方面直接关乎西方人的中国想象的建构，另一方面直接或间接地影响了中国现代民俗学和民间文学传统的形成，影响了中国人对本土传统的自我想象。因此，这些著述的引进，无论是对民俗学学科的自我认识，还是对中西文化交流的研究，都具有重要的学

---

① Léon Wieger, *Histoire des croyances religieuses et opinions philosophiques en Chine depuis l'origine jusqu'à nos jours*, 1917, p. 17.

② 参见马颂仁、华伯乐、詹佳琳：《中法文化交流史上继往开来的纽带——记〈利氏汉法辞典〉的编纂与出版》，载《文汇报》2015年5月22日。

③ *T'oung Pao*, Leide: E. J. Brill, 1903, pp. 155-156.

④ *T'oung Pao*, Leide: E. J. Brill, 1904, pp. 481-483.

⑤ *T'oung Pao*, Leide: E. J. Brill, 1906, p. 534.

术意义。对以戴遂良为代表的早期来华传教士在中国现代民间文学建立过程中所发挥的铺垫作用，国内学者应当给予足够重视，这也是本书整理出版的初衷。

一、《汉语入门》概况

河北献县耶稣会出版的汉语教材《汉语入门》因荣获 1905 年的法国汉学"儒莲奖"而声名鹊起[①]。该教材共六卷，是十二卷《汉语汉文入门》的口语部分，其构成为：第一卷《河间府介绍》和《河间府方言》，后者包括河北方言语音、语法、词汇和例句；第二至三卷《要理问答》和《布道要义》，为白话天主教义；第四卷《民间道德与习俗》和第五、六卷《民间叙事》是教材的文化阅读部分，具有突出的民间性，内容分别为民间观念习俗和六十三个通俗故事。以上这些内容使《汉语入门》成为一部自成体系的河北方言民俗教程。后三卷为罗马注音、汉语和法文对照，竖排繁体有句读，每页课文下面有两行注释：第一行是罗马注音，对应上面竖列文字中带儿化音的汉字；第二行是词语解释，如"对子""为人"等这些可能对汉语学习者造成阅读障碍的词，作者在法文译文中保留了这些惯用语的注音（例如 Toéi-ze, wei jênn）而非法文翻译，旨在"展现正宗汉语口语的范例"，使该卷中"毫无引用'先生们'的文字"。[②]此三卷收入本书时为阅读方便起见，转写为横排简体。

法国专业汉学对作者戴遂良其他的宗教历史类著述评价不高[③]，却把"儒莲奖"颁给了这样一部方言民俗教材，可见西方世界在 20 世纪初仍然渴求深入了解中国民间的语言与文化。法兰西文学院在介绍《汉语入门》时表示："这套书不仅让欧洲人了解中国人的口语，还带来了远

---

① « Palmarès des prix et récompenses décernés pour l'année 1905 », *Comptes rendus des séance et l'académie des Inscriptions et Belles-Lettres*, 49ᵉ année, N°6, 1905, p. 652.

② Léon Wieger, « Préface », *Rudiments 5 et 6: Narrations vulgaires*, Ho Kien fu: Imprimerie de la mission catholique, troisième édition, 1903.

③ 参见 Paul Demiéville, *Choix d'études sinologiques (1921-1970)*, pp. 88-89; E. Chavannes, « Dr. L. WIGER. S. J.: Textes historiques », *T'oung pao*, 1904, pp. 481-483; E. Chavannes, « Le Père Léon Wieger, S. J.: Textes philosophiques », *T'oung pao*, 1906, pp. 533-534。

东当代的民间信仰和观念。"①法国教育部专员评论道："如此的民间故事、如此的对话、如此的中国叙事，对我而言是这一民族心理的一大亮点。"②法国汉学家伯希和（Paul Pelliot, 1878—1945）称："即便是不通汉语者，也可以忽略汉字部分，对《民间道德与习俗》或《民间叙事》饶有兴致，值得再版。"③因此，把当地的民间社会与文化介绍给欧洲，让欧洲人了解中国河北民众的真正思想和习俗是这套教材的汉学价值所在。

《汉语入门》也为作者在天主教会赢得了声誉。1905年底获得法国汉学"儒莲奖"后，耶稣会江南教区教务期刊《中国记述》赞誉和介绍了该作，并附戴遂良与其中国助手合影一张。报道称，"尽管《汉语入门》题目不起眼，却在沙畹的提名下荣获了法兰西铭文学院颁发的'儒莲奖'，该奖旨在奖励有关中国的最佳著作"，并宣称作者完成了"现代汉学的最恢宏著作之一……教会同行们应致以热烈祝贺"。④《汉语入门》不仅受到上级赏识，也收获了来自同行的赞誉。安徽教区的贝利古（Perrigaud）神父表示："江北地区的所有神父都很喜欢戴遂良的教材，他使用的不再是书房先生的语言，而是活生生的语言，只要给学校的学生念上几段，他们就会变得聚精会神，然后喜笑颜开，因为他们听到了熟悉的表达"；甘肃教区的戴拉克（Terlaak）神父坦言："我抱着极大兴趣反复阅读这些作品，我非常喜欢戴遂良神父的语言，如此简单，如此地道"；内蒙古教区的阿贝尔（Abels）神父赞许道："这些用通俗语言写成的书籍对于我们北方地区是极大贡献"。⑤

戴遂良对自己编写的方言教材深以为傲，他称："由于基督教义的

---

① Maxime Collignon, « Discours du Président, séance publique annuelle », *Comptes rendus des séances de l'Académie des Inscriptions et Belles-Lettres,* 49ᵉ année, N°6, 1905, p. 643.

② Léon Wieger, « Appréciations », *Histoire des croyances religieuses et des opinions philosophiques en Chine*, Imprimerie de Hien-hien, 1922, p. 796.

③ P. Pelliot, « Père L. Wieger. Rudiments de parler chinois. XI. Textes historiques 1 », *BEFEO*, Tome 3, 1903. p. 491.

④ *Relations de Chine (Kiang-nan)*, Compagnie de Jésus, 1906(01), pp. 50-51.

⑤ 以上摘自 Léon Wieger, « Appréciations », *Histoire des croyances religieuses et des opinions philosophiques en Chine*, Imprimerie de Hien-hien, 1922, p. 793。

不断出版,所有教士都可以学习到布道术语,但这与河间府的语言不一样。除本书以外,没有其他书籍能够为河间府方言注音,这些发音极具地方特色。"①的确,《汉语入门》以其实用性、学术性、社会性和宗教性,在晚清诸多基督教会对外汉语教材中脱颖而出。这套教材同时达到了语言教学、传播教义、民间教化和向欧洲展示河北民间文化等多种目的,具有方言词典、俗谚集、风俗志、劝善书、布道书等多重功能,容纳了民间文化和基督教会传统,旁证了民间文化在学术和宗教沟通中的基础作用,在晚清时期的多重历史语境下诞生和发展,成为中西沟通交流的历史证据。

二、《民间道德与习俗》与《民间叙事》的底本考证

尽管《汉语入门》备受我国学者关注,其阅读部分《民间道德与习俗》与《民间叙事》的底本却未曾被全部考出②。作者自始至终没有表明选材出处,即便他宣称:"只是把笔杆交给我喜爱并与之生活的人们手中,是他们讲述和描绘了这些既朴素又生动的故事"③,却未免言过其实。根据文字化的方言内容逆向考证,我们可以窥见底本情况。这些故事实际上是戴遂良依靠当地文人助手,使用河北方言对通俗白话作品进行了不同程度上的改编和再创作,同时加入了当地的所见所闻,记录了一些河北版本的民间故事和习俗。

---

① Léon Wieger, « Préface », *Rudiments 4: Morale et usages*, Ho Kien fu: Imprimerie de la mission catholique, deuxième édition, 1905.

② 我国学者对《汉语入门》的已有研究包括吴吉煌、刘亚男:《戴遂良〈汉语入门〉用字特点论略》,载《汉字汉语研究》2019 年第 3 期;邢心蕊:《清末汉语教科书〈汉语入门〉词汇研究》,广州大学硕士学位论文,2019 年;傅林:《河北献县方言一百二十年来的语音演变——以戴遂良系列汉语教材和民国〈献县志〉为基础》,载《河北师范大学学报》(哲学社会科学版)2017 年第 1 期;刘亚男:《戴遂良与河间府方言文献〈汉语入门〉》,载《文化遗产》2017 年第 2 期;宋莉华:《19 世纪西人汉语读本中的小说》,载《明清小说研究》2006 年第 1 期;宋莉华:《〈汉语入门〉的小说改编及其白话语体研究》,载《社会科学》2010 年第 11 期;等等。

③ Léon Wieger, « Préface », *Rudiments 5 et 6: Narrations vulgaires*, Ho Kien fu: Imprimerie de la mission catholique, troisième édition, 1903.

（一）清代训诫文的方言改写

《民间道德与习俗》由二十三个故事组成，内容包括儒家观点（第1—11篇）、民间杂观（第12—17篇）、道家观点（第18篇）、佛家观点（第19篇）、习俗（第20—23篇）五部分。其中儒家观点部分展现了儒家思想的民间训诫及老百姓恪守的道德信条，实为《圣谕广训直解》（以下简称《广训直解》）的河北方言版本。

《圣谕广训》源于康熙皇帝所颁的《圣祖仁皇帝圣谕十六条》（以下简称《圣谕十六条》），雍正皇帝作万字加以推衍解释，以文言写成。为方便清政府在各地推行宣讲，民间出现了多种白话注本，其中《圣谕广训衍》（以下简称《广训衍》）和《广训直解》影响最大，语言最为口语化。此外，还有各种方言解释、故事衍义、证道录等，清代石成金编写的《传家宝初集》"俚言"部分是其中一例。以通俗语解释《圣谕十六条》，不外是为了扩大"圣教"的影响，化育万民，引起下层民众的兴趣，这与欧洲自中世纪起用方言翻译经典的目的如出一辙，自然也成为19世纪来华传教士布道宣教时参考借鉴的主要文献之一。①

逐条对比《民间道德与习俗》《广训直解》和《传家宝初集》，可见三篇异文具有明显的相似性，儒家观点部分的十一篇与《圣谕十六条》中的十二条基本对应②，八篇与《传家宝初集·俚言》相合③，我们有理由将儒家观点部分视为《圣谕广训》衍本的河北方言改写。见下表：

---

①关于《圣谕广训》的汉语和西人改编版本情况可参见姚达兑：《圣书与白话：〈圣谕〉俗解和一种现代白话的夭折》，载《同济大学学报》（社会科学版）2012年第1期；周振鹤撰集：《圣谕广训：集解与研究》，顾美华点校，上海：上海书店出版社，2006年，第616—620页；司佳：《传教士缘何研习〈圣谕广训〉：美国卫三畏家族档案手稿所见一斑》，载《史林》2013年第3期，第90—97页；等等。

②《圣谕广训》的其余四篇"讲法律以儆愚顽""息诬告以全良善""诫窝逃以免株连""联保甲以弭盗贼"在《汉语入门》中没有明显体现，因为这四条与大清律法密切相关，与天主教义不符。

③《传家宝初集·俚言》中《和妻》一则内容与《民间道德与习俗》民间杂观部分中的《和美妻子》相合。

序号	《民间道德与习俗》儒家观点部分	《圣谕十六条》①	《传家宝初集·俚言》②
1	孝敬爹娘	敦孝悌以重人伦	事亲
2	敬重兄弟	笃宗族以昭雍睦	敬上
3	和睦乡亲	和乡党以息争讼	待人
4	典家立业	重农桑以足衣食 / 务本业以定民志	治家 / 安分
5	勤俭节约	尚节俭以惜财用	
6	爱惜性命	解雠忿以重身命	
7	念书修德	隆学校以端士习	重儒
8	教导子女	训子弟以禁非为	教子
9	风俗人伦	明礼让以厚风俗	行善
10	教派信仰	黜异端以崇正学	戒恶
11	税收钱粮	完钱粮以省催科	

对比《广训直解》第一条"敦孝悌以重人伦"和《民间道德与习俗》首篇《孝敬爹娘》部分内容，可明显看出《汉语入门》实为对《广训直解》的方言翻译：

《广训直解》：……你在怀抱的时候，饥了呢自己不会吃饭，冷了呢自己不会穿衣，你的爹娘看着你的脸儿，听着你的声儿，你笑呢就喜欢，你哭呢就忧愁，你走动呢就步步跟着你，你若是略略有些病儿，就愁的了不得，茶饭都吃不上口，不怨儿子难养，反怨自己失错，恨不得将身替代，只等你的身子好了，心才放下。……古人说得好："养子方知父母恩。"既然知道爹娘的恩了，为什么不孝顺呢？③

---

① 参见周振鹤撰集：《圣谕广训：集解与研究》，顾美华点校，上海：上海书店出版社，2006 年。

② 参见〔清〕石成金编著：《传家宝全集》一，北京：线装书局，2008 年。

③ 周振鹤撰集：《圣谕广训：集解与研究》，顾美华点校，上海：上海书店出版社，2006 年，第 165 页。

《民间道德与习俗》：……你在怀抱（儿）里的时候，饿了呢，光会张着嘴（儿）哭，自己也不会吃；你没有饿死，也是爹娘恩养的；冷了呢，光会抖抖揪揪的，自己也不会穿；你没有冻死，也是爹娘结记你。

……你那爹娘黑下白日巴着眼（儿）瞅着你，侧着耳朵听着你。你笑呢，他就欢喜；你哭呢，他就快着哄你。赶你大些（儿），刚会走了，就在旁边（儿）扯着你的手，一步步的领着你，怕你摔着，又怕你碰着。不光这个。你若略薄的有点病（儿），你爹娘就心里不痛快，连觉也睡不着，饭也吃不下去。他们不说是这孩子娇气，反倒谩怨自己不小心，拿着孩子不当事（儿），恨不得自己把那病替那孩子生了，只等的你好了这才放心，……你若不懂得这个理（儿），我有句俗话再跟你说说罢："当家才知柴米贵，养儿方知父母恩。"

虽然《广训衍》和《广训直解》有很多相像之处，但是通过逐条对比可以得出戴遂良依据的是《广训直解》。例如第一篇中引用曾子之言，见于《广训直解》"敦孝悌以重人伦"，不见于《广训衍》；第八篇中劝诫赌博的文字见于《广训直解》"训子弟以禁非为"，不见于《广训衍》；《广训直解》和戴遂良教材中均未见《广训衍》中不提倡愚孝的内容（"这个孝顺也不是做不来的事。且如古来的人，有卧冰的、有割股的、有埋儿的，这样的事便难学了"）。

据周振鹤研究，已知的《圣谕广训》的方言版本有吴语、嘉兴方言、满文、蒙文版本以及西人的译本，如伦敦会传教士米怜将《广训衍》、内地会传教士鲍康宁将《广训直解》译为英文（William Milne, *The Sacred Edit*, 1817；F. W. Baller, *The Sacred Edict*, 1892），大清邮政总办帛黎将《圣谕广训》译为法文（A. Théophile Piry, *Le Saint Edit*, 1879），耶稣会士晁德莅将《广训直解》译为拉丁文（Angelo Zottoli, *Cursus Litteratuae Sinicae. Lingua Familiaris*, 1879）[1]等。由于尚未有人考证过戴遂良这套教材的底本，学界似乎对这个河北方言的改译版不曾知晓，直

---

[1] 参见周振鹤撰集：《圣谕广训：集解与研究》，顾美华点校，上海：上海书店出版社，2006年，第616—617页。

接原因是戴遂良既没有直解翻译也没有表明参考文献，仅以底本为框架重新撰文，他对权威的弱化应该是出于向人类学靠拢的考虑，突出该教材民族志资料的价值，也因此笔者对其底本考证较为艰难。由于戴遂良的教材为中法对照，《民间道德与习俗》中的儒家观点部分（1894）可能是19世纪的最后一个西文编译本。

之所以说编译，是在于作者编入教材时增删了很多内容。例如在"孝敬爹娘"的结尾删去了《广训直解》中清代惩罚不肖子孙的律例，大抵是因为这种现世报观念与天主教信仰不符，代之以《传家宝初集·俚言·事亲》的结尾，观其语句极为相似：

《传家宝集》版本[②]	《民间道德与习俗》版本[③]
父母亡后。	若是爹娘死了。
乘时埋葬。	总该按着时候发丧。
其祭奠自有当尽的理。	这丧事该尽心竭力的办。
全要一点至诚哀慕的真心，不在外边摆布的体面。	光弄个虚脸（儿）假排场，在相亲眼里要个好看（儿），把那哀痛的大事一点（儿）不做，这也不算行孝。
春秋祭扫，虔诚叩拜，或不时照看。	什么逢年遇节，老的(儿)的忌晌(儿)，该烧钱挂纸。
只要常常思念父母，事死如事生，才是真孝。	赶埋了以后，还得要时时刻刻的想念，不可轻易的忘了。……虽然老的（儿）不吃不喝了，在小的（儿）那心里一变模样（儿），活像活着的时候要吃要喝一样。

此外，作者还在各篇中穿插了当地的见闻辑录，很多篇章与其说是翻译改写，不如说是作者使用方言的再创作。例如，《教导子女》一篇中加入了对女孩的教育规劝（此内容各底本中均未见）：

就是闺女们也不可不教训。她们小时家在家里，赶大了还得给人家做媳妇（儿）呢呀！什么事奉公婆，打整大姑小姑的，

---

①参见［清］石成金编著：《传家宝全集》一，北京：线装书局，2008年，第6页。

②Léon Wieger, *Rudiments 4: Morale et usages populaires*, Ho Kien fu: Imprimerie de la misston catholique, 1894, p. 14.

三从四德那些个事（儿）们，都得懂得呀。有说新媳妇（儿）的四句诗，说："三日入厨房，洗手做羹汤。未谙姑食性，先遣小姑尝。"言其说的这新媳妇（儿）到了婆家，三天以后就到厨房里去做饭。赶做熟了，不知道婆婆好吃咸的好吃寡的，先得着小姑尝尝，再给婆婆端去。这些个事（儿）们，在家里做闺女的时候，都得学会了呀……

在《风俗人伦》一则中，列举了各行业都应该讲规矩懂礼节，也是在"明礼让以厚风俗"之外加入了民间话语的记录：

那庄稼人罢，为个房隔子、地陇子争吵。这一个说，你侵占了我的地亩了。那一个说，你占了我的庄基了。至于那牲口，一会（儿）家在地头地脑的，或是吃个庄稼穗（儿）呀，或是遭行几棵庄稼苗哎，值得值不得就讲究打官司告状的闹。

那手艺人们罢，更是你争强我好胜的，没个谦逊。这一个想着压倒那一个，那一个想着盖了这一个。这一个在那一个的主户家奏弄奏弄。那一个在这一个的主户家挑唆挑唆。俗话说："同行是冤家。"还有这做买卖的，若来个照顾查（儿），这一家子拉，那一家子拽。若是一样的买卖，这一家子赚钱，那一家子赔本（儿），那赔了的就眼（儿）热，赚了的就卖乖。俗话说："有同本（儿），没同利（儿）呀。"做买卖，是有赔有赚的呀！那一块（儿）的行情好，这一家子瞒着那一家子，那一家子背着这一家子，自己偷着赶个好行市。也有使大斗的，也有使小秤（儿）的，瞒昧良心，哄了别人，各样的人都有呀！

除儒家观点部分外，《民间道德与习俗》其他各部分的底本情况如下：民间杂观部分的六篇应同样取材于《传家宝集》①，比如《三样要紧事》的内容（敬惜字纸、爱惜粮食、不杀生害命）散见于《传家宝集》中的《惜字》《敬字》《字是至宝》《敬惜五谷》《抛弃五谷》《救雀》《渡蚁》等篇目中，可能是作者在方言改编时整合了这些内容；道家观点部分中

---

① 分别题为：《存好心》《立品行》《和美妻子》《积德修福》《三样要紧事》《学生守则》。《传家宝集》包罗古往今来世事人情之万象，论述了修身齐家、为人处世之道和各种民间知识妙方，是一套语言通俗、面向大众的日用百科全书，遍布老百姓应当恪守的信条，均属于当时的"民间杂观"。

提及了《太上感应篇》①，文本内容与《阴骘文》《觉世经》及注本也颇为相似；佛家观点部分的内容应出自《玉历至宝钞传》②，讲述了"地狱十殿"的情况，宣扬因果报应。为了把道理讲得更加通透、易于百姓接受，作者在行文中还不断穿插历史小故事，例如汉代匡衡凿壁借光、管幼安吃亏让人、唐朝官员娄师德"唾面自干"、明代夏元吉宽恕奴婢、清代葛繁日行一善等，这些著名的民间劝善故事一并被改编进了课文中，使得此卷教材近乎一部劝善书。

（二）白话道德故事的地方化

《民间叙事》由六十三个长短不一的故事组成，底本较为清晰。其中，第1—47篇中短篇故事基本取自清代石成金编著的《传家宝集》（主要是《传家宝初集》之《笑得好》、《传家宝二集》之《笑得好二集》《时习事》）以及若干篇《笑府》《笑林广记》等集子中的笑话和民间故事；第48—57篇是中长篇故事，取自《聊斋志异》的《考城隍》《崂山道士》《任秀》《赵城虎》《狐嫁女》以及《今古奇观》的《陈御史巧勘金钗钿》《看财奴刁买冤家主》《两县令竞义婚孤女》《滕大尹鬼断家私》；第58—63篇是针对汉语程度较好的学生所编写的长篇课文，全部取材自《今古奇观》，分别是《李汧公穷邸遇侠客》《宋小官团圆破毡笠》《吕大郎还金完骨肉》《怀私怨狠仆告主》。作者对这些通俗故事的改编程度不一，短篇采取全文改编，长篇故事有的是节选，有时对原作过于简略的语句进行了衍写，但整体上来说较为忠实于原作。

实际上，江南教区的意大利神父晁德莅所编写的拉丁文的《中国文化教程》与《汉语入门》的取材非常相似，其第一卷《通俗语言》③翻译了《圣谕广训》和九篇《传家宝集》，节译了九篇元杂剧和三篇《今古奇观》。不过，晁德莅保留了汉语文本的白话原貌，且选取的多为历史

---

① "我劝你们，把《感应篇》念的熟熟的。别说这本（儿）上的话浅薄。文字（儿）浅，这里头的意思可深奥的多呀！"参见 Léon Wieger, *Rudiments 4: Morale et usages*, Ho Kien fu: Imprimerie de la mission catholique, deuxième édition, 1905, p. 296。

② 简称《玉历宝钞》，题称宋代"淡痴道人梦中得授，弟子勿迷道人钞录传世"，共八章。

③ Angelo Zottoli, «Cursus Litteratuae Sinicae», *volumen primum pro infima classe: Lingua Familiaris*, Chang-hai: Imprimerie de la Mission catholique à l'orphelinat de Tou-sé-wé, 1879.

故事和才子佳人小说①，旨在提升教会学生的语言文学修养；而戴遂良从同样的文集中选取了劝善止恶的道德故事②，意不在观风俗，而是劝德善。尽管清代石成金编著的《传家宝集》是一套语言通俗、面向大众的"日用百科全书"，却处处透出儒家之仁德、佛家之出世和道家之超脱，即使其中的笑话集《笑得好》《笑得好二集》也与其他笑话集不同，周作人在《苦茶庵笑话选》中评价道："《笑倒》和《笑府》的态度颇有点相近，都是发牢骚，借了笑话去嘲弄世间，但是到了《笑得好》便很不相同，笑话还是笑话，却是拿去劝善惩恶，有点像寓言了。"③可见《传家宝集》因其劝善书性质受到戴遂良青睐，原因在于该题材的作品体现出中国人倡导的向善观念，与天主教义契合，受到在华基督教会的欢迎。戴神父将这类文字写入教材，呈现给新进教士，能够帮助他们快速了解中国人的思想状况，在掌握当地知识的前提下对民众实施教化。

　　一些故事有更早的版本，如故事26《陆绩》最早出自《三国志·吴志·陆绩传》，但是从"绩怀桔二枚"来看应是直接改编自《传家宝二集·时习事·怀桔》，试对比三篇异文：

《民间叙事》版本	《传家宝集》版本	《三国志》版本
汉朝年间有六七岁的一个小孩子，姓陆，名字叫绩，上九江拜望他父亲的一个朋友。那个人姓袁，是个大官。留下他住着，摆了席，请了他。陆绩看见那席上有橘子，就拿了两个，偷着藏的袖子里了。赶临走的时候，他不小心，一作揖，把那俩橘子就掉下来了。那官就笑着说："嗐，这陆公子，当着客，在酒席上，还藏下橘子么？"陆绩就跪下，说："我不是藏了为的我吃。我家里有个老母亲，她有病，常想着吃橘子。我吃的时候就想起来了。我就藏下了俩。"	陆绩年六岁，于九江见袁术，术出果待之。绩怀桔二枚，归时拜辞，桔堕地，术曰："陆郎作宾客而怀桔乎？"绩跪答曰："吾母性之所爱，欲袖归以奉母。"	绩年六岁，于九江见袁术。术出橘，绩怀三枚，去，拜辞堕地，术谓曰："陆郎作宾客而怀橘乎？"绩跪答曰："欲归遗母。"

---

① 如《马陵道》《三国志》《潇湘雨》《薛仁贵》《慎鸾交》《风筝误》《奈何天》《薄情郎》《好逑传》等。

② 如《考城隍》《任秀》《赵城虎》《陈御史巧勘金钗钿》《看财奴刁买冤家主》《两县令竞义婚孤女》《滕大尹鬼断家私》《李汧公穷邸遇侠客》《宋小官团圆破毡笠》《吕大郎还金完骨肉》《怀私怨狠仆告主》等。

③ 周作人编：《苦茶庵笑话选》，上海：北新书局，1933年，第XXI—XXII页。

再如第 10 个故事，尽管也收录于《传家宝集》，内容却似乎与《说苑》版本《伯俞泣杖》更为接近，试比较三个异文：

《民间叙事》版本	《传家宝集》版本	《说苑》版本
汉朝的时候有一个人，姓韩，名伯俞。他母亲脾气过傲，管教的他很严。就是有个一点半点（儿）的小不好，也不饶他，总要打他。平常日子伯俞挨打的时候，都是情甘愿意的受着。有一天他母亲又打他，他忽然哭起来了。他母亲就纳闷（儿），问他，说："我常打你，你都是满脸（儿）陪笑的。今天你为什么这样呢？"伯俞跪下，说："头上母亲打我，这身上觉着疼。今（儿）个打我，我不觉怎么样。想是母亲年老，那气力衰败了，我怎么能够不哭呢？"	韩伯俞有过，母杖之，泣。母曰："往日杖汝，常悦受之，今悲泣何也？"伯俞曰："往日杖常痛，知母力康健。今不痛，知母力衰，是以泣也。"	汉韩伯俞，梁人。性至孝。母教素严，每有小过，辄杖之，伯俞跪受无怨。一日，复杖，伯俞大泣。母讶问曰："往者杖汝，常悦受之，未尝或泣。今日杖汝，何独泣乎？"伯俞曰："往者儿得罪，笞尝痛，知母康健。今母之力，不能使痛，知母力已衰，恐来日无多，是以悲泣耳。"

可见，对于同样的故事，作者似乎更青睐于讲述更为详细的异文，这样容易改编成通俗生动的方言版本。总体来看，戴遂良则以道德劝诫为策，除了白话道德故事，又加入了道教"三经"、佛家《玉历宝钞》和反映民间观念的古代道德小故事，如车胤、姜泌、匡衡等人借光读书，清代葛繁日行一善，明代韩永椿扫螺植福，钱塘江汪源刻万部《感应篇》，宋朝曾谅替人赎儿女等，还在一些自编故事中生动讲述了收养惯俗、防止小孩夭折的方法、劝人戒食鸦片等，反映了当时官绅和民众极为关心的社会和民生问题，为新进教士更加完整地呈现了民间的思想传统和当时社会的真实情形。流行于民间的通俗白话文学是当时很多基督教会文化教材的参考素材，但规模庞大的《汉语入门》将官方训诫、民间善书和道德故事集于一体，实属罕见。

（三）地方话语的方言辑录

戴遂良称："我不是一个作者，我只是一个编者。"[①] 他的教材的

---

① Léon Wieger, « Préface », *Rudiments 5 et 6: Narrations vulgaires*, Ho Kien fu: Imprimerie de la mission catholique, troisième édition, 1903.

确不只是书斋里的翻译作品，作者利用传教机会走进民间，在方言翻译的同时加入了大量极具当地特色的语料进行衍写，很多文字实为对民间话语的实录。

首先，戴遂良按照当地人的发音写下了大量当时尚未有固定写法的口语：髁骸膊儿（膝盖）、遛遛打打（溜溜达达）、潦倒梆子（不成器）、遛打（溜达）、鼓到（捣鼓）等；还有很多约定俗成的北方民间词汇，如后晌（下午）、皮不察清（不清楚）、黑下（夜里）、哪成望（哪想到）、眵历窅（眼屎）、迭的（顾得上）、兴（流行）等极具北方特色的民间词汇，将河北地区的"土谈"纳入了文字领域，如今成为学界研究河北方言的珍贵资料[①]。尽管当时已有不少教材使用元杂剧和白话小说作为课文，但《民间叙事》却是第一次对白话（包括元杂剧、明清小说、民间笑话）进行了方言改写而非直接摘录，说明作者认识到了白话相对于通俗口语来说还不够彻底。

其次，作者在翻译白话底本时添加了大量民间谚语，比如《民间道德与习俗》第8篇，平均五句话里就有一句"常言说""俗话说"（"减食增福，减衣增寿呀""纵子如杀子呀""只看贼打，别看贼吃""挨着好人学好人""不在庄货，不在坟，单在各自人"等）；《民间叙事》故事62、63改编自《吕大郎还金完骨肉》，作者将原作中的诗文和文言对句删去，改为"纸糊的灯笼心（儿）里明呀""人着人死天不肯，天着人死有何难""妻贤夫祸少呀""听人劝，吃饱饭""天无绝人之路呀"等当地人常说的俗谚，使方言翻译后的故事风格统一。

再次，戴遂良为文言叙事加入了对话，如故事57改编自《聊斋志异·任秀》，改编后故事更加真实生动，富有情景感，试比较：

《聊斋志异》：母愤泣不食，秀惭惧，对母自矢。于是闭户年余，遂以优等食饩。……舟主利其盆头，转贷他舟，得百余千。[②]

① 参见刘亚男：《戴遂良与河间府方言文献〈汉语入门〉》，载《文化遗产》2017年第2期；傅林：《河北献县方言一百二十年来的语音演变——以戴遂良系列汉语教材和民国〈献县志〉为基础》，载《河北师范大学学报》（哲学社会科学版）2017年第1期；等等。

② ［清］蒲松龄：《聊斋志异》，张式铭标点，长沙：岳麓书社，1988年，第474页。

《民间叙事》：他娘也气的吃不下东西（儿）的。他又臊的慌，又怕他娘气的好哎歹（儿）的了，就给他娘跪下，央恳着说："小儿从今以后改邪归正，再也不着娘生气了。"他娘就着他起来，发落了他会子。打这（儿）就用开了苦工夫了。又到了岁考的时候，他取了个一等第一，就补了廪了。……船家也没现钱了。那三（儿）人还想着使银子下注。他就说："错非现钱，不玩。"那三（儿）人急躁的没法是法的。船家贪着打头，就说："我上别的船上，给你们找现钱的。"就立（儿）又在别的船上借了一百吊钱来。①

最后，通过比对中国民间故事类型的相关研究②，笔者可以推断《民间叙事》中的十五篇是某些类型故事的河北当地异文。例如，故事 35 和故事 41，都是"呆子学舌型故事"，最早见于北魏的学佛咒故事（《杂宝藏经》），后来改编为学话故事，流行于全国南北各地，在各类故事集成中收录有《傻子学话》《傻女婿学话》《学官话》等十分近似的故事③；再如，故事 39 讲的是贪官得聚宝盆结果复制出了很多父亲。"聚宝盆型故事"最早见于宋代《秘阁闲谈·青瓷碗》，明代《夜航船》、清代《坚瓠集》均有此类故事，但是止于获取钱财，未有复制父亲的讥讽部分。但在《中国民间故事集成》中，上海、四川、山西、黑龙江、河北各卷都有生出父亲的宝盆故事，如《八十一个爹》《一个贪官一百个爷》《贪官的爸爸数不清》等④，足见戴遂良所写下的应是近代献县教区当地的版本。这些"查无出处"的民间轶事使得该教材对于中国民间

①Léon Wieger, *Rudiments 5 et 6: Narrations vulgaires*, Ho Kien fu: Imprimerie de la mission catholique, troisième édition, 1903, pp.388-390.

②如丁乃通：《中国民间故事类型索引》，郑建成、李倞、商孟可等译，北京：中国民间文艺出版社，1986 年；祁连休：《中国古代民间故事类型研究》，石家庄：河北教育出版社，2007 年；顾希佳：《中国古代民间故事类型》，杭州：浙江大学出版社，2014 年；等等。

③参见祁连休：《中国古代民间故事类型研究》卷上，石家庄：河北教育出版社，2007 年，第 443—445 页。

④参见祁连休：《中国古代民间故事类型研究》卷中，石家庄：河北教育出版社，2007 年，第 620—624 页。

文学史颇具意义①。

（四）河北习俗仪式的西传

戴遂良对教程的规划不只是一部语法书，他在《民间叙事》第三版序言中写道："本卷的编写具有双重目的……除了语言，这些故事将告诉大家很多中国的事情，包括大量确切的关于他们私人生活、家庭习惯、宗教仪式、思考和行为方式的基本知识……"②渴望向学界靠拢的戴神父做了大量的人类学工作，在收集民间话语的同时，收录了当地的主要仪式和惯俗。尤其在《民间道德与习俗》的四篇"习俗"中，作者用河北方言解释了当时通行的民间主要的人生仪式和惯俗，分为"节日""婚礼""收养""葬礼"四篇，细致和生动地描写了这些仪式的来龙去脉。在"节日"中，作者从一进腊月写到正月、寒食、清明、端午、入伏、鬼节、中秋、九月九、十月一，包括节日里的传说、穿戴、饮食、行为、俗语等；在"婚礼"中展示了媒人和主家之间的讲究，请八字、择时、谢媒、写合帖、定亲帖、冥婚、童养媳、同姓不婚以及结婚当天的诸多程序：送帖、贴对子、送嫁妆、夜娶、压轿、投帖、陪绸、翻桌、上轿、帮轿、送小饭、下轿、冠带、上拜、插戴、赒礼、道喜、回门住等；"收养"介绍了过继、抱养、认干亲等，以及如何防小孩夭折，如何拜盟兄弟、发黄裱等；"葬礼"部分同样是介绍各种步骤和用语，如将咽气、装裹、倒头饭、献食罐子、照尸灯、吊左钱、破孝、报庙找魂、抱香、送盘缠、抬信车、垫背钱、入殓、封灵、看风水、买地、点主、祀土、礼教、搭棚、糊纸扎、跑马、上刀山、开灵、拔坟以及出殡的诸多程序：抬重、打幡、摔瓦、穿孝、圆坟、烧纸、忌晌等。这些描述真实生动，全无说教口吻。

同时，戴遂良非常关心民间信仰，认为历代志怪故事是管窥中国民间精神世界的一个重要层面，因此在改编中不断加入搜集的当地民间奇闻怪事，例如《民间叙事》故事49（改编自《聊斋志异·考城隍》）在

① 戴遂良对中国民间故事的兴趣和搜集很有可能始于该教材的编写，他后来编译了从汉初到清末文献中的两百多个志怪故事集成一册《近世中国民间故事》，并在其大作《中国宗教信仰及哲学观点通史》中保留了其中的八十多个故事。

② Léon Wieger, « Préface », *Rudiments 5 et 6: Narrations vulgaires*, Ho Kien fu: Imprimerie de la mission catholique, troisième édition, 1903.

结尾加入了民间鬼节的城隍拜祭仪式；故事52（改编自《聊斋志异·狐嫁女》）的文末讲述了若干关于狐狸作怪的传说故事和当地听闻等。戴遂良在《民间道德与习俗》序言中指出："本卷里没有任何现代文人或者环球旅行者的主观臆断。布道者不是某个乘船路过的心理学者和社会学者，在广东或上海这些大城市里被仆人服侍着，自以为是的旁观和猎奇是行不通的。"本着这样的态度和决心，戴遂良编写出的宏幅教材堪称一部纪实性的河北风俗志，透露出向学术界靠拢的野心。

实际上，戴遂良的编写工作依赖于一位当地文人，他在这位助手的方言翻译下，使《汉语入门》在语言学价值之外，具有民族志性质，保存了清末河北民间宝贵的语料和习俗。从传教史的角度看，《汉语入门》秉承了早期来华耶稣会士寓传教于汉学的路径，甚至成为鸦片战争后再度来华耶稣会士中，首批重新激发西方人对中国语言和文化兴趣的重要出版物之一。这一时期，《传信年刊》（Annales de la Propagation de la Foi, 1822—1933）、《天主教传教团：传信工作周报》（Les Missions catholiques: bulletin hebdomadaire de l'Oeuvre de la Propagation de la Foi, 1868—1927）、《汉学丛书》（Variétés sinologiques, 1892—1938）、《中国、锡兰、马达加斯加：耶稣会法国传教士的信件》（Chine, Ceylan, Madagascar: Lettres des missionnaires Francais de la compagnie de Jesus, 1902—1948）、《中国记述：江南》（Relations de Chine: Kiang-nan, 1903—1931）等耶稣会丛刊均大量出版，刊登了关于中国传统观念信仰、民间文学艺术、岁时节日、风俗习惯的著述和文章。献县教区亦有其他神父撰写此类作品[①]，而戴遂良的教材是此类著述中唯一用汉语土话直书的多卷本、多元内容的中国北方风俗志，此亦是其获得"儒莲奖"的重要原因之一。

从"书斋文献"转向"田野辑录"，将方言写作与民族志结合起来，使戴遂良的教材从晚清众多教会汉语教材中脱颖而出。当地人的对白、

---

① 如勒罗伊撰写的《在中国：直隶东南教区见闻》（Henri-Joseph Leroy, En Chine, au Tché-ly S.-E., une mission d'après les missionnaires, 1900）、顾赛芬编译的《官文选》（Séraphin Couvreur, Choix de documents, Ho Kien fu: Imprimerie de la mission catholique, 1894）等。

传闻、轶事及其他清末河北民间的语料和习俗得以在该教材中保存，具有重要的人类学文献价值，实际上迎合了当时西方学术界对海外民族志资料的需求。自 1875 年设立"儒莲奖"至 20 世纪初，法兰西学院将该奖颁给过不少人类学著作，如《云南的中国省份》[①] 和《古今南京》[②]，这两本书分别考察了云南和南京地区；《中国宗教系统》[③] 和《中国民间崇拜》[④]，这两本书分别辑录了福建和江南地区的民间信仰和习俗等。尽管不是一部纯粹的民族志，戴遂良的教材仍然在当时填补了晚清时期河北地区田野调查的空白。汉学家古恒（Maurice Courant, 1865—1935）曾在论述晚清教育制度改革问题中引用了该教材训导男女儿童的课文，葛兰言（Marcel Granet，1884—1940）曾在论文《生与死》中参考了该教材中的"鬼节"习俗，说明西方学术界重视和信任戴遂良的工作，将之视为田野实录，使得该教材在汉语教学功能之外，富有学术性价值。戴神父毕生不懈地搜集和编译资料，帮助同行和西方人"认识中国的两种语言（口语、文言）、人和事"，晚年又陆续出版了十卷本的《现代中国》，与时俱进地"呈现了民国时期人们的所思所言"[⑤]。

三、历史语境和内在价值

（一）方言教材与实用汉学的兴起

尽管晚清时期已有不少西人教材使用元杂剧和白话小说作为底本，

---

① Émile Rocher, *La Province chinoise du Yun-Nan*, 2 volumes, Paris: Ernest Leroux, 1879-1880, 1881 年获奖。

② Louis Gaillard, *Nankin d'alors et d'aujourd'hui*, Chang-hai: Imprimerie de la Mission catholique à l'orphelinat de Tou-sé-wé, 1901-1903，1904 年获奖。

③ J. J. M. de Groot, *The Religious System of China*, vol. I-III, Leiden: E. J. Brill, 1892-1897, 1898 年获奖。

④ Henri Doré，*Recherches sur les Superstitutins en Chine*，Chang-hai: Imprimerie de la Mission catholique à l'orphelinat de Tou-sé-wé, 1911，1912 年获奖。

⑤ « Lettre-préface de Mgr Lécroart à La Chine à travers les âges »，参见 Henri Bernard, « Bibliographie méthodique des œuvres du père Léon Wieger »，*T'oung Pao*, 2nd Series, vol. 25, No. 3/4 (1927), pp. 333-334。

但《民间叙事》却是第一次对白话作品（包括元杂剧、明清小说、民间笑话）进行了方言改写而非直接摘录，实际上顺应了法国实用汉学的发展趋势。

19世纪晚期，法国本土汉学经历着一场半文言和通俗口语的"较量"，开始极力提倡教授中国人真正的口语而不仅仅停留在文言和白话。实际上，这是在东方语言学校爆发的一场实用汉学与学术汉学之争，争论的焦点为教学目标是培养汉学研究人才还是外交翻译人才，也就是应该教给学生何种汉语。19世纪中期，东方语言学校如法兰西学院汉学教学的预科班，以辅助学术汉学的文言和白话的语法讲解为主。教员本身也不会讲通俗口语，只能让学生根据中国的话本学习。在这种形势下，东方语言学校于1843年开设了现代汉语教学课程，第一位讲师是巴赞（Louis Bazin, 1799—1863）。

巴赞批判元杂剧和白话小说是元明时期的俗语书写，而非现代俗话，指出文言和口语的区别在于："人们为了说话时能互相理解，口语中会用多字词代替在听觉上容易产生歧义的单字词，因为同音异义字太多"①，并提倡《圣谕广训》中的口语，因"有音有字者官话也，惟土谈则多有音无字"②。在《论通俗语的语法》（1845）一文中，巴赞指出中国与欧洲一样远不止南北两种方言，"各省皆是，非独闽广为然"③。然而，法国汉学经典教材《汉语启蒙》④认为应当使用白话小说中的文人语言来学习汉语，其所收录的例句和选段均为典籍和白话小说的原文。巴赞不赞成这样的教学理念，认为这样的教材难以帮助学习口语，因为在幅员辽阔的中国，文言（通用语）、两种官话（通俗语）远不能满足各地多变甚至是从根本上迥异的方言。⑤ 因此，他肯定了《圣谕广训》，因为这是

① Louis Bazin, « Grammaire mandarine », *ou Principes généraux de la langue chinoise parlée*, Paris: Imprimerie Impériale, 1856, « Introduction », pp. II-V.

② Louis Bazin, *Mémoire sur les principes généraux du chinois vulgaire*, Paris: Imprimerie royale, 1845, p. 110.

③ Louis Bazin, *Mémoire sur les principes généraux du chinois vulgaire*, Paris: Imprimerie royale, 1845, pp. 3, 8, 13, 15.

④ Abel Rémusat, *Éléments de la grammaire Chinoise*, Paris: Imprimerie Royale, 1822.

⑤ Louis Bazin, *Mémoire sur les principes généraux du chinois vulgaire*, Paris: Imprimerie royale, 1845, pp. 18-19.

一个用来给民众高声诵读的文献，是完全反映现代口语的文献。^①

尽管现代汉语课程设立后，法国东方语言学院陆续编写了若干汉语口语教材^②，仍不足以满足实用汉语教学的需求，直到二十年后，学院派汉语教学依然受到在华传教士的嘲讽。在华耶稣会士童文献（Paul Perny, 1818—1907）不但指责雷慕沙（J. P. Abel-Rémusat, 1788—1832）的语法书会使欧洲读者对汉语产生偏见^③，也对儒莲（Stanislas Julien, 1797—1873）提出质疑，指出儒莲简单地称白话文为方言，还断言德理文（H. de Saint Denys, 1822—1892）"绝对不会讲汉语"，因为德理文一直埋头翻译《今古奇观》等民间白话故事，而不讲通俗口语。^④ 于是，在学院派汉学以外，在华官员和传教士不断出版着方言口语教材^⑤，有力地支持了法国实用汉学的崛起，戴遂良的《汉语入门》应运而生。十年后，法国驻华使馆翻译古恒编写的《汉语口语语法：北方官话》（*Grammaire de la langue chinoise parlée. Grammaire du Kwan-hwa septentrional*, Lyon, 1913）再次作为汉语教材摘得"儒莲奖"，可被视为实用汉语教学打破学术汉语教学一统法国汉学界的标志。

（二）口头劝善书与教会的布道传统

从西方传教史来看，用方言改写经典和将道德故事写入教材的方式

①应为《广训衍》或《广训直解》。参见 Louis Bazin, *Mémoire sur les principes généraux du chinois vulgaire*, Paris: Imprimerie royale, 1845, p. 66。

②如《汉字撮要：汉语部首和语音练习，附通俗对话》（1845）、《习言读写中国话》（1846）、《汉语口语法则》（1856）、《论汉语及运用方法》（1869）、《汉语口语和书面语渐进课程》（1876）等。

③Paul Perny, *Grammaire de la langue chinoise orale et écrite*, Paris: Ernest Leroux, 1873, p. 7.

④耿昇：《中法文化交流史》，昆明：云南人民出版社，2013 年，第 64—85 页。

⑤语音类如《汉口语音》（1899）、《1200 个普通话拼读音节及注解》（1894），词汇类如《潮州方言汉英词汇》（1883）、《西蜀方言》（1900），语法类如《西汉同文法》（1873）、《北方口语语法》（1880）、《汕头话语法初级教程》（1884），文化阅读类如《中拉对话》（1872）、上海方言教材《生活方言练习》（1910），综合类如《厦门口语手册》（1892）、《福州话手册》（1902）等。参见岳岚：《晚清时期西方人所编汉语教材研究》，北京外国语大学博士学位论文，2015 年，第 273—286 页。

可以追溯到中世纪欧洲的基督话语传播过程。

早在法国的加洛林时代，罗曼语或日耳曼方言和拉丁文之间出现了重大差异，对于欧洲人来说，两者之间的关系与中国文言和方言之间的关系一样，前者被认为不配用于书写，用口头方言所撰写的作品数量很少。但是，天主教会十分重视口语能力，因为传教活动往往始于农村。扫盲尚未普及的欧洲农村与清末我国农村一样，信息和知识交流是面对面直接达成的。在文盲占大多数的民众中，口头宣传在宗教知识的灌输中起着举足轻重的作用。因此，除了学习修辞术之外，传教士必须在布道语言上适合俗人和大众口味。① 于是，到了 12 世纪，方言的使用范围大为扩展，逐渐囊括了编年史、历史叙事以及古代文学作品的写作，甚至一些经书如《圣诗集》。后来，一度被拉丁文垄断的《圣经》中的一些章节如《雅歌》《启示录》和《创世纪》也逐渐被从拉丁语翻译为罗曼语，以便在世俗文盲中间更广泛地传播圣人的故事，教化他们学习如何阅读文学作品。② 为了适应文化水平较低的乡村传教对象，16 世纪开始出现使用方言口语编写的基督教会初级教材《教义问答》（catéchisme）。自特兰托大公会进行天主教改革后，基督教不再局限于精英阶层，教士开始普遍使用"土话"（patois）对平民包括穷人、粗人、无能力者进行布道。很快，大公会下令将此类教义翻译成白话文，这成为教会的官方普及指导手册。从 1640 年起，主教们重新修订各自教区的教义，这些教义手册的扩散可以解释为口语逐渐被文字化。因此，作为在华天主教会用书，戴遂良教材的首要特征是一部便于地方传教的方言集。

传教士布道的另一重要途径是道德教化。早在 12、13 世纪，欧洲天主教会的布道者已经开始编写和传播以教诲为宗旨的儆戒故事，并把富有道德价值的轶事趣闻引进布道文中。他们用道德故事和寓言的形式写成《教士训诫》，因为这些小故事以某些关于世界和社会秩序的重要观

---

① 参见［法］让－皮埃尔·里乌、让－弗朗索瓦·西里内利主编：《法国文化史：中世纪》I，杨剑译，上海：华东师范大学出版社，2011 年，第 118—124 页、第 251—254 页。

② 参见［法］让－皮埃尔·里乌、让－弗朗索瓦·西里内利主编：《法国文化史：中世纪》I，杨剑译，上海：华东师范大学出版社，2011 年，第 116—117 页。

念为基础，而这些观念与基督教道德相一致。[①] 由此，欧洲在中世纪时形成了特有的感化文学，近乎我国宋明以来的劝善书。17世纪上半叶，欧洲教会学校迅速发展，教会在教育改革中扩展了人文主义观念，突出措施之一便是把古代著作中的智慧和社会道德纳入基督形象和观念。[②] 循此传统，天主教献县教区编译和印刷了大量的宗教道德小说[③]，如当地教士转译的德国宗教儿童文学《孤儿传》《羔羊记》《孝女传》，中国信徒韩天民创作的道德小说《金牌梦》《道真来华》等，均结合了民间传奇故事以宣扬天主教义。戴遂良也采用同样的方式，在教材中引入官方训诫、民间善书和道德故事，树立天主教会的向善形象，体现教会的民间教化功能，帮助天主教会区别于当时的秘密宗教和极端组织，亲和多数民众，因此，这套教材在全国各地耶稣会广受欢迎，被反复再版、增订。

（三）布道文与在华耶稣会的适应策略

作为教会用书，《民间道德与习俗》与《民间叙事》表面上是民俗集、劝善书，实际上处处因循天主教义。教材尤为青睐那些反映来世观、冥判类等与天主教信仰接近的故事[④]；删去了对天主教的不利文字[⑤]；对敬天之外的民间信仰均持反对态度，认为这是必须对抗打击的异端迷

---

① 参见［法］让-皮埃尔·里乌、让-弗朗索瓦·西里内利主编：《法国文化史：中世纪》I，杨剑译，上海：华东师范大学出版社，2011年，第116—117、148、182页。

② ［法］让-皮埃尔·里乌、让-弗朗索瓦·西里内利主编：《法国文化史：从文艺复兴到启蒙前夜》II，傅绍梅、钱林森译，上海：华东师范大学出版社，2011年，第174—175页。

③ 截至1940年，除去天主教要理、经典和名人传记，献县印书馆出版了宗教道德小说11270册、反省类8675册、天主教义道理13779册。参见魏正如：《献县印书馆》，见献县文史资料编辑委员会编：《献县文史资料》第3辑，1991年，第118—122页。

④ 例如第五卷的底本《笑得好二集·拔毛》，《笑府》之《冥王访名医》《别字》，《聊斋志异》之《任秀》《考城隍》，《今古奇观》之《看财奴刁买冤家主》《滕大尹鬼断家私》《怀私怨狠仆告主》等。

⑤ 例如《广训直解》中的《大清律》各条体现了现世报的思想，与天主教信仰不符，一概删去；再如《广训直解》"黜异端以崇正学"中的一段："就是那天主教，谈天说地，无影无形，也不是正道，只因他们通晓天文、会算历法，所以朝廷用他造历，并不重他的教，你们断不可信他"，也在方言改写中被删去。

信①；与之形成鲜明对比的是，有意在行文中突出"天"或"老天爷"等字眼，收录了大量反映敬天观的话语②。

晚清时期，天主教仍然禁止中国礼仪，尽管戴遂良不能把这些反映敬天信仰的词汇直接等同于天主——他把"天主"一律译为 Dieu，而将"天神"译为 les anges、l'esprit du ciel、le chenn du ciel，把"老天爷"音译为 Lao t'ienye，"苍天""天"一般译为 le ciel 等——却有意在行文中突出"天""天神"或"老天爷"等字眼，甚至一处将原作中的"上帝"改为"上天"，试对《民间叙事》故事56《知县女儿》与底本《两县令竞义婚孤女》中的文字：

《今古奇观》版本③	《民间叙事》版本④
上帝察其清廉，悯其无罪，敕封吾为本县城隍之神。……吾已奏闻上帝。君命中本无子嗣，上帝以公行善，赐公一子，昌大其门……邻县高公与君同心，愿娶孤女，上帝嘉悦，亦赐二子高官厚禄，以酬其德。	上天说我没罪，封我作这一县的城隍。……我已经奏明了上天了。你命里本当绝户，上天怜爱你老行善，赐给你一个儿传流后代……高知县和你老同心行善，上天也赏赐他那俩儿作大官，报答他的阴功。

　　①例如"和太阳叫老爷（儿），那是异端""这外教道理，没有可信的，没有可救灵魂的""老太太们常上庙里烧香祷告的，那净是瞎闹""正月初一阴天，主潦；打春的这一天，若是晴天，就主着好年头；五月端午下雨，主着出虫子；六月初一下雨，主旱；九月九，若是晴天就主着冬天冷，若是阴天就主着暖和。这都是些个瞎道道（儿）妈妈论（儿）"等。参见 Léon Wieger, *Chinois parlé manuel*, pp. 244, 296, 438, 672。

　　②例如　"暗里还有天神常帮助，所以事事（儿）没有个办不成""善人净是顺着人心做事，所以人也都恭敬他；还常与天心相和，所以天也常常的保佑他""因为你有阴德，天赐给你一个儿""不论好事歹事打在谁头上，谁也得算着，只有老天爷看着呢""善人每逢到了这几个日子……合上眼（儿），暗想自己作的事，净觉着各人有过犯，对不着天神，暗叫一声：天爷，你饶我罢"等。参见 Léon Wieger, *Morale et Usages*, pp. 260, 276, 278; Léon Wieger, *Narrations vulgaires*, pp. 156, 288。

　　③ [明] 抱瓮老人辑：《今古奇观》，林梓宗校点，广州：广东人民出版社，1981年，第25—26页。

　　④ Léon Wieger, *Rudiments 5 et 6: Narrations vulgaires*, Ho Kien fu: Imprimerie de la mission catholique, troisième édition, 1903, p. 380.

戴遂良在教材中不断呈现中国百姓对上天的崇敬，把这种敬天观传递给传教士，意在帮助他们了解这种可资利用的民间思想，以在布道活动中将"敬天"与"崇拜天主"等同起来，辅助对天主至上信仰的宣讲。这种方法由来已久。17世纪末，白晋（Joachim Bouvet, 1656—1730）曾在《古今敬天鉴》中，将含有"天""老天爷""苍天""皇天"等词汇的民谚、雅语和经文互证，宣扬中国人的敬天传统，旨在借助中国人自己的口头谣谚、传说故事和迷信崇拜，使之明白天主的存在及《圣经》的教义，这种方式成为后续来华天主教士的主要适应策略之一。^① 戴神父在《汉语入门》中沿用了同样的策略，将"天学"自然融入朴素的民间话语中，便于中国民众信服天主早已在他们心间。因此，《汉语入门》在表面上集方言集、风俗志和劝善书于一体，却在本质上具有浓厚的宗教性，而这往往被作者的汉学贡献掩盖了。^②

结　语

通过分析形式多样、内容丰富的晚清耶稣会方言教材《汉语入门》，

---

① 参见［法］白晋：《古今敬天鉴》，见［韩］郑安德编：《明末清初耶稣会思想文献汇编》第十九册，北京：北京大学宗教研究所，2000年；［德］柯兰霓：《耶稣会士白晋的生平与著作》，李岩译，郑州：大象出版社，2009年；等等。

② 戴遂良的其他宗教著述包括：中、拉、注音对照新进教士词典《布道要义》（*Missio*）、《节日要义》（*Festa*）、《主日布道》（*Dominicales homileticæ*）、《主日问答》（*Dominicales homileticæ*）、《要理问答附录》（*Appendices aux Catéchèses à l'usage des néo-missionnaires*）；中文教义《戴士劝语：四规》《戴士劝语：瞻礼》《戴士劝语：主日》《戴士劝语：要理》；中拉对照传教实用手册《辅助传教》（*Directorium Catechistarum*）、《君问愚答》（*Libellus pro paganis inquirentibus*）、《望教须知》（*Summula catechumenorum*）、《奉教须知》（*Summula Neophytarum*）；中拉对照宗教作《耶稣受难》（*Passionis DN Jesu-Christi pia consideratio*）、《以心礼心》（*De cultu S. Cordis Jesu*）、《敬慕圣礼》（*De cultu SS. Eucharistiæ*）、《日用粮》（*Spirituale nutrimentum spissum*）、《十诫》（*Commentaris Decalogi practicus*）、《瞻礼》（*Considerationes de festis præcipuis*）、《四末》（*De quatuor novissimis*）、《问答》（*Controversiæ*）。参见 Catalogus Librorum, *Typographiae Sienhsien*（《献县藏书目录》），TIENTSIN: Chung Te Tang, 1940: 7-8。

可以从整体上剖窥此类著述的内在价值——在西方学术界看来是一本中国民间文化集萃，对中国官民来说是一部道德劝善书，作为天主教会教材又是实用的方言布道文。在今天来看，《汉语入门》极具史料价值：它是第一个《圣谕广训》的河北方言改译本，是清末西人汉语教材中唯一的河北方言教材，为法国汉学的方言研究提供了语料支持；因其写入了大量民俗内容，又为清末河北民俗研究提供珍贵的历史资料，为西方学界了解清末中国民间思想和文化提供了客观依据，是世界汉语教学史上的一抹亮彩。

以中西民间文化史桥梁的视角去理解此类汉语教材，能够为我们审读早期华人汉语基督教文献添加特殊的一笔——作者把宣传天主信仰、体现天主形象的功能巧妙融合在清末民间流行的善书和通俗作品中，在推广道德观念和习俗的同时，将基督话语传入民间；继而，伴随这部汉学著作的西传，将中国的民间话语传播到了西方世界，带给了欧洲读者一个虽存愚昧陋习，但推崇修身改过、行善惩恶、向往福寿安乐的中国百姓形象。

通过此类天主教会编写的汉语教材，我们看到西方传教士主动地将当地民间道德观念和习俗辑录起来，写入教材作为布道者的必备知识，侧面说明了自"中西礼仪之争"至清朝末期，耶稣会在华的传教策略愈发宽容，他们愿意了解和传播中国的民间习俗，使之成为教会进行民众教化工作的辅助知识。因此，该类教材在具有方言学、神学、史学等学术史意义之外，还折射出了中西方民间道德崇尚的相似性和道德观的可沟通性，在当下的中外各层次的文化交流和对话中，我们不能忘记这些历史的证据，更不容忽视深厚的民间文化基础。

《民间道德与习俗》第二版原序

  本卷包括两部分。第一部分介绍儒、释、道三家的劝善训诫、民间道德信条以及文人道德；第二部分介绍民间习俗——至少是在直隶地区的一些基本知识，因为中国人的风俗各地不尽相同……这都是有益的知识。本卷的主要特色是笔者尤为侧重对本地异教徒语言的介绍。由于基督教义的不断出版，所有教士都可以学习到布道术语，然而这与河间府当地的语言是不一样的。除本书以外，没有其他书籍能够为河间府方言注音，这些发音极具地方特色。

戴遂良

1905 年 6 月 1 日撰于献县

《民间叙事》第三版原序

本卷的编写具有双重目的。第一，展现正宗汉语口语的范例，包括短语、措辞、语气和表达技巧。本卷内容混杂，却毫无引用"先生们"的文字，从头至尾都是地道的中国人的语言。第二，除了语言，这些故事将告诉大家很多中国的事情，包括大量确切的关于他们私人生活、家庭习惯、宗教仪式、思考和行为方式的基本知识，这样一个伟大民族，如此独特，我们又对之知之甚少，甚至存有偏见。本卷里没有任何现代文人或者环球旅行者的主观臆断。布道者不是某个乘船路过的心理学者和社会学者，在广东或上海这些大城市里被仆人服侍着，自以为是的旁观和猎奇是行不通的。

我既不是小说家也不是江湖骗子，只是把笔杆交给我喜爱并与之生活的人们手中，是他们讲述和描绘了这些既朴素又生动的故事。我只是一个编者，而非作者。

戴遂良

1903 年 5 月 3 日撰于献县

校勘说明

　　本书包括《民间道德与习俗》和《民间叙事》两本以河北方言辑录或改编的口语叙事。原文字词因时代、地方差异，与现代汉语用法不同，如"她"作"他"、"和"作"合"、"哪"作"那"、"很"作"狠"，在校对过程中均改为符合现代汉语规范用字，而不出校。书中常见异体字，如"回"与"囘"，"匹"与"疋"，为便于读者阅读均改为通行字，而不出注。原文涉及地方方言而与现代汉语用语不同者，则予以保留，如书中"溪流糊涂""凑手不及""小肚急肠"之类，并在脚注中予以解释。对于一些当时尚未有固定写法的白话，如合式（合适）、谩怨（埋怨）、答理（搭理）、遛打（溜达）、勿论（无论）、疾忙（急忙）、股路（轱辘），虽与现代汉语用法略有差异，但不影响阅读理解，在文中仍保留原貌。另有一些在现代汉语用法中被认为是不规范的用语，如"呆子""傻子""蛮子""瞎子"等词，为保持古籍原貌，不做修改。本书中所有脚注均为编者所加，卢梦雅主要负责全书的编译和撰写导读的工作，任哨奇完成全书的繁简校勘、加注工作。

民间叙事

民间道德与习俗

Morale et usages

1

孝敬爹娘

人在世界上，这五伦之中该尽的道理，头一条就是孝敬爹娘。上边（儿）有天，下边（儿）有地，当间（儿）里有人。你生在天地间，该知道这孝顺的理（儿），都是从天理良心来的。你若不知道孝顺，就如同畜类一样，算你没有天良，就不在人数里数了。

我说的这个理（儿）若忒深，你不懂得，我再给你说个眼面前（儿）的理（儿），你听听罢：

你想想，你那身子从何处来的？这世界上的人，哪一个不是父母所生的呢？你那小的时候，把爹娘为你操的心，受的累，你样样都纳摸纳摸，就知道当孝顺不当孝顺了。你在怀抱（儿）里的时候，饿了呢，光会张着嘴（儿）哭，自己也不会吃；你没有饿死，也是爹娘恩养的；冷了呢，光会抖抖擞擞的，自己也不会穿；你没有冻死，也是爹娘结记你。

还有别的：你那爹娘黑下①白日巴着眼（儿）瞅着你，侧着耳朵听着你。你笑呢，他就欢喜；你哭呢，他就快着哄你。赶你大些（儿），刚会走了，就在旁边（儿）扯着你的手，一步步的领着你，怕你摔着，又怕你碰着。不光这个。你若略薄的有点病（儿），你爹娘就心里不痛快，连觉也睡不着，饭也吃不下去。他们不说是这孩子娇气，反倒谩怨②自己不小心，拿着孩子不当事（儿），恨不得自己把那病替那孩子生了，只等的你好了这才放心，巴巴的盼望着你长大成人的了。你自小至大，不知道你那爹娘，一天一天的，一年一年的，害了多少怕，受了多少累，赶到你成了人，你爹娘给你娶妻生子，着你上学念书，给你挣家立业，你想想，你一落草③（儿），是光着身子来的。你那浑身上下连条线（儿）

①黑下，夜里、夜晚的意思。

②谩怨，同"埋怨"。

③落草，指婴儿出生。

也没有带下来。到如今有了吃的有了穿的，哪一样不是你爹娘操掇的。看起来，那爹娘的恩，你一辈子可也是报不完的。你若不懂得这个理（儿），我有句俗话再跟你说说罢："当家才知柴米贵，养儿方知父母恩。"你把各人为儿女受的苦想想，就懂得了。比方你那儿女不孝顺，你就得生气。若是按着这个理（儿）想想，你还为什么不孝顺呢？

这个孝顺也不是很难的事（儿）。不过是要顺爹娘的心，养爹娘的身，这两样。

怎么能够顺爹娘的心呢？就是在家里安分守己，好实着过日子，不要学浪荡。上了学，要用心念书，不要逃学；种庄稼，要勤谨，多做活。别学懒，也别学馋；别学喝酒，别学玩钱，也别学抽大烟；或做买卖，或佣工做活，要老老实实的正经着闹。爹娘上边（儿）若有爷爷奶奶的，该听爹娘说，用心事奉①他们。你爹娘下边（儿）若有姐妹兄弟们，该体爹娘的心，和和美美（儿）的，别搁惹。打总子说罢，着②你那爹娘活一天就痛快一天。这么着就顺了你爹娘的心了。

养你爹娘的身，这个事（儿）不难。随你的力量，称家之有无，日子的大小，好好的事奉着。有了好东西，尽着你爹娘吃；有了钱，尽着你爹娘花；有了活，替你爹娘做；有了病，请医生来治，煎汤、熬药，小心服事③打整的，别不当事（儿）。这都是养活你爹娘的事（儿）。千万不要背地里攒体己④，光结记你那女人孩子，着你爹娘生气，这就是不孝顺了。

再把这个事（儿）另说说罢。当时孔子的弟子曾夫子这么说：

"爹娘望着你做个正经的人。你若是不安分，胡作非为的，着你爹娘不松心，这就不算是孝。

"爹娘望着你做个好官。你若给朝廷家不忠心办事，或瞒哄皇上，就如同瞒哄了你爹娘一样，也不算是孝。

"爹娘望着你做个清官。你若倾害百姓、贪赃卖法，着百姓们告了上状，丢了官，留下个骂名，连你爹娘也不体面，这也不算孝。

---

①事奉，同"侍奉"。
②着，让、使的意思。
③服事，同"服侍"。
④体己，私房钱的意思。

"爹娘望着你交接好人。你若是狐朋狗友的，或在朋友跟前办事（儿）净撒谎，不老成，朋友们瞧不着，下眼（儿）看你，这也是不孝。

"爹娘望着你做个好汉子。你若当兵，上阵就害怕，不敢打仗，临阵脱逃，犯了军法，连你爹娘也担惊受怕的，这也是不孝。"

看曾子说的这话，可见这孝敬的道理也是包括的很宽呀！

也有这牲口人，没老没少的。他爹娘往他要点东西（儿），他就心疼的慌，不愿意给；他爹娘着他做点活（儿），他就不动；他爹娘若是说说他，或是骂他一句哎么的，他就翻了脸，和他爹娘侉嘴①；有了东西，着各人的女人孩子们吃穿；他爹娘摸不着吃，摸不着穿，冻着饿着的。这样的人，不用说是天不依他，就是他下边（儿）亲生的儿子也看他的样子，到后来也跟他学，给他爷爷奶奶的出气。你看天下那不孝的人，哪里养活出好儿子来？

还有这样的人，他净说些个不懂四六的话。他说："我也想着孝顺，到底没有法子。我那爹娘常不待见②我，孝顺也是白孝顺，没有用，拉倒罢！"

你不知道么？这作小的（儿）的不许和做老的（儿）的分辨理。这老的（儿）就如天一样。天生下一棵草来，那草春天长的茂盛，也是天着他长的。秋后着霜打了，也是天打了他。谁敢和天分辨理哎？这做儿子的，哪一个不是爹娘生下来的哎，不是爹娘养大了的哎？你爹娘着你活着，你就活着；着你死了，你就得死了。你怎么还敢说爹娘的不是么？古人们说："天下没有不是的父母。"你只管孝顺，你的爹娘自然就心疼你。爹娘不待见你，想是你的不好。你到底细想想，我说的是这个理，是哎不是？

爹娘有了病，该小心服事打整的，吃饭喝水那不用提。还得请先生唤太医的，给他调治。虽然待的日子多了，也不许发烦。俗话却是说："百日床前没孝子。"你想，爹娘从小打整大了你，受的那辛苦就多多了。若有一个时候发烦，你也活不了。

爹娘的病若好了，是做儿的万福。若是爹娘死了，披麻带孝，啼哭着送终，料理丧事。这丧事该尽心竭力的办，也不可忒过于了，也不可

①侉嘴，睪嘴。

②待见，喜欢。

试俭省了。装殓起来，还不可尽自在家里掠着，停枢不葬。一来是犯挟①的事（儿），二又来恐怕失了火烧了，或是着风雨损坏了寿木，又是个不好。哪如早些（儿），或是排七，或是排九，入土为安的了，完了这个大事好哎？还是这么。坟地不可离家忒远了，恐怕上坟不方便。若论风水看茔地那个说（儿），依我说，总是阴地不如心地好。不可听他们那些个说道（儿），拿着老的（儿）的骨头求富贵。或是因为风水不好，或是因为发达长支，不发达次支，拣来拣去，日久年深的就不葬埋。若不就是哥（儿）们多，主着这一家子好，那一家不好的，耽搁着不葬埋。这样的办事，总不算孝子，总该按着时候发丧。

埋葬的时候，掘完了坟坑子，里头或是用砖椁，或是用木椁，或是用三合土，这是个俭省的法（儿）。只因为爹娘就是花这一回钱了，难道说你还在这上头打算盘么？

赶埋了以后，还得要时时刻刻的想念，不可轻易的忘了。什么逢年遇节，老的（儿）的忌晌（儿），该烧钱挂纸。虽然老的（儿）不吃不喝了，在小的（儿）那心里一变模样（儿），活像活着的时候要吃要喝一样。

至于那作闺女作媳妇（儿）的，爹娘公婆死了，也是一样，也得知道这个道理。

真若能这么着，就感动的那大地也欢喜，神鬼也保佑，别人也尊贵你，那样的好哎！俗话常说："万恶淫为首，百行孝为先。"

还有那生忿②子弟们，我也跟你们说说，叫你们回头改过。比方这穷的，赶爹娘死了，光谩怨爹娘没给丢下东西，就不行孝。那宽绰的，光弄个虚脸（儿）假排场，在乡亲眼里要个好看（儿），把那哀痛的大事一点（儿）不做，这也不算行孝。

还有这样没良心的地处，老的（儿）死了，把尸首烧了，叫火葬。我看着，爹娘在着的时候，作儿的着他烦恼，就够不孝的了。爹娘死后还拿火烧了，这还算个人么？你想，别人家的灵枢你若烧了，心里还觉着有不好（儿）呢呀。难道说你自己的爹娘，还该这么着么？千万呢可别学这个风俗呀！③

①犯挟，即"犯邪"，邪恶侵犯之意。
②生忿，同"生分"。
③可见晚清时期，民间仍然难以接受火葬。

2/
敬重兄弟

除了爱敬爹娘，就是当和美弟兄。拿着弟兄们，该当如同自己一样看待。他身上的骨肉，也如同你身上的骨肉。你若是轻忽你兄弟，就如同轻忽你爹娘一样。若不是同胞兄弟，有嫡母生的，有姨娘生的，这都是你爹的骨血，不可分此摆两的，说，他不是和我一个娘生的，就看不起他。可惜，这如今的人，最亲近的就是妻子。嗤，那妻子，若没了呢，你可以另娶一个。你忘了俗话说："妻子如衣服，兄弟如手足。"你那兄弟们若是不在了，你哪里另去找一个的呢？古人说："树枝子在树上，才发旺呢，若断下来就蔫巴①了。"为一点子半点子的，别伤兄弟的情肠。你想，人一天老着一天的。兄弟们见一面（儿）少一面（儿），能在世上常为弟兄么？所以弟兄们当从小到老，你敬我，我爱你的，彼此亲爱，直到老死，这是正理。还怎么闹的生岔了，不和美呢？

什么叫正理？就是兄弟敬哥哥，哥哥待兄弟好。却兄弟敬哥哥，要怎么样敬呢？那个好说。就是不拘什么事，吃饭、喝水、穿衣裳、说话、走道，一总的事，都要让哥哥占先。古时候的人见比他大几岁的，那乡亲们就让他，不敢慢待他的。走道，不敢走的他头里去。你看，那古人这么敬重年纪大的人，你可当怎么敬你亲哥哥呢？

若论那作哥的和自己兄弟，不管多大岁数，全当孩子看成。比方你的孩子若是有了不好，你不能不恨他。过了那一时，你还是心疼他。怎么你兄弟有了一点（儿）错处，就闹急慌，和他打架么？打了他，还不算完，还从心里恼的他慌，看不上他。你和你兄弟本是一个爹娘生养的。若是无缘无故的打骂你兄弟，就是欺负你爹娘了。

---

① "巴"原作"把"，疑错。

若说那做兄弟的，也不可不知道好歹。只管说你哥待你利害，也该让着他点（儿）。他若打你，你就去打他，那是个什么体统呢？我比方，你听听：这一各人，有手有脚。这手打了那脚一下子，这脚莫非也踢手一下子么？

　　世界上这兄弟们不和美，大半都是为争东西。有为地土的，有为钱财的，有为穿衣吃饭的。你也想占相应，我也想占便宜，那还有个完么？就是分家，分的不公平，你哥要的多点（儿），他也不是外人，这就是便宜不出当家，你也不用着急，你也不用生气。

　　你偏爱听女人的话。常言说的好："妇人口，无量斗"，也有实话，也有瞎话。日子（儿）长了，不知不觉的你的耳朵软了，就信真了。那妯娌们，哪里有个好的？

　　嫂子对哥说："你兄弟怎么这么懒？不做活，又爱花①钱。你这么辛辛苦苦的挣了些个钱来，养活着他，他还背地里说长道短的，觉着包屈。你不是他的儿子，俺也不是他的儿媳妇（儿），咱们怎么当孝顺他呢？"

　　那兄弟媳妇（儿）也向她男人说："就是你哥会挣钱，可你也不闲着。黑下白日的常操心费力，做这个做那个的，比个做活的还辛劳呢。为他家的孩子，买好衣裳穿，买好东西吃，娇生的含的嘴里怕化了。为咱的孩子，一个大钱也舍不得花。莫非咱的孩子就不算孩子么？"

　　嫂子那们说，弟妹这们说，说来说去，说的弟兄俩心里都不痛快了，不多一时就吵起来了。

　　嗐，罢了。你不想弟兄们不同外人一样。就是哥哥没能耐，他兄弟得养活着他。若兄弟没本事，那哥哥也得如此。若有言差语错的，装没有听见，说他不会说话，别说他特故意（儿）的那么说，就做了计较。比方人的俩手，那右手会写字（儿），会打算子，也会拿东西。这左手不会什么，那右手也不嫌他笨。哥（儿）俩就如同双手一样。不可争你强我弱的。你想想，那银子钱，是淌来之物，俗话说："财帛财帛，花了还来"，别拿着它当性命。

　　那女人算不了什么。她和我，是骨肉不相连的，是异姓人。她知道什么好歹呢。她无拘怎么说，你可不要听她。

----

　　① "花"原作"化"。

你也知道，弟兄不和，就着爹娘愁的慌。这不是不孝顺么？

所以既是孝子，总得和美兄弟。怎么和美呢？就是伙里过日子，能够有忍耐，不因着一点小事（儿）就起争端。若是常吵常闹的，这就是给你后辈儿孙们留下样子了，他们就照着这个样（儿）行，是辈辈（儿）不能和美的了。还有外人来，常常的挑唆。听了那些个话，家里不是打架就是吵嘴。为大事还有打官司的呢，没有一个不败家的。

再说，弟兄不和，又免不了受外人的欺负，也容易败坏门庭。

你们这百姓们本来知道这和美兄弟好。虽说早已生忿了，不能和美，你若回了头，从新再好了，有什么难处呢？

也别光装修个外面（儿），假装和好，图的好瞧，到了（儿）没有真心，今天厚了，明天薄了。那是你自己侮弄自己，当不了真和美。

3

和睦乡亲

　　从古时到如今，就有些个村庄，里头住的街坊邻舍，就叫乡亲。

　　在一个村里住着的人们，一块（儿）种地，大伙子做活。出来进去，断不了见面（儿），鸡叫狗咬的也全听见了。拉拉扯扯的，不是亲戚，就是朋友，全有瓜葛。失了火，全去救火；有了贼，全去赶；不拘有了什么事（儿），就互相照应。有了好事（儿）呢，村里就沾光；有了灾难呢，村里就受害。

　　村子小，人烟少，人们容易亲热；村子大了，人口多了，那小孩子们一块（儿）玩耍闹恼了，大人免不了辩几句嘴，还有那鸡哎狗的糟蹋着。有说闲话，拉闲叨，说话说的不对当了的；有该^①钱不给的，有借家伙不还的……一条一条的，我虽然说不清，大半因着有缘故就生恼了。也有吵嘴的，也有打架的，也有不说话的。嗐，你们想，常言说："话到舌尖留半句，理从是处让三分。"若是这么着，隔不了两三天就好了。可是你没有担待，一见有不顺心的事（儿），一听见有不顺耳的话，就要去跟他打，跟他骂。你想罢：你会骂人，人也有嘴；你会打人，人也有手；你会占便宜，人也不是呆瓜。闹的若成了官司，就得花钱。输了呢，自己觉着没脸；赢了呢，人家想着报仇。若打架，打失了手，打死人，就得偿命。俗话说："能恼远亲不恼近邻，能恼近邻不恼对门。"

　　你想：一个村里住的人，你恨我，我恼你的，一辈子为仇，到了子孙们身上还解不开，这不是给后辈儿孙种了祸了么？依我看，不如那一村里的人，是街坊，是邻居，是对门子的，都相好。常言说："哄杀人（儿）不偿命（儿）。"不拘大事小事（儿），有尽有让的。见了面（儿），

---

　　①该，欠的意思。

你敬我，我爱你的。有了丧事（儿）喜事（儿），又去忙活，又去周礼道喜的。有了患难，都相帮助。有了灾病，都相瞧看。有了争论的，就劝说着他们拉倒。你别架着人打官司，别挑唆人打架，别撒牲口糟蹋人家的庄稼，别惯着孩子们偷人家的东西，别指着横死了讹赖人，别闲着跟潦倒邦子去玩钱，跟那没出息的人干坏事。见了那乡亲们有窄难的，就周济他。若放账，也别过三分利息；要是陈账，他还不起，也别要的过利害了，着他给利上加利。不要仗^①着你银钱大，有势力，去欺负那软弱贫穷的。

你们这功名人，有秀才、监生、举人、进士，不论是文的武的，不可欺负那庄稼人。你想，你当初得功名的时候，报子来报，那乡亲们都恭恭敬敬的前来道喜。他们心里说："守着大树不着霜"，又说："好汉护三村"。咱村里出了绅士，后来他必定照应咱们的，你如今倒仗着有功名，反霸占人家地土，霸占人家妇女，撞骗人家钱财，又窝贼摆赌，一条一条的祸害那乡亲们。你这么霸道，就是官家和你有面（儿）宽容你，那天也宽容你么？

可这穷人们若借了财主的钱，本不拘日子，有了，就即忙还人。常说："勤借勤还，再借不难"，别借了就不想还人家。

村里若有那泥腿光棍，该小心躲避着他，少和他同事。若躲避不开了，说话让他，共事（儿）也让他。一点子半点子的冒犯着你，你也不用答理他。他还能伤损么？常说："能得罪十个君子，不得罪一个小人"，这才算你是有见识的。和那粗卤^②人，不要挑他的礼貌。和那糊涂人，不要跟他一般见识。

可那好惹事的人，他怎么说呢。他说："人欺负了我，我若让过他去，那乡里乡亲的，一个一个的全来欺负我，我这日子还怎么过呢？"

哎，你忘了古人说的么："吃亏的常在"，又这么说："冤仇可解不可结。"嗐，全是你不肯吃亏。一不痛快，就想着和人斗气。赶闹起事（儿）来，想着拉倒^③，也就不中用了，到吃了个老大的亏，才完了。若从前你

---

① "仗"原作"杖"，疑错。

② 粗卤，同"粗鲁"。

③ 拉倒，不算数。

让他一点（儿），他看你宽洪大量①的，他各人也许后悔他的不是。若是还欺负你，人说他欺负老实人，那不算好汉子。你看，你包这一点（儿）小屈，不用觉着心里难受。别人倒看着你好，也不说你是软弱，全愿意交往你：你没有钱，人周济你；你有了事，人帮助你。这不是吃了点（儿）小亏（儿），倒占了大便宜了么？

　　那当初，有一个人买宅子。那宅子，要一千银子。这个人说："不过值五百银子。"卖的说："五百银子买宅子，还得五百银子买邻居。"可见宅子不大要紧，邻居倒要紧。这邻舍街坊一块（儿）住着的人，若是有毛包土棍，就过不了平安日子。若是净好人，谁也借谁的光，更跟着人家学好了。俗话说："跟着好人学好人，跟着歹人学歹人。"

---

　　①宽洪大量，同"宽宏大量"。

4
典家立业

　　我们人生在这世界上，最要紧的是吃饭穿衣裳。该想这吃的穿的从哪里来的？若不肯种庄稼，就没有粮食，哪里有吃的呢？若不肯种棉花，就没有布匹，哪里有穿的呢？若是天下的男人们都种庄稼，自种自吃，就没有挨饿的了。女人们都纺棉花，自织自穿，就没有挨冻的了。

　　古时的皇上，他把这种地、织布，当头一个要紧的事。到了春天，皇上亲自耕地，娘娘亲自养蚕。你看那皇上娘娘都不怕辛苦，亲身做这个活，是留下个做活的样子，叫百姓们学。你这为庄稼人的，怎么不肯去出力呢？若净闲着，哪里有饭吃，有衣裳穿呢？你要吃要穿，总得春天去种，夏天去镑，秋天去收。出了些个血汗，辛苦了半年，这才有了这碗饭吃，有这件衣裳穿。若能够受辛苦，不惜力，这地里的出产就一年比着一年的富余了。那粮食呢，一囤一囤的摆着；那绸缎呢，一箱一箱的放着。吃也吃不清，穿也穿不清。你若游手好闲的，上头不能养老，下边（儿）不能顾少。

　　只管说南边（儿）和北边（儿）的出产不一样，哪个地方也得耕地、种庄稼，才有吃的。不是养蚕，就是栽棉花，哪里也得费心，才有穿的。只你若不撒懒（儿），就过了日子了。千万呢，别见人家做买卖，赚了些个钱，就眼（儿）热了，就瞧不起种庄稼了，想着也去做买卖。你不知道么？古时的买卖人，人全鄙薄他。皇上恐怕做买卖的多了，这才留下税用。那要手艺的匠人们，只管是指着手挣饭吃，那也算是外块，不是正业。就是这种庄稼的，春天一个粒（儿）洒的地里，到了秋天，这粮食粒（儿）多的数不清。打完了，粜①出去，就有钱花了。封了钱粮，

———————————
①粜（tiào），卖粮食。

除了自己费用，还有些个余剩的。俗话说："庄稼主封了粮，好似自在王。"这样宽绰，全是从你辛苦来的。

再说，过日子，还得减省些（儿）。人常说："不细不发。"又搭上年景没准（儿）。有好年头，有浪荡年头。不是潦，就是旱。那丰收的年头不多。若是有了，净糊花乱花的，花的没有富余了，后来遇着年头不济，可怎么过呢？还得吃不济的，穿不济的。平日里，穿不尚华美，吃不贪口味，就能以兴家立业。别把粗布衣裳，家常饭食，嫌不体面不好吃。

你年年积攒下一点（儿）才好。别说这一年剩下的不多，值不得积攒，你若年年积攒这么一点（儿），不多的几年就成了财主了。

还有你那子孙们从小见你这么服苦，他们也就知道那钱不是容易来的，就不好意思的胡花乱花了，这日子就能保的长久了。

总不要跟那好闲的没出息的人们说，咱们为什么受这样辛苦呢？这么不正经呢过，后来保不住得要饭吃，也许做贼，偷人家抢人家的。犯了案子，就扛枷、带锁子、坐狱，受些个非刑拷打，那全是不过日子的结果。常言说的好："屈杀别告状，饿死别做贼。"

还有那旗人们，在营里当差效力，不得种地，难道就不穿衣不吃饭了么？你们想想，每月给你的那银饷，给你的那口粮，都是从哪里来的呢？你吃的这粮食，穿的这布匹，全是庄稼人完粮、出差、供给你们。你想到这里，你也就懂得当给那庄稼人们出力。他养活着你，你就得保护着他，那是正理，那是当兵的本分。

那地方官辖管百姓，不拘有什么差徭，也等着洼里没有活了，待使用他，怕耽误了他们的工夫。那懒惰的，官（儿）就不依他。那勤谨的，官（儿）就夸奖他。这么着，日子不多，就没有一个闲懒人（儿）了。男的耕地，女的织布，那孩子们也跟父母学着做活。

若有些个种不了的地，就放牲口、栽树，不着这地白闲着。这么着天下就全富足了。

5

勤俭节约

人家过日子，吃饭穿衣，人情分往，天天有花费，天天（儿）也离不了钱。花钱可是有两样。有见天得花的，有不知道多咱^①才花的。一年穿多少布匹，一年吃多少粮食，这个算计得过来。若是那孩（儿）生日、娘儿满月、娶媳妇（儿）、聘闺女、生病、死人、出殡，这些个事（儿），都是家家常有的，可是算计不过来。若把钱财不省着花，不攒下一点（儿），一遇着这样的大事，你拿什么去办去呢？俗语（儿）说的好："常将有日思无日，莫到无时思有时。"这个话是说的：人遇着那有钱的时候，省着花，总得积攒下点（儿），防备着后来有事（儿）花。不要等着那急慌到了，才想起来，那就晚了。

可人全是不听这个好话，动不动（儿）的就说："今朝有酒今朝醉，死了也是撇下。"就去任意胡花乱花的。

这个样子和古人们大两样。那老时的人，到了五十才许穿绸帛，到了七十才许吃肉，朝廷无缘无故的不许杀猪宰牛。可见那个时候，百姓们都是粗茶淡饭的过日子。他们说：人生福分是有限的。减口增福，减衣增寿。若享用的太过了，恐怕折了福，到老来就没有好结果。不像如今晚（儿）的这庄稼人们，遇着个好年景，就嗑酒、唱戏、修庙、起会，净分外的花钱，自然就花的短少了。好年头花个干净，赶遇见不济的年头，你看苦哎不苦？

还有那从小的财主，因着先人们过日子减省，舍不得吃，舍不得穿，才积攒的成了个家业。自己不知道好歹，拿着银钱混花。见了人家穿绸子，他就要穿缎子；见了人家骑马，他就想着坐轿。总要比别人强，样样的

①多咱，什么时候。

好看，没别的。常怕不如人了，着人家笑话。哎，你今日好花钱，明日好花钱，花来花去，把那先人挣下的那点（儿）财帛，不多几年你就花完了。然后就卖房子去地。赶卖完了，还花什么呢？还用什么去做脸（儿）呢？你那嘴也吃馋了，手也学懒了，肩不能担担，手不能提篮，落的这个不如人，你可怎么受罢？你老实呢，就得要饭吃；要不出来，就得饿死，成个路死贫人；你强量呢，就是做贼截道；若犯了案，就得挨打挨杀。旁人见这个结果，没有不说长道短的，连你的祖宗也跟着丢人。你怕人笑话，你减省些（儿），省下点（儿），防备着后来才是。

可怎么减省呢？那减省，也不是如外的刻薄。不过是，当花的就花，不当花的就不花。那穿的吃的，都不要过分，就完了。宁可叫人家说你不会享福，不会要体面。不可要好，花的败了家。就是那红事（儿）、白事（儿），也不过得按着力量，不要勉强着图体面，净如在外的花钱。若是女家呢，多买家妆，多买首饰；若是男家呢，唱好戏、摆好席，两限里全挖下一大些个窟窿，你说你这是疼爱儿女？嘻。你想，你的窟窿，若至死还不完，到了你那儿女们身上，也着他们受一辈子的窄，这算得疼爱他么？

这为儿女的，当着父母死了，发殡，这是头一条大事，只得尽心竭力的去买寿木、置装殓，打发爹娘入土为安，这就是孝子。可你为什么打好棚，赁好棺罩，请和尚、道士、姑子，叫戏上、念经、吹打、糊纸扎、放烟火、请礼教喝礼、成服、跑马、唱戏、上刀山、打台子杂耍，鼓乐喧天，跳的跳，耍的耍，这个热闹葬埋老的（儿），倒像个大喜事（儿）哎是的。常言说："贫而不可富葬。"尽着力（儿）的办，就是了。别花的后来受了穷苦。

还有过年过节，请亲戚相好的，人家怎么着，我也怎么着，随乡入乡，别忒闹脸（儿），应酬了事（儿）就完了，别拿着钱当水哎是的。

若年年（儿）减省，留些富余（儿），你就快不穷了，慢慢（儿）的也就宽绰了。

6

爱惜性命

　　人在世界上，都有个身子性命。性命是天给的，身子是父母生的，这身子性命是最要紧的。百姓们仗着身子种庄稼，过日子，孝顺父母，养活妻子；当兵的仗着身子吃钱粮，上阵打仗，给皇上家出力。这身子本是有用的。古时那人们，走道也不敢慌了，恐怕跌倒，伤着各人的身子，就是伤着父母的身子。说话他们也不敢骂人。我骂人家的爹娘，人家也骂我的爹娘。看起来，这身子都是重大的，怎么就和人有冤有仇呢？那都是因为各人的脾气不好，不涵养。仗着年轻力壮的，值得值不得就要打架。不是打死人家，就是着人家打死。你们仔细想想，那打架是一时之气。若是吃亏让人的，没有过不去的事。你们偏要逞好汉子，张嘴先说："这个事（儿）我真受不得。就是打死他，也不要紧。"

　　哪里知道，就是皇上家恩典大，这杀人的大罪也赦不了。可怜这凶犯们，多喝了几盅酒，因着一时的气恼，打死了人，在监里带着锁子，带着脚镣手铐子受罪，弄的家败人亡，撇下女人孩子也没人照管，到了杀场的时候，后悔也晚了。我劝你们，从今以后仔细想想，把自己的冤仇和自己的性命比比，哪个轻？把这点（儿）恼怒和自己的身子比比，哪个重？若按着这么想想，可就拿着这身子性命要紧了。就是有人无故的欺负你，觉着受不得，也该思量思量，不可豁出命来跟他打架。该找出几个体面人来，和他说理，他自然得认错，着你落台①，遇见这样不顺理的事，有人说劝，落台就是，别拘死理。一含糊就过去了。

　　至于喝酒，更不是好事。你看古人们喝酒，就叫人管着，不着多喝。

---

　　①落台，事情了结之意。《儒林外史》第五回："黄家的借约，我们中间人立个纸笔与他，说寻出作废纸无用。这事才得落台，才得个耳根清静。"

怕的是喝醉了，胡说八道^①的闹出事（儿）来。

打总子说罢，有了事，和他讲理。他若实在不说理，就是和他打官司，也不和他打架。你们百姓们可知道什么呢？又不懂得王法，又仗着户大人多的，拿刀动剑的就去打架。那头听见说，也邀下人等着。到成块（儿）就混打一阵。赶打完了，也有受伤的，也有打死的。赶打了官司，谁杀了人，谁得偿命。那邀去的人们也得偿命的。这帮着人打架，你说冤不冤呢？你们若仔细想来，心里可就明白了。这做老的（儿）的，该教导这做小的（儿）的，做哥的该教导这做兄弟的，有了事总要说理。别人打架邀我，我也不去。这才算安分守己呢！

古人们常说："忍得一时气，免得百年忧。"这个理是不错的。这世界上没有不好气的人。凡事都有个理（儿）。若光看见人家的不是，看不见自己的不是，这气就越大了。若是各人先想各人的不是，心里就说，这点事，是我先错了，就是他不好了，我也有点（儿）不好，可就慢慢的这气就没了。可见，能吃亏是好的。又打不了架，又打不了官司。这身家性命都能够保住了。你看便宜不便宜呢？若天下的人都是这样，这爱打仗的风俗就没了。

当时孔子常说："忿，思难。"人若有了气，就该想一闹气就了不得了，不如一忍就完了。

孟子也说："人若待他没礼，这君子人先想各人的不好。若是各人想想，一点不好也没有，这个人还是欺负他，那君子就当他是个糊涂人，也不和他一般见识，也不会他闹气，不答理他，就完了。君子人当是度量宽洪的，不能小肠急肚^②的。"

这圣贤说的话，别和人为仇，也别和人闹气。你们作百姓的、当兵的，都听着罢，都和和美美的享个太平福，这个好不好呢？

---

① "胡说八道"原作"糊说巴道"。
② 小肠急肚，即"小肚鸡肠"。

1

念书修德

世界上的人全知道吃好饭食，穿好衣裳，养自己的身体，是要紧的。不知道长好心（儿），做好事（儿），修自己的德行，是更要紧的。你看，这聪明伶俐的，使乖弄巧，哄骗那糊涂呆傻的。这刁恶强量的，横行霸道，欺负那软弱老实的。这是个什么缘故？没别的，就是他心术不正，失了教训的缘故。人若没有好心，就是长的人品俊，穿的衣裳强，比方那骡马被着好鞍鞯，披着好皮毛，脱不过是个牲口。人若心里狡猾，光会能言巧语的，就像那鹦哥猩猩哎是的，到底是个畜类。因为这个，那老时的好皇上，用衣食养活百姓，讲礼义教训百姓。一个村里立一个学房，派一个先生。没有一个村（儿）不立学的，也没有一个人（儿）不上学的。一来耽误不了才人，二来民间的风俗也比从前强了。浮躁的人上学，就学的安静了；那愚傻的人上学，他就学的明白了；那刁辨的人上学，他就学的善净了；那软弱的人上学，他便学的刚强了。普天下的人们，一上了学，都能改毛病，长德行。看起来，能够成全好人，感化恶人，于民间有益处的事（儿），没有比这设立学馆再好的。这康熙皇爷做了天下的时候，他是很用心整理学堂。信凡是念书的事（儿），教训人的法子，哪一条也全可。

拿着那念书的人，为庄稼人、手艺人、买卖人的上一等人。念书的，若按着书理上那么做，这街方邻舍的和一村里的人自然就跟着他学好了，风俗还有不改变的么？

这念书的，怎么算农工商贾的头目呢？因为他念了圣贤们留下的书，懂得圣贤们传下来的道理，心性早已正经了，说出来的话，作出来的事（儿），全学那圣贤们的样子。人们都跟着学，也叫他儿孙跟着学，不多时那秀才、举人、进士、翰林，这些个功名，全是出在这学馆里。古人说的好："将相本无种，男儿当自强。"你们这念书的，当知道，先要自己端正。把齐家的事（儿）做好了，后来做官也一定是好。常言说："齐家才能治国。"不要净想着做好诗，做好文章，为功名，为发财，为体面。光在外面（儿）用工夫，耽误了那修德行的事（儿）。

还有那不老实的念书的，肯发歪，吓唬庄稼人，走动衙门，当讼师，架唆官司，想①钱。喜欢这个人（儿）就逗着他；烦恼那个人（儿）就造谣言糟践他。常瞎说胡道的，没有一点（儿）品行。这样的人，就是进了个秀才，这个不济也是个往下溜子去的，不在人上走，算不了是个念书的。

你们那旗人们，也别说这学馆于俺们无干。你们不知道么，哪一个人没有父母呢？你们那孩子们若不上学，着先生叮嘱咐他们，连那孝顺爹娘的大道理，他们也不知道。看起来，那设立学馆，要紧不要紧哎？

①想，挣的意思。

8

教导子女

人在世界上，除了绝户，都有后辈儿孙。自小若是娇生^①惯养的，常信着他的性（儿），哪知道那不是个好（儿）。常言说："纵子如杀子呀！"

比方这一家子有哥三（儿），哥俩，添了小的（儿）就不喜欢大的了。常言说："天下爷娘向小儿。"岂不知那都是个瞎账道。把你那小的（儿）若惯坏了，赶你百年以后的时候，那做哥的说个一言半句的，做兄弟的就不服，和做哥的停打停骂，哥们弄的生恼了。俗话说："有父从父，无父从兄。"可你若自小不教训他，他哪里晓得这个道理呢？

该知道，这年轻的人都该受点（儿）调教，才是呢呀。若说这调教，也不过就是该打了就打了，该骂了就骂。俗话说："打是喜欢骂是爱，不打不骂要作怪。"若不，就送的他学里去，念几年书，也就知道好歹了。你看，那古时的圣人们立下了这个好规矩，或是在乡村（儿）里，或是在城里，设立下些个义学，请先生，着孩子们念书学规矩。赶子弟出了学房门（儿），或是做庄稼，或是作买卖，或是学手艺，或是当兵，各行道里都有规矩呀。

说了半天，这世界上的人，都是父传子，子传孙。子子孙孙，一辈子一辈子的这么传流，或是起家，或是败家，都在子弟好歹呀！

可是这人，哪是个生而知之的呢？都是学而知之的。既说个学，就是教训。

再说，这人生下来，不能就是个恶人。常说："人之初，性本善，性相近，习相远。"言其，根子^②一降生，人都是善的呀！因为不教训，

---

① "生"原作"盛"，疑错。

② 根子，相当于今献县话"赶自"，开始的意思。

他迤逦①迤逦的就学坏了。这也不怨子弟们不好。都是怨那做父兄的过了。俗话说："养不教，父之过。"因为这人，自打五六岁（儿）上，一到二十来的岁，那个孩子气（儿）不退，正是最要紧该管的时候。以后人大心大的，就管不过来了。俗话说："儿大不由爷。"偏偏（儿）的那做老的（儿）的，当着该管的时候，溺爱不明，光知道疼爱他，只恐怕他包屈②，只恐怕他啼哭，要个星星不敢给个月亮。

孩子们在一块（儿）玩（儿），搁起惹来，大人就出来，打骂人家的孩子，给各人的孩子出气，着人家说是护驹子。为孩子失了大人的义气，今（儿）个吵明（儿）闹，这个样（儿）的多多了。

还有编着法的哄着他，惯着他。穿衣裳也不穿个正青正蓝的，老是打整的花花丽丽的，想着着人夸个好。要吃什么，就给他买什么。宁可各人舍不得吃，也省下给他吃了。见他骂人，也不说吓唬他，反倒逗着他，夸他骂的好。见了他和人家打架，反倒夸他会发歪发横，什么人也不怕，没人（儿）敢惹。孩子撒谎，就夸他有心眼（儿）。明知道各人家的子弟爱小，偷人家的东西，反倒夸他流俐③，自小就知道东西（儿）中用，很顾家的。明知道各人家的子弟不好，偏曲偻着个心眼（儿），说他年轻，不知道么（儿），也不过是斗着玩（儿）斗恼了，可要什么紧呢。别人说他家孩子个不好，各人就瞋着，恼的人家慌。

你想，小孩子家本不知道好歹，全指着大人教训呢呀！你劝他做好事，出好心，别脏心淡肠的，编把着着他长点（儿）见识，别着他信着性（儿）的瞎糊闹，也不着他吃的过于了，也不着他穿的过于了。俗话说："吃饭穿衣，论家当呀"，又说："要吃还是家常饭，要穿还是粗布衣"，又说："减食增福，减衣增寿呀"，还是不光为的给他积福积寿。正是恐怕他吃穿惯了，后来去房子卖地的这么折腾着，还要吃穿呢！

再一说，不论什么都信服着他吃，还恐怕他不知饥饱，吃病了。

若见他和人家搁惹打架，也别管谁是谁非，先管教各人家的。也不许他爱惜人家的东西。偷着空（儿）给他讲道些个孝顺父母，尊敬长上的话。

---

①迤逦，一路行去，曲折连绵的样子。

②包屈，受委屈。

③流俐，聪明。

不许在长上跟前扯谎掉诐的说瞎话，耍骄气。不论做什么事，都得和父母兄长商量商量，不许自己作主。

夫妻之间，也得整重和美。一家子，老是老，少是少的，上和下睦的，才算个好人家呢呀！不许谁爱怎么着，谁就怎么着。张的张天师，李的李霸王，糊涂老婆乱当家，那就不成个体统了。

就是交接个朋友，也得拣着那好人，才和他动拉拢呢呀！朋友也不同小可的，也在五伦里头呀。可不是说的那吃喝搅闹的那个，今（儿）个你的酒，明（儿）我的菜，赶有时候话不投机了，就擘面（儿）伤情的，断了来往，没个肝胆义气。

打总子说，就是教训子弟，着他在世界上落个好人，存好心，作好事，懂得三纲五常，知老知少的。别着他不管不顾的净好吃懒做，没羞没臊的。果然教训的这样了，就能成个有材料的子弟，还何愁家道不兴旺呢！

你想，世界上不论士农工商，都有个接续。那书香主就愿意辈辈（儿）念书。那庄稼主呢就愿意着子弟们学耕耩锄镪。作买卖的就愿意着子弟们将本求利（儿）。当兵的就要子弟习练武艺（儿）。真若是干什么的守什么本分，那过家之道也就不难了。若是不教训，任凭子弟们游手好闲的不务正，就是有多大事业他也守不住。俗话说："从小看大，三岁至老呀！"若是小时家教训好了，就活像生就来的一样。若是自小不教导他，他那个心性（儿）习惯成自然了，再想着管可就难了，抬手打不了他，张嘴骂不得他。那个时候若管的严了，他就起个黑票偷着跑了，所作所为的也没个正经的事（儿），任活（儿）不做，净是吃喝嫖赌，相友些个狐朋狗友的，办些个奸盗邪淫的事。赶犯了王法的时候，又是嘴巴又是板子的打了，一面枷夹起来，吃不得吃，喝不得喝，那样的受罪。做父兄的看见，多心疼的慌也是没法（儿），就是想着替他受了这个罪，也是不能的。心里又疼又恨，后悔可也就晚了。哪如早些（儿）教训他好哎。古人有两句话说："严父出好子，悲母养匪儿。"所以趁着他岁数还小，趁着你年纪不老，急忙呢教训他。想着着他传家，先着他学好，什么孝顺父母，尊敬长上，守规矩的这些个事（儿）们，常和他讲道着点（儿）。若是糊作非为，刑罚怎么利害也得着他知道，一辈子他也就不敢作非理的事了。

如今晚（儿）的人最容易犯的，是这个赌博场（儿）里和做贼的。玩钱，是想着赢了人家的财帛。哪知道，是输了的多，赢了的少。见过些个输了房子地的，没有见过赤手空拳赢个过活的。若是这玩钱的人，十遭若有五六遭赢的，还可以玩钱。多咱也是十遭有七八遭输了的，可怎么还想着玩钱呢？你想，一家子人全靠着你要吃穿呢。你输的片瓦无存的了，可指着什么养活那妻子老小的呢？若弄出些个丑事（儿）来，丢人丧脸的，给祖上软了名，各人也受了窄，想着作庄稼也服不下辛苦的了，想着作买卖也没了本钱了，无非是弄些个绷撇拐骗①，偷偷摸摸的事（儿）。若不，就找个短道寻了死。没有什么别的法。

若说起那做贼来，不论是大贼小贼（儿），偷骡子盗马，偷柴摸草，一作上贼，成天（儿）家是提心吊胆的嫌怕，只恐怕犯了。黑下白日藏藏躲躲的，不敢露面（儿）。赶官（儿）家拿了去，坐监坐狱的，那个苦就提不得了。就是有点（儿）事业，也得花没了。老辈（儿）里的人也丢了。父兄子侄的也跟着受些个连累。别人拿指头指着，笑话说：这是谁谁家的后代呀，落了这么个结果。到晚生下辈的身上，那个丑名（儿）也改不了。俗话说："只看贼打，别看贼吃。"又说："屈死别告状，饿死别作贼呀。"正是这个说（儿）。

从前有一个作贼的，着官（儿）家拿了去了，问成了个杀罪。赶绑②到杀场上，将要开刀哎，他娘去看他的了。这个贼和他娘说，要吃吃奶。他娘见他将死，打心（儿）里可怜他，就解开怀，给他奶吃。那个贼使劲一咬，把他娘那奶头咬下来了，高声喊叫说："你不着我好死，我也不着你好脱生。"又和别人（儿）说："我今（儿）个这个死罪，都怨俺娘害的我。我那小的时候，偷人家一点东西（儿），俺娘就欢喜，就夸我，多咱也不拦挡我，把我惯坏了。今（儿）个将要杀我哎，我为什么不恨的她慌呢？"

你看，这不教训子弟的，连子弟们都恨的慌。若按着这个想来，这教训子弟是多么利害罢，规矩该多么严罢。

可有一样（儿）。教训的时候，也别忒使心急了。若是恨铁不成钢的了，

①绷（bēng）撇拐骗，坑蒙拐骗之意。

②赶绑，意思是等到被绑去杀场上。

今（儿）个打，明（儿）骂，把子弟们管挤了，也管不过来。治死他，他也不怕。必定得慢慢（儿）的指教他，调理他，不知不觉的自然就学好了。俗话说："铁打房梁磨绣针，工到自然成"，又说："冰冻三尺，不是一日之寒。"

还有一说。子弟们若常和那好人在一块（儿），耳并厮磨的，自然就失不了大格（儿）。若和那不成器的人挨傍着，自然就得学坏了呀！俗话说："挨着好人学好人"，又说："近朱者赤，近墨者黑。"比方着一块纸包香草，这块纸也得熏的香了呀。弄一根柳条穿臭鱼，这根柳条也得染臭了。那是一定的个理（儿）。俗话说："守着勤的没懒的，守着馋的没攒的呀！"言其说，这教训子弟，得拣择那好人和他就伴（儿），他自然就学不坏呀！

再说做父兄的，也得站的正，立的稳，才行了呢呀。若是做父兄的，行为不正，就是天天（儿）给子弟们讲究些个好道理，他也是不大信服你，也不能出来好子弟。古人有两句话说："平日做事存心好，留与儿孙作样看。"

果然若按着这两句话教训子弟，一早一晚（儿）的，将今比古的，谁谁做事怎么长怎么短，扯着耳朵这么嘱咐他，那子弟们看见你作的，听见你说的俱都是正明公道的理（儿），他自然就学的忠厚老实了，家业还有个不兴旺的么？子弟们再长进，再有出息；念书，再上达了，得了功名；作了官（儿），光宗耀祖的，多体面哎？有一副对子，说："忠厚传家久，诗书继世长。"还有一副七言的，说："欲高门第须为善。要好儿孙必读书。"辈辈儿念书，就称为书香主、宅户主了。若是子弟们材料不济，也着他念个几年。《朱子家训》上说："子孙虽愚，经书不可不读。"念的认识个文书钱粮票（儿）了，或是写个工夫账（儿）哎么的，就下来，学庄稼活。也教他安分守己的，不招是惹非的，净给大人惹气生，出门入户的也不张狂。乡里乡亲的都说好，这日子也就该着过了。

就是闺女们也不可不教训。她们小时家在家里，赶大了还得给人家做媳妇（儿）呢呀！什么事奉公婆，打整大姑小姑的，三从四德那些个事（儿）们，都得懂得呀。有说新媳妇（儿）的四句诗，说："三日入厨房，洗手做羹汤。未谙姑食性，先遣小姑尝。"言其说的这新媳妇（儿）到了婆家，三天以后就到厨房里去做饭。赶做熟了，不知道婆婆好吃咸的好吃寡的，先得着小姑尝尝，再给婆婆端去。这些个事（儿）们，在家里做闺女的时候，都得学会了呀，等着到了人家婆家，就没工夫学了。所以自小就该教导她，着她听说理道的孝顺公婆。就是叔公大大伯（儿）的，也该当老的（儿）的看承。各人的男人也该顺情合理（儿）的，不许抬杠辩嘴的。孟子说："以顺为正，妾妇之道。"不论办什么事（儿），经心用意的，别慌手撩脚的了。其余那做饭打食哎，刷锅洗碗哎，扫田刮地（儿）哎，也都得指拨给她，着她历练历练。真若是不拘作什么活，手到擒来，上坑是裁缝，下坑是厨掌，就不能挨打受气的了。所以千万呢可别着她在家里的时候学懒了，什么活也不指她，常任着她的意（儿）。赶到了婆家，若是净耍刁泼，打公骂婆的，和妯娌们也不和美，和各人的男人也相眼①（儿），着外人笑话，说少调失教的。家里的爹娘也跟着受些个倭傀②。

说了半天，不论闺女小子，总是得趁早教训。况说是今日为子弟，久后有了子弟。你管他，也算管他那后辈儿孙呢呀！今日把他教训好了，后辈儿孙也是错不了的呀！若教训的不好，后辈儿孙也不能长进。人或好或不好，总在头一辈（儿）的教训呀！如果世界上的人都是一辈传一辈的好，自然就成个太平世界。

打总子说③，这子弟好歹，不是论人家说。那大家主若不教训，也兴④出了废物子弟。那小家主若教训的好，也兴教训出个好子弟来。俗话说："不在庄货，不在坑，单在各自人。"那最要紧的，就是从小的时候该教训，就完了。你们大家伙（儿）都该着点（儿）意听着呀。别辜负了万岁爷告诉你们的那一番好心呀！

---

① 相眼，看不对眼、和不来之意。

② 倭傀，窝囊。

③ 打总子说，总体来说。

④ 兴，可能的意思。

9

风俗人伦

这天下太平不太平，全在风俗好歹。可是这风俗到处又不一样了。俗话说："十里不同风。"

人生在世，心里都明白仁、义、礼、智、信的道理，可是这人，性情脾气不得一样。有刚强的、有软弱的、有急性的、有慢性（儿）的，那急性人办事，又爽快，又摔脆。那慢性人办事，苶苶继继①的，没个脆快时候。

还有一样（儿）。一处有一处的语音。这个地处的人就不懂那个地处的话，那个地处的人又不服这个地处的水土。风俗、土产、风土、人情，一处一个样（儿）。俗话说："一方水土养一方人。"至于性情所好的所忔忺②的，那也是论人说呀！常说，各自喜爱不同。再说这风俗，有厚道的地处，有拐薄的地处。那五方杂地的地处净尚浮华，那雅静地处就兴纯厚。

因为各处的风俗不同，所以古圣人制出个礼来，教化人。这个礼，用处多多了。你自说罢。自打朝廷以至百姓，迎宾会客、进退周旋、举动形容、冠婚丧祭，一总的大事小情（儿），该作揖的作揖，该拱手的拱手，该磕头的磕头，没了礼算是万不行的呀。所以这礼，就算风俗的个根（儿）呀。书上说，人没了礼，于禽兽无异。孟子也说："以礼存心。"就是行礼，必定得从心里那恭敬来的，外面（儿）才有了这行礼的样子。孔子说："恭而无礼则劳。"可见这个礼，是只得有的呀。若是外面（儿）假装个行礼的样子，心里有骄傲的意思，就是作个揖，也是勉强的，不

①苶（nié）苶继（xiè）继，精神不振之意。
②忔忺，讨厌之意。

得不如此了，应酬故事就完了，到底没有那个礼的用处。圣人定礼的那个意思，是为的分上下、大小、自然的谦逊。

若说那行礼的套数，可又多多了，这平常人也学不过来。他们也不过就是按着眼面前（儿）只得行的礼作事，就完了。比方孝顺爹娘、尊敬长上、和美乡里、照应朋友、夫妻和睦、亲戚的礼节，这都是人心里自然知道的，大皮面（儿）怎么着也错不了。这过家之道，无非就是一个亲爱和美。所以在乡村（儿）里也得有个岂有此理。该怎么称呼的怎么称呼。把打东邻骂西舍的那个样子，都改变了。还有什么，今（儿）个和这家子吵闹，明（儿）和那家子打架，在村里横行霸道，事事（儿）压倒别人一抹头，只显着各人，显不着别人（儿）。有了什么公事（儿），其中贪赃图贿。净使些个有口声的钱。逞着一时的忿怒，拿刀动剑的，堵着人家门（儿）骂街流巷，嘴里不干不净的。还是嫌贫爱富，气有笑无的，软的欺负硬的怕，来个外人（儿）就想着欺生，这就算把那个礼字（儿）扔的脖子后头了。你看，那懂礼的人，知老知少，规规矩矩的，事事（儿）包屈忍耐，没个急流暴跳的时候，和别人（儿）有尽有让的，这才算是好人呢。常说："人将礼让为先，树长枝叶为圆。"书上又说："人而无礼，胡不遄死。"言其说的这人，若是没了礼，早死了才好。如今晚（儿）的人，光会说这个礼，可不按着礼办事，这就叫，能说不能行呀。光会挑别人的礼，各人可不懂礼。俗话说："知礼不怪人，怪人不知礼。"比方有俩人不论为什事（儿）争吵，这一个说那一个没礼，那一个说这一个没礼。这一个说你为什么不让给我呢？那一个说那有了你让给我不的？两下里争竞半天，也得归了理。就不如早些（儿）有尽有让的好了。俗话说："争着不足，让着有余。"若老是这么搅磨，弄的那仇口解不开了，可有什么好处呢？若是都回心转意的想想（儿），我说人家没礼，我那礼可在哪里？他不让给我，和我不让给他，不是一样么？两下里都认个不是（儿），不省得擘面（儿）伤情的了么？不拘吃亏占相应，那是个外人（儿）哎。无非是左邻右舍的，磕头撞额的些个人们。况且俗话还说："吃亏的常在。"

可是这人，都没个尽让呀。你看那念书的罢，略薄的会作诗词歌赋了，就洋洋得意的觉着不错了，眼里瞧不着人。这一个说，我作的这文章有好笔调。那一个说，我写的这字（儿）有好墨道。谁也不肯让谁。

那庄稼人罢，为个房隔子、地陇子争吵。这一个说，你侵占了我的地亩了。那一个说，你占了我的庄基了。至于那牲口，一会（儿）家在地头地脑的，或是吃个庄稼穗（儿）呀，或是遭行几棵庄稼苗哎，值得值不得就讲究打官司告状的闹。

那手艺人们罢，更是你争强我好胜的，没个谦逊。这一个想着压倒那一个，那一个想着盖了这一个。这一个在那一个的主户家奏弄奏弄。那一个在这一个的主户家挑唆挑唆。俗话说："同行是冤家。"还有这做买卖的，若来个照顾查（儿），这一家子拉，那一家子拽。若是一样的买卖，这一家子赚钱，那一家子赔本（儿），那赔了的就眼（儿）热，赚了的就卖乖。俗话说："有同本（儿），没同利（儿）呀。"做买卖，是有赔有赚的呀！那一块（儿）的行情好，这一家子瞒着那一家子，那一家子背着这一家子，自己偷着赶个好行市。也有使大斗的，也有使小秤（儿）的，瞒昧良心，哄了别人，各样的人都有呀！

那当兵的就更不用提了。骑着走马，跨着快刀，发歪发横，动不动（儿）的就要杀人。

打总子说，都是不懂礼的过哎。若是不论哪一行人，都知道礼节了，你看是个好风俗好世界哎不？书上说："谦受益，满招损。"是说的，这人忒自大了，忒强量了，人人都恨的慌呀，有了事（儿）也没人（儿）理他，过后可有什么益处呢？若是谦和人，事事让人一步，省得惹一大些个烦恼，也没有什么吃亏的地处，反倒得了便宜。比方有人来骂我，我若让他个一言半句的，他若是好人，自然就得后悔了。即便是恶人，他骂败了性（儿）也就不骂了。他也高贵了不到哪（儿），我也下贱不到哪里去，比生气惹恼的不好么？

从前唐朝有个娄师德问他兄弟，说："如果若有人啐咱家哥们一脸唾沫，你可和他怎么着呢？"他兄弟说："不说什么，擦了去，就完了。"他哥说："嘻，不用呀。你若是擦了，算当面（儿）给那个人（儿）不落台，他就越发的恼的你慌了。总是笑笑，也不还言（儿），等着他自己干了，才是呢呀。"你看娄师德这个谦和，作官到了宰相分位，这不是谦受益的个样子么？①近来这骄矜自是的人很多，也不论过财主的，也不论作官（儿）的，自己觉着有势力，净欺压那良善人们。见了那本乡本土的人，或是亲戚理道的，自己大模大样（儿）的，也没个称呼，一派的骄傲气像，作出些个越礼的事来，这不是招灾惹祸么？古人说："谦和终有益，强暴必招灾。"这就是满损的个样子。

从前有个王彦芳最好谦和。这一天有个贼偷那人家的个牛，着人家逮住了。闹来闹去，白当着王彦芳知道了，立时刻打发人给他送了一匹布去了，还劝他回头改过，以后再不要做贼了。那个贼感念王彦芳的好处，又想他劝的言语，就不由的改恶为善了。有时候在道上若碰见人丢了东西，他不光不拾，还给人家看守着，等着本主找来，拿了去，才算完了事（儿）。

还有个管幼安，也是好吃亏让人的。若是别人家的牲口吃了他的庄稼，他连个恼言（儿）也不说，反倒把牲口给人家喂上，就是这样的有容人之量，所以把临边近酇②的人们都感化动了。后来遇见大反大乱的时候，贼们越过他的门（儿），不抄寻他。四外八方逃难的人，都投奔他来，求他护救。你看，一个人能让，感动多少的人哎？

人若是打这么个礼让和气的底（儿），那三乡五里的、房边左右的人，就都百依百随的，没有跟他说不着的了。人心也都感化过来了。风俗也都改变好了。当真，世界上的人都能这样了，自然就感动的上天，风调雨顺，国泰民安，落个太平天下。

---

①成语"唾面自干"的由来。
②酇（zàn），周代地方组织单位之一，一百家为酇。

10

教派信仰

万岁爷说，天下不怕别的，就是怕人情枵[①]薄，风俗不济。可是近来的人心都不好了，那风俗怎么会厚道了呢？这人心，生就来是好的，是正气的。只因为有了邪教，人都信从，都跟他们学，想些个歪的，迤迤迤迤的就学坏了。怎么叫邪教呢？是说的，除了五经四书上的理（儿），其余别的俱都是胡说八道。自古来就有三教流传。除了念书，就是和尚、道士的。

这念书的事（儿），就是三纲、五常、仁、义、礼、智、信，没有别的。

这和尚的讲究，就是成佛。又说："一个人出了家，九族都升天堂。"你们想想（儿），哪里有这宗事哎？他们说："这佛，就是心。念佛，就是时时刻刻的那个想念都存在心里，这就算成了佛了。"所以他们那经卷，头一部就是《心经》。这《心经》就是说的："人这心若正直无私，不许曲偻弯偻的。还要诚实，不许虚虚诈诈的。还要爽快，不许龌龊龌龊的。把贪求、恼怒、妄想，这三样（儿），都得去了。心里常和镜子里的画，水里的月亮一样，干干净净的，一点（儿）挂牵恐怕的心（儿）也没有，这才算个心呢。"所以宋朝朱文公先生说："这佛教，把天地，四方，世界上一切的事（儿），都撇开了，都不管了，就是光知道有个心。"这一句话，就把佛教那个底里情由说完了。

再说这道士的说作（儿），就是炼丹的法子，什么养精神运气，求着多活几年就完了。朱先生又说："这道教没有别的，就是养这一点（儿）精神气力。"这一句话，又把那道教的根由说完了。

你们看，这深山里头，庙里这有名的和尚们，讲经说法，什么吃斋

---

①枵（xiāo），布的丝缕稀而薄，此处比喻人情淡薄。

受戒，敲鼓敲钟，闹半天还是外不了那个心字（儿）。还有那洞里讲究成仙成神的老道士们，也无非就是个炼丹、养气、吃花瓣、喝露水，求着常生不老。归根（儿）还是把人间的大道理扔在九霄以外，永远不提。到这多见树木，少见人烟的地处，烧香、念经、炼丹、说法，别说成不了佛，成不了神仙，就是真成了佛，真成了神仙，谁看见他们上西天去了？谁看见，晴天白日，他们上半天云（儿）里飞了？这活活的是瞎捣鬼。俗话说："神仙自有神仙作，哪有凡人作神仙呢？"你们百姓们最容易着他们哄信了。你们看，这苦修的和尚，炼丹的道士，哪里有真成了佛，真成了仙的？也不过白把那人伦的道理弃绝了，一点救人的地处也没有。就是他们一天家完了各人一身的事（儿）。俗话说："干么说么，就完了。"到底他们也没心害人。

可有这么一道无赖的人们，一天家净撒懒（儿）不作活，弄不上吃穿，投奔的个庙里来安身。把辫子剃了，也说出家。就是俗话说的："指佛穿衣，赖佛吃饭。"又说："馋，学买卖；懒，出家。"造出些个谣言来，什么天堂、地狱、轮回、脱生，这些个话语。第一的，先说着人们打发布施，就算积福。又说："越舍布施，越发财。"只恐怕人不信，他们又说："糟行和尚，不信神佛，不念弥陀，见了庙不磕头，该舍的财帛若不舍，就下地狱。"什么天打雷霹，贼盗火烧，样样（儿）的不好都有，怎么说的凶就怎么说，好着人信服他们，养活着他们。起头也不过诓骗人的财帛，图吃图喝。以后慢慢（儿）的越闹越凶，作什么龙华会、盂兰会、赦孤会、鸣锣响钹、敲磬打钟，引斗村里那无知的人们上庙里来，烧香、磕头，男女混杂，没黑下到白日的。只说是作好事呢。哪知道，其中奸盗邪淫都有，正是作恶呢！

你们这些个傻百姓们，不懂四六①（儿）的多，就信他们瞎说糊道、吃斋念佛。可你们是不知道佛的来历是怎么个事（儿）？这佛是梵王的太子。因为他是个清静脾气（儿），嫌这红尘世界麻烦的慌，离了世俗，上那雪山顶（儿）上去修行的了。你想，他这一走，连爹娘、儿女、夫妻，

---

① 不懂四六，就是说不知好歹，不懂事。古代崇奉"天地君亲师"。其中以"天、地、父、母"为至亲。天为父，"天"与"父"字都是四画。地为母，"地"与"母"都是六画。不懂四六就是上不知天，下不知地，为人不知父母。

都不顾了，反倒在你们身上费心，给你们讲经说法么？他把皇宫内院，楼台殿阁都弃舍了，反倒喜欢你们盖的庙宇寺院么？这明明的是没有的事。

再说这玉皇，若果然有这么个神，他在天上，难道说还不自在逍遥，只得着你们塑他的胎，画他的像，给他盖房子住么？

这些个吃斋、念佛、作会、修庙、塑胎、画像的话，都是那游手好闲的无赖子们，出了家，当了和尚道士，造出来的，为的是诓骗你们。你们偏要信这些个。还不光自己去烧香磕头的，还纵着妻子儿女上庙里去，上供许愿的，使油搽粉，穿红挂绿，和那些个和尚道士光棍汉子们，挨过来，挤过去的，也不知道那好处在哪里？常见有那不顾羞臊的妇女，对劲（儿）作出不好事来，生气惹恼，着人家笑话。这就叫为好为出不好来了。

还有这一宗糊涂人，自己有了儿女，怕不成人，或是认和尚道士的作干爹，或是许的庙里当沙弥，到了初一十五，打扫庙宇，撞钟敲磬，就算出了家了，说在佛爷脚底下就成了人了。难道说这和尚道士的就没个短命鬼（儿）么？

还有这样死傻子们，为老的（儿）有了病许愿，等着老的（儿）好了，也不管千里百里，多远的道路，多高的山岭，去烧香的，一步一个头，直磕到庙里。或是道上，不服水土，得了病。或是遇见什么灾难，把命丧了。或是上山，摔下来，磕着胳膊，碰着腿的，落了残疾，自己说是舍着命为老的（儿），这就是孝顺，外人也都夸他好。岂不知，拿着父母的遗体，各人不当事（儿），轻易的作践了，这正是不孝呀！

你们还说："在神佛面前烧香上供，就能免灾除害，神家还赦罪、求福、活大年纪。"你们想，自古来就说聪明正直的为神。既是聪明正直，哪有贪图人的供飨（儿）的呢？人给他上供，他就保佑。不给他上供，他就恼恨的慌。这还算什么神呢？还成什么聪明正直呢，这不成了个小人了么？比方你们本县的官（儿）你们若是安分守己做好百姓，就是不奉承他，他自然就另眼（儿）看待你们呀。你们若是强量霸道，土棍毛包，糊作非为，就是天天（儿）去奉承他的，他也是恼恨你们呀！可这神佛比着作官（儿）的更明白呀！

你们又说念佛就能赦罪。如果若有人作些个不好事，犯了罪，到衙门里，高声叫几个大老爷，官（儿）就饶了他们么？

还有时候，把和尚道士的请的家来，作会、打醮，着他们给念经，保佑平安，除灾免祸，增福积寿。如果你们若不按着圣谕上的道理做事，就是把圣谕念一千遍、一万遍，难道说万岁爷就喜欢你们么？

况说烧香、念佛，这些个事（儿），别说皇上家不喜欢，就是那佛也是最恼恨的。《大藏①经》上说："若是奸僧邪道，装模作样（儿），讲经说法，哄骗愚民，许本地的官（儿）重重的治罪，远着拿箭射，近着着刀砍，这才算护救百姓的好法呢。"你们看，这佛那样的恨他们哎。你们反倒信服他们，这不得罪了那佛了么？

说了半天，总是那些个好吃懒作的人们，又不会做庄稼，又不会做买卖，在世界上弄不上衣食，在庙里出了家，想出些个法子来哄人。

这道士们更有法（儿）瞎说。什么拘神、显像、斩妖、除邪、呼风、唤雨，拜什么星斗。别说都是些个谣言。就是一会（儿）家有个一点半点（儿）的灵验，也是些个邪法（儿），也是些个照眼法（儿），并不是真的。你们就着他们哄信了，做庄稼的也没心做庄稼了，做买卖的也没意做买卖了，说这道那，把人心都迷糊住，风俗也就坏了。

更有那可杀不可留的人，借着这个，招摇撞骗，结党成群，自己说是教主，满世界传说道理，拉些个徒弟，黑下聚成堆（儿），白日就散了。有时候，人多势众，就生了别的心，做些个歹事，反了，乱了，赶着官（儿）家拿了去，问成个大罪，夹棍拶板（儿），脚镣手铐，坐监坐狱，妻子儿女痛哭流泪，也没法救出来，这都是上了邪教的当了。你们看，什么白莲教、红莲教、闻香教、密密教、一柱香，近来还有什么在理（儿）的，什么阁老会②、义和拳，教门（儿）多多了。俗话说："七十二教门（儿），各门（儿）都有理。"凡自这教门（儿）都不是平常的道理，律例上都不许信，后来都得着皇上拿净了。这都是不安分的个榜样呀。

还有那跳神弄鬼（儿）的香门（儿），师公师婆（儿），俗话叫下神的，皇上家也有一定的律例。

---

①"藏"原作"臧"。

②阁老会，又称哥老会，起源于湖南和湖北，是近代中国活跃于长江流域，声势和影响都很大的一个秘密结社组织。

朝廷立下这个法律，光为的是不着百姓们做不好事呀，愿意着百姓弃邪归正，除暴安良，遇祸变成福，遇灾变成祥。你们拿着父母的遗体，生在太平无事的时候，不缺吃，不少穿的。服苦的劳力，当勤当俭。念书的劳心，当谨当慎。到了时候，过财主的过财主，得功名的得功名，那样的好哎。何苦的信些个别的教门（儿），犯了王法，这不成了个死傻子了么？万岁爷就是用个仁义大道理劝你们，为的是着你们把这个世路人情都通达了，感动了天心，风调雨顺，国泰民安，五谷丰登，天下太平。你们可着实的也该体万岁爷那心，行正道，去邪说，安分守己。见了邪教，就活像见了水火盗贼一样。你们想：那水火盗贼，也不过害人的身子。这邪说妄行，连人的心术都害了呀。天生下人这个心来，就是正的。因为贪求别的，所以就走差了道了。比方这穷的想着富了。富的又怕不长远，还想着求寿、求儿、求女。最糊涂的，是这一辈子求下辈子的福。就是和尚道士的，想着成佛成仙，说半天，总是一个妄想，就完了。人若知道各人的父母就是两尊活佛，可为什么满世界去上那木头刻的泥头捏的跟前，烧香祷告的呢？俗话说："在家敬父母，何须远烧香呢？"你们若懂得真理，就知道各人心里光明的、没私曲，就是天堂；黑暗的、有亏心的，就是地狱。自然就有个主宰。可为什么着那邪教诓骗了去呢？你若真是善人君子，行为不错，那邪门（儿）就不敢近你。俗话说："邪不能侵正呀！"家门再和顺，心地再正直，就可以得了神的保佑。做官（儿）的做忠臣，为儿的为孝子，把人事尽了，就能以得了天的恩典。常说："尽人事，听天命。"不贪义外之财，不求非分的福，不做非理的事，不出害人的心，就保着各人的事业，过太平日子。做庄稼的，春天种，夏天锄，秋天收，冬天织布纺线。当兵的，严拿贼匪，护送行人，巡查地方。各安本分，各守生理，天下自然太平，百姓自然欢乐，务正除邪，改过迁善，那邪教不用等着赶，自然就没了。

11

税收钱粮

自古来百姓们就种地，种地就得封钱粮。这钱粮最是要紧的呀！凡自皇上一总的花费，什么筑城、挖河、养兵，没有一样（儿）不指着钱粮的呀！所以这钱粮，是朝廷家必定得跟百姓们要的，也是百姓们应该办的事。自古至今就是这样。可是你百姓们，见识浅，不明白，自当朝廷家要了这钱粮去，自己耗费。殊不知有多少去项呢呀！比方做官（儿）的得要俸禄。可这做官（儿）的也是为你们设立的呀，为的是着他料理你们的事（儿）。再说就是兵饷。可这养兵也是为的你们，好着他给你们拿贼，护庇着你们。还有一样（儿）。皇上得常买些个粮食存的仓里，预备着歉年给你们放赈，不着你们挨饿。除了这些个，就是修城，打堤，造运粮的船，买铜铸钱，修仓修库。你们说，哪一样（儿）不是出在百姓身上罢？俗话说："万事农事为本呀。"闹半天来，要了你们的钱粮，还是为你们花了。做朝廷的，哪里苦了百姓来，自己享荣华富贵呢？自打清家做天下以来，百姓们封钱粮都有则例，一切的外派都给你们除了，连一丝一毫也不多要你们的。当初康熙皇上待百姓们顶厚道，六十多年来没有一个时候不挂牵着你们的。若是年头不济了，就赦了你们的钱粮，也不论几百、几千、几万两银子，都不跟你们要。你自说，天下哪个地处不沾恩罢？可是这么？皇上待百姓们有恩典，你百姓们也该体皇上的心，先把皇上家的事（儿）放的头里，把你们自己的事（儿）放的后头，这才是你百姓们应当应分的呢呀。你们都该知道这个道理。头一样（儿），万不可懒了，耽误了你们的根本事业。第二样（儿），还不该忒耗费了，花钱不眨眼（儿）。到了封钱粮的时候，特故意（儿）的在后边（儿）煞着，搏了一卯又一卯的，望指着皇上有了什么喜庆大事，捐免了钱粮。

也不该自己懒怠呢去封的，着别人（儿）捎带脚封了。遇见那糊涂书班，弄的差三落四的不清楚了，还得从新另封一回。若不，就遇见坏房科里，龈落下①你们的，也得另去封。你想，当房里的，可有什么好东西呢？得了空（儿）就谦人②。只要坐了柜③就去封的，万不可等着衙役下乡，去催着，才封。早早的封了，心里就不结记着了。常说："种地，封了粮，就是自在王。"封钱粮剩下的钱，再买些个别的好东西，孝顺你那生身的父母，尊敬你那同胞的弟兄，办你那儿女们的婚姻大事，什么自己用的衣衣裳裳（儿）的，还有什么逢年遇节（儿），人来客去，人情分子的那些个事（儿）们。过着个庄稼的日子，花钱的道多的呢呀。可哪个也不跟钱粮要紧。别的事（儿）都有个腾挪（儿）。惟独钱粮，官（儿）家要，就得封。若早早的封完了，衙门里也闲在了，村（儿）里也没衙役们来骚扰了，你们大家小户安生伏业（儿）的，这是多好哎！

你们若不知道钱粮是要紧的，拿着不当事（儿），皇上的法度可也赦不了。

还有那仗恃着自己有功名的，或是和班（儿）里房里有来往的，抗粮不封。或是银钱不凑手，不够科项，先到房里说句话，着他给顶几天。房里也有个观望（儿），就给应承着。腾一时，是一时。腾一卯，是一卯的。心里还说，定不准年景收不收，万一的封的早了，再年景不济了，报了灾，赦了钱粮，我不白花了钱了么？

也有这样人们，家里有的是粮食，割舍不得粜了封粮，等着集上行情贵了才粜呢。哪知道，做官（儿）的要钱粮，都有一定的日期。从来就是一年两季（儿）。四月里封春季（儿）的，叫上忙。九月里封秋季（儿）的，叫下忙。你若过了日子（儿）不封，官（儿）就打衙役。打完了，还着他们下乡去叫的。又是锁子，又是链子，拴着绑着的叫了来，轻着就是打，再说就是押起来。那原差们受了逼，可怎么轻易的就和你们干休了呢？闹半天，一个也少封不了。哪如早些（儿）封了好哎？

还有一说。衙役们上门上户的，找了这一个找那一个，先说你们得

---

①龈落下，落下、不管之意。

②谦人，"谦"古同"詀"，诓骗之意。

③坐了柜，指做生意。

管他们饭，还有什么鞋钱，什么差钱，去一遍照应一遍。你一时照应不到了，他就给你们个果报（儿）。这些个冤钱花的才没道理呢！若是零零碎碎的算起来，比那正项（儿）恐怕还多多了呢呀！

你懒怠呢封，果然若真有个赦了，也罢了的。可赦了，归期那钱粮后来还是得着你封了。皇上家赦官不赦民。你想，可有什么好处呢？你见，好年时景（儿）的，谁家落①下陈欠了哎？就是你们这买卖人们，好拖欠钱粮。平常日子走动衙门，和做官（儿）的套交情，送什么年节月礼，给官（儿）说过夫钱，买他个好。到了封钱粮的时候，求着他不催逼你们。哪知道，拖累下陈欠，更是个累赘呀！日久年深的了，等着这个官（儿）离了任，别的官（儿）做下，把你落下的那钱粮，或是五年代征或是十年代征，一个也少封不了呀！从来这钱粮，没有赦了的。拖下陈欠，后来，封的时候，倾家败产，后辈儿孙也脱不了干净（儿）。你们想想，有了给他们的那些个私钱，哪如把正项的事（儿）办了哎？有了落个抗粮的刁民，哪如落个守规矩的好百姓？

况说朝廷百姓，都算是一家子。上边（儿）好，下边（儿）也该好。你想：朝廷一天家忧愁的，都是为你百姓们的事呀！怕水淹了，就去打堤。赶天旱了，就替你们求雨。有了黏虫蚂蚱的，就派人给你们去拿的。坏了年景，又给你们放赈。像这样的为你们打算，你们可怎么还忍得拖下钱粮，辜负了皇上那一番好心哎？你自己问问你们那心，也觉着安稳么？比方这做儿的在爹娘跟前罢，爹娘受了些个千辛万苦，挣了个家业，下边（儿）是有哥三（儿）哥俩，都给你们分了家，你们得孝顺那老的（儿），着老的（儿）享几年福，报答报答老的（儿）为你们的那一番苦心，才算你们不白在世界上为人了呢呀！俗话说："养儿防备老。"若把爹娘爱儿的那番心忘了，有了钱（儿）攒体己，不着老的（儿）花，像这样人哎，就没说头了，哪里还算个人呢？皇上所以造出圣谕来，教训你们，愿意着你百姓们，上念朝廷，下念父母。家国是一理呀！早早的完了钱粮，外面（儿）有守王法的好名声，心里有太平无事的真福乐。官（儿）也不烦，吏也不扰，那样的痛快哎！常说："若想心宽，先得完官。"你们大伙（儿）都该体皇上的心，才是呢呀！

①"落"原作"邋"。

人当敬重做官（儿）的。因为他是皇上打发来的命官，用王法管着百姓的，和父母一样。不可轻慢他。你想，百姓们，父一辈，子一辈的，受了皇上的恩典，可怎么着报答他呢？就是敬重做官（儿）的，就算敬重皇上呢呀！

你们细细的想想（儿），若没做官（儿）的管着，还成个世界么？若没做官（儿）的，那拳大胳膊粗的就欺负这没势力的。那族大人多的就压派这单门独户的。还有这老实人活着得么？有那做官的，人们就没是没非（儿）的，全指着他们管着呢呀。那恶人怕犯了王法，也不敢出头露面（儿）的滋事。这细子良民好安生伏业（儿）的过日子。可见官（儿）于人有恩，也是不小。人若不敬重他，就算没良心呀！

12

存好心

人有心，活像树有根，瓜果梨桃的有把①（儿）一样。该好好的培养着，才好呢。不可着他坏了。若按天理良心办出事来，自然就好，自然就公道，就算个君子人。若是脏心淡肠的，自然就做不出好事来。就是有时候做个一星半点（儿）的好事，也不过是求着遮遮人的眼目，想着外面（儿）做个好人。日子（儿）长了，也得着人家看破了。就活像那树坏了根（儿），可也有俩枝叶（儿），到底不如那不坏根（儿）的长的发旺。还活像那果子把（儿）断了，可还连着呢，若着手一拿，那果子也就掉了。所以我劝你们，该好好的培养着，别坏了心。比方念书的时候，该用心体贴那个书理（儿）。若见了好事（儿），自己心里就说："我将来得要做这个事。"若见了不好事，就说："我一定不做这个事。"见了好人，就编着法的和他学。见了坏人，就远远（儿）的躲着他。心里自然就正大光明，办事自然就不含忽。

你想，什么事（儿）不是从心里想出来的哎？常见古时家的人，忠臣、孝子，人们就传流着说好。奸盗、邪淫，人们就相传着啐骂，一好、一不好，都是从心里发出来的呀！我如今和你们说，第一的先要存个好心。这人心是活的呀！着他好，他就好。着他不好，他就不好。你若时时出个好心，就活像秤上那定盘星一样，就做不了坏事了。自小，要存一个念书识字（儿）的心。赶大了，要存一个学好的心。在父母跟前，要存一个孝顺心。做官（儿），要存一个忠心。见了贫穷的人，要存一个周济他的心。见人有了祸患，要存一个可怜他的心。见了人的财帛，不可存着贪图心。见了人家的妻女，不可生邪淫心。见人有能耐，不可生气害心。见人发

①把，花柄、果柄，即花、叶、果实跟茎或枝连着的短小部分。

籍了功名，不可生怨恨心。一天家思想的，要存个直正心。一辈子作事，要存个忠厚心。你果然若是样样（儿）存好心，眼时虽然不得好，后来必定得有好处。俗话说："皇天不负好人心呀！"那神鬼暗里也保佑着你。一切的灾难就都消化了。

你若说，心在肚里呢，存好心谁看见了哎？不由的就糊思乱想，恐怕人容易瞒过去，天地鬼神终久可瞒不了。你作一条不好事，也暗里给你记着。你作一条好事，也暗里给你记着。到了算账的日子（儿），打开簿子一看，恐怕你就赖不过去了，后悔可也就晚了。

还有一说。这心是发福的个根（儿），作事（儿）是发福的个苗。身子是盛福的个家伙。若把根苗先培养好了，自然就长好枝叶（儿），开花结果（儿）也就错不了。再把身子修理好了，世界上的事（儿）就没有盛不开的了。可惜，这人没有在心里和身子上用工夫的。就光想着发福生财，享荣华受富贵。若依我说，人在世界上，财帛富贵都是有分的。就求着没有什么祸患就够了。怎么还高攀妄想的，求分外不当得的福么？比方种一棵稗子，想着打高粱谷的。使着一只破船，想着揽些个重载。哪里有这样事呢？从来世界上的福，都是世界的人享了。难道说就不该着你享么？只要做该享福的个人，才好呢呀！该知道，作善是修福的个本（儿）。把各人一天家该作的善事，心里常想着，眼里常看着，手里常摸索着，脚底下常趾①着，也不怕辛苦，也不怕吃亏，作一分善有一分福，作十分善有十分福，按着你的精神力量去作善的，就是天大的富贵也能得到手里呀！

---

①趾，踩、踏之意。

13
立品行

　　这人一辈子，就怕没一点（儿）好处着人可说，死后也不过就是和草木一块（儿）烂了。像这个样（儿）的人，真就是枉在世界上为了一辈子人，就完了。所以这君子人，一出心（儿）就要尽忠尽孝，存仁存礼，救苦救难，惜老怜贫，兴利除害。或是用好话劝说众人，或是用书理教训子弟。打总子说罢，凡自做出来的事，都求着于世界上有好处，这才算不白在世界上待一辈子呢呀。

　　再说这人一生的毛病，就是不肯自己认错（儿）。所以常惹的心里烦恼，不是自己受苦么？孟子当时若有人待他不好，他自家就三番五次的认各人的不是。人若能这么着，真活像吃一副良药一样，那样的痛快哎！

　　还是这么。为人，当先立个好品行。品行就是一辈子做的好事，那就说不尽了。我先把外面（儿）的讲给你们听听（儿）：

　　就说脑袋上戴的帽子罢，当周周正正（儿）的，不要歪抗着，也不要戴的忒靠前了，压着眼眉。穿的衣裳，也不论新旧，要干干净净（儿）的，不要弄的龌儿龌龊的了。还要穿的伶伶俐俐①（儿）的，不要扇披着，上边（儿）露着膀子，下边（儿）露着肚子。穿鞋，该提底了，不要遢遢着。浑身的衣裳、帽子、鞋袜，该正直正派的，不要华华丽丽的了。还不要各别两样的了。举动行为，该端正，该稳重，不要荒唐，不要轻狂。坐有坐像，立有立像。该安安稳稳（儿）的，不要摇晃身子，若不就横躺竖卧的。待人，该有恭敬的礼貌，不要轻慢放肆。说话，该小心谨慎，不要糊言乱语的。应对，该等着人说完了，各人再说。别不看头势了，抢话说。办事，该仔细，不要轻举妄动的了。以上说的这些事（儿）们，

_____

　　①伶伶俐俐，利落之意。

都该留心学着点（儿）。

人这个身子，最要紧的是作事。事还得分好几等。上等的事，是贤良方正，忠孝节义，念书的上达了，平常人成家立业。次一等（儿）的，是安分守己，不求着上进，保守各人的事业。最下等的，是奸盗邪淫，吃喝嫖赌，糊作匪为，倾家败产，乃恶强横。作这样事的，就是下流人。千万不可犯了这些个病。

还有这样，好贪小利，好占便宜，刻薄成家，着人唧骂。你说，这个学得了么？

还有这样人，自己穷，暗算人家的财物，绷撇拐骗。你说，这个学得了么？

还有这样人，仗恃着各人有点小聪明（儿），不干正经呢的，钻曲挖口，弄假银子，做假票子，铸小钱（儿），哄那不懂眼的傻子，又尖巴，又流俐，又古董，又狡猾。你说，这个学得了么？

我如今劝你们，作事，拿定主意，见了这个事（儿），先想想（儿）作得了作不得。把那天理良心四个字（儿），常存的心里挂的意上，睡里梦（儿）里的也别忘了。若有时候作事，不管这那，只顾眼前快乐，恐怕一脚走差了，就打在下流地处了，谁还答理你哎？你就忘了俗话说的："人在高处走，水在洼处流。"

还有这人别忘了念几年书。也别管是宽绰的，是饥荒的，是体面的，是下贱的，是聪明的，是鲁笨的，总该念书。俗话说："万般皆下品，惟有读书高。"又说："子孙虽愚，经书不可不读。"因为念书的那个好处多了，说不完，可得冷桌子热板凳的苦熬磨，才行了呢呀！早起后晌的用工夫，别懒惰了，别贪玩（儿）。你看，古时家有名的那些个穷念书的，有一个叫车胤，后晌念书，点不起灯，缝了个小口袋（儿），装着一下子萤火虫（儿），照着念书。还有个孙康，打不起油，到了冬天，下了雪，手里拿着书本（儿），着雪照着念。还有个姜泌，着月亮照着念书。还有个匡衡，见邻舍家点着灯，他就在墙上凿了个窟窿，把人家那灯火引过来，照着念书。这些个人们，都是穷到极处了，还这样的苦用工夫。后来都做了大官（儿）了。俗话说："十年窗下无人问，一举成名天下知呀。"你们这财主念书的，看见这个，可眼（儿）热哎不呢？

还有一样（儿）。念书，认得字（儿）了，可得看正经的书，看那有用的书。越看的多，越好。有两句古语，说："书到用时方恨少，事非经过不知难呀。"因为无论多好材料的，念一辈子，也念不完世界上的书呀。若是那些个没用的邪书、淫书，什么唱本（儿），可最不该看呀。一看这个，就容易入了邪道，可就耽误了一生的大事了。你们千万呢可避讳着点（儿）！

还是这么。世界上犯法的事（儿），多有在这个酒、色、财、气上惹的。我一样（儿）一样（儿）的跟你们说说罢。比方什么冠婚丧祭，什么贺喜，这一类的事（儿）们罢，先说没有酒不行。俗话说："无酒不成席。"喝酒的时候，可得按着各人的酒量说。别贪着多喝几盅，喝醉了，糊言乱语，打人骂人。俗话说："酒后无德。"或是年轻的时候好多喝，赶老了就觉出病来了。你看，因为喝酒，坏了事（儿）的时候多，成了事（儿）的时候少。那些个害处就多多了。就是少喝几盅，比什么也强。

还有一样（儿）最不济的事。淫人家的妻女，是世界上头一条子大恶事。所以有几句劝人的话，说："美色人人爱，苍天不可欺。拍心想一想，将人比自己。你不淫人妇，谁敢戏你妻？"这色可有什么戒法呢？比方在集上庙上，或是在街上走着道（儿），就是不论在哪（儿）罢，见了娘（儿）们（儿），不许怀不好心（儿），也不许着意的看她。就是认识的，也不许故意的答讪着和她说话。就是有时候说两句话，也不许拿不好话勾引她。见了面（儿）以后，不许常想她的模样（儿）。凡自一起那样心（儿），就忙弄想，暗里有神看的真。又该想，怕脏污了各人的名声。还该想妻女的报应。

人果然若一辈子犯不了这个病，或是犯了能改了的，或是劝人不着人犯了，必定福寿双全、子孙兴旺，还有别的好处，那就说不尽了。有许多好色的人们，或是折了福的，或是损了寿的；或是为这个打官司告状，弄的丑名（儿）在外的。或是得了病的，长了疮的；或是倾家败产的；或是妻女还账的；或是断子绝孙的。那些个害处可就多多了，真着人可怕呀。所以教你们，先要戒色，是头一条子好事。

至于那财帛上头，也得要，得之有道，取之有义。世界上这财，都是造就了的，不用强求。若该着我有财命，不用求，自然就得了了。我若是个穷命，就是得到手里的财帛，也得花了，必定落不住。况且是不当得的财帛，你若得了，天自然知道，恐怕后来连你本身上的财帛都得夺了，再也不给你了。俗话说："一两黄金，四两福。"言其这人，错有四两福，担不住一两金子。又说："千算万算，赶不上老天爷一算呀。"何苦的为几个铜钱，弄的伤天害理，擘面(儿)伤情的，弄出些个不好事来，疏亲断友的也有，瞒昧良心的也有。俗话说："亲戚别交财，交财两不来。"又说："财帛黑人心呀。"所以劝你们，别贪财。

还有这样人，视财如命，舍不得花。拿着一个大钱，攒出汗来。见了穷人，他也不周济。情愿给儿孙作马牛，不愿意自己走世路。乡里乡亲的都说死巴。这样人，你别跟他学，就完了！

若说起那脾气暴躁的来，开口就闹气，真是不好。还有那倚财仗势的，或是力大欺人的，常想着和人打架，也有自己受了伤的，也有失了手打死人的，着官(儿)弄了去，轻着就是充发，重着就是偿命，到那个时候后悔可也就晚了。还有那好帮着人打架的，当着一时的忿怒，恨不得多长一条胳膊，多长一只手。赶打犯了人，官(儿)来拿来，又恨不得多长一条腿，多长一只脚，只恨跑的不快，真是可笑就完了。

还有那好打官司的人，或是仗着自己有势力，或是仗着衙门里有认识人，一有了不平的事(儿)，就去告状的。他就忘了那俗话说的："衙门口冲南开，有理没钱别进来。"又说："没理的，谷三石，有理的，三石谷。"你想，衙门里不长高粱不长谷，三班(儿)六房吃的净谁家的？哪一个不是要钱花的？就是赢了官司，也得花钱。输了官司，丢财惹气的，更不用提。我劝你们，凡事当忍耐。不用听讼师挑唆。就是吃点(儿)亏，也别打官司。俗话说："吃亏的常在"，又说："屈死别告状。"你们该细细的想想，若把打官司花的这钱，使着济了贫，做些个好事，天自然不难为你，必定报答你的好处，比赢了官司就强多了。何必耽误了工夫，花了钱，和人争这一口闲气呢？

还有个事(儿)，更得要紧的别犯了。是天下头一条败家的事，就是这个赌博。世界上不知道败了几千几万家子了。那是那，指着玩钱，发了财的哎。俗话说："久赌、无胜家。"你那些个无知的愚人，入了迷糊阵，也不管黑下白日，也不管冷热。到了局里，就算没了别的事(儿)

了。赶输了钱，去房子卖地，扒衣裳来当了卖了，也得要玩。更有那卖了老婆孩子的，还是要耍。像这样人，爹娘也管不过来，亲戚朋友也劝说不过来，就是佛爷菩萨也点化不过他来了。只得落个饿死，就完了。岂不是自作自受呢？你们千万呢也别跟他学。

我再教给你们一个忌赌的好法（儿）。头一样（儿），心里不用想别人的钱。第二样（儿），身子不用傍局的边（儿）。上局里去，恐怕学会了。会了，就想着玩。第三样（儿），别交往玩钱的人，常和他们打恋恋，就恐怕慢慢（儿）的着他们着上了。若能依着这三条，这才算真心忌赌呢！

还有几样（儿）无益的事，人们最喜好。近来乡村里，到了年节下，烧香、上会、放烟花、玩玩艺（儿），耗费钱财，招是惹非。我想，若有了花的这些个钱，在父母身上多行点（儿）孝，在兄弟身上多帮补个（儿），在亲戚朋友身上多拉帮点（儿），在穷人身上舍粥舍饭的多周济点（儿），若不就买雀（儿）放生多积点（儿）阴功，比那些个事（儿）们强不强哎？可惜，世界上的人都是迷糊着个心眼（儿）。做好事，就打算盘。做无益的事，就不心疼钱。真是傻到家业了，就完了。

还有那乡村里唱戏，更是作孽的事。又害人心，又坏风俗，又损阴功。俗话说："听书长志，看戏疯心"，净是害人的地处。你想，唱戏的，装男扮女，满嘴里糊说巴道。但只有点羞臊的，就不唱戏。你们若听着我的话，将来就是外村里唱戏，也别去看的。我亲眼（儿）见过，有个人，姓什么叫什么，也不用提他的姓名（儿）。只因为好引着头唱戏，后来他家那闺女媳妇（儿）都跟着人家跑了。他自己，十个指头烂了五对，还落了个双眼（儿）瞎，满世界叫街要饭吃，也没得了好死受。你说，可怕不可怕罢？

打总子说罢，人在世界上这一辈子的工夫不大呀。日月如梭，光阴似箭。自打一落草至到死，也不过一眨眼的工夫。可为什么不作个好人哎？作些个孽，不修一点好。

人家那善人做好事，只恐怕一辈子做不完，急急忙忙，不肯白过了这一天，就光说生死无定，今（儿）个不知道明早（儿）。俗话说："后晌脱了鞋和袜，不知道早起穿不穿呀。"你可怎么旷为工夫，耽误作好事哎？

14

和美妻子

世界上这夫妇也在五伦①里头，所以算家间过日子的头一条要紧的事。娶了媳妇（儿）来，先要管教她孝顺公婆，和睦妯娌，听说理道，早起晚睡，不泼米洒面的。这净做媳妇儿的道理呀。如果若遇见那心性不济的，也该拿好话劝她。日子（儿）长了，自然就改过毛病来了。若不知道管教，或是惧内不敢管教，女人说句话就百依百遂着，不敢打拨拦（儿），信着她的性（儿），着她摸着你的脾气（儿），她就越不怕你了。虽然说是喜欢她，到底可是害她呢！近来这怕婆子的人，顶灯罚跪的，可真是不少。这都是根子娶了来不管教的过，慢慢（儿）的惯坏了。

这做男人的，固然是该管教女人。可这男人若有了不好，也许女人劝说。俗话说："家有贤妻，男儿不做横事呀。"

还该明白世界上的大礼。娶妻，是为的传流后代。古时候的人，四十上没儿，就得买个妾，为求后打算。孟子说："不孝有三，无后为大。"做女人的若懂得这个道理，自然就有大度量，没有那个气害心，就不拦挡着男人了。

若是饥荒的，买不起小婆（儿），也该过继个侄子，当亲儿养活着，这才算治家的好道理呢呀！

还有别的不好，我也讲给你们听。娶了媳妇（儿）来，光知道喜欢，不知道管教，惯的她打公骂婆，和妯娌们也不和美，好吃懒做，说东家子长，道西家子短，招是惹非，男人也不敢管，凡自家间过日子的事（儿）都着娘（儿）们（儿）作主。

还有那无知的人，光管自己快乐。女人不吃不穿，他也不管。女人

---

① 五伦，古代指君臣、父子、兄弟、夫妻、朋友之间的五种伦理体系。

有灾有病，他也不管。儿女们要钱花，他也不管。这个人就没了说头了。

还有这样人，六十多了，也有妻也有子的，还要买妾，耽误了人家那闺女一辈子的事，也是有不好的呀！

还有那财主人，三个五个的买妾，更是不济，弄的家门也不顺了，正夫正妻也不和了，一天家打架搁惹，抬杠辩嘴，就不成个体统了。

再说有了闺女，更该教训。若论说，教训闺女，是作娘的事（儿）。一到五六岁（儿）上，就给她修头裹脚。净着她在家里，不用着她满世界去跑着玩（儿）的。赶到了七八岁上，就着她作点活（儿），什么扫屋子，刷锅洗碗的，纺线，这些个事（儿）们。赶十来岁（儿）上，就别着她出屋里门（儿）了，也别着她和小子家一块（儿）玩（儿）。一到十二三上，就着她学做针线活。见有人来，就着她躲避着。若有了知己的亲戚，也着她出来问个好。举动，言谈，规规矩矩（儿）的，不许她多言多语的，还不许她大笑。若有时候串亲的，得着别人（儿）跟着她，不许她独自各（儿）去，还不许她串门子呆着的，黑下也不许和邻舍家的闺女去就伴（儿）睡觉的。到了十四五上，就着她学勤谨，凡自在婆家该做的活，都着她在家里阅历阅历。

穿衣裳，着她穿个正青正蓝的色（儿）。要寡净，不要华华丽丽的。早起晚睡，那不用提。

也别着她住亲戚，也别着她上庙里去烧香上供的。到了年节下，也别着她掷骰子斗牌的。

凡是做闺女的，先该教训她稳重，作活不辞辛苦。做父母的拿这三从四德，讲给她听。什么叫三从呢？就是在家从父，出嫁从夫，无夫从子。什么叫四德呢？就是妇德、妇言、妇容、妇工。

有闺女的，该见天（儿）教训。赶到了寻主的时候，拣着那门当户对的做亲事，别争论财礼。赶婆了以后，教她孝顺公婆，和睦妯娌，尊敬那叔公大大伯（儿）的。就是各人的男人，各人的小叔，也别拿着不当事（儿）了。真若能看着公婆和亲爹亲娘的哎是的，就必定做好媳妇（儿），后来也得了好了。若欺压公婆，不光外人笑话，天地鬼神也是恼恨你，你就得不了好了。有闺女的，真若能这么教训，自然到了婆家就错不了。若有闺女，不教训，光疼爱她，赶她大了，若有个一差二错的，就丢人百怪的了，你说这个体面么？

还是一。给闺女寻了婆家，见男家那头穷了，就要罢亲了，这个都不是理呀。

还有这个。闺女婆了以后，特教给她打公骂婆，不服男人辖管。或是寻了填房（儿），有前窝（儿）里的儿女，不着她疼爱。这都是做爹娘的不好了。

还有这样不懂四六的娘（儿）们（儿），添了小子就喜欢抱着，添了闺女就掐死，或是扔的水里淹死。这就没了一点人味（儿）了。你想，那孩子投奔你来，也不是容易的。不论男女，都是一样的性命呀。你就不想你自家也是个闺女。当时你娘若嫌你是个闺女也不要你，还有你的性命么？

你若说孩子多，嫌吃累的慌，哪知道天生一个人，就给一个人的口粮呀。你害了她的性命，保不住她就和你结下仇了。以后她要再投奔你来，在生产的时候就要了你的命了。有个姓郑的，他女人生下来了一条花绺子长虫，把她咬死了。还有个李氏，临死的时候，听见小孩子在肚里说话，和她要命。也有横生产难死了的。也有淹死闺女，连她儿都死了的。这都是报应。都是因着娘（儿）们（儿）手里武狠，心里有毒，应该这样。若说起来，真着人可怕呀。阴间里的王法，比阳间里还利害呢呀。若是治死一个闺女，就着她一个小子替尝命。男人若不管，也减去他十年的寿数。邻舍家，和老娘婆，若见了，不劝说，也有大不好。

这生男生女，都是天造的，不能依着人呀。我劝你们为妇道的，不论穷富，生了儿女，都该养活着。多受点（儿）辛苦不算个么（儿）。后来还要多享一分福呢。世界上，也有沾儿的光的，也有得了闺女的济的。若说多一个闺女，就多一个陪送，那不要紧。可以按着各人的力量办事。嫁妆多少，没一样的。

你们若不听我这话，你家那灶王爷也得恨急了你，还恐怕叫那冤鬼来要你的命。到那个时候，你后悔可也就晚了。

上边（儿）说过，年轻的妇女，不许进庙烧香。若说愿意恭敬菩萨，家里现放着两位公婆，就是两位活菩萨。在他俩身上多行点（儿）孝，比着在庙里烧香的强多了。

再说，这过日子，光知道种庄稼，还不行，还得懂得织布纺线。到了冬天，就该上机，没有呆着那一说呀。春天下了雨，就安排着种地，连一会（儿）也耽误不得。耕耩锄耪，哪一样（儿）也得会。旱了，就挖井，浇。还得使粪。俗话说："种地，不使粪，跟着人家瞎糊混。"无冬立夏，也别嫌冷，也别嫌热，也别辞辛苦。俗话说："不出血汗，不能吃饭呀。"赶庄稼上了场，还得套轴轧。翻场䅟䅟，扬场簸簸箕，若不就使扇车搧。若干的得费些个手。这五谷杂粮，不容易吃的呢呀。人若勤谨，地就荒不了。俗话说："人勤地不懒。"

　　若说那织布纺线，更不是省手的活了。自打种棉花起，以至于开了花，人们摘了来，着轧车轧了，叫轧棉花；还得弹了，搓成布绩，这才纺；纺了还得拐，叫拐线；拐了，糨①，叫糨线；糨了还得络，络了还得经②，经了还得闯杼，闯了杼还得缠线，缠完了还得摇绘，这才端机。然后一溜子一溜子的织，由一寸织一尺，由一尺成一丈，慢慢（儿）的才织成一匹。你说，这是倒腾多少过（儿）罢？赶穿的时候，还得送的染房铺里染了，才做成衣裳。

　　说着好说，赶做的时候就劳造多了。皇上常教训人们，说："身披一缕，常思织者之劳。日食三餐，该想农夫之苦。"还有可怜农夫的四句诗，说："锄禾日当午，汗滴禾下土。谁知盘中餐，粒粒皆辛苦。"我看着如今的人，别说富贵的，就是贫穷的也不知道那个艰难。有了钱（儿），糊花乱花的，吃穿都要好，也想着在闹市街前摇摇摆摆，拿腔捏调的，这不是忘了他这钱是怎么来的了么？这样人，不久就要穷。你们万不可学这个样子。

　　不论士农工商，五行八作（儿），总该以勤谨为主。勤谨的就发家，懒的就败家。若问该怎么勤谨，也无非就是一身不闲。早起起来，各人有各人的事（儿），一天有一天的事（儿），总别白过了这一天。孔子劝人说："人这一辈子的打算，全指着勤谨。这一年的打算，都靠着春天。这一天的打算，全凭着一早起。"春天若不种地，就没有秋时望月。早起若不起来，这一天也没着落（儿）。人若是懒，就没有养老的根本。

　　　　———————

　　①糨（jiàng），同"浆"。

　　②经，经线。

世界上这懒人的病根（儿），多因着好玩钱，不务正业。或是好养虫鸟，一天家瞎忙。若依我说，这是那一辈子该他的，这一辈子得还他。你看，那养虫鸟的人，看着这虫鸟比他爹娘还亲呢。有时候，他爹娘烦了，给他摔死，恨不得着他爹娘替他那虫鸟偿了命，真是可笑就完了。

若不，就是学吹学打，学拉学唱，玩（儿）曲子弄戏，不管正事。这个，虽然费钱有限，耽误工夫不作活可就了不得呀。这个都叫懒惰，都算废物事（儿）。你若把这些个事（儿）都没有了，自然就学勤谨了。

先说这念书罢。一天家不出门（儿），不写字（儿）就念书，不念书就写字（儿），自然就长学问，就发了科了呀。就是俗话说的："不有苦中苦，难得人上人。"

若是庄稼人，或做买卖的，耍手艺的，各人使手的家伙不离手，不偷工蹭滑的，若一阵子时气好，必定发了财。就是不发财，也该勤谨，求指着养家肥己。有糊口的东西，也不离。若赶上个好年头，就有积余。就是歉年，也够缠脚的了。俗话说："大富由天，小富由做。"真是至情至理的话。

有的说："懒人有个懒命（儿）"，又说："勤谨懒惰，都是一辈子。"这两句话，可是万信不得呀！

还是一。这过日子，光勤谨还不行。还总得俭省，才行了呢。这钱财，错①该花的不花。若是各人住的房子，就求着塌不了倒不了，下雨再不漏，就完了。不用多费一大些个钱修理，求着好看。

用的家具，只要不破不烂，使得了就行了，不必求割节伶俐②。

就是穿衣戴帽的，或是炕上的铺盖，一个结实暖和就得了。何必只得要那洋货皮货，毡条褥子，时兴时样（儿）的呢，略薄的旧些（儿）就不要了。

再说这吃饭，求着吃饱了就中了，也不过就是家常饭，高粱谷面的呀。不必见天（儿）大鱼大肉，煎炒烹煅的才是呢呀。那都不是平常人吃的呀。俗话说："要吃，还是庄稼饭；要穿，还是粗布衣呀。"又说："是饭，就充饥；是衣，就遮寒。"别把那粥哎饭的看轻了呀！拿着五谷杂粮的

———————

①错，除了的意思。

②割节伶俐，又写作"圪节罗利"，此处意为有板有眼，讲究好看。

喂猪喂狗，这都是有不好的呀。那过日子的人，没有这么枉费的。

还有这娘（儿）们（儿）戴的首饰，求着够了套数就行了，不可过于的忒华丽了。

俗话说："俭食增福，俭衣增寿。"小呢家俭省着点（儿），赶老了也就受不了罪（儿）。俗话说："不怕少年苦，就怕老来贫呀！"

古时候有个公孙宏，做宰相还穿粗布衣裳。还有个司马温，也是做宰相，一天家吃的就是粗茶淡饭的，也不动腥荤，也不穿绸缎。苏东坡在高安县做官（儿），也是吃家常饭，一天过不去五十钱的费用，请客也不忒尚讲究。还有个做知府的，叫殷仲堪，若见地下有个米粒（儿），他必定拾起来吃了。明家头一帝朱洪武，见地下有一块碎绸，方圆不够一寸，就叫宫女来，责备说："这一点绸，不知道费了多少手呢呀！"你看，做皇上的，做宰相的，大富大贵，还这么修福呢呀！况说咱们这平常人，可能有多大福分，还常常的枉费东西。你们若不听我的好话，吃窄了，穿窄了，耗费的忒过于了，恐怕甜在头里，苦在后头，赶老了得不了什么好，后悔可也就晚了。俗话说："年轻受贫不算贫，老来受贫贫死人。"

还有一样（儿）。置产业，别贪便宜，该从厚道。也别买庙地，也别买官地，恐怕后来有啰乱。俗话说："有钱不置冤业产。"还别谋买人家的东西。该想，这损事业的人，是出在万不得已了。错了实在的没的奈了，谁肯损事业呢？这咱①损事业的人，就是当时置事业的人。这咱置事业的人，安知道后来不损事业么？

置了事业，还该粘文税契，别掠着白头契（儿），给子孙们留下祸害。俗话说："有钱买马，还没钱置鞍么？"

再说这人若有了病，就是请先生开方（儿）吃药。对天发愿回头改过。或是上庙里烧香祷告的。若不就忌腥，忌杀生害命的。若是行善事，或是刻善书，一心里求天保佑。可别信香门（儿）下神的那个说（儿），白费些个钱，惹些个罪过，就不如积点（儿）阴功，可以免了灾难。

再说家家（儿）供灶王，供宅神，还有祖先的牌位叫神主，宽绰的就修家庙，二八溜子主也有在住房屋里供着的。这些个神们都是有灵验的。

①这咱，这时候。

出来进去的，该恭敬。每天早起该烧香。后晌别断了点灯火。神前边（儿）该常打扫的干干净净（儿）的。不许把脚孩子撒尿，还不许烧粪，也不许洒的锅台上粥哎饭的，还不许在神前咒骂人，掠东西也不许使劲蹾摔。总要心里常存着个敬重心，只恐怕得罪着神仙。

有时候在庙前头路过，也该进去磕个头。你想，见了人，还有个作揖拱手的呢，难道说见了神，就没个礼貌么？

还有这财主，使奴唤婢的，不可忒利害了。这奴婢，虽然是下贱人，也是有父母所生的。除了命穷，任哪（儿）和你一样。待他们，不该有差心（儿）。若是年轻的奴婢，也该和自己孩子一样的看待。有多大力量，使多大力量。不可过于的着他尽力（儿）把了，别常打常骂的折搋他。衣裳被子也别短了他的，不可着他挨冷。吃饭，着他吃饱了，不可着他挨饿。若有了病，也该给他请先生，号脉吃药。一会（儿）家有点小不好，该从容他。常说："人非圣贤，谁能无过呢？"

若是男的，赶他大了，该把文书交回，着他还家，不可耽误了他一辈子的事。他家里若没了人（儿），情愿跟你待一辈子，你就给他成家立继。赶他有了后代，该给他个闲宅子住，可不着他那儿女上内宅里出来进去的，恐怕出了不好。

若是女的大了，也该着她父母赎回。若没人（儿）赎，你就给她寻个婆家，也别耽误了她终身的事。陪送、嫁妆、衣裳、首饰的，不论好歹，不拘多少，也给她点（儿），就算积了福了，必定是有大好处的。

再说，那待奴婢刻薄的，有五样（儿）大恶。自己丰衣足食，着奴婢吃不到嘴里，穿不到身上，常挨冷挨饿，主人也不可怜他，这是一样子恶。

还有那狠懶①主人，看着奴婢猪狗一样，见了奴婢和像有仇哎是的，抬手就打，张嘴就骂。或是有了愁闷事（儿），在奴婢身上撒没好气。这是两样子恶。

还有那没情没理的主人。看着奴婢连个鳖蝴②不如。辛辛苦苦的做活来，他全不理会。奴婢有病，也不可怜他，也不给他治，还不许少做活，

---

① "懶"疑为"辣"。

② 鳖蝴，即蝙蝠。如《醒世姻缘传》第八回："就如那盐鳖户一般，见了麒麟，说我是飞鸟；见了凤凰，说我是走兽。"

生生（儿）的把奴婢折掇死，这是三样子恶。

还有那不义气的主人，奴婢大了，不肯着人家赎回，还不给人家婚姻嫁娶，耽误了人家一辈子的大事，这是四样子恶。

还有那没羞没臊的主人，奸淫奴婢，霸拦着人家为妾，着人家失了节，这是五样子恶。

做主人的，若有这五样子恶，是万不能好了的。赶穷了，也行给人家当奴婢，一还一报，天理至公无私，看的清楚着呢。也别光说主人不好。可也有那奸滑奴婢，一天家不给主人个正经心眼（儿）。主人无论待他多好，他也不尽心竭力的给人家做活，好吃懒做，偷这摸那的。主人说说，他还倖嘴。若打他两下子，他早起后响的就偷着跑了。这个样（儿）的奴婢也必定得不了好。

还有个最可敬重的事（儿），就是节孝，皇上看着是重大的。若有了孝子节妇，本地的官（儿）详明了皇上，就发下帑银来，给她立牌房，一来为的是旌表她这一番苦心，二来为的是着别人看样（儿）。这是城里关外，或是乡村里的一件大事。若见了孝顺爹娘，孝顺公婆的，或是年轻守寡没含忽的，当另眼（儿）看待，逢人（儿）指人（儿）的就夸奖她的好，把她的姓名（儿）岁数，或是守寡多少年月，行为怎么个（儿），提另造一个簿子写上，传流后世。

若是有守寡的，穷苦难过，怕守不住，又不愿意出门改嫁，该聚会和村里的好人，商议着大伙（儿）摊钱，帮补她，照应着她守节。

最可恶的，是给寡妇说媒，巧言花语（儿）说的好听的呢，光图使钱，害人的真节。宗人是光顾眼前，不顾后来，必定落不了好结果。无锡县有个张四宝最爱说个后婚（儿）。赶临死的时候，在床上连声喊叫："饶命罢，饶命罢！"两只手并成堆（儿）也分不开，活像带着铐子的一样。两条腿漆青湛紫，还说看见寡妇的前夫来了，不依他。归根（儿）落了个吐血，死了。这都是现世的报应，说起来真着人可怕呀！

还有这给娘（儿）们（儿）写休书，更是作孽的事。若是女的不愿意出门（儿），或是不愿意活离，强逼刻着她改嫁抬身，这不是人办的事，必定断子绝孙，妻女丢了人，那就不用再说了。

还有那样轻生的人，一阵子烦恼上来，就寻死觅活的，或是跳井、上吊、吃信、喝大烟、拿刀自刎，死后着各人家的人指尸讹赖人家，诈骗钱财，或是指尸报仇，指尸出气，指尸打官司。这个人的魂（儿）到了阴间那枉死城①里，必定得受大苦，见天（儿）和死的时候那个难受哎是的，不知道待多少年，横竖不能脱生人了。有个姓王的，惹了气，自己找了短道了，死后负下人来了，说："在枉死城里受的那苦忒大，后悔的着急也是没法（儿）。"

---

①根据《玉历宝钞》描述，枉死城乃是地藏王菩萨为受无妄之灾而死的鬼魂于地狱创造的城市，其地位于地狱丰都大帝殿的右侧，毗邻奈何桥、血盆苦界，主管枉死城的是十殿阎罗中的第六殿阎罗王卞城王。

15

积德修福

在世界上为人，没有不求着有福的。既想着有福，就该积德。因为这德，是福的根（儿）。这积德，也不论富贵，也不论贫贱，只要存善心，作善事。比方这富贵的，见了穷人，就该周济他，舍衣裳，舍粥饭；或是修桥补路，造摆渡船；集上庙的开舍茶棚；舍药，舍棺材；舍义地，埋外来人；立义学，着这穷的念书。以上这些个事（儿），修福就不小，若是贫穷的修福，有不费钱的好事。比方和人讲阴果报应，劝人孝顺，指给人好道。见人有了事，就去助工。见人打架，就去解劝。见人在患难里头，就去打救。见人有了事（儿），就去周全。也不给人家破婚姻，也不给人家散买卖。见了傻子，拿好理（儿）动他的心。见人办坏事说坏话，就拿正经事（儿）正经话批派他。这都是，不用费钱，人就沾光的，也算积德。古时有个高仲，说："世界上头一条子大好事，就是惜老怜贫。"也不论残茶剩饭，就能救人的饥渴。也不论旧衣破被，就能救人的寒冷。办别的事（儿）省出来的钱就够了。可惜，饱暖的不知道饥寒的苦，强壮的不知道疾病的苦。比方要饭吃的，因着冻饿得了病，身上越冷越饿，那病越重。这个时候，不用多了，也不过给他一升粮食，就能救他一死。若有逃难的人，在财主家住一宿，就能救了他们的命。一村里若有这么几个财主，同心协力的盖一座房子，单为养那贫病患难、鳏寡孤独的人，着他们不受风霜雪露的苦，派出一个有德行的老年人来掌管着，修的这福就大多了。有财的善人君子，该体天心去做的。

还有一个修福的道，就是爱物，不吃腥，不杀生害命的。错有了红白喜事（儿），不用腥荤馔食。平常吃的，就是四季的菜数，也就行了。不光俭省，还是修福。孟子说："见其生，不忍见其死。闻其声，不忍食其肉。"也是一片爱物的心肠。儒、释、道这三教，都是讲爱物戒杀。我劝你们，爱物就是修福的好法（儿）。

还有这杀牛杀狗的，都有大罪。你想，这牛给人出了多大力，效了多大劳。耕地、拉车、拉碾磨，做一天苦活，黑下吃些个柴草，连料也舍不得给它吃，于人有多大益处？世界上若没牛，这人得受多大苦罢？人偏不想它的苦，反倒害了它的命，扒了它的皮，抽了它的筋，剔了它的骨头，吃了它的肉，化了它的油。你想，它到了阴间里，可怎肯和你们干休了呢？所以《戒杀文》上说："养着我也不穷，杀了我也不富，吃了我也不肥。"

道光十八年，无锡县有个姓蒋的，父儿六个，开宰杀。他爹临死的时候，在床上乱吃草，净学牛叫，叫的顶哀痛，一进就死了。他那五个儿，接连着就死了四个。剩下那一个，也是不成器，后来着雷霹了。你看，这报应利害不利害？这是我亲自眼见的。

可惜，世界上的人光图眼前的快乐，不管后来的结果（儿）。手里拿着快刀，如狼似虎的，来到牛跟前，嘴里嘟囔两句，说："他不卖，我不买。你不来，我不宰。"那牛含着两眼泪，又不能说，又不会道，浑身抖擞，四个蹄（儿）乱跳。你只是狠心不退，照着脖子就是一刀，白的进去，红的出来。嗐，可怜那牛，在世界上做了一辈子苦活，还要挨你这一刀。我想，它那一辈子，也必定是个宰牛的，所以得这个样（儿）的报应。我劝你们，别做这一行买卖。哪一条道也可以挣饭吃，何苦来的走这个绝道呢？有个姓王的，也是开肉房，因为看见姓蒋的父子们没得了好死，他立刻就改了行道了，起下誓后半辈（儿）不杀牲口了。立了这么个好志向，后来虽说没发了大财，也弄的够吃够喝的，活了个七十来的岁数，平平安安的就死了。可见这人，若有回头改过的心，神家自然就饶赦他。

再说这杀狗的，比杀牛的更不济。你不想，这狗黑下白日给你看家，吃你点子剩粥剩饭，什么刷锅的泔水。见有生人（儿）来，就咬。你无论怎么穷，它也不嫌你。俗话说："子不嫌母丑，狗不嫌家贫呀。"你说它有义气哎没有呢？人可为什么不想这些个，就扒了它的皮，煮了它的肉，吃了。你想想，你还不跟它义气呢呀？它到了阴间里，能和你拉倒么？

所以这杀牛杀狗的，万落不了好结果。若不吃牛肉狗肉的人，必定不生瘟病。若是一家子都不吃，瘟病就不能进门（儿），别人也着不上。

还有那使鸟枪打雀（儿）的，也不论那雀（儿）是飞是在树上落着，你用火药铅子（儿），装的枪里，瞅它个冷不防，着火点着，"咣"的一声就把它打死。这比着刀杀的罪还大呢呀。若打死公鸟，那母（儿）就没了伴（儿）。若打死母鸟，那公（儿）就失了偶。打死大鸟，那小鸟在窝里就得饿死。有两句古诗，说："劝君莫打三春鸟，子在巢中望母归。"言其说，你别打三月里的雀呀。那小雀（儿）在窝里盼望着它娘给它打食（儿）回去呢呀。看起来，这个罪不更大了么？

还有这行围采猎的，用枪用网，放鹰放狗的，拿兔子。也有带着伤逃了命的，也有躲不及着人打死的。活跳跳的一个命，不多的一会（儿），就上油锅烹了，你想想（儿），没罪么？

以上都是因为嘴馋伤生害命，还有可说。再说那养鹌鹑的，赌银子赌钱，恨不能一嘴咬死别人的，就算赢了。若是咬不过人家的，就算输了，拿起来，就把鹌鹑摔死，你想没罪么？

还有那养飞鸟，玩走兽的，逮了雀来，着的笼子里。逮了兽来，圈的栅栏子里。要好，就养着。一时烦了，就把它弄死。你想没罪么？

这都是不为吃肉糟行性命（儿）的。我劝你们，该想，这贪生怕死，人物是一样。总要存一个慈心。不能买雀（儿）放生，自己还不会不逮它么？

打总子说罢，这天地成年（儿）家没有别的事（儿），就是以生长万物为心。看起来，这人也该爱物，才算体天心行善事呢呀。无奈，如今晚（儿）的人，净是一个狠心，想着法的祸害万物，样样（儿）的毒狠都有。你想，天地不恼的你慌么？鬼神不恨的你慌么？我劝你们，以后别糟行活物了。修了福，是各人的，谁也分不了去。况说行恶的报应，真是可怕。若常存着一个爱物的心，那功德就大多了。比方做官（儿）的出告示，有了淹死闺女的是该怎么治罪，禁止杀牛杀狗，禁止人养鱼鹰，不兴打鱼弄蟹，这些个事（儿）都是大阴功。

这人也知道添了儿作生日、作满月、贺喜，动不动（儿）的可就杀生害命。你想，做生日满月的那个意思，也是想着孩子长寿。人愿意长寿，物就不愿意多活几年么？为贺喜杀猪宰羊的，这是因为儿活了，可把物杀死。你不怕你儿替它偿命么，于心也觉着安么？

再说，为办丧事（儿），更不当杀生。总要以哀痛为本，给死人求着赦罪。若是杀生，是给死人添罪呢呀。所以近来苏州杭州那积善的人家，有了红白喜事（儿），一颤都是摆素席。有了摆腥席的这钱，还使着买雀放生呢，或是济贫。真是好风俗呀。你们也该跟人家学，也惹不恼天地，也得罪不了鬼神，与万物同享快乐，岂不是个好道理呢？

再说劝人行善，也是修福。天下的道路只有两条：一善，一恶。世界上的人都立在两歧夹（儿）里，不知道走善道走恶道，全凭着人指引。幸亏了我先认得这条善路，能领着人一块（儿）同去。那肯跟着我的，我就带着他。不肯跟着我的，我就劝说他。会走的，就夸奖他；不会走的，就教导他。世界上多一个善人，就少了一个恶人。若成全一个善人，于各人也有好。就活像在心田上浇水灌浆了，岂不是功德么？若碰见人在恶道上走，就忙弄拉他一把（儿）。若有人作恶事，就劝他几句，千万可别给他扬腾的，着人知道了。

还是这么。劝人为善，先得有个真心，不辞辛苦。还得有个好嘴，能说会道。还得脸皮（儿）厚些（儿），不怕笑话。得有个疾忙脚步，不嫌跑扯的慌。有了十个人，若劝得两三个行善，这两三个再劝那六七个人，就都化为善了。即便就是不能样样（儿）都善，也能坏不了他那一点（儿）良心。

再说用财帛行方便，也算修福。明家头一帝朱洪武封财神，说："修福的人让他坐坐，作孽的人着他快过。他若强来求你，你就给他一场大祸。"看起来，这钱财是天下的公物，国宝流通，不许私藏在一家，也不许一个人享用。你们有钱的，该想是一时的运气，也不过在你手下寄放寄放，别说是永远为业的东西。若有人和你摘摘借借的，你就该行个方便，他自然就不白使你的。到了时候，本利（儿）交还，暗里与还积了福，把天下难买的东西都能买了来，要功名有功名，要富贵有富贵，要长寿有长寿，这岂不是一本万利么？你若认着钱财是你自家的，一个也舍不得花，和别人也不动借取，赶有时候出了逆事，可也得花了。就不如早些（儿）仗义疏财的了。

若是穷的行方便，花一个大钱，比富的花一吊钱，功劳还大呢呀。常说："饿了给一口，强于饱了给一斗。"

近来这有钱的人，净放大利钱，加一八分的。若到了时候，还不起，就霸占人家的房屋地产。这不是想着发财，正是在外赶那财神呢呀。还有个不穷了的么？

可惜，世界上的人不知道积德，妄想着修福，真算糊涂到底了。

16
三样要紧事

古人说："一个字（儿）也别糟行，就是求贵的道路。一个米粒（儿）也要爱惜，就是求富的根本。一个小命（儿）也要救了他，就是增寿的个证见。"若拿这个道理教训孩子，着他用心记着，一辈子也别忘了，就是没边（儿）的福呀。所以要紧的这三样（儿）事，我给你们说说罢。

头一样（儿）就是才说的，敬惜字纸。不论在什么地处见了字纸，就该拾起来，或是烧了，或是着的篓子里攒着。若在学里，有盛字纸的池子。城里墙上都有钉着的木斗子，叫敬纸斗。若拾一千字（儿），就增寿一年。古语说："字纸拾一张，强于烧管香。"

若想着认识字（儿），先该敬重字（儿）。

赶把字纸攒多了，就烧成灰，送的河里去，或是刨个坑（儿）埋了。

若在茅厕里见了字纸，不许嫌埗就不拾。着水洗的干干净净（儿）的，晒干了就烧了。

你若不敬重字纸，赶上了学念书，必定没聪明，心里糊涂。

还不许娘（儿）们（儿）着书本（儿）作样册子，那更是作孽的事。常见有产难的，都是使书本（儿）作样册子的过了。忙喇，着个没字（儿）的东西换了，就好了。谁家没有姑娘儿妇的呢？该讲给她们听。

还别着字纸擦这（儿）抹那（儿）的，什么糊窗户、打夹纸，更是不好。

打总子说罢，手上不干净，不许掀书；不许把字纸扔的肮脏地处，不许因着烦恼，就把字纸撕烂了；不许使字纸裱书皮（儿）；不许拿着字纸满世界扔；不许见了字纸不拾；不许着剪子铰，刀子割字纸，铰了，脱生哑吧；不许使字纸糊墁墈①；不许着嘴嚼烂了，吐的地下；不许在草

---

① 墈墈，指土块。

纸上写字；不许肮脏东西离书近了；烧了，字纸灰不许扔的地下；不许写不好话；不许拿字纸在墙上揉搓；不许使字纸擦桌子；不许把书本（儿）扔的地下；不许枕着书睡觉；不许使字纸包东西；不许使字纸点火抽烟；不许在地下或墙上写字（儿）。点书，不许瞎勾瞎抹，这是头一样（儿）要紧的。

第二样（儿）是不许糟践粮食。总想这五谷，是人养命的宝贝。是天生了，着人吃的，不是着人糟践的。看着这粮食粒（儿），活像珍珠子一样。就是见地下有个一个粒（儿），总该拾起来。还该在灶王爷跟前发愿，一辈子不糟行粮食。我再把当发的这愿，给你们说说罢：一，秸秆（儿）上带着粮食，该打净了；一，庄稼在地里，必定着秋秸约（儿）捆起来，免得着脚踹了；一，牲口棚子，和猪圈边（儿）着，打扫干净了；一，米里有谷，该拣净了；一，糠里头有粮食，要簸净了；一，每年在地里扫粮食粒（儿）；一，淘米泔水里有米，得捞净了；一，粮食掉在地上，见了就拾；一，不使饭粘这粘那的，使白芨；一，不用白面糨子浆衣裳，用白芨粉。

若常糟行米，再拿着粮食不当事（儿），天必定恼恨你，就得着雷霹了呀。

第三样（儿），前头说过，就是不杀生害命。古人说："你愿常生，该放生。爱物，就是爱自己。它将死时你救它，你有灾难天救你。"你们该在这四句话里细细的想想。

常见有小孩子们或是掏雀（儿），或是逮蜂，或是捣蚂蜋，或是穿虾蟆①，或是逮蚂蚱抓蛾（儿）。一切害命的事（儿），家里大人都该管，别着他们习惯了这个毛病，赶大了就拿着活物不当事（儿）。书上说："迈步，留心看蚂蚁。"你想，蚂蚁是最小的东西，还不可伤害它，况说是大的。我劝你们，总着孩子们存一点（儿）善心。见了蛤螺牛子，就扔的水里。见了卖活鱼的，就买了，扔的河里。这个费不了多余的钱，谁也能做。苏州有个姓韩的，喜欢放生，见天（儿）拿着扫帚上河边（儿）上去，见了水里的活物，就扫的河里，后来子孙都发了科了。还有个姓彭的，也是见活命将死，没有不救的，后来点了状元。你们看，放生的报应是

———————————
①虾蟆，即蛤蟆。

多大哎？何苦的为贪着吃一口东西，就不管那活物的性命了？

我还有个好道理，也给你们说说：人都是父母爹娘生的。务必教训孩子，别着他骂人家的爹娘。这最是乡间的一个恶风俗。自小骂惯了，至到大，改不了。为这个吃了大亏的可是不少。所以该早些（儿）教训，说话嘴里要干净，不许挂脏字（儿）。

还该着他敬天地，敬鬼神。不论大便小便，躲着老爷（儿）老母（儿），也不许在正道上，恐怕暗里有来往的神仙，冒犯着就有罪。还有一样（儿），垒茅厕，务必盖上个顶（儿），不露着天（儿），恐怕冒犯着天神。古人说："千日烧高香，不如一日盖茅坑。"人可为什么在这上头打算盘呢？

还有一样（儿），每逢到了热天，人在院里或是大街上，赤身露体的睡觉，不光不好看，还是轻慢神家，必定有罪。凡自太阳月亮底下，或是灯前头，或是灶王爷跟前，不可不躲避。黑下若有事（儿）起来，该披着点（儿）衣裳，穿上点（儿）裤子，再下炕。这都是敬重天地鬼神的道理呀。

还有糟行水，或是在河里大小便，也是作孽。你们可别犯了这个病。

还该每月初一十五，和祖先父母的忌晌(儿)，都要烧香。若不这么着，赶老了必定受罪。

17

学生守则

这小学生根子上了学，有几条要紧的规矩可该知道。我给你们一样（儿）一样（儿）的说说罢。

见了长辈，该作揖作揖，还得毛下腰。

在长辈旁边（儿），该周周正正（儿）的拱着手立着。长辈若问，该拿实话对答，不许说瞎话。长辈嘱咐的话，该记着，别忘了。

穿衣裳，戴帽子，要周正，要干净。抽褶包别忒松了。鞋袜子，要提底了，不许遏邋着。脱了衣裳，该放的干净地处，不许混扔。还不许嫌好要歹的。也不许打整的忒华华丽丽的了，恐怕折了福损了寿，后来有褴褛的时候。

和长辈说话，该慢言可语（儿），不许呼儿喊叫的。还不许和长辈玩戏，在长辈跟前指手画脚的。

听见别人有了过失，不许和人学说。

念书的时候，该坐周正了，眼里别东瞅西看的。看准了那字（儿）一句一句的得念清楚。

写字（儿），得要周正，不许连笔打草的。

扫地，该先着水喷了，为的是不起腾土。

桌子椅子都要干净。笔墨砚台，一切摆列着的家伙，都要齐整。在哪（儿）拿的，还掠的哪（儿），不许遂手扔。这都是要紧的事（儿）。

长辈着做什么活，别辞辛苦，该快快（儿）的去。若看见长辈做活，该忙弄替他。长辈拿着东西，就接他。

早起该起早，后晌该晚睡。

不好地处不许去，不好事（儿）不许做。

吃东西，不许拣择。还不许挑好的，剩下不好的。

喝酒，不许喝醉了。咽东西，不许有响声（儿）。

坐席，不许抢上座（儿）。和长辈走道，不许上他前头去。

上茅厕里去，该脱了大衣裳，回来，该洗手。

黑下睡觉，该枕枕头，还别着被子蒙脑袋，恐怕受了病。

长辈烦恼了，要打我、骂我、说我、教训我，该想我必定有不是，低着头听着，不许犟嘴，还不许怨恨。就是长辈说屈了你，也该等着他不生气了，再表明表明。不许立时就洗白是非。

以上这几样（儿），是当小学生（儿）都该知道的。也得是那当先生的，不辞辛苦，或是按着班（儿）教训他，或是闲说话教导他，再把古时今时的忠臣孝子，善恶报应，凡自学好的事（儿），都讲究给他听，这才算好先生，不白使人家的束脩①，受人家的礼物。

_____

①脩，干肉。古人以肉脯十条扎成一束，作为拜见老师最起码的礼物。语出《论语·述而》："自行束修以上，吾未尝无诲焉。"今用以称老师的酬金。

18 / 道家观点

　　世界上这福寿祸害，没有一定的准门路。全在人的行为上头赏报。行善，自然就得福。行恶，必定就惹祸。就是俗话说的："行善有善报，行恶有恶报。"这两样可都是人做的，享福受罪也是人自己找的。再说这报应，还是不慢。就活像各人这影（儿）跟着各人这身子一样，有身子就有影（儿）。身子到哪（儿），影（儿）就到哪（儿）。一点（儿）也错不了的呀。天降下来的神，掌管着人间的善恶，在暗里满世界查访。遇见善的，那不用提；遇见恶的，就立（儿）就奏明了上天。定准了罪，就减去他的阳寿。犯的恶小，就少减去；恶大，就多减去。天既减去了他的寿数，又罚他受穷受苦，疾病缠身，横竖不着他得好，就完了。

　　这恶人，人人都恨他，忔怏他。因为这人的本性，是善的呀。见了恶人，就恨的慌。这也是从公道良心里发出来的呀。恶人若见了善人，可就没了站脚之地了。还有刑罚祸患就离不了他的身了，活像跟着他的一样。遇见吉，就变成凶；遇见喜，就化做忧。就是俗话说的："喝一口凉水，也塞牙。"凡一切凑巧的事（儿）就不傍他的边（儿）了。打总子说罢，他算倒了运了，常常的碰见丧门神，什么邪魔外道的，可就有灾难。这都是自投罗网。赶到临死的时候，闹神闹鬼（儿）的，不得安生，落不了好死受。打这（儿）就要脱生畜类。若不，就在地狱里做饿死鬼。这是万不能免了的。

　　人一身，都有神看着。哪（儿）一动，神也知道。先说三台星，是管着人的生死寿数。北斗星，是管着人的善恶吉凶。这俩星星，黑下白日常不断的在人头上转游。人所作所为的，就是多秀密，也瞒不过他们的。见了人的罪恶，就记的簿子上，按罪定罚。你就是烧一辈子香，念一辈子佛，求神祷鬼，也是没益处的。不光在人头上，在人心里也有神看着，叫三尸神。净在人身子里头，凡人心里一想、一思、一动，都瞒不了他。每逢庚申日子（儿），天神审判人的善恶，他就在这一天，趁着人睡觉的时候，到天神衙门里，都禀明了天神，谁谁做的什么，谁谁做的什么。

还有灶王，是管着一家子的神。每逢一个月末了这一天，灶王就把合家男女大小犯的罪过，奏明了上天。可惜，人不想这个利害，任意妄行，只愿瞒了人的眼目，哪知道瞒不了天。我劝你们，自今以后，或是在屋里暗想，或是走着道（儿），时时刻刻的该存着怕得罪了天地鬼神的个心（儿）。别拿着罪过不当事（儿），神家查了人的过犯大小，有大过的，减他十二年寿，有小过的，减他一百天的寿。所以老君劝人，若想着多福多寿，必定该拿定了主意，站定了脚步，躲避罪过。看着这罪过，活像见了水怕淹死，见了火怕烧死一样。犯了的，该拿着当块病，恨不得一时去了它，还得拿定主意不犯了。没有犯过的，该拿着当狼虎，常怕遇见，巴不能得（儿）的一辈子碰不见才好呢。

再说那躲避罪恶的法（儿）。不拘做什么事（儿），先该想想合道理哎不？合道理的，就做。不合道理的，就别做。善人，不好地处不去，不好事（儿）不办。就是俗话说的，不走邪道。样样（儿）都要正经的。他看着那非理的事，不是人做的，那净畜类走的道。就是各人在黑暗屋子里，心里想的也对住天地鬼神了。若是心不正了，神家一定知道，难免受罚。所以善人不肯得昧了良心。什么欺心的事（儿）也做不上来。

善在各人心里待纯熟了，就是德行。从德行里做出事来，就叫功劳。聚少成多，就叫积德。由小到大，就叫累功。积德，譬如攒钱。由一，而十、而百、而千、而万，以至于没数，越攒，越多。立功，活像垒墙。由一行，到十行、百行、千行、万行，以至于顶天（儿），越垒，越高。人若行善，还得苦把苦掖的不歇着，才能感动了天地呢。我劝你们，别觉着做了个一条两条的善事，还不定是真的是假的，就想着求福免祸的。那是没影（儿）的事。

善人都有个仁慈心（儿），待天下一总的物，连人都在内。就比方桃有桃仁（儿），杏有杏仁（儿），瓜子（儿）有瓜子（儿）仁（儿）。人这个慈悲心（儿），就是人的仁（儿）。也是围着心的一点热气（儿），一落草就带下来了。善人时时刻刻的想这点（儿）趣味，越想越纯熟。赶到了待人待物的时候，不用勉强，那个慈心自然就发出来了，常有待人活像待自己的那么个意思。若是待人清冷了，那是那点热气（儿），待的晌（儿）多了，就晾凉了，以后得不了什么大福。

我劝你们做官（儿）的，既为百姓们的父母，就该看着百姓和儿子一样。就是俗话说的："爱民如子。"你想，天打发你来，给民们作主，这不同小可的呀。善人自小念书的时候，就打算着后来于民除害。赶做了官以后，真就是清如水，明如镜的，不受情面（儿），不贪贿赂，遂问遂结，不存案卷。善的就赏，恶的就罚。立义学，修书院，培养人才。遇旱潦年景不济，就赈济穷苦鳏寡孤独，想法养膳。赌博，烟馆，着意查拿。乡间里若有唱戏的，或是庙会，就差人去寻访着的。到了夏天，就立舍药局。到了冬天，就立舍粥场。还有什么育婴堂、养老院，这些个善事都算是忠。

俗话说："百行，孝为先。"这忤逆不孝的，都算不了人，和畜类一样，必定得受恶报。这点孝心（儿），人人都有，可有时候得提醒，才行了呢。若常把二十四孝给人们讲究讲究，就容易感动他那个孝心了。还恐怕不急忙行孝，腾一天又一天，等着那老的（儿）寿数完了再想着报恩，可就晚了。就是流多少泪，哭瞎了眼，也是没用了。古人说："孝不离思。"若不思想，做不出孝的事来。善人着天（儿）家想父母生养我的那个千辛万苦，那孝自然就在这里头发出来了。就是睡里梦（儿）里，一举一动，总要把父母放在心上，这才叫做真孝子呢。还有，父母老了，或是病了，或是鳏寡，或是贫穷，这都是极用孝的地处。

再说这兄弟之间，就是光说那个情肠，讲不得理。这理，是和外人（儿）说的呀。若坚执的说那个死理，未免的就伤了那弟兄们的情肠了。伤了情肠，还有什么理呢？江西有这么哥（儿）俩，一个叫沈仲仁，一个叫沈仲义，都是翰林，为争家产打了官司了。官（儿）给他们批的，说："沈仲仁，仁而不仁。沈仲义，义而不义。有过必改。再思可矣。兄弟同胞一母生，祖宗遗业何须争。一番相见一番老，能得几时为弟兄。"哥（儿）俩一看这批，抱头相哭的就回了家。打这（儿）就不分家了，又在伙里过起来了。[①] 说了半天，这亲哥们固然是该和美的呀。以至于九

①该故事改编自唐代崔九的《翰林院》之《江西翰林院沈仲仁》。

族里的哥们，也不算远呀，都是一脉相传的呀，也该必恭必敬的，不可拿着当外人看待呀。

善人先把自己的身子放正了，就要劝化别人。总想着和人同有善心，共做善事。这个功德就大多了。劝人的时候，还不是浮萍草着一说，任凭别人爱听不听，就算拉倒。必定得想出个好法（儿）来，着人打心（儿）里宾服了，才算呢。或是刻善书，或是画善画，错感化的人们都和他一样了，才是他那个本心呢。这就叫善与人同。

善人见了这孤儿寡妇，没倚没靠的，必定得惜怜他们，周济他们，怕他们身上没衣，肚里没食，难保落个冻饿而死呀。还是一。不光救了他们的命。待这孤儿，总想着成就他一辈子的事（儿）或是着他归了那个行道。待寡妇，也要保全她的贞节。这里头就积了大阴功了。就是这孤儿的爹，寡妇的男人，在阴曹里也是感恩不尽的。

善人见了这老的少的，必定慈爱他们。因为各人能孝顺各人的老的（儿），就能把这个孝心也推到别人的老的（儿）身上，心里就有个尊敬的意思。又从各人慈爱小的（儿）的这番心，推到别人的小的（儿）身上，心里就有个怜惜的意思。善人爱人如爱己，正是这个说呀！

善人知道，世界上这万物，草木鸟兽，鱼鳖虾蟹，一切的生灵，都是天地生的。因为天地喜欢万物，才生了这些个呢呀。不敢说护救它们，也不伤害它们。善人走道，多咱也看脚底下有一根活着的草，也迈过去，不能跐了。也不怕是个多小的小虫（儿），也不故意弄死它。这都不光是爱物，其中本来有个爱天地的心（儿）呢呀。

善人见人有了凶险事（儿），就替他忧愁。不光是忧愁他那事（儿）。是忧愁他没有回头改过的心（儿），到底是恶，终久免不了祸患。善人若见人做了善事，就替他欢喜。也不光是欢喜他那一条子善呀。是愿意着他事事（儿）都归于善。有他这善，再劝着别人（儿）善。所以善人见了，就快乐。

人有了急紧事（儿），或是有了危险事（儿），善人必定拉帮他，打救他，只恐怕晚了赶不上。善人不照的那小人，看着财帛和泰山哎是的那么重，看着人命和牛毛哎是的那么轻。苍天必定不饶这样狠心人。不着他短寿，就用水火盗贼罚他。别看他积财不散。那正是养祸根（儿）

呢呀!

善人见人得了好事（儿），活像自己得了好事（儿）一样。人有了不好事（儿），活像自己有了不好事（儿）一样。这是善人一生的秉性。不和小人哎是的，见人有了好事（儿）他就气害，见人有了不好事（儿）他就欢喜。这也是生就来的那样嘎峪心^①。

善人见人有了短处，都是隐瞒着，不给人家扬腾。各自己有了长处，也是隐瞒着，多咱也不夸口。这都是从爱人里头发显出来的呀。

善人见人做恶，就想法（儿）拦挡着。不光不愿意着他做，还恐怕别人受了他的害。见人行善，就满嘴里夸奖，逢人（儿）指人（儿）的就表明。也是想着着别人和他学呀！

善人和别人同财帛，或是和弟兄们分家，总想着吃亏尽让。把多的让给别人，自己要这少的。他说："待别人厚，待自己薄，是应当应分的。"

善人受了人的欺负，不怕就是多利害，别人都看不公，他也不抱怨。总是满脸（儿）陪笑的，说自己的不是。打这（儿）修德，还有个修不成的么？

善人若受了别人的抬举，虽然是该当的，亲戚朋友都替他欢喜，他倒很嫌怕。光说自己德行浅薄，不堪着人提拔。从此越发的加功行善，还有个懈劲（儿）么？

善人待人有了恩惠，总不求着报答。若把东西送给人，没个后悔。因为他看着财帛是轻的，人情是重的，就超过人一等的。

天生的是一样的人。都给了人个善根（儿）。怎么善人就和别人两样呢？因为善人积德散财，这正是培养那个善根（儿）呢呀，越养越旺。别人积财散德，这正是伤害那个善根（儿），越伤越弱。

善人净是顺着人心做事，所以人也都恭敬他；还常与天心相合，所以天也常常的保佑他。他就不用求福，那各样的福自然就遂着他。那邪魔外道，恶神恶鬼，都不敢傍他的边（儿）。见了面（儿），就跑的远远（儿）的去了。俗话说："一善能禁百恶"，又说："诸邪不能侵正。"那正经的神，可就常保护他，所以常没灾难疾病，一生能得平安。暗里还有天神常帮助，所以事事（儿）没个办不成。不能半途而废了。

①嘎峪心，方言，形容心眼小，没胸怀。

善人做一辈子善事，后来必定成神成仙。苍天的报应错不了，不能着人白行了善。我劝你们大家伙（儿）都勉励勉励。只要肯做，没有什么难处。若行够了一千三百善，就成天仙；若只行三百善，就成地仙。这两样（儿）都能够常生不老。再说，怎么着叫一样（儿）善呢？就是救一个性命，成全一个婚姻，引着头做一个于人有益的事（儿），再除消一个于人有害的事（儿），就叫一样（儿）善。果然若行够了以上那些个数，或成天仙，或成地仙，后来必定得应验了。可惜，人多有那善根（儿）没扎深了，所以那善事就难以做了。我劝你们，行善就是个大大的便宜，比什么也强。俗话说："苦海本无边，回头却是岸。"可只要拿定了主意，也不试费难。后来在善道上走，遇见什么善事，就按着力量做来，自然就好了。

人有了过失，就当改了。若是明明的知道是各人的过了，再不愿意改，这过就成了恶。善人常怕各人有了过，不知道。知道了，就坐卧不安，心里活像着长虫咬着手指头一样，必定得快快的，把那个指头，着刀剁了去，那毒就串不到身上了。人见了善，就该做。若是明明的知道是善，故意的不做，那根底（儿）就薄了，福也就折了。善人见了善，活像饿的慌了见了饭，渴了见水一样。他说一生没有带别的来，就是带了善来了。一死还不能带别的去，就带了善去了。行善可不用心急了。只要常常的不断，活像灯里的油点完了就又添上，那灯自然就明快。若不添油，就得灭了。行善也是这么个理（儿）。

这讲究星、相、医、卜、地理的人，是拿着这个当生意，在这里头找衣食。若故意的搁挡他，着他到处不兴通了，就算给他垒上道了，也是个大不好。善人，除了哄人的邪法（儿），只若于人没害处的，就举荐他，不打了他们的饭碗（儿）。

圣贤们留下的书，无非是说仁说义的话语。若是不合各人的意思了就糟行，也是有不好的。善人见了圣贤的书，就活像圣贤在各人面前，亲自听他的教训一样。认着各人是圣贤的徒弟，必恭必敬。又勉励着按书上的理作事。

若是欺负有道德的人，那就算不知好歹。善人知道这样的人不可多得，多咱见了，多咱亲近，拿着他当个改过迁善的帮手。

这飞禽走兽，也是天生的一类性命，不可伤害它。若是着枪打它，着箭射它；或是冬天挖掘入蛰的虫子，要它一死；或是黑下惊动上了窝的雀鸟；或是糟行了飞禽蛋，这里头虽然不成性命，那性命也都是由这个生出来的，也不可伤损。以上都是杀生害灵的恶。善人凡有血气的物（儿），都不忍得治死它。看着和各人的血气一样。总说："它疼，我也疼；它难受，我也难受。"待人这样，待物也是这样。就是一个小蛾（儿），一个蚂蚁，也得动了那个慈悲心（儿）。

人该贵重绸缎布匹，不可轻易的就裁铰。总想一块绸子，一块缎子，得若干的蚕丝，还得人工织成了。一个布条（儿）也不是容易长的棉花，得倒多少回手才能成了布呢？若是耗费了，也是有罪的，必定得损寿。善人总不想穿体面衣裳。有了省出来的那钱，还可怜穷人呢。他说："这人都是天造的。各人穿绸缎，别人有冻死的，这个事（儿）忒不公平了。"

除了过年过节，上供请客，不可动腥荤。平常吃饭，五谷杂粮的就算不离。若是无缘无故的就杀生害命，光图快乐各人的嘴，就折了福了，何苦来的造这个罪孽。善人，一来爱物，二来不嘴馋。总是有了东西，帮补那要饭吃的，或是周济那贫寒的。有个姓陈的，在自己院里盖了一座楼。见天（儿）早起上的楼上去，在四下里望望。若看见谁家灶筒里不冒烟，就给他送米去。所以这个楼就叫望烟楼。

这五谷杂粮，是养人性命的宝贝。一个粮食粒（儿）也不可糟行。若是洒洒泼泼的，拿着不当事（儿），也算折福。善人看着粮食，活像珍珠子一样。他说："人离了这个，活不了，这岂不是宝贝呢？既是宝贝，就不可糟践。"

或是求难得的东西，或是修无益的工程，着人劳心费力，天最恼恨这个。善人净是怜惜人的力量，不劳人的心思。

人做什么活，得有什么家具，才行呢。若是故意给人家损坏了，着人家用的时候是个打折手，最是心眼子不济。善人，不论哪一行人，若作活没有家伙使，就借给他使用。就是糟行了，也不用他赔。

见人富贵，就生气，就愿意着人家贫贱了，岂不知那是个糊涂心（儿）。败坏了自己的良心，也怎么不了人家，岂不是个傻子呢？善人又不这样。见了富贵的，就愿意着他经心用意的保守着，不失了家。还愿意着他因着富贵行善，不愿意着他白享富贵。

见别人的妻女长的俊，就想着私通调戏人家。这个心一动，就是不办实事（儿），鬼神也早就知道了。可惜，人知道这个利害，值得值不得就造这个罪，其中那害就多多了。因为是，万恶淫为首。又干系着人命，又害风俗，又损阴德。命里富的也得穷了，命里贵的也得贱了。再说这淫心一动，心里昏迷，精神短少，受些个邪病脏疮，说什么不短寿呢？还有一说。淫乱人的妻女，各人的妻女必得还账。我劝你们，若想着把这个病去了，该早起后响的烧上一柱香，眯糊着眼（儿）把这淫的害处细细的想想（儿），就是治淫病的个好法（儿）。若不，就难免受些个恶报。善人一辈子，眼不斜看。有时候躲不开了，也活像见了自己的姐妹一样。谦守十法：一、清心地；二、守规矩；三、敬天神；四、养精神；五、勿眼看；六、不说道；七、烧淫害；八、减房事；九、不晚起；十、劝人在神面前起誓，发戒淫的愿。

该人家的账，不想着还人家，岂不知这一辈子还不了，下辈子变牛变马也得还人家。善人，借了人家的，光还了还不算，总忘不了那个恩情。

见人有了不顺当的事（儿），就说人家素日家怎么不好怎么不好，这最是没身分。善人不说道人的长短。就是别人真有这个不好，也不多言多语的。轻易的不谈论人家。

见人有残病就笑话，那是不知好歹，对劲（儿）还兴笑话出祸来。善人见了秃、瞎、瘸、拐的，就替他们难受，可怜他们，活像各人有这样病一样。

见了有能耐的人，就褒贬他，只恐怕他得了好，这最是心里有毒。善人见了有才气的、有能为的，就尊敬他、举荐他，只恐怕迁了他这些个好处。

你看，这本（儿）上，前前后后，说的这人字（儿）他字（儿）有多少哎？可见别人和各人，都是天地生的，活像哥们一样。该拿着不当外人，才是呢。他有了患难，和我有了患难，是一样。他得了富贵，和我得了富贵，也是一样。俗话说："有福同享，有罪同受。"若是光想着自己好了，着别人不好了。光管各人如意，不管别人难受，那就不对天地生人的那个意思了，和禽兽不差什么，就算没了人性（儿）了。你们若想着做善人的，该认得个人字（儿），还该认得个他字（儿）。若认不清这两样，就白在天地间为人了，今生做恶人，来世做禽兽。

若冲着人家庄货，或是坟前边（儿）埋木头人，或是埋符咒，这是邪法害人，人家若告了，是杀罪。善人，错了没主的死尸，他不埋。还是有留下的义地，妨碍不着别人。

因为人家的树木长的旺，主着有风水，就暗里用毒药给人家治死，这叫阴毒害人。善人连根草也不糟行，况说是树。若说用药，就是治病救人，可不能用毒药杀人杀物。

或是截道，或是放明火，或是挖窟窿，或是开窝子局①，得来的财帛，不光落不住，还得出废物子孙。善人就是尽人事、听天命，光盘算着积德，不求着积财。古人说："宁可多积德，不可多积财。积德成好人，积财成祸胎。"我劝你们，把这句话多念几个过（儿），就醒会过理（儿）来了。

若是不当得的官职，使乖弄巧求着高升，纵然得了，也是相反天理。善人就是一辈子不作官，也做不出奸诈事来；若做了官，也不肯巴结上司，冒充功劳，图个好缺分。他懂得"富贵在天"这句话，所以事事（儿）按着职分去做的，自然上称天心，下合民意，那好报应不求自得。

若是过于的快乐，那福分早就享尽了。若是发懒不做什么，净玩花、弄鸟、奏音乐、唱曲子、玩钱，这些个事（儿）们不光败家，还是损寿。古人说："这没德行的人，若是福寿双全，天也就不公平了。"你们行善，就是改祸为福的个本（儿）呀。若多行善，那福就离你近，祸就离你远了。若尽自不改，那凶神就不能离开你。

世界上断不了有不如意的时候，不能事事（儿）称心。若是一阵子烦恼上来，恨天怨地，咒骂人，那就离惹祸不远了。善人净怨各自德行浅薄，其余的穷苦祸患，不拿着当事（儿）。一天家把"君子固穷""志士不忘在沟壑"，这两句书，当个定心主。光说，天着我受罪，这正是成就我呢！人抱怨我，这正是勉励我呢！

刮风下雨，都是神家的妙用。若有时候粗风暴雨的，那是因为人作的恶忒多了，就拿这个警教世界。人若明白这个意思，就该恭敬天的恼

---

① 窝子局，一般招集赌徒十几人，不定期成为一局，时有时无。

怒。若是咒骂，就罪上加罪了。善人，每遇着狂风大雨，打雷打闪，就是当着黑下，也必定得起来，穿上衣裳，端然正坐，暗想自己有什么不好，求天饶赦。就活像父母恼了，那做小的（儿）的敢不恭恭敬敬的央恳么？

对天盟誓，也不论心肠好歹，着天给他做证见。所做的事不论好歹，也想着着神看明白了，望他强求好报应，这般狂气是自己找死。善人，心里极干净，还不讨大对天夸口，只恐怕暗里有天神不喜欢的地处。古时有个赵清献①，白日做了善事，黑下就烧香祷告。还常说："不敢望天告诉的事，我也不敢办。"还有个袁了凡②，钉了一个本子③，把天天（儿）做的事都写的上头，黑下恐怕做差了事，就烧香祷告，求神指点领教。

人该听天命，不可妄想妄求的，这"名、利"二字，是命里造就了的。命里穷，不能富了，命里贱，不能贵了。若是分外的贪得无厌，还兴把命里应该有的夺了去呢。善人净是认各人的命。俗话说："君子人不和命争。"做事，合天理，顺人心，那名、利，自然就在里头呢，就是得不了名利，他也不抱怨。世界上有这样人，费心劳力的求富贵，一天家没个歇心的空（儿），一为各人，二为子孙。细想起来，可有什么益处？俗话说："儿孙自有儿孙福，何用给儿孙做马牛？"善人行善，可也有用力的时候。古时有个杨伯雍，造了一只摆渡船，着行路的人来往方便，还不和人要船钱，积的儿孙都发了科。还有个徐熙，净埋没主的死尸，什么死猫死狗的，埋的足有一万，修的子孙兴旺，不断功名。还有个韩永椿④，见天（儿）拿着扫帚，在河边（儿）上把旱地（儿）里这蛤螺牛子扫的河里去。后来他孙子（儿）也是高官一品。还有个葛繁，见天（儿）做二十条好事，后来做了镇江的知府。⑤这都是用力行善的。可见天不亏人，真是实话。

若是弄邪法子哄人，或是立这个教门（儿）那个教门（儿）的，着人信。引斗的男女混杂，烧香拜像，奸盗邪淫，行凶造反，赶着官（儿）拿了去，

---

①赵清献，即北宋名臣赵抃。明代袾宏所著《竹窗随笔》载：赵清献公尝自言，"昼之所为，夜必焚香告天，不敢告者则不为也"。

②袁了凡，即明代思想家袁黄，著有《了凡四训》等。

③"子"原作"字"，疑错。

④韩永椿，明代礼部侍郎韩世能的祖父，见民间故事《扫螺植福》。

⑤"日行一善"的典故出自葛繁，记载在清代《德育古鉴》中。

或是打，或是杀，都有一定的律条。善人净愿意着人明白正经道理，圣人留下的书，贤人定下的礼。当时有个汪源，把产业去卖了，刻了一万部《感应篇》，在满世界送。这就是替天行道，必定得好报应的呀！

大秤买，小秤卖。大斗籴^①，小斗粜。长尺子买，短尺子卖。出轻，入重。还在吃食东西里头搀假，比方什么盐里搀土，酒里搀水，漆里搀油，米里搀糠使水，什么假银子、假票子，这些个都算害人的外面（儿）。若是配假药，害人的性命，更算心狠。还有什么卖私盐、铸小钱（儿）、走动衙门给官（儿）说分子，写假呈子、假文书，写休书，给寡妇说媒，当人贩子、引诱良家子弟为非做歹，从中取利。以上说的这个，大坏良心，大伤天理，必有恶报。善人做买卖，总是老的不欺，少的不哄。货真价实，言无二价，秤平斗满。凡于天理有妨碍的事（儿）就不做，必有善报。有个姓金的开当铺，只是穷人的衣裳，就不要利钱。就是别的，到了年节下，也抽利钱。暗里有神保护着，贼们就不敢来打抢。

把好人家的闺女小子诳出来，或是卖的大主做奴婢，或是卖的戏班（儿）里^②，或是卖的娼家，这都是万恶滔天的罪，不现报了，就得报在子孙身上。宋朝时候有个曾谅，见有卖儿女的，就替人家拿钱赎回来。后来梦见神家和他托梦，你本是个绝户命。因为你有阴德，天赐给你一个儿。待了一年的工夫，果然就得了个小子，后来做了大官。上海有个朱锦，他家村里有个娘（儿）们（儿），因为穷，跟她男人活离了，卖的娼家。朱锦拿出来了五百吊钱，给她赎回来了。后来朱锦中了会元。

既在世界上为人，男的就该忠孝，女的就该和顺。不家^③，就白穿人衣裳吃人饭了。成了家，这两口子算一个人，总该和美。若是男的瞅着女的软弱，常打哎骂的。若是女的欺负男人老好子，一点（儿）也不恭敬，那就失了夫妇的大道理了。善人，夫妇俩终久是和睦。就是一会（儿）家有个言语不周，抬两句杠，也不牵在心里挂在意上的。俗话说："夫妻们没有隔夜之仇。"先说男的，有个刘廷式，寻的当村（儿）的丈人家，自己发的愿，错中了举不成家。后来发了科，他那媳妇（儿）

①籴（dí），买粮食。

②"里"原作"理"，疑错。

③不家，不这样。

双眼（儿）瞎了。他丈人也是个明白人，说他中了举了，就不忍得着个瞎闺女寻人家了。来到他家里，和他说，着他另寻另娶。他说："我另娶了别人家的，若再瞎了可也是没法（儿），更显着我不义气。倒不如我娶你家闺女就很好。"所以就择了个日子（儿），娶了。赶娶到家来，还是顶和美。待了一年，他媳妇（儿）那两眼就都看见了。又待了一年，添了一对双（儿），都是小子，后来还都发了科了。再说女的有个宗夫人，她男人叫苏仲，出外的待了三年，在外头又寻了个媳妇（儿），带的家来了，那意里恐怕宗夫人嗔着。宗夫人说："女人有七出之条，头一样（儿）就是妒忌，我岂敢犯了呢？"还是和这第二个顶和美。后来也称为贤夫人。待各人的女人，或是刻薄，或是轻贱。待儿，或是娇盛护驹子，或是打骂忒利害，这都算不好。若是女的打公骂婆，也算生忿，天理不容。善人，第一先立家法，男有男的规矩，女有女的道理。男待女该怎着，女待男该怎着。自古至今，女善人也是多的呢，咱们略薄的说几个罢。有个麻姑，她爹做官，着人修城，错到鸡叫的时候，不许工人们歇着。麻姑可怜人们辛苦，就学鸡叫。她一叫，那真鸡就都叫。这么一点（儿）善，后来就成了仙了。还有个候夫人，修了一大处闲宅子，净收养这穷孩子。赶养大了，再交回本主。活了一百多岁。还有个姓苏的，公母俩都爱惜这禽兽的性命，许下愿一辈子不吃腥，净吃素饭。还不吃饱了，每天俭口食，打发要饭吃的。后来两口子都是白头到老，死的时候也没受床头的苦。你看，以上这都是女善人，下辈子必定脱生男的。我劝你们做女子的，都该跟着学。

　　祖先死了，埋的坟上，他那阴魂（儿）常在。该按时把节的恭敬，上供烧纸，不该拿着不当事（儿）。若是埋了就不管了，断了祖上的香烟，活像绝户坟哎是的没人（儿）来往，刨坟上的树木，在坟上放牲口，这都算轻慢祖先呀。善人，净按着书理（儿）说："事死如事生。"赶祭奠的时候，活像祖先在跟前一样。就是孔子说的"祭如在"那么个意思。《救世文》上说，每年腊月里，有个北帝神，领着鬼神，满世界查人的坟茔。若是坟头上有窟窿，露着棺材的，就罚他那后代不孝的罪，暗里着他受贫病灾难，短寿断子孙的报应。

　　世界上的人，糊涂的多，明白的少。最可恶的，是不认自己糊涂，净觉着各人比谁也精，比神也灵，使乖弄巧的求福。比方什么盖房立坟求风水的，在这（儿）挖一道水沟，在那（儿）挑一道土坮（儿）。哪知道，神家不好哄。所以善人求他们保佑，就钞善书、印善画、写偏法、配药材，给穷人治病、舍衣裳、舍棺材、收养没主的孩子，给人讲和官司，劝人弃邪归正，就感动了神家的心，说什么不得好报应呢。

自己心里不如意了，就咒自己死，咒别人死。或是做了屈心的事（儿），恐怕别人（儿）说道，假装着咒骂起誓，说："我若做了什么什么事，天打雷霹，随着老爷（儿）没了。"这样人，后来必定得中了誓。善人，别说惹不着神。就是一会（儿）家不周不备的招摸着人，就给人家磕头服礼，和人家说好的。

这井也有神管着。若是在井上过来过去的不恭敬，就冒犯着他们了。善人无故的不爬着井望里看，不在井里啐唾沫，井台（儿）上必定打扫干净了，不着肮脏东西掉的井里。

这粮食，是天给人留下养命的，可吃不可糟践。若是在上头坐着，或是着脚跐着，必定得折了福。

还有这人，比别的都贵重。闹着玩（儿）不许上的人身上去。也不许隔着人跳过来跳过去的。程了一辈子不坐轿。他说："都是一类的人，为什么拿着人当马使呢？"

医生配药，给人家打胎。还有生了闺女，扔的水里淹死，和犯了杀人的罪一样，必定受恶报。善人慈爱自己的孩子，也慈爱人家的孩子。古时有个陈毅轩，他这一县里就有淹死闺女的这个风俗。他想着法的劝说，满世界贴出帖子的，说："谁家娶一个闺女，我就拿一半（儿）陪送。那忒穷的，不用本主花钱，我自己给她们出聘了。"待了一年的工夫，连近边处带远处，都变化成好风俗了。一家子不怕有五个、六个、七个、八个闺女，也养活着。后来他儿中了探花。

净办些个偷偷事（儿），就叫瞒心昧己。善人，见不着人的事（儿），一辈子不做。他说："明人不做暗事。"

每月三十（儿）、正月初一、五月端午、七月七、十节一，这几天，都是天神查人善恶的日子（儿）。若不躲避点（儿），或是唱戏，唱小曲（儿），或是哭，或是恼怒生气，都算冒犯，必定得不了好。善人每逢到了这几个日子（儿），比别的晌（儿）更加上恭敬的意思。洗了脸，漱了口，定住心神，烧上香，合上眼（儿），暗想自己作的事，净觉着各人有过犯，对不着天神，暗叫一声："天爷，你饶我罢！"

立春、立夏、立秋、立冬、春分、秋分、夏至、冬至，这八个节气，是众神记人罪的日子（儿），不许动刑罚。善人，平常日子（儿）轻易的也不动刑，净是以劝化为先。错了实在的没思极了，才打几下子，也不过是点到为止。若当着这八个节气，就是该打的也不打。

这北方，是众神聚会的地处，最该躲避。若是冲北擤鼻子、打嚏喷、啐唾沫，什么大小便，都算冲撞，必有大罪。善人有了求神的事（儿），就向北方许愿、烧香、祷告、祭祀。

灶王爷为一家之主。若在他跟前歌哎唱的，哭哎笑的，也算轻慢他。善人常嘱咐家里人们，别上灶王面前恼怒、喊叫、梳脑袋、洗脸、裹脚、把脚孩子。男的脱了鞋袜，也不许在他跟前放着。

烧的这香，本是敬神的东西，不许在灶火里点，恐怕烧的柴火不干净，就脏污了那香了，你就是烧多少，那神也不受。善人见天（儿）早起烧香，必定着取火（儿）点着，不拿着香就灶火坑里点。任那（儿）若干净，才敢敬山神呢。

做饭，不许烧肮脏柴火，什么烧粪、烧鸡毛、烧骨头。一来恐怕灶王不喜欢，二来恐怕做的这东西上不得供。善人，别说上供的东西，就是人吃的家常饭，也要干净，不能拿着好二歹三的，就入灶火门（儿）。

黑下起来，不许赤身露体的。这鬼神，是黑下白日都有。若冲撞着他，他就给你个果报（儿）。妇女们更该避讳着。善人白日不歪戴着帽子，不闪披着衣裳，就是热天也不精着光着的。

日、月、星，这三光，和贼星①，还有虹②，这都是天文的气象，该恭敬。若是俩眼不住的看太阳月亮，或是骂贼星，指虹，必定有罪。善人他懂得这人在天地间，活像鱼在水里一样，浑身里外都是水，离了水就活不了。这人，他浑身里外都是气，离了气也是不行。所以善人没有一个时候不

---

① 贼星，即晴朗的夜空中，在闪烁的繁星中间常常划过一道白光，稍现即逝，我国民间称为贼星，天文学上叫流星，亦即妖星或彗星。

② "虹"（jiàng）原作"蜂"。

敬天上的精气光明。敬这个，就算敬天。

春天打围，什么放火烧山，必定有大祸。因为这春天，是万物发生的时候。不论死物活物，发芽的发芽，作胎的作胎。你若取它的命，死一个大的，不定死几个小的（儿）呢。若烧坏了一棵树，就少长一大些个枝叶（儿），岂不是相反天理呢。善人体天地生物的那个心（儿），不光救人，还是救物。

若冲北骂街，嘴里不干不净的，必定有大罪。善人一生就不骂人。古时有个富弼，别人提着名（儿）骂他，他说："一样的名（儿）多的呢，我不答理他，他骂，他骂得罢。"还有个夏元吉，奴婢脏了他的衣裳，他说："脏了不要紧，着水洗洗就干净了。"这一天又摔了他一块玉石砚台，奴婢吓的着急，他说："那不算个事，这东西都有个坏了的日子（儿）。俗话说：'旧的不去，新的不来。'"这俩人后来都做了大官。

以上说完了人的罪恶，也有犯了这个的，也有犯了那个的。可惜，人糊迷着个心眼（儿），自己觉不出来，还说，我占了便宜，倒比别人（儿）强。哪知道，鬼神在暗里早就看清了。不是鬼神夺你的福寿，是你自己夺了，这是活着的报应。不是鬼神绝你的子孙，是你自己绝了，这是死后的报应。若想着脱了恶报，该趁早跟着善人学。

以上是在办事（儿）上头说善恶，这才是在存心说善恶。这心就是善恶的根（儿）。这个坏心一动，就忘了暗里有鬼神了。哪知道，若是动了善心，那吉神就跟着你。赶行的善多了，就用福赏你。若动了恶心，那凶神就来。等着你行的恶贯满盈了，就着祸罚你。古时的贤人用这个为善去恶的工夫，使俩瓶子，起一个善心，就在这个瓶子里着个红豆（儿）；起一个恶心，就在那个瓶子里着个黑豆（儿）。每逢到月底，就倒出来，看看哪个多，哪个少。晌（儿）多了，就都成了善心了。

人以前行恶，后来后悔的慌，想着改，若真改了，必定得福。千万可别说，我做了恶，再行善也没益处了。还别打算着，根子一行善，就得了福。一时得不了，就不如意，说："行善没用。"倒不如先把求福的那个心（儿）忘了，说："就是得不了福，我也行善。"日子（儿）长了，赎回以前作的那恶来，没有得不了福的。

人若想着去恶从善，总归这三样（儿）。哪三样（儿）呢？看善书，说善话，行善事。待三年的工夫，那福不求自得。若是尽自行恶，三年的工夫，那祸不招自来。行善有好，行恶有不好，这是人那本来的良心都知道的。都是因着灶王奏明城王，城王又奏明过路的神仙，神仙又奏明天神。所以说，人的善恶，瞒不了天。天神也有记①善的簿子，也有记恶的簿子。我劝你们，把《感应篇》念的熟熟的。别说这本（儿）上的话浅薄。文字（儿）浅，这里头的意思可深奥的多呀！若是水过地皮湿的，略薄的一看，就永远不通了。该一句一句的，细细的想想里头那个意思。还揣摸这一句的好处不好处。揣摸完了，再接着往下看，越看越熟。这就叫看善书。自己熟了，当着闲在时候，用这书上的文字（儿），逢人（儿）指人（儿）的劝化别人，这就叫说善话。碰见什么事（儿），再按着这上头做，就叫行善事。若按着那么行善，以前做的那恶早就赎回来了，什么福也得了了。

---

① "记"原作"纪"。

19

佛家观点

天地待人至公无私。或善，或恶，是心里想的，是身上做的，神眼看的明白。也不为你上供就着你享福，也不为你不上供就着你有祸。凡人有势力，不可使尽了。有福，不可享尽了。贫穷的，别欺负的他忒利害了。这三样（儿）都有天理循环，报应不错。你若行善，别看没福，那祸可就远了。你若行恶，别看没祸，那福可就远了。这行善的人，就比做春天的草，虽然看不出长来，可是一天比一天的大；行恶的，就比做磨刀的石头，虽然看不出抽来，可是一天比一天的小。世界上的人，该在这上头想想。不怕是一点（儿）小善，总要和人一块（儿）去做的。一点（儿）小恶，总得劝人别做。尽人事，听天命，自然就快乐一辈子。也不用相面，也不用算卦。该知道，善里头就有福，恶里头就是祸。可世界的天罗网在暗里下着，报应自然就错不了。

有佛教的十诫说："一诫，不忠不孝，不仁不义，总该做忠臣为孝子，爱人爱物。二诫，不许暗里偷盗，损人利己。该积阴功，救苦难。三诫，不许杀害万物，以图滋味。待飞禽走兽，也该有慈心。四诫，不许奸淫人家的妇女，以图快乐，坏了人家的声名贞节，冒犯神仙。五诫，不许拆散人家的好事，拆人家的厚薄（儿）。该拿好话劝乡党和睦。六诫，不许奏弄好人，夸各人的好处。七诫，喝酒不许醉了，吃肉不许过了。该调理性气，服养身体。八诫，不许贪财没够，积攒着财帛，不可怜穷人。九诫，不许交接匪类朋友。该交往比各人强的，求着长见识。十诫，不许多言多语，大呼大笑。该稳重老实，习练道德。"以上这十诫，该常常记的心里。

再说放生的事（儿），也是眼见的功德。你想，人人都爱惜各人的命，那万物也是贪生怕死，何苦的杀了它来，喂了各人的嘴呢？拿着快刀，扎它的心，开它的膛，剥它的皮，打它的鳞，刺它的脖子，着盐腌，着油煠，着汤煮。疼痛难忍，没处诉冤。岂不知，早就结下万辈子的仇了。赶你死了，先下地狱受罚。受完了，也得着你脱生个物（儿）。冤冤相报，命命相敌。在世界上吃多少物（儿），就脱生多少辈子物（儿）。多咱还完了，才脱生人。赶脱生了人来，还是多灾多病，多凶多险，或是着长虫咬死，或是着老虎吃了，或是挨刀中箭，或是受官刑，横竖得不了好死。这都是杀生害命的报应呀！我如今苦苦的告诉你们，不敢说吃斋，先说戒杀。果然若听我的话，鬼神保佑，灾祸消除，那好处就说不尽了。若能吃斋念佛，买物放生，不光在世界上赏给你福，死后还成佛，免了那轮回脱生。

还有劝人不行邪淫的善言，说："万恶淫为首。"人这邪淫心一动，就昏迷了。别的好事就都办不了了。这真是实话呀！如今晚（儿）的人，这个淫心更利害。有不顾老少行邪淫的，强奸幼女，欺凌寡妇。有不顾性命行邪淫的，变卖家具，顷①家败产。世界上这头一个大恶，你若不禁止着，那鬼神可怎么不恼恨你呢？不光在阳世间现报，到了阴间里还得受没边（儿）的苦。你们犯过的当回头，没犯过的当留心。还该劝子弟先绝了这一样（儿），别的恶自然就没有了。把以上这些个话，你们各人都该钞写一篇，贴的墙上，不光各人当个至宝，就是亲戚朋友的看见，也兴有个回心转意。

十殿阎君说："凡人在世界上行善行恶的，赶死了，若是善多恶少，或是功和过一般（儿）多的，免他在地狱里受罚，就着他脱生人，女的就转男的，男的就转在有福之地。善少恶多的就着他在各地狱里受苦。受完了，再着他脱生人，按着善恶的分两，给他贫穷寿数、疾病灾难，再试把他的心性，看看怎么样。若比那一辈子办的善事多，再脱生了人，就着他有福。若比那一辈子造的孽多，仍然还着鬼弄的他各地狱里来，受苦。受完了，就着他脱生畜类，那不信报应的，他说："只见活人受罪，哪见死鬼带枷呢？死了，死了，都是不知道的事。"哪知道，这人，身子死了，魂（儿）仍然还在着，活着做的善恶，死后都有报应。凡自做

①顷，同"倾"。

了不好事的，都得在地狱里受罚。着菩萨看看，实在的不忍。所以菩萨大发慈悲，求了众位阎君，晓谕你们世界上的人，阴间里那个利害法（儿），就是《玉历钞传》这本书，按理说，就该存着菩萨的意思，不论男女，起菩萨的慈心来，定心改过，从今以后再也不犯，赶死了就免受地狱的罚。若是一辈子行善的，连死过的祖上、父母、亲戚、朋友、恩人，都能沾光。"菩萨把这些言语，着各处的城王土地都知道，所以你们别拿着当个没用的虚文。

再说那十殿阎君头一殿，是秦广王，管着世界上人的寿数，生死簿子。还管着一总的鬼卒。这一殿，在大海沃燋石底下，正西，极黑的道路。凡善人死后，若是没有罪，或是功和过一般（儿）多的，有善鬼领着，到了本殿，就发往第十殿，脱生人，按他那功和过的分两，或是男转为女，女变为男，再定夺富贵、贫贱、寿数，报应不错。若是恶多善少的，就着他在本殿高台上，叫孽镜台，照镜子。这个台，高呢家一丈一。这个镜子，方圆有六七尺，面向东挂着。上边（儿）有个横匾，七个字（儿），是"孽镜台前没好人"。那魂（儿）着恶鬼领到镜台前边（儿），照见各人在世界上的那个恶心。人到那个时候，才知道万两黄金拿不去，一生只有孽随身。赶照完了镜子，就解到第二殿，开刑罚收拾。

世界上的人，若不想天地父母生人的难处，这四个大恩典若没有报完了，再不等着阎王拿票子叫，自己就寻死的，除了尽忠、尽孝、尽节、尽义、阵亡以外，若为值不得一点小事（儿），或是为犯了案，罪不该死。或是想着死后指尸讹赖别人。打总子说，凡自轻生枉死的，一断气（儿），那门神灶王就立（儿）就解到本殿。本殿阎君点了名，再发他那魂（儿）到他寻死的那个地处，着他常类似临死的时候那么难受，还着他受饥渴的苦，不许他受人的供享（儿），享人的祭祀。还得把各人那个鬼像收敛起来，不许惊吓人，也不许找替身鬼（儿）。等着受他害的那个主心里不挂牵着了，然后门神灶王仍旧还把他那魂（儿）解到本殿。从本殿再转发第二殿，着他一殿一殿的各地狱里受苦。赶都受完了，到了第九殿，就因的枉死城里，不着他脱生。若是在世界上当饿死鬼的时候，把各人的形像显出来，惊吓人的，就差青脸（儿）红花的小鬼（儿），拿到地狱里，永远锁着吊着，不许他脱生。若有人光出这个寻死的心（儿），或是说寻死的话吓唬人，就是死不了，也算犯罪。

凡僧家，使了人家钱，给人家念经，若落①了字（儿），差了句（儿），拿到本殿，发补经所，把活着的时候落下的字（儿），差了的句（儿），都加百倍补上。这补经所，黑暗屋子里只有一盏小灯，用一条细线（儿）当灯草点着，有时候明快，有时候黑暗，那僧就不能一下子就补完了。就是僧家不念差了经，可诓骗了人家的钱财，也赦不了罪，必定受罚。若是平常人，不论是男女，心里敬重神仙，嘴里常念佛经，就是落了字（儿），差了句（儿），也没罪。是重在心里，不重在字句上。神仙就于每月初一，按他的家乡住处，姓字名谁，就给他写的善功簿子上。人若在每年二月初一吃斋，向北发愿，一辈子不行恶，常念善书，见了劝善的字文就钞写成本（儿），满世界舍，劝别人回头改过。赶死的时候，神家就差青衣神童子，送到他西方佛境，极乐的地处。

再说第二殿，是楚江王管着，大海沃燋石底下正南。这一层，宽大呢家有五六百丈，其中还有十六个小地狱。一名黑云沙小地狱，二名粪尿小地狱，三名五股叉小地狱，四名饥饿小地狱，五名干渴小地狱，六名脓血小地狱，七名铜锅小地狱，九名铁甲小地狱，十名大秤小地狱，十一名鸡啄小地狱，十二名灰河小地狱，十三名砍截小地狱，十四名刀剑小地狱，十五名虎狼小地狱，十六名寒冰小地狱。②

人在世界上，若是拐骗年轻的姑娘小子，给他剃了头发，出了家；或是各人无故铰头发；或是给人家寄放着东西，赶人家来要来，说：失迷了，打算着落下人家的；或是挖人的眼，削人的耳朵，砍人的胳膊腿的；或是不懂得药书，不懂得号脉，给人家治病，也不管治好了治不好，就讹赖人家的钱财；或是奴婢大了，不让人家赎回；或是媒人图使钱，在两头瞒着残疾，瞒着岁数，瞒着不好名声，着人家一辈子不痛快的。这样的恶人，赶到了本殿，就查查他一辈子办了多少这样事，其中有什么干系，再定夺该发哪个小地狱受苦。受满了，就解到第三殿，上上刑。

若是在世界上，不论男女，常把《玉历钞传》给人讲道，着人归了善；或是钞写善书，满世界送人；或是人有病，吃不起药，就给他取药吃；

①此段多处"落"原作"邋"。
②原文缺八名。

要饭吃的，就打发他粥饭或是干粮；或是舍钱，舍衣裳，救过多少人的，再后悔以前的罪过。这个样（儿）的人，按着功和过一般（儿）多的那个理，先不罚他们。若能爱惜万物，不杀生害命，再劝孩子们别伤害活物，赶到了死的时候，差小鬼（儿）叫了来，就交第十殿，着他脱生人。

再说第三殿，是宋帝王管着，大海沃燋石底下东南上。这一层，宽大呢家也有五六百丈。其中也有十六个小地狱。一名盐卤小地狱，二名麻绳枷铐小地狱，三名穿肋小地狱，四名铜铁刮脸小地狱，五名刮油小地狱，六名摘心肝小地狱，七名挖眼小地狱，八名剥皮小地狱，九名剁脚小地狱，十名截手指头脚指头小地狱，十一名喝血小地狱，十二名倒吊小地狱，十三名分尸小地狱，十四名蛆虫小地狱，十五名砸髁髅膊^①（儿）小地狱，十六名扎心小地狱。

人在世界上，这做官（儿）的若辜负皇上的恩典，不忠心保国，做赃官，暴虐百姓，白吃皇上的俸禄，不给皇上出力；或是平常人有恩不报；或是女人欺负男人；或是把自家的儿给人家过了继，得了人家的产业，丧了良心，又回了本支（儿）；或是奴婢欺负主人，兵丁衙役欺负官（儿），劳金掌柜的哄财东；或是犯了罪的人越了狱；或是充了军的人逃跑了；或是着官（儿）押起来，求人取保回家，以后故意的着保人受累；或是着亲戚朋友受害，再不知道后悔。这个样（儿）的人，到了第三殿，就免不了受罚。若是讲究风水，拦挡着人办丧事；或是掘坟，掘出棺材来，还不改地处，伤损着人家的骨尘；或是背着当家子去坟地，着人家耕了坟头；或是引诱着人犯法，挑唆着人打官司；或是写无名帖（儿）；或是写休书；或是写假文书、写假书信、做假票子、弄假银子、弄假戳子、弄假账目，人家还了钱，不给人家写收账（儿），讹赖人家后辈儿孙。这些个事（儿）们，都是一样的罪。查查他犯过多少回，或是多大的事，再定夺是应该到哪个小地狱里受苦。受满了，发往第四殿用刑。

人若在二月初八这一天发愿，至死不犯这样的罪，就免受第三殿的苦。

再说第四殿，是五官王管着，大海底下，沃燋石以下正东。这一层，其中也有十六个小地狱：第一，扔那鬼魂（儿）在冲石头的大水里；第二，

① 髁髅膊，方言，膝盖骨。

着他跪竹签（儿）；第三，着开水烫手；第四，打肉流血；第五，断筋剔骨头；第六，砍膀子；第七，钻肉；第八，坐山尖（儿）；第九，穿铁衣裳；第十，着木、石、土、瓦，压着；第十一，扎眼珠；第十二，着石灰堵嘴；第十三，灌热药；第十四，豆子拌油滑达跌脚；第十五，刺嘴；第十六，着碎石头埋身。

　　人若买卖了东西，漏了税；或是抗粮不封，赖租不给；或是大秤买，小秤卖；或是搀糠使水；或是铸小钱（儿）；或是花短数钱；或是卖刷浆的布匹；或是占老实人和小买卖人（儿）的便宜；或是受人之托，不办忠心之事；或是给人捎带书信，不交给人家，耽误了人家的事（儿）；或是私打书信，其中办些个不好事（儿）；或是偷庙里，和街上，和人家门口的砖哎石头的；或是偷庙里的灯油。或是贫贱不安分守己，富贵不周济穷人；或是有人和他借贷，先许了人家，后来又谎了，耽误①了人家的事（儿）；或是见人有了病，家里藏着药不周济人。若不，就有偏法不说给人；或是煎了的药渣，什么破砖、烂瓦、粪、尿，一切的脏东西，故意的扔的大街上正当道；或是侵种人家的地亩，拆毁人家的房屋；或是咒骂鬼神，造谣言，吓唬人。以上这些个事（儿）们，都是一样的罪。查他办过多少，是于人有了多大害处，就罚他受什么苦。受满了，再解到第五殿，定夺。

　　人若在二月十八这一天发愿，不犯以上这些个罪，可以免了第四殿各地狱的苦。若钞写《玉历钞传》一本（儿），劝人为善，传流后世，着人听见看见的打这（儿）回头改过，后边（儿）再赘上阴果报应，赶死了，不受各地狱的苦。

　　不论男女，若见人有了灾难，能救不救；或是忘恩失义；或是记恨仇人，不光免不了地狱的刑罚，还得罚他变作妖魔鬼怪，把他那灵性负的狼虫虎豹，什么狐狸身上，待个百八十年。若能改了以前的不好，再着他脱生人；若是不改，还惊吓人，赶恶贯满盈的时候，打雷霹了他，着他永远为薵②，不能脱生。

———————————

　　①"误"原作"悟"，疑错。
　　②薵（jiàn），鬼之魂，未入轮回。人死作鬼，人见惧之，鬼死作薵，鬼见怕之。参见戴遂良《近世中国民间故事》第 163 个故事注释。

还有在世界上吃粮当兵的。若是打仗拿贼，破死忘生，努力向前，给国家除害，不干犯民间的，死在阵上。就是以前有了不好，到了阴间里，先不罚他。在头一殿点了名，就立（儿）交第十殿，脱生到有福之地。若是私打斗殴，出了人命；或是从着逆贼造反的，赶死了，查他的罪，每一条上再加一等，受各地狱的苦。

再说第五殿是阎罗王。他以前是头一殿的王。因为可怜屈死鬼，私自又许他们还了阳，就降了四级，着他在第五殿，管着大海底下东北，沃燋石以下，叫唤大地狱。其中还有十六个摘心小地狱。第一，摘不信神佛，不信阴果报应的心；第二，摘杀生害命的心；第三，摘许愿不还，仍旧作恶的心；第四，摘作邪法子，妄想常生不老的心；第五，摘软欺硬怕，恨人不死的心；第六，摘以计害人的心；第七，摘男子强奸妇女，女人勾引男子行邪淫的心；第八，摘损人利己的心；第九，摘见死不救的心；第十，摘贪人财物的心；第十一，摘忘恩失义，有仇想报的心；第十二，摘又狠又毒，挑唆人的心；第十三，摘明哄暗骗的心；第十四，摘好打架连累人的心；第十五，摘气害人有能耐，忔快人行善的心；第十六，摘有过不改，背地（儿）里骂人的心。

凡一总的死鬼，到了第五殿，世界上他那尸首没有烂不了的，就还不了阳。那鬼魂（儿）们还说："我在世界上许了愿，没有还呢。"也有说："我许下修桥盖庙，还没办呢。"也有说："我许下刻善书，还没刻呢。"也有说："我许下放生的数，还没满呢。"也有说："我还有父母在着，生养死葬的大事还没完呢。"也有说："我有受的恩，还没报呢。"这一个这么说，那一个那么道，都哀求着还阳，没有不发愿行善的。阎王听见他们，这一个一言，那一个一语（儿），就说："罢，罢。你们在世界上做的什么，我都知道了。自从我升殿以来，年岁（儿）也不少了，没有见过一个做了好事的人上我这里来。你们都不是早就上孽镜台上照过镜子的恶鬼么？阳间里没行过善，到阴间里没的怨，不许你们多说。牛头马面，快押他们望乡台上，望望家的罢。"

再说这个望乡台，前面（儿）活像个弓背（儿），向东西南三面（儿），方圆八十一里，高呢家四十九丈。后面（儿）活像弓弦（儿）向北面（儿）。四圆遭净插的宝剑刀山。上这个台，有六十三磴台阶（儿）。若是善人，就不到这（儿）。功和过一般（儿）多的，也不上这个台。这是单为恶鬼造的，为的是着他望家。他从台上一望，家里的人也都看见了，家里的事（儿）也都知道了。看见家里那老少，言语净是恨他，谩怨他的。把嘱咐的话，都不听他。把他置的房屋地产，都去卖了。事事（儿）不遂他的心。后辈（儿）人，为争家产，打官司告状。他该人家的，人家拿着账和他儿要。人家该他的，没有凭据，没有见证。糊搅混赖，一切的不好都推的死人身上。亲戚朋友也抱怨，儿女们也咒骂。虽然爬着棺材哭两声，也不过是遮遮活人的眼目。

若是那忒恶的报应，男做强盗，女做娼妇，根子一死，小鬼（儿）叫了来，就立（儿）就发摘心小地狱。这地狱里都埋着柱脚。着铜锁子锁着，坐着铁墩子，捆着脚手，用一把小快刀，开膛破肚，着钩子搭出心来割了，狼吃狗嚼长虫咬，受的那个苦就说不来。人若不信阴果报应，阻挡着人行善，说人的不好，揭人的短处，糟践字纸，烧毁善书，咒骂僧人，气害善人。还有认识字（儿）的人，不肯把善书讲道给人听；或是平人家的坟；或是点火烧山，伤害些个万物；或是弄弓箭，射飞鸟；或是激老弱人的火，着他动力量，一下子努着，是一辈子的病；或是隔着墙撒砖撩瓦，打着人；或是织网打鱼，插笼子逮雀（儿），在地里使信；或是见了死猫死狗的不埋了；或是仗着有势力霸占人家的家产；或是在道边（儿）上挖壕。以上这些个事（儿），若是犯了，就交到本殿摘心。若是于正月初八这一天发愿，以后再也不犯的，可以免了第五殿的刑罚。

再说第六殿，是卞城王管着，大海底下正北，沃燋石以下。这一层，四圆遭也有十六个小地狱。第一，是着他跪铁砂子；第二，是着他在粪、尿、泥里头泡着；第三，是着磨研；第四，是着针扎他的嘴；第五，是着老鼠咬；第六，是着蚂蚱咬；第七，是着碾子砑；第八，是着锯解；第九，是在他嘴里烧火；第十，是着桑木火烧身子；第十一，是着他喝粪汤；第十二，是着驴踢马踹；第十三，是着铁锤打；第十四，是着刀劈脑袋；第十五，是腰斩；第十六，是剥皮楦草。

人若是怨天怨地，骂风骂雨，恨冷恨热，冲着北斗星解手或是啼哭；偷铜佛像铸小钱（儿）；或是剜神像心里的金银；或是乱叫神仙的名字；或是不烧毁淫书淫画；冲着太阳月亮的洒脏水，供享神仙的地处不打扫干净了；或是在家具上头刻写太极图，或是星像，或是和合二位仙，或是王母娘娘，或是寿星；在绸缎匹上织神像，或是龙凤花押。若犯了这些个事（儿），赶到了第六殿，就该受罚。

若有三月初八发愿，以后不敢再犯的，再每逢五月十四十五、八月初三、十月初十，这四天，忌房事，能免了以上各小地狱的苦。

人都说阴间里只有十八层地狱。不是呀。每大地狱以外，都有十六个小地狱，格外还有个枉死城。连大的带小的（儿），一共一百三十八层地狱。只是恶人在一处受满了苦，虽然皮焦肉烂，筋断骨折，没有尸壳了，若再解到别的地狱里，仍然还和根子死了一样，原封（儿）还是各人那个身子，还从新受起刑罚来。哪一殿也是这样。别认着只有十八层地狱呀。

再说第七殿，是泰山王管着，大海底下西北，沃燋石以下。这一层也有十六个小地狱。第一，是自己恼恨自己；第二，是着火烧腿；第三，是着刀刺口子；第四，是在嘴里擪①头发；第六，是着脑袋顶石头；第七，是着刀削额髑盖②（儿）；第八，狗咬破伤；第九，剥了皮喂猪；第十，鹰鹗喷肉；第十一，是着弓弦拴起脚指头来，倒吊着；第十二，是摘牙；第十三，是倒肠子；第十五，是着烙铁烙手；第十六，是下油锅。③

凡医生们用人身上的东西配药；或是偷坟解墓；或是拆散人家的亲戚；或是把童养媳妇（儿）卖给人家为奴婢；或是教书的先生不正经的给人家教训学生，耽误了人家子弟的功名；或是不和美乡里，恨骂长辈；或是说闲话，招是惹非。以上这些个事（儿）若犯了，就着他在这里受罚。收拾完了，再解到第八殿查问。

还有用活物配药的。你想活跳跳的一个性命（儿），就弄死，给你治了病，那良心已经就坏了。虽然就是有点（儿）善，不光没劲，还有大罪。若听见我劝就改了的，再买活物放生，每天早起嗽嗽嘴念佛，补上以前的罪，赶死后就能免了地狱的苦。

还有年景不济的地处，卖人肉，吃人肉，这心就算忒狠了，必定受

---

①擪（yè），按压。

②额髑盖，前额。

③原书缺第五、第十四。

这个地狱的苦。受满了，若没别的罪，还着他脱生人，可得受一辈子穷，落个饿死；若有别的罪，就着他脱生牛、驴、骡、马，待不多的几年，就着他肿嗓子，吃不得草料，也落个饿死。

若是遇着歉年，舍粥舍饭，或是冷时候舍姜汤、舍热茶，着穷人们得了实惠的，就是有别的不好，将功折罪，不光赏他现时的富贵，还给他下辈子的福寿。

再说第八殿，是都帝王管着，大海底下正西，沃燋石以下。这一层也有十六个小地狱。第一是着车砑，第三是万剐凌迟，第五是割舌头，第七是着刀截胳膊砍腿，第八是在嘴里灌热油，第九是着火烧骨头，第十是翻肠子，第十四在脑袋顶上钉钉子，第十五雷霹，第十六着刚叉插。[①]

人若是不孝顺、活不养、死不葬，常着老的（儿）担惊受怕，怒恨烦恼，再不知道改过的。早先把他在头一殿阎君跟前奏明了，减他的衣食。死后叫了来，就着恶鬼倒提溜着扔的本殿里，受各地狱的苦。受完了，解到第十殿，着他永远脱生畜类。

若有孝顺爹娘的，或是真心后悔的，每年四月初一这一天发愿再不敢犯，还不论早起后晌天天向灶王跟前祷告，求着赦了以前的罪过，这样人赶临死的时候，灶王就给他在额髅盖（儿）上写个"遵"字（儿），或是写"顺"字（儿），或是写个"改"字（儿）。赶小鬼（儿）拿了去，先交第一殿；若没别的罪，就传到第十殿脱生人；若有别的不好，都减半（儿）受刑。

再说第九殿，是平等王管着，大海底下西南，沃燋石以下。这一层宽大呢家是八百多丈，里头也有十六个小地狱。一是剔骨头；二是抽筋；三是老鸹吃心肝；四、狗吃肠肺；五、在身上泼热油；六、着铁箍箍脑袋；七、弄出脑子来，给他填上个刺猬；八、着锅蒸脑袋；九、牛顶成肉泥；十、着两块木头板（儿）夹着身子；十一、着锉锉心；十二、着滚水烫身；十三、着蚂蜂螫；十四、着蚂蚁咬；十五、着蝎子螫；十六、着长虫钻。

人若是不遵国家的王法，犯了十大恶，按律治罪。或是剐，或是杀，或是绞，死后解到本殿里开刑罚；或是放火；或是配打胎药，配迷糊药；或是画春宫，看邪书，赶犯了这些个事（儿），死后也解到本殿收拾。

---

①原书缺第二、第四、第六、第十一、第十二、第十三。

用一根大铜柱子，抹上油，把他捆的上头，里头着火烧。再剁了他的脚手，开了膛，掏出心来，着他自己嘴里叼着。赶被他害的那人都脱生了，才能在狱里提出他来，交第十殿，脱生畜类。

第九殿右边（儿）还有那个枉死城。世界上的人错认着说："凡自受伤屈死的，都归枉死城。"不是那么个事（儿）呀！这枉死城，是受苦的个地处。这屈死的，在阳间里受了屈了，岂能在阴间里还受苦呢？向来这屈死冤魂（儿）到了阴间里，不囚禁着他，着他随便游望游望。等着叫了害他的那凶手来，这屈死鬼就跟着他，亲眼看着他受罚，就这么不动手报仇解恨。赶看饱了，才着他脱生。这个枉死城是为那无故自己寻死的人设立的。不是屈死冤死的，都人这个城。若是为忠、孝、节、义，或是阵亡的，也不入枉死城。

第十殿，是转轮王管着，沃燋石以下正东。专管以前各殿解来的死鬼，或善或恶，发往四大部洲，或是脱生人；或是脱生禽兽；或是男女，富贵贫贱，长寿短寿，在生死簿子上写明了，就叫酆都城大帝的律例。

也不论是人是畜类，是飞禽走兽，蚊蟆蛆虫，是有腿（儿）的是没腿（儿）的，是腿（儿）多的是腿（儿）少的，死了就算鬼。查查它有什么善什么恶，应该脱生什么，该着脱生到哪一方，是还账是要账，都不能错了。若着人杀死的吃了的活物（儿），就许他报那上辈子的仇。都放的轮子上一转，轮到脱生的地处。

若有好几回生为人为畜类，老是不改过的死鬼，赶在各地狱里受完了苦，到了本殿，着小鬼拿桃木打死，永远为酆，不许再脱生。

这脱生的地处，方圆七百多丈，四圆遭都是铁栏杆（儿）。其中有八十一处，哪一处也有桌、椅、板凳，着判官们记事（儿）。凡自这判官，都是在世界上做忠臣为孝子，品行端方，戒杀放生的善人，死后情愿不再脱生，在阴间里当差。管过五年来，若没差错，就加级升官。若有不好，或是不和美的判官，不商量着办事，净各人私自作主，或是不小心跑了差使，就降级革职，着他再脱生人。

若是念书的，或是僧人，在世界上作了恶，叫到阴间里，先不能罚他。交了本殿，写的生死簿子上，再画影图形，押到孟婆娘娘台下，喝了迷昏汤，忘了那一辈子的事（儿），就着他脱生人，或是死的肚里，或是一落草就死了，或是三两天、十来天，或是一生日①，两生日，就落了个不好死，小鬼（儿）拿了来才按着他以前的罪受各地狱的苦。

赶到脱生的时候，常有妇女哀求着说："有仇没报，情愿做鬼，先不愿意脱生人。"问她们的情由，多有是闺女，或是寡妇，因为着年少的童生诳哄成了奸的；或是男的假装着没成了家，娶了好人家的闺女为妾；或是女的有父母，男的应着养老；女的有前窝（儿）里的孩子，男的许她带着寻了的，赶寻了来，成了夫妇，就失了主意，不打就骂，着外人笑话，觉着羞愧难当，自己寻了死。细查查那个事（儿），若是真的，本殿就许她去报仇的，当钩命鬼。男的下了场，这冤鬼就找他去，昏乱他，不着他作文章，和他要命。常有文秀才们，估量着有亏心的事，就不敢下大场乡试的。只若他们于四月十七这一天起誓发愿，以后拿着《玉历钞传》当书念，还说道给人听，就不着冤鬼报仇的了，在世界上也不受害，在阴间里也不受刑罚，还能脱生人。

再说孟婆娘娘生在前汉，自幼念书。大了，烧香念佛，戒杀吃素，过去的事（儿）也不思，以后的事（儿）也不想，就是劝人行善，用药材配成妙药，活到了八十一上还是童子颜色（儿）。到底也没寻主，守了一辈子贞。后汉时候，有还记得那一辈子的事（儿）脱生了的，望人说那阴间里的事（儿），泄露神仙的势力，这世界上就乱了。所以阎王给孟婆娘娘在阴间里修了一座台子，还给她女鬼使唤，把第十一殿一定脱生的鬼魂发到这儿。孟婆娘娘用药材配成迷昏汤，着这鬼魂（儿）喝了，他就连东西南北都忘了。孟婆娘娘这座台，活像一座大庙。两边（儿）的厢房，一百零八间。厢房里有伺候着的碗，也有管着的小男鬼女鬼。把解来的那鬼魂（儿）都着他们进去，分男左女右，喝迷昏汤。若有那狡猾鬼，愿意记着，不喝汤，就在他脚底下拿钩刀绊住，上边（儿）俩鬼夹着他的胳膊，一个鬼撬着嘴，拿竹筒（儿）灌。赶喝了汤，那死鬼们都出来，就上苦楚桥。桥下是红水，翻江浪滚。朝岸（儿）上一望，有一通②石碑，上头有刻的四荡字（儿），说："生人容易，做人难。再想脱生，更是难。想着有福，没难处。一生行善，就不难。"鬼魂（儿）

---

① 一生日，一岁。

② "通"原作"统"。

念完了，从岸（儿）上跳出俩大个（儿）鬼来，一个是身穿黑绸袄，手里拿着笔墨纸，哈哈大笑，名字叫活不长。那一个是身穿大白褂，手里拿着算盘子，长吁短叹，名字叫早该死。这俩鬼，把那些个鬼魂（儿）们推的桥下红水里头。那善鬼在水里欢欢喜喜，自言自语的说："我又脱生人了。"那恶鬼在水里哭哭啼啼，恨自己又是一辈子的苦。那些个魂（儿）们，遂着那红水，溪流糊涂①的就往四大部洲去投胎的了。到了娘胎里，待十个月的工夫，动转也不得自由。赶一落草，哭着就要吃穿。等着爹娘打整大了，怕信着性（儿）的还作恶，辜负天恩，不管后来的结果，赶死了再受各地狱的苦。我劝你们把《玉历钞传》多看几个过（儿），多劝几个人，就是下辈子享福的个本（儿）呀！

---

①溪流糊涂，同"稀里糊涂"。

20

节日

　　一进腊月门（儿），各大小买卖铺里，就都开账。谁家该钱，就先给他送个条（儿）去，条上写：某人某人欠钱多少。再写上年月日，底下写某字号开，揾①上两块图书，一到十五这会（儿）就拿着捎码子，上门（儿）去要的。那方便主就还人家。那手下没钱的就指个日子（儿）。那估量着还不起的，赶人家来要来就躲了，赶三十（儿）才家来过年。一到正月里就不要了。但等着五月节、八月节，再说罢！

　　赶到腊月二十，各衙门里的官都封印。把印掠的公案桌子上，三班（儿）六房都在旁边（儿）伺候着，四个礼生喝着，官（儿）就磕头。行完了礼，就写个封条，条子上写：本县遵于某年某月某日某时封印大吉。揾上一块印，贴的仪门右边（儿）。封了印以后，错人命大事就不管了，但等着第二年正月里开了印，才接字呢呀！

　　腊月二十三是祭灶的日子（儿）。若有住家的闺女，这一天只得给人家婆家送去，不许在娘家祭灶。那黎明些(儿)的，前几天里就送了去了。再说这祭灶，是供享糖瓜（儿），是为的粘灶王那嘴，不着他和老天爷学舌。还供享草料，是喂灶王那马。还供享一碗水，是饮马。烧上三炷香，磕俩头，就烧了这灶王。赶着火点的时候，还祷告，说："灶王爷上天别学舌。上俺家待了一年，受了些个烟熏火燎的，也没吃了什么供享（儿）。人们出来进去的，若一会（儿）家冒犯着你老人家，也别和俺们一般见识。俺们不知道么（儿）。你老人家是宽宏大量的。到老天爷那（儿），千万给俺们说好些（儿）。"祷告完了，人们就把那糖吃了，就算完了事（儿）。有几句闹着玩（儿）的话，说："糖瓜（儿）祭灶，新年来到，

──────────────

　　①揾（wèn），按的意思。

闺女要花，小子要爆，老婆子要个鬏①，老头子就摔个碗。"祭灶的这个礼，不分大门小户，家家（儿）如是，没有不行的。

一过腊月二十，家家（儿）都扫房。看看历头，哪一天有扫房的日子（儿）。若不家，恐怕动了土脚②，人们就生灾。过了二十三，就不用看响（儿）了，就动不着土脚了。因为灶王门神土脚都上天交旨的了，就没有什么避讳了。

过了腊月二十，人们就操扯过年的事（儿）。该人家少人家的，或是打算着还清了人家，或是还俩（儿）落③下俩（儿），剩下多少钱，赶集买东西、称肉、买菜，什么买核桃、黑枣、红纸、门神、灶嫣、烧纸，鞭爆，什么花椒、大料、葱、姜、蒜。用东西多的呢呀。置买完了，还得剩下俩钱（儿），赶初一这一天好打发带岁钱（儿）。有新婆了媳妇（儿）的，这公婆无多有少的只得给俩（儿）。家里有杀下猪的，有磨下面的，有蒸下的饽饽的，有包饺子的，没有不忙的。

赶过年的事（儿）都操扯完了，把买的那红纸都割了，是有几阖门，就割几副对子，或是几副斗方（儿），求写好字（儿）的先生给写了，赶到二十八九们就贴上。贴上对子，不贴斗方（儿）就贴门神。什么碾子、磨上、车上、牲口槽上，这（儿）来那（儿）的都贴上个吉利帖（儿）。吉利帖（儿）上是写：新年大吉大利；碾子上就写：青龙大吉利；磨上就写：白虎大吉利。赶都贴完了，再贴上灶王爷。一看，满院子、满屋子，顶新鲜，真是过新年的个样（儿）了。

贴完了对子、门神、灶王，就糊灯笼。糊上，也有写字（儿）的，也有不写字（儿）的。那写字（儿）的，或是写五谷丰登，或是写太平春色，或是写上几个灯糊（儿）。

赶三十（儿）这一天，一切的事（儿）都完了，睡觉的时候，在院里洒上一院子芝麻秸（儿），叫跐岁，为的是有神鬼走道，听见响声（儿）了。这一宿有皮虎子惯偷饺子。偷了饥荒的，给宽绰的送去。因为这饥

①鬏（zuǎn），"纂"的异体字，女子结婚之后会把头发盘成一个结，用网把头发兜住，拿个东西扎住，这个东西和束起来的头发都叫鬏。

②土脚，即土地。

③"落"原作"邋"。

荒的，以前吃过人家的，这也算个报应。头到睡觉，在院里放几个爆仗。在灶王爷板（儿）上点上个灯。这个灯是点一宿。也有吃隔年饺子的，也有喝隔年酒的。吃喝完了就睡觉。黑下若有人叫门（儿），不许答应，恐怕是鬼。赶睡到半夜里，就起五更过年。

中国以正月初一，为一年的头一天。不分贫富，家家过年起五更。先给天地、宅神、灶王，都上上供。上上供，就拉鞭放爆仗、烧香、磕头。后来一家子，小的（儿）给老的（儿）拜年，磕一个头，也不上供，也不烧香。拜了年，再吃饺子。

官府也在文庙里给皇上拜年。

赶吃完了饺子，人们男男女女的，大小孩子们，都是穿红挂绿，插花带朵（儿）的，就出去，小辈（儿）给大辈（儿）的拜年。这一家子上那一家子去，那一家子上这一家子来，该磕头的磕头，该作揖的作揖。街上，一群一伙的，走个对头，作个揖，说："新春大喜，见面发财！"娘（儿）们（儿）见了娘（儿）们（儿）也拜拜，说："新节呀！"张三家见了李四家的孩子，就给俩钱（儿）。这个叫带岁钱（儿）。赶走动完了，就上坟的，拿着烧纸、鞭爆、到了坟上，把烧纸点着，放了鞭爆，在坟前磕个头；不能上坟的，也有在家里神主跟前行这个礼的。后来，离着亲戚近的，就当天（儿）去拜了年。离着远的，或是初二三们，或是初四五们，再拜年的也行了。

爱玩钱（儿）的，就找个局玩钱（儿）。或是压宝，或是打天九，或是顶牛（儿）。娘（儿）们（儿）就斗牌，若不，就掷骰子。也有光男的，也有光女的，也有男女混杂的，坐这么一圈（儿），或是五六个人一局的，或是七八个人一局的。玩着玩着，不论为点什么事（儿），就抬杠辩嘴的闹起来了。俗话常说："吃酒吃厚了，玩钱玩薄了。"那郑重其事的人，多有不玩钱的。那宝局里也是里八层外八层的，也有大人也有小人（儿），围的风雨不透的，呼幺唤二的，声声不断。直玩到十六七，才算完了事（儿）。若过了十六七这两天，再玩钱（儿），就算犯法的事（儿），官（儿）家就要抓赌。那好吃懒作的些个人们，可也不断的偷着玩。那正明公道的人们，一到十六七，就都抄起活来了。教书的也上了学，做活的也上了工了。

这正月十五，是一年的头一个大节气，到处都兴过。这一天早起也是吃饺子的多，也是拉鞭放爆，上供烧香。吃完了饭，大人孩子的，也是穿红挂绿，就上庙里去烧香的。街上一群一伙的，携男抱女的，也有看玩艺（儿）的，也有玩钱（儿）的。什么玩艺（儿）也有。白日就是什么高跷哎，什么灯官（儿）哎，什么变玩戏法的哎，什么玩西洋景的哎。后晌就放灯。

高跷就是这爷（儿）们，也有装男的，也有扮女的。男的就递着花脸，带上假胡子，穿衣裳也是唱戏的打扮（儿）。女的就穿女衣裳，也是唱戏的样（儿），带上网子。梳上娘（儿）们（儿）头。在脚上绑上三尺高的根棍子，和茶碗哎是的这么粗，一半（儿）走着，一半（儿）①要把，扭扭捏捏的。跟着些个人敲家伙，什么大铙大锤、锣哎鼓的。在本村里转游完了，还上外村里去。那看热闹的人，是没千带数的呀，直闹一天。赶后晌就放路灯，放花，放起花，什么龙灯、旱船。可街上点上些个纱灯，什么吊挂。

那路灯，是着麻秸削的一股路②一股路的，在头上里上曩③子，蘸上香油。那敲家伙的人们，和别的玩艺（儿），都在后边（儿）跟着，一半（儿）走着，一半（儿）在这（儿）来那（儿）的就插灯。都说这是给死鬼预备的灯。若是死的不正，阎王不收留他。那鬼魂（儿），找不着阴间里的道路，只得在世界上漂流着闹胡喧（儿）。人们在道边（儿）上，或是十字道口，或是井台（儿）上、坑边（儿）上、河沿（儿）上，都放灯点着，着一会（儿）就灭了。若是得了这个灯，那死鬼就去脱生的了。

也兴满街上挂灯。挂的那灯，也有玻璃的，也有纱的，也有方的，也有圆的。那里头点蜡，也有点油的。

这放花，是弄个铁筒，在里头装上花药。这花药，是着炭，和硫磺，还有硝，还有铁炸子配的呀。着火点着，就放一房高的梨花。

这起花也是个爆仗样（儿），里头可不是装的爆仗药，是装的花药。

①一半（儿）……一半（儿），一边（儿）……一边（儿）。

②一股路，一节一节、轱辘状的意思。

③曩（ráng），（头发）散乱。

绑上一根苇子，赶着火点着，和飞哎是的，一道火光，直到半天云（儿）里。

什么叫龙灯呢？是着黄布缝个龙皮，有两丈长。再画上龙鳞，后边（儿）绑上一绺麻当尾巴，里头有个竹子架把这个龙皮支起来，在里头点上蜡灯，弄个十来根竿子，有十来个人这么挑着耍把，这龙就直鞠连鞠连的。

灯官（儿）就是俩人抬着一根大杠子，上头骑着一个人（儿），翻穿着皮马褂子，戴着个凉帽，安上个山里红当顶子，左手拿着个死老鸹，右手拿着一把破翎扇，一走一颤打，看热闹的人们就笑。

说的那旱船，是着竹竿子绑这么个船样（儿），外边（儿）挂上布围子，有个爷（儿）们打扮个娘（儿）们（儿）样（儿），在那船里头，露着上半节（儿）身子，和坐着船一样，脚可是登着地（儿）。旁边（儿）有个人（儿）拿着个竹竿（儿）算使船的，一推这船，在船上的那个假娘们（儿）就跑。这些个玩艺（儿），直闹到半宿的工夫，才散了呢呀。

这玩西洋景的，是弄几个小玻璃镜子（儿），在里看，里头什么景致也有。看这一回一人给他三（儿）大钱。

赶第二天十六，还闹一天一后响。十七十八这两天，还上外村里去玩的。一到十九，人们就没了空（儿）了，就都抄起活来了。

一到正月二十这一天，各衙门里都开印。也是把印放的公案桌子上，官（儿）就行礼，四拜四磕，三班（儿）六房都在旁边（儿）伺候着。赶官（儿）行完了礼，就坐下。衙役们都给官（儿）磕个头，说："老爷高升一品。"起来，转三遭，又跪下，说："老爷指日高升。"又起来，转三遭，又跪下，说："老爷开印大吉。"再写一个大红纸条，比方知县罢，就写：本县遵于光绪某年正月二十日卯时开印。在这个条子上搨上一块印，贴的仪门左边（儿），就算完了事（儿）。

赶正月二十五这一天，不论大门小户，家家都添仓打囤。若有住家的闺女，都得给婆家送去。讲究媳妇（儿）是婆家的人，都得全可了才好呢。赶这一天早起起来，就着灰在院里，什么场里，倒些个大圆圈（儿），可着圈儿里头再倒一个十字，在十字正当中抓上一把粮食，再压上一个砖，在砖底下压上个简当劈管（儿），夹上一柱香。砖上还倒上一点（儿）饭一点（儿）菜，拉鞭放爆。那打囤的意思，是求着多打粮食。有不信这个道理的，就闹着玩（儿），说："这一天是鸡狗的生日。"因为把囤里那把粮食，和砖上那饭菜，都是着鸡狗吃了。

赶到了立春头一天，各州县衙门里，都着黄纸糊个牛，叫"春牛"。再糊一个纸人拿着一把鞭子，叫"要吗"，在这牛后边（儿）赶着。这"要吗"若是穿着鞋，就主潦；若光着脚，就主旱。赶糊完了，连春牛带"要吗"都抬的城东去，搭上棚，摆列上桌子椅子的。正堂上，四衙里，还有老将（儿），坐轿的坐轿，坐车的坐车，骑马的骑马，都上城东去。看热闹的人多的呢呀。这五行八作（儿）也都得应应差：裁缝就打扮个娘（儿）们（儿），带着鬏；盐店里就在脊梁上背着个大簸箩，当个王八盖子；庄稼人就套着拖车，拉着犁杖。各行道里都得去。这咱晚（儿）给官（儿）俩钱（儿）使，也就免了这个打扮（儿）了。头到去的时候，先在大堂上点了名，官（儿）上了轿，三班（儿）六房都得跟去。赶官（儿）一出衙门，有个差人骑着马，在衙门外头截着，就忙喇慌的下了马，在官（儿）跟前跪下，说："报！"跟班的就问："报什么？"那个人（儿）就说："报老爷新春大喜！"跟班的拿着个红纸包，包着钱（儿），有个百十个子，就望着那个人（儿）一扔，说："赏。"那个人就又急忙上了马，又上头里去截着。赶官（儿）到了，又慌忙卜了马，跪下，说："报！"跟班的又问："报什么？"那个人说："报老爷高升一品！"跟班的就又扔一包子钱，说："赏。"那个人又急忙上了马，在东城门着等着。官（儿）一出城，他就又下了马，跪下，说："报！"跟班的又问："报什么？"他就说："报老爷指日高升！"跟班的就又扔一包子钱，说："赏。"连报三回赏三回。这三包子钱，是谁抢了谁要。这就上那春牛着去。官（儿）们都在棚里坐下，喝茶，吃点心。那边（儿）就给那春牛摆上供。赶摆完了，有四个官礼生就到官（儿）们跟前，跪下，说："请。"三员官（儿）都到牛前边（儿）跪下。官礼生喝着礼，这官（儿）们就给那牛磕头、祭奠，起来跪下，跪下又起来。行完了礼，就都回了衙门了。这叫迎春。赶第二天，差人们拿鞭子，把这个"春牛"打烂了，就完了事（儿）。这就叫打春。这一天，庄稼人们看天道阴晴。若是晴天，就主着好年头；若是阴天，就主着年景不济。有这么句俗话说："打春难得一日晴。"

清明前三天为寒食节。晋文公时候，有个忠臣，叫介之推，遂着驾上外国去。道上绝了粮了，他就把他身上的肉，割下来了一块，做熟了，给晋文公吃了。赶回了国，就赏这遂驾的官（儿）们。晋文公一看没有介之推，就差人上他家去找他的了。他早就和他娘上绵山去隐遁的了。晋文公满山找他也找不着，就说："着火烧这山，他就出来了。"赶把山上那树木荒草点着，他家娘儿俩至底（儿）也没出来，生生（儿）的落了个烧死。晋文公可怜他，就在乡间里出了誊黄①，着百姓们恭敬他，于清明前三天不许动烟火（儿）。当时有这一说，这咱人们也不按着那么做了。

一到清明节，人们就上坟。若有合族的公地，到了清明，就吃会。一家子有多少男的，不怕是个小小子（儿），也算一分（儿）。闺女不算，娘（儿）们（儿）也不算。赶吃了早起饭，大伙子拿着铁锨大钩的，就上坟、烧纸、添土，在坟头上着墣壪压上两张烧纸（儿）。上完了坟，回来就齐下手做晌午饭。吃了饭，就都各人回家。还是赎地的个节气。若有当契地满了，就在这个节气以里赎回来。过了清明就不许赎了，因为到了种地的时候，就没去地的，也没要地的了。

五月端午，是楚家屈原留下的。因为楚王无道，他去劝说的。楚王不听他的话，他就辞官不做，投江而死了。以后人们恭敬他，就在江里扔米。扔下去，就着鱼吃了，他也摸不着。后来他和人们托梦，说："把米着竹叶包上，就不碍了。"以后人们起名（儿），叫粽子。官场中和学里，什么给人治了病，送礼就使这个，上供也使这个。也有自己家里包的，也有买的，人们都得尝尝。俗话说："五月节吃了粽子，就不使性子。"这个节不小，天下通行。到处学里打平伙（儿），庄稼人家也吃犒劳。有欠情的事（儿），就送礼。这一家子给那一家子送，那一家子给这一家子送，也就是礼上往来的个事（儿）呀。做买卖的到这个节气也要账。

过初伏。这初伏不准在哪一天，是按节气说。夏至三庚数头伏，就是过了夏至，有三（儿）庚日，就叫初伏，皇历上都载着，可不算什么大节气。俗话说："头伏饺子，二伏面，三伏烙饼炒鸡蛋。"赶这三伏，就是立秋以后了。俗话说："秋后还有一伏。"到了初伏节气，衙门里

①旧时天子下诏书，由各省督抚用黄纸誊写颁行所属州县，称为"誊黄"。

就歇伏。不要紧的事（儿）就不管了。

人们都说七月十五是个鬼节，都上坟烧纸，供享西瓜。城池地处，这一后响城王出巡。当差的们抬着，各衙门里的官（儿）在后边（儿）跟着，还有和尚道士的吹打着，热闹的呢呀！走到一处，就掉下，摆上供。官礼生喝着，这官（儿）们就祭奠、磕头、行礼。若有外来的做买卖的，离家远，就在这城王轿前边（儿）给他那上辈（儿）的死人烧纸。那意思里，就是着城王打发鬼给他们送那钱去。烧纸的多的呢呀！赶待一会子，就又抬到一处，掉下，又摆上供，行礼，还有一大些个烧纸的。满世界都走到了，抬回来，放的庙里，就一大后响的工夫了。这就叫收鬼。还有放灯的，弄半个西瓜皮，在里头插上个灯，着的坑里或是河里，有那淹死的鬼魂（儿）得了灯就去脱生的了。人都说这个理（儿），可格不住①刨根（儿）。

八月十五比五月节还大，也是到处都行。衙门里学里都送节礼。有干亲的，也端个盒子，弄个篮子的。行医的也收一大些个礼物，什么西瓜、月饼、葡萄、梨、酒、肉。这一后响也兴对着月亮喝酒，男请女家，女请男家喝。还供享豆角（儿），都说，月亮里有个小兔（儿），它好吃豆角（儿）。北京里的风俗，是叫兔儿爷，有卖兔子像的，家家都买去，供享着，放爆，磕头。供享完了就烧了。这个节气也兴要账。

九月九是学里的个节，庄稼人不知道这个。先生、学生，拿着酒肉，上村外去，见过大土岭崅，上去，登高、远望，没有遮拦（儿），作诗、作赋，讲究古典，没有什么别的事（儿）。有这么个故事（儿），说从前有个人（儿），有人给他算卦，说他哪一天有灾难，着他躲避躲避。他就领着一家子，都出去了，往外边（儿）待了一天。赶回来，他家里那鸡哎狗的都暴死了，把那个灾难就算破了。后来成了风俗，就是那一天不在家，出去登高的。还有卖皮袄的，看这一或是阴天或是晴天；若是阴天，就主着冬天暖和，皮袄就贱；若是晴就主着冬天冷，皮袄就贵。俗话说："九月九晴，一冬凌；九月九阴，一冬温。"

十月一也是个鬼节。人们都买寒衣纸，铰成各样的衣裳，还买柿子。上了坟，就烧纸，把这寒衣也烧了，供享上这柿子。这算给这死鬼们换衣裳。

---

①格不住，意思是无法承受。

城王也出巡。官（儿）们和七月十五行一样的礼。这就叫放鬼。人们也上那（儿）烧纸的，也有上十字道口（儿）上烧的。

赶腊月初八这一天，早起人们都是喝腊八粥。这粥里，着好几样子米，好几样子豆（儿），还有菱角（儿），还着枣。赶熟了，先在门上抹上点（儿），给门神吃了。还在枣树上抹，着它多长枣。

有住家的闺女，过了这一天，就该送着走了。不怕素日家不喝粥的主，赶腊八晌（儿）这一天也要熬粥。连皇上派出熬粥的一位大臣来，赏给亲王、大臣们粥喝。那个意思么，就是喝了这个粥么，可以去寒的，一冬不冷。

多咱有了杂灾，不拘什么时候，人们就过年。说是侮弄了这一年的神，着他回去交旨的了，那个杂灾就没了。就和年下一样的个来头，拜年，吃饺子，不做活。

年年（儿）钦天监里奏事，多咱多咱月蚀。皇上就在各省里行文，省里又行到各府、州、县、衙门里。到了时做，官（儿）就穿上官衣，预备着救这月亮。点上蜡灯，烧上香，将蚀的时候，三跪九磕。赶正蚀的时候，又行九拜礼。赶月蚀完了，月亮出来，又行礼的。这乡村（儿）里，人们舀一碗水，对着月亮掠下。在这水里看着，看那月亮抖擞，人们就敲盆的敲盆，撼锣的撼锣。他们说，有个黑煞天神吃这个月亮。人们这么敲打，他就怕，得吐出来，不敢咽了。

若出个扫帚星，人们都说主着国家不祥。钦天监里也奏事。史书上常说，前朝里有了什么不好，是出过彗星，后来就有了这个事（儿）。

21 / 婚礼

人生在世，小子寻丈人家，闺女寻婆家，这是一辈子的大事，不论穷富，家家有的。当间（儿）里都得有个媒人保成着。俗话常说："当间（儿）里没人（儿），事不成。"这说媒的人，是娘（儿）们（儿）多。对劲（儿）也有爷（儿）们说的。图钱的多，也有为好，不图什么的。

到了男家那头，问说："你家这个学生多大了？"主家说："今年十五了，属牛的。"媒人说："我给他说个丈人家罢。某村里，谁谁家，有个闺女，年纪（儿）仿佛，又很俊的，脚底下也不大，针线活什么也会做，大裁小铰的都行了。我看着很合式，很般配。闺女他爹是个廪膳秀才①，在某村里教书，一年挣个百十多吊钱。家里种着个顷八十亩地（儿），养活着俩大牲口，一个牛一个驴。你们那村里若有亲戚，你们也去打听打听的。我不同得别的说媒的，瞒着这头，哄着那头，光图吃人家两顿饭。我这个，一来为好（儿），二来我指着这个吃。若光哄人，还行了么？"

主家说："咱不是寻的人家的日子。他只孩子听说理道的，不脚大脸丑的，出门入户的像那么回事，再知老知少的，就行了呀。咱也不图人家的好陪送。你去说的罢。那头若是愿意，回来，咱就写个合算帖（儿），合算合算。不犯大四相，合算着了，咱就下书。"

媒人说："若是那么，我就去呀。"爬起来，就要走。主家紧忙郎拦着，说："嗜，你别走哎！天道待终晌午了。吃了饭再走哎！"

媒人假装着不吃饭，拿拿捏捏的说："赶过后来了再吃饭罢。八字（儿）没见一撇（儿）呢我就吃你的饭？等着事（儿）成了，下书的时候，再吃饭也不晚哎！"

---

①廪膳秀才，明清两代由州、府、县按时供给粮食、俸禄的秀才。

主家说："你说的哪里的话哎！没这个事（儿），若赶对了，也兴吃饭呀。别说为俺家的事（儿）来了。又到了吃饭的时候。你走了，也显着不好看。也不给你各自做。有什么，吃什么。也无非是家常饭。"

媒人遂话答话的，说："庄稼人可吃什么好的呢？常言说的好：'若吃还是家常饭，若穿还是粗布衣呀。'"

主家说："可不是，住在乡村（儿）里，卖什么的也没有。想着吃个油哎醋的，也得进城去买的呀。就仗着离城不远，二里来的地，手等着就回来了。你也不是外人（儿），也不给你做好的吃。你忙喇①上坑去歇歇（儿）的罢，一会（儿）就熟了。咱们也不做别的，包饺子吃，一道饭（儿），七手八脚的，说话就熟呀！"

那媒人，装模作样的，说："你们可别费事。不论做点么（儿）吃，就行了。"

赶吃完了饭，那媒人就说："就是那么个事（儿）罢。我上那头说的了。"

主家说："是了罢，听你个回信（儿）罢。俺们也不打听。那头愿了意，就算成了。"

这媒人又到了女家那头，问说："你家这个闺女多大了？"

主家说："今年十四了，属鼠的。"

媒人说："我给她说个婆家罢。某村里，谁谁家那个学生，今年十五了。念了三年书了。长的很富胎像的，大白四方脸，重眼叠皮（儿）的，顶大的个辫子，俊巴的呢呀！念书还是好材料。说起来，你们也许知道呀，姓什么，叫什么。这个学生他爹上京里做买卖，住绸缎店、洋货铺，当正掌柜的，一年家三百吊五百吊的在家抓钱，正是发财的时候呀。这眼下种着两顷来的地，养活着五个大牲口，圆挂的车，自己的碾磨。有三处宅子。住宅在街当间（儿）里，里头是四合子房（儿），砖墁当院（儿），临街的大瓦楼门（儿）；还有一处闲院（儿），成学房，也有个三四座房子，有了人来客去的，就上这院里待；还有一处场院，也有看场的两座屋子。这个孩子有俩姐。大的头年娶了，第二个的今年腊月里也就要娶了。这俩闺女都是老好子，她娘也是肉肉巴巴的，人情道理的，不是那利害人。

①忙喇，赶紧的意思。

管保咱家闺女受不了气就完了。你们也去打听打听的，光我说也不算。孩子他爹他娘的也都到了年纪（儿）了，大约着以后不生长了。"

主家说："人家那么宽绰，人家寻咱们么？再一说，咱们也供送不起。"

媒人说："那不要紧。我夜来上那里去了。人家那头说，不是寻的咱们的日子，也不图咱们的供送。只要闺女很好的，人们再合式，门当户对的就行了。又说图咱是个念书的主，也知道闺女她爹是个廪生。咱这头只愿意，下边（儿）就写合算帖（儿），合算着了就下书，我也算没白跑扯了。"

主家说："若是那么，俺们也就不打听了。你吃了饭，就回去要合算帖（儿）的罢。赶那头写了来，咱们也给人家写一个回去。"

媒人就又到了男家那头，说："着你们写个合算帖（儿）呢呀。"

主家说："那个现成。"就立（儿）就写了个合算帖（儿），着媒人送了去了。女家也写了一个，又交给媒人，给男家拿了去。这个事（儿）算说的八打（儿）了。

媒人就又到了一家，说："你家这个闺女这么大了，还不该寻婆家么？我给你家提个亲事罢。"

主家说："哪村里呀？"

媒人说："不是外村里呀。你们这当块（儿），西头，谁谁家，你们不知道么？省得打听。孩子长的发发实实的，赶过年就上学念书。"

主家说："俺们可是住在当村当鄝的，轻易的也没有什么穿换，也动不着拉拢。俺们还不知道他家有多少地呢？"

媒人说："我问了来了。我也打听了别人了。都说他家有个三十多亩地，还是净好地，值好几十吊钱一亩，不是那薄碱沙洼的不拿苗。自车自牛的，养活着一牛一驴，这新近又下了个小牛犊（儿）。主不大啪，过的很瓷实的。后来的事（儿）谁知道哎。现时好就好。咱们寻人家什么主呢。他家那房子，你们横竖知道哎！正房，三间北屋，是砖（儿）的。陪房，两间西屋，是坯的。还有一间养活牲口的小棚（儿）。房子算住开了呀！小巴主不能大囤流小囤满的啪，也够吃够烧的了，陈粮陈食（儿）的，就不离呀！"

主家说："就是孩子们多些（儿）哎。这个小子，弟兄四个。有一个姐姐，一个妹子。怀抱里还有个小兄弟（儿）。他爹他娘的也不过四十挂零（儿）有限，还许领个一个俩的呢呀。闺女们再歪，再常搁惹吵嘴的。俺家这个闺女，你别看人才不济，在家里没包过屈（儿）。到了人家，再受不下去，不是个累赘么？等着俺家他爹来了，再商量罢。"

媒人说："那都是不要紧的事呀。你知道寻哪里不受气哎？谁家不是一样哎？就是凭各人的命就完了。俗话常说：'万般皆有命，半点不由人。'若这么寻思那么寻思的，还办了事（儿）么？就是不差么（儿），就办，就完了。再说，他家那俩闺女，都是仁公理法的，也不像那利害人。他娘也是个大咧咧的脾气。据我看着，不像那折掇媳妇（儿）的人。那是你们各人掂对着办呀。我这说媒的，也不能保着后来怎么个（儿）。等着她爹来了，你们大伙（儿）商议商议，再说罢。常说的那话：'家有千口，主事一人。'我先上某村里去。有这么四五天了，我也是给人家提着个亲事呢，谁谁家和谁谁家。已经都拿了合算帖（儿）去了。我去看看，合算着了，合算不着。隔个三天五天的，我再回来。"

主家说："天道晚了，你宿了，明早（儿）再走罢。这也不是外处。"

那媒人就宿了。赶到了第二天早起，一起身（儿）的时候，这媒人就要走。主家拦着，说："你爽利吃了早起饭再走罢。清早立起的你就走，也显着不对劲（儿）哎。还是为俺家的事（儿）来的。你走了，俺们也不乐意哎！"

媒人说："往后晌（儿）长的呢。过后来了，再吃饭罢。"

主家拉着拽着的，只得着吃了饭。那媒人巴不能得（儿）的呢，就打打闪闪的又吃了一顿早起饭。赶一掠饭碗（儿），就推脱着走了。

又到了张三某人家，说："你们合算的怎么个（儿）了？"主家说："行了。不犯四大相。命运里也合着了。下边（儿）就看晌（儿），下书罢。"

媒人说："下书，都是前半月（儿）好。今（儿）个初四呢。若不，咱们赶初六下书。我问了问看晌（儿）的先生，说：'初六就是好日子（儿）。'溜溜当当的就好。我去告诉给那头，也着他们买个红书伺候着。"

主家说："这你就别走了。事（儿）已经成了，你更得吃饭了。"

真个媒人就又吃了饭。到了女家那头，告诉了个话，多咱多咱下书。赶到了初六那一天早起，媒人又到了男家这头，把书写了，压书的簪环首饰也预备下了。主家弄的碟子盘子的，抽的媒人上冈（儿），大吃八喝。临走又赏给了十吊钱，媒人欢欢喜喜的就走了。又到了女家那头，吃晌午饭，也是鱼哎肉的，还有鸡蛋，好吃好喝，也是那么个事（儿）。赏了他五吊钱。这个事（儿）就算说成了。

媒人就又到了那一家，说："那个事（儿）和你家她爹商量了没有哎？若是有意，我好跑扯跑扯。"

主家说："你去说的罢。那头若是如意，就算行了，着他家写个合算帖（儿），把生日时辰写清楚①了，求刻八字（儿）的先生合算合算。"

媒人说："可不，一辈子的大事都得安排妥当了呀，省得后来弄些个啰乱。若是那么，我这就去呀！"

主家又拦着吃了饭，媒人就走了。

到了男家那头，说："你家这个小子多大了？我给他说个丈人家，不好么？"

主家说："你说的哪村里哎？"

媒人说："就是你们这东头，谁谁家那个闺女，不丑不俊的，交代下去了呀。脸上有俩浅白麻子（儿）。头脑脚手的也很伶俐的。脚底下可是不小，也不算忒大，总算个小半大脚呀。你们若是愿意，我回去说给她娘再给她裹紧些（儿）。以后闺女大了，各人也就知道修理了。"

主家说："是那么个事（儿）呀。咱们种着个三十亩二十亩的，可寻人家什么好人才的呢。常言说的好呀：'娶妻不在丑和俊，只要把家多做活。'再一说，咱寻个人（儿）来，为的是过日子，什么推碾子捣磨的，场里地里的权杷扫帚的，扬场簸簸箕的，泼泼拉拉的才好呢呀。咱不是娶了来当看像（儿）呀！"

媒人说："若是那么，你家可就算闹着了。那个闺女有本事的呢呀。不是那软弱无能的。你看，谁谁家那个媳妇（儿），当时也是我给她家保成的。赶娶了来，什么也不会做。自己穿的活，还得别人（儿）拴酬打整的呢。因为这么，公婆也不待见，女婿也不喜欢，大姑小姑的对了劲（儿）也是给她个脸（儿）看看。今（儿）个吵，明（儿）闹，见天（儿）

————————
① "楚"原作"处"，疑错。

三遍三出①的这么打架，惹的四邻不安的。前几天呢，我听见说，给她婆婆做了一条裤子，一条腿（儿）朝上，一条腿（儿）朝下。赶她婆婆一看，就恼了，就揪过来，打了一顿子。两头都谩怨我，都来找我，说我提得媒不好。你想，我管当初啪，我还管今日么？两家子都愿意休了断了的这么闹，着我拿好话都劝说了劝说，才解了这个围了。以后也是难说和美了。这得常跟着他们受些个连累呀。这是说媒的那个落头。常言说的好：'一不说媒，二不保账，三不耩地，四不盘炕。'真了又真的呀，轻易的作不了脸（儿）。说了半天，人家这个闺女可不像那么。在家里受爹娘的调教，各人又安稳。锅台灶鏊的都离不了她。盆（儿）哎碗（儿）的刷洗的干净的呢！做饭打食的都是她的事（儿）。身上连个水点（儿）也没有。粗针大线的什么也作上来了，出门入户的没有不夸好的。可也真是行了。你家若寻来，可真算是个有福的。"

主家说："咱们光顾了说话。晌午大错了。我去给你做饭吃的罢。"

媒人装修着说："俺今（儿）个可不在你家吃饭了。还有个别的媒，我得忙喇去说说的。"

主家说："你吃了饭，再去也不晚哎。你看这是什么时候了，你还要走？"

主家拉着拽着，就又坐的炕檐（儿）上了。等着吃了饭，媒人说："你们去求先生写个合算帖（儿）来，我捎着。"

真个主家就求人写了合算帖（儿），交给媒人，那媒人道了个忙就走了。

一出门（儿），就照直的上了女家那头了，说："这不是我要了合算帖（儿）来了，你家也写一个，我给那头拿去。若不犯这不犯那的，下边（儿）就安排着下书。"

说话中间，天也就傍黑子了。媒人又在女家那头宿了一宿。第二天把女家这个合算帖（儿）又给男家拿去。这个事（儿）又算说的有个几成（儿）了。

路过某村里，有个光棍汉（儿），媒人捎带脚就去了，说："你寻个人（儿）不好么？东西又不少了，够吃够喝的了。寻个人（儿）来，

---

① "出"原作"齣"，原指传奇中的一个段落，同杂剧中的"折"相近。

给你看门（儿），省得你自己这么遭难惑意的。穿个针线活（儿）也不方便，还得求人。那么样（儿）的就求的那人么？得钱在头里，人在后头。一处看不到也不行呀。再一说，你做着个小买卖（儿），出去一天，回来有人（儿）给作熟了饭等着呢。省得你回来，掠下挑子，还得毛腰撅杵的自己鼓到[①]呢。想着说个这道那的，也没个人（儿）答声（儿）。锁上门子，出去，家里又是个结记。若有个人（儿）啪。掠打下就走了，多放心哎！有了晚生下辈的，就是一家子人家。常言说的好：‘一个人不算人。’顾了作这，顾不了做那的。某村里，张三某人家，有信（儿）在前走一步。带着个小小子（儿）。说了好几下里，她都是嫌年纪大。我看着你和她个年纪（儿）仿佛。你比别人（儿）东西又多点（儿），只怕她兴有意罢。你若愿意，我就给你们当当当当，不离呀，寻个人(儿)，一来为的家里有个着落，二来又不孤嘴憋气的了，说话管理（儿）的多好哎。再说一会（儿）家有个病（儿）哎灾（儿）的，想吃点么（儿），有人（儿）给作，什么烧茶燎水（儿）的，服事打整的，省得你孽障的慌。别说一个光棍汉子。就是有儿有女的，也不跟自己的女人伺候着好。常言说的好：‘满堂的儿女还赶不上半路的夫妻呢’，又说：‘百日床前没孝子。’没个人（儿）是大折手。就是我给你说这个人（儿），我是看着你没个人（儿）不行，是为好的个意思。我不是图你谢承我呀。你也别胡思乱想的，觉着寻个人（儿）来，交过大，再弄的后力不加了。到什么时候说什么话，到那会（儿）再说那会（儿），一时说一时，只若老天爷加祐，就不碍事呀。真个她就吃了来光呆着么？她就不给你做点活么？针线上头就省出来了。”

主家说：“可不？常说：‘后婚老婆，后婚汉，有就吃，没有就散。’多咱不是那么个事（儿）哎。既寻人（儿）就不怕那些个呀。只若来了，一心一计的，就行了，我不求别的。来了，不偷生挖熟的，不吃嘴不玩钱的，再不打东邻骂西舍的给我惹气生，别的都不要紧。”

媒人说：“若是那么，你只管放心罢。我管保没有那些个毛病。那个人，我知道，会走人缘的呢。不招是惹非的。在哪（儿）也没人（儿）说不好。别说平常日子（儿）呀，就是年节下连个小牌（儿）也不斗。

---

①鼓到，同“捣鼓”。

没见她玩过钱。更不买嘴吃。过日子细巴的呢。你想，若是兴不兴伄^①不伄的那样人，我给你说什么，我后来拿什么脸（儿）见你哎？我不办那样挨骂的事。你拿拿主意，是怎么着。这个说停当了也就快呀。也不用合算帖（儿），也不用下书。看个好晌（儿），问一辆车，拉她来，就行了。我看看她若是没衣裳穿，你就花个一头两吊的，给她做个裤子褂子的，也是有限的事，也着她安排安排什么头齐脚不齐的这些个事（儿）们。"

主家说："就是那么个事（儿）罢。你别走了。咱们做饭吃罢。吃了饭，你再去。"

媒人嫌他是个光棍堂（儿），不愿意在他那（儿）吃饭，就说："你不用做我的饭。等着后来有了人首，我再到了你家的时候，再吃饭罢。你今（儿）个先借给我二百钱。我若给你说成了，我就不还你了。若说不成的时候，我这一半天里就给你拿来。"

主家说："现成。"因为做着个小买卖（儿），钱也凑手，就给了媒人二百钱，媒人就走了。

又到了前几天里说的那一家（儿），问说："你们合算的怎么个呢？"

主家说："行了。"

媒人说："若是行了，就看晌（儿）下书。今（儿）个十三了。赶过了明（儿）十五下书，还是前半月（儿）里。我去说给那头，也着他买个红书预备着。当村（儿）的事（儿），省事（儿）多了。"

到了十五那一天，媒人上男家那头吃了饭，把压书的那副坠子也装的书套里，媒人把两头的书一换过（儿），又算说成了一个媒（儿），两头也都有赏钱。

以前那个光棍汉子，等的急由心火的，越等越不来。延迟了有俩月的工夫，那光棍汉子没听回信（儿），也没见媒人回来。白扔了二百钱，扫子间（儿）里打听了打听，三乡五里的并没有这么回事。这才知道是上了媒人的当了。心里气不忿（儿），就找了媒人去了。可这媒人，着天（儿）家满世界跑，没个大钱的准（儿），谁知道他上哪里去了。连找了两三天，也没见媒人的一个影（儿）。又待了四五天的工夫，正在

---

①伄（diào），不经常、不长久。

街上做买卖呢，看见那个媒人过来了。上前，一把就揪住了，拳打脚踢的闹了一阵子，着别人（儿）就拉开了。把媒人说了些个不是。借的那二百钱，大子伙说着也不用还了。媒人爬起来，就走了。

赶到了家，门口有俩爷（儿）们，一个娘（儿）们（儿），正等着她呢。爷们（儿）说："俺们是某县某村的。因为俺们那（儿）今年年景不济，这是俺们的表妹，她男人死了三年了，没留下什么东西（儿），也没留下孩子，也没有近支当业的，她在家里守不住。所以俺们领出她来，寻个主。有那合式的，求大嫂费心，给保成保成。"

媒人说："那是好说的事。这南边（儿）有个什么什么村（儿），有这么这么个人（儿），还有个老娘六十多了，有个三几十亩地，够吃够烧的了，手里的余钱也有个一头二百吊的，有信（儿）要寻个人（儿）。我才说给他上别处说的呢，有这一来正对劲（儿），我去说说的。这，你们既领她出来，也得使她俩采礼，那是不用说，我明白那个。你们打着使多少钱呢？咱们先打下个底儿，到那（儿）我好说。"

那俩爷（儿）们说："俺们这个好说。大嫂，你也得使个钱（儿）哎。你看着去办的罢。咱们也不用说明谁使多少。肉肥，汤也肥。自然是越多越好呀。大嫂，你还能在少处里说么？俺们听大嫂个信（儿）罢。还得求大嫂给俺们找个闲地处，俺们好等着哎！"

媒人说："你们就在我这（儿）罢。我出去，家里没人（儿），也有锅灶，你们作饭吃也方便。就烧我的柴火，后来咱们再算。"

那俩爷（儿）们说："那个更好了，省得俺们在别处去，疾疾忙忙（儿）的才好呢呀！"

媒人答应说："我这就去。"说完了话，一出门（儿），箭直的就奔了那个村（儿）去了。到了那一家，可巧本人就在家里呢，说："大嫂在我这（儿）来，有什么事（儿）么？"

媒人怎长怎短的告诉了告诉，这个人说："大嫂，你敢作硬可保人么？"

媒人说："若看这俩人（儿），可很实老①的。按他们说的原封（儿）原现（儿）的，家乡住处，姓字名谁，说的也很清楚的，我估量着没有

①实老，老实。

什么闪错。你花个三十吊四十吊的，寻这么个人（儿），赶她进了门（儿），看架式来啪，该怎么着的就怎么着。”

这个人（儿）随葫芦打躺的也就说：“若是那么，大嫂你就费心给我说说。这个说成了，也就快呀，和娶后婚（儿）哎是的。套一辆车，拉她来，就行了。又不动客，又不待客的，好办呀。”

媒人说：“可不？若是那么，我就回去。”

这个人拦着，吃了饭，媒人就回来了，和那俩爷（儿）们说：“咱们这个事（儿）我说必正了。那头花四十吊钱。我这个，你们看着办。送我多少，我也不说。那头的事（儿），他送我多少，你们不用管。”

这俩爷（儿）们说：“赶多咱娶呢？”

媒人说：“也不过这一半天里啪。还有什么久待么？若不，今（儿）后晌就着他套车来，也行了。”

这俩爷（儿）们说：“越快越好。说给他今（儿）后晌办罢。”

媒人就又回来，说给了男家个信（儿），着他当天（儿）就来娶。到了时候，钱也过了把了，人（儿）也娶过去了，这俩爷（儿）们就掠下走了。赶待了个十来天的工夫，男家找了媒人来了，说：“寻的那个人（儿），不知道什么时候跑了，偷了两条单裤、一个褂子，还有俺娘送老的一个大袄，才给她买的新坠子，席里边里还有八百钱，她也拿了去了。我一共糟的有五十多吊钱，这可算怎么着呢。怕这个，就是这个。当时我特叮咛了大嫂。”

媒人说：“你也别光谩怨我呀。这个事（儿），咱们都是办的粗心。等着我理着他们说的这个道，去访察访察的罢。你也不用着急。明早我就去。”

到了第二天，媒人就起了身走了。三四天的工夫，才到了那村里，打听了打听，没有这么个人（儿），别人都不知道。媒人这才知道是放鹰的了。回来见了男家，说：“咱们上了当了，赶情是放鹰的呀！”

男家把嘴一噘，可有什么法呢？认着吃屈，就拉倒了。

寻人（儿）若遇见这个，就算着鹰打了。这是常行理（儿）的事（儿），不算什么稀罕（儿）呀！

有一家死了十六七的个小子，媒人找了去了，说：“你家那个小子白当死了。”

主家说：“死了。天生的不是俺家的人，怎么着也活不了。俗话常说：‘是儿不死，是财不散。’”

媒人说：“他多大了？”

主家说：“今年十七了，属大龙的呀。”

媒人说：“某村里，谁谁家那个闺女，也有个十七八了，死的有俩月了。我给你们说说，你们结了儿女姻亲罢。你家这个小子也不落个孤坟（儿），他家那个闺女也算有男人，你们两家也兴来往。人家谁谁家和谁谁家也是这么个事（儿）。这咱两家走的近的呢。男家这头的孩子到了女家，也是叫姥姥妗子的。女家这头的孩子到了男家，老少都有个称呼。到了年节下也拜年。村里或是唱戏哎，或是有什么热闹来，或是有了红白喜事（儿）的哎，也接也叫的，比那现时在着的亲戚还亲近呢呀。你们这个若成了，多一门子亲戚不好么？”

主家说：“若是那么，你就给俺们提道提道。”

媒人吃了饭，就上女家去了，说：“你家那个闺女死的有多少晌（儿）了？”

主家说：“俩多月了。”

媒人说：“我给她说个主罢。某村里，谁谁家那个小子，也是才死了。你们两家结儿女姻亲，不好么？男的又不落孤坟（儿），女的也算有婆家。俩人并了骨，也算没白脱生了人。”

主家说：“那样事（儿），俺们可是听见说过，可不知道怎么着办。”

媒人说：“把闺女在坟里起出来，和男的埋的一个坟里。埋的时候，着红纸糊个旛（儿），着个小辈（儿）的打着，送的坟上去，埋了就行了。”

主家说：“那头愿意么？”

媒人说：“我和那头说必正了。你们只愿意，就算成了。这个也不用合算帖（儿），也不用下书，一句话的个事（儿）。”

主家说：“可赶多咱办呢？”

媒人说：“我去告诉那头个话，也就是一半天里就办。弄的夜长梦多的，还好么？”

媒人又在女家那头吃了一顿饭，又到了男家那头，安排着就埋成堆

（儿）了。一头谢承了媒人两吊钱，以后两家就成了亲戚了。

有一天有个娘（儿）们（儿）找了媒人来了，说，着媒人给她找个主。媒人知道这个娘（儿）们（儿）她男人出外的了，可是好几年了没音信（儿），也不知道在哪里呢，也不知道死了没有。媒人就问她，说："那你男人若回来可算怎么着呢？"

这个娘（儿）们（儿）说："他回来，再说啪。我得先顾眼下哎。又没东西，又没人，我可吃着什么等着他呢？赶他回来，也有我说的。不怕打官司告状，碍不着你的事（儿）。你给我说成了，先着他谢承你几吊钱。"

媒人图钱的心（儿）盛，就应许了她了。这个娘（儿）们（儿）嘱咐了又嘱咐的。待了个四五天子，这媒人可就给她察访着了个人（儿）。这个人（儿）是个光棍汉（儿），着年家作长活，手里积攒下了俩钱（儿），正想着寻个人（儿）呢。这媒人去了，就说成了。说话中间就娶过去了。待了不多的几天（儿），这个娘（儿）们（儿）她男人回来了，也没落下多余的东西。一看他媳妇（儿）出门（儿）走了，就想着告状。着别人（儿）说着劝着的，又使了俩钱（儿），也就拉倒了。

这叫寻活人妻，也是常有的事。

比方这一家，光老两口子，守着一个闺女，没有儿。那一家有俩小子，寻不起媳妇（儿）。或是一个光棍汉（儿），没老的（儿）。当间（儿）里有那好管事（儿）的人就给他们两下里说着，着了女婿儿。女的还在娘家娶那个男的来。俩人也算夫妻。也和平常娶媳妇（儿）的，行一样的礼。也是开脸，也是合婚拜堂的，什么车马轿夫，拉鞭放爆的，任那（儿）按喜事（儿）办。男家遂了女家的姓，就算女家那头的人了。男的若有家，一会（儿）家也兴家来瞧瞧看看的，到底不兴不回来。这就叫倒着门，也叫着女婿儿。没有什么别的说头。

男女结亲，天下通行，惟独贫富不等。宽绰的寻宽绰的，饥荒的寻饥荒的。结了亲以后，若是女家那头养膳不起，就和男家那头商量着童养去。这童养又不得一样了。比方男家这头有大姑小姑的，或是婆婆再歪些（儿），女家再小，在娘家没学会作活，就断不了挨打受气的，受些个折磨，什么拾柴挑菜的，刷锅洗碗的，推碾子倒磨的，踏洼下地的，风里来雨里去的，再没个人（儿）修理，再骑锅子夹灶的不给吃，大姑小姑再常打哎骂的，把个人一阵子就折掇的不像样（儿）了，谁也不待见，孽障的呢呀！俗话常说："只给大主作梅香，不给小主作童养。"真了又真的呀。若给大主作梅香，先得个饱饭吃，穿的也俐俐俐俐的，学些个礼路排场，举动光景（儿）的。给小主作童养，无非是受些个倭儸气，不得舒坦。

可也有不受气的。比方男家那头的人，人情道理的。只管是穷，不那么小家子百事的，看着这童养媳妇（儿）和各人的亲闺女一样，和颜一色的，就是吃饭穿衣裳也不各别两样的，多少都有她的个分（儿）。俗话常说："吃个虱子，也少不了她条腿。"又说："人有大小，口无尊贵。"各人家也有闺女，迟早也得到了人家。若是常挨打受气的，各人也是不愿意。俗话常说："人心都是肉长的呀！"不愿意着人家待不好，也得待人有好处。况说这童养媳妇（儿），后来还是自己的人，望指着和各人的孩子一心一计的过日子呢呀。俗话常说："看儿敬媳妇（儿），别替儿嫌妇的。"和谁谁家哎是的，一家子生生恼恼的，今（儿）个吵明（儿）闹，惹的四邻八家的都不得安生，这里说说，那里劝劝的，弄的丑名（儿）在外的，着人家笑话，说："谁谁家折掇媳妇（儿）。"还有一说。若忒利害了，挤的那媳妇（儿）没了路（儿），再找了短道，寻死觅活的，跳井上吊的，什么吃信喝大烟，若该着时气不济，出了人命，弄的倾家败产的了，那还了得么？就不如早些（儿）顺情合理的多好哎。不论什么事（儿）还有忍耐不过去的么？媳妇（儿）不知好歹，她是小呢，大了就好了。

童养媳妇（儿）若遇见这样人家，可真算是有福的。养活个几年，一到十七八上，再送的娘家去。这男家雇两乘轿，或是一乘轿，男的一去坐轿，回来就坐车。什么鸣哇，钹来鼓的，还有放爆的，也是撒帖子、劝客、摆席。和平常娶媳妇（儿）一样，开了脸，梳上鬏（儿），就算过了门了。若是不送回去，就手就在男家那头合了婚、拜了堂，也就不用轿不用车的了，什么摆席、动客，那些个事（儿）们，就都不用了。这个叫灶火坑里带翟翟，也算过了门了。

后来若是男家这头把日子过丢了，也兴连男的带女的都上女家那头来住着。这叫住丈人头上。也有男的不愿意在丈人头上住的，情愿散了。散的时候，男女得有脚模手模，搵在红书上，当画的押。后来两头都不许后悔，许女的另寻主。这也算活人妻，可不许男的找寻。

同姓不婚。两家子一个姓（儿），不许作儿女亲家。这是个古礼。这咱一个姓（儿）也有作亲家的，言其可不是一族。比方男家姓赵，女家也是姓赵，可不是一个爷的子孙，自根（儿）就不在一个坟上埋人，这个也有结亲的。

还有这个。比方姑家的小子，妗子家的闺女；或是妗子家的小子，姑家的闺女，也可以结亲；还有姨家的小子，姨家的闺女，也可以结亲。这都叫亲上保亲。

还有这个。比方有个寡妇没儿，守着一个闺女。这里有个光棍汉（儿），可是死过一个媳妇（儿）的了，留下了一个小子。若是有好管事（儿）的人说着，着这个寡妇寻了这个光棍汉（儿），寡妇家这个闺女寻了光棍汉（儿）家这个小子，这叫娘儿俩寻父儿俩，俗话说的是爹公娘母。

八字（儿）是按着天干地支定年、月、日、时呀。比方今年是癸巳年，三月里是庚寅月，今（儿）是个辛卯日子（儿）。这咱是甲子时候。合成堆（儿），是癸巳庚寅辛卯甲子八个字（儿）。再凑合五行，金、木、水、火、土。批算对了，就知这个人是金命人、木命人、水命人、火命人、土命人，或是命强，或是命不济，这金、木、水、火、土，还有相生相克呢呀。金生水、水生木、木生火、火生土、土生金。金克木、木克土、土克水、水克火、火克金。按五行一合算，就知道这个人和那个人对劲（儿）不对劲（儿）。再对了属相，就是以前说的那合算帖（儿）。但有这一道先生，指着这个吃，着年（儿）家或是在街上摆摊（儿），或是满世界闯学，对了劲（儿）一年也想个五十吊六十吊的，到底总算生意门（儿）。

择响（儿）到处有看响（儿）的这个风俗。不论做什么，或是盖房，或是办红白喜事（儿），或是出外的，以至于什么耩地哎、搬家哎、垒墙、修造、动土、立柱、上梁，还有什么裁衣裳、剃头、起粪、栽树，种个什么棵巴，这些个事（儿），那底细人们都按着历头看个好响（儿），什么黑道日、黄道日。黑道日就算不好响（儿），黄道日就算好响（儿）。建、满、平、收，这四个字（儿）就是黑道日。除、危、定、执，这四个字（儿）

就是黄道日。这个，皇历上都有，掀开一看，就知道。这也是些个瞎道道（儿）。俗话常说："信就昭昭有，不信半点无。"言其是这个风俗。不信的少，就完了。

下了合算帖（儿）以后，若是没差（儿），紧接着就下定亲帖（儿）。这男家写个帖（儿），还交给媒人送的女家那头去。这个帖（儿）是说给女家赶多咱多咱下书。为什么都是男家给女家信（儿）呢？俗话说男家是抬头亲家，女家是低头亲家。

下书，把定亲帖（儿）已经下了，这男家就操扯着下书。赶这一天请媒人来，再请个会写字（儿）的先生，或是自己会写的，把书写了，打整好吃好喝。媒人闹个酒足饭饱，拿着书就给女家送去。压书的首饰，什么簪子棒子的，已经说过了，再说算犯重了。女家打接了定亲帖（儿）以后，也知道多咱下书了，也早预备下壶碟（儿）酒菜（儿）的了。书也写下了，就待媒人吃饭罢。吃喝也不累赘。赶吃喝完了，媒人把女家这书给男家送去，这就算下了书了。下了书以后，若是死了老的（儿），得过了三年，穿满了孝，才兴娶媳妇（儿）呢呀！服中不许娶。

按行嫁月。怎么叫行嫁月呢？就按着女家的属相，在哪个月里是行嫁月，哪个月就娶。

按准了行嫁月，男家就看晌（儿）过门。头到娶那一个月，男家就送嫁娶帖（儿）。这是给女家个信（儿），赶多咱多咱娶，为的是着女家早些（儿）安排嫁妆，省得到了临时，慌手掠脚的了。

送了嫁娶帖（儿）以后，紧接着操扯事（儿）。先说糊屋子、扎顶隔、贴对子。

把对子贴完了，还有四个大方子，叫封条，是在食盒上贴的。这食盒是四隔（儿），把四色礼装的里头，一隔（儿）一样（儿）。头一隔（儿）是一刀猪肉。第二隔（儿）是白面，不拘多少，也得弄个不差么（儿）。第三隔（儿）是大米，也不拘多少，大约着得个四五斤子。第四隔（儿）是挂面，也没准数，也得有个三斤几斤的。赶都打整清了，把这封条贴的两边（儿）。赶贴完了，就弄一根大杠子，打发俩人（儿）抬着，给女家送去。到了女家那头，打整这俩抬食盒的吃了饭，一人给他们俩钱（儿），不拘多少，宽绰的就多给个，饥荒的就少给个，没什么准数呀。

这叫赏钱。这俩人吃完了饭，就抬着那空食盒回来了。这就叫抬催妆，言其是说的，催逼着那女家，该怎么安排的就忙喇安排安排。或是当天（儿），或是第二天就来娶呢呀，各样的事（儿）都预备妥当了。俗话常说："别等着上轿，才扎耳朵眼（儿）。"

赶男家抬了催妆食盒去，这女家的嫁妆也就送了来了。什么箱哎、柜哎、匣子哎、戳镜、挂镜、吃饭桌、杌墩（儿）；那宽绰些（儿）的还有什么立橱子、被子褥子的、穿衣镜、盆架、大瓶大罐的、茶壶、酒素子、蜡签子、梳头桄子、刮头蓖子的；还有什么粉装（儿）哎、油盒（儿）哎、洗脸盆（儿）哎、胰子盆（儿）的哎；还有一块大花手巾。样样（儿）全可的呢呀。余外还有两块肋条骨头、什么枣、栗子、麸子、双巴葱、双巴艾。这净些个瞎道道（儿）妈妈论（儿）呀。都送的男家那头去，这就叫送嫁妆。

若是夜娶的事（儿），头一天后晌就得拜客。新郎十字披红，双插花，靴帽袍套的打整上，灯笼火把的都点上，鼓乐也齐备了，在当院（儿）北面（儿）供向上天地牌（儿），地下铺上红毡，声吹细乐的先给天地磕了头，就手就给爹娘，什么姑姨娘舅的，姥姥妗子的，什么大爹大娘的，叔哎婶子的，哥哎嫂子的，都磕了头。又上家堂里去，也磕了头。再说前后院里，邻舍背下的，对门设户的，都走到了。就随着上满村里，挨着靠着的，有来往的，到门（儿）上，都虚虚让让。这是和美乡里的个礼（儿）呀。赶拜完了客，就回来，安排着上轿去娶亲的。

赶去娶的时候，若是两乘轿，新郎就坐官轿。那乘凤轿，是压轿的坐。这压轿的人，是个小人（儿），是头到办事（儿）的时候达下的，或是亲戚家的孩子，或是自己院里的孩子，都可以当这个脚差（儿）。伴郎的也上了车，娶女（儿）客也上了车，执事也齐备了，吹呜哇的也伺候着，放炮的也装上药了，行人也上了马了，就明灯火杖，鼓乐喧天的，直奔了女家那头去了。这当行人的，是下贱人，光管着伺候新郎和伴郎的，什么酾盅呀倒茶的这些个事（儿）们。赶娶亲的时候，弄一匹马，着他骑着，在轿头里走。一去一来都是这么着。这就叫顶马，也戴上个红帽。

投帖。赶待终到女家那头了，这顶马头里拿着帖，就去投了。这是先给女家个信（儿）的意思。把帖掠下，女家那头就拿着请帖，交给顶马。

这顶马反身就回来，把请帖献了，这男家的轿才在前走。将到女家门口了，女家那头有陪客的就迎接出来。下了轿，进门（儿）的时候，大伙（儿）都作个对头揖。赶进了屋，就让的新郎上座，伴郎陪座，女家那头的陪客坐的下首。赶人们都坐下了，估量着一共有多少人，女家那头就预备几个大席，赶上完了热吃（儿），或是丈人，或是大舅小舅的，到席前边（儿）给新郎酾个盅。

赶起了席，这俩伴郎的就紧掌着演礼。演礼就是给丈人丈母的磕头。这个时候也有两人（儿）拦着，也不过就是虚和虚和，成成样就完了。

赶演完了礼，女家这头就给这顶马赏钱。

陪绸。赶什么事（儿）都完了，女家这头早预备下了一匹绿绸子，也给新郎披的身上，就还上坐席的那屋里，再坐一会（儿）。主家又端上几个果碟子的，大伙（儿）也有吃的也有不吃的，这就叫翻桌碟子。

赶翻桌以后，女家这头预备下两双筷子，俩酒盅（儿），都着红纸（儿）包起来，交给新郎收拾。这叫偷富，把女家的富偷的各人家来。

这娶女（儿）客，是个娘（儿）们（儿），管着催逼女家上轿的人呀。到了时候，这娶女（儿）客就紧掌女家，说："天道不早了，该安排着上轿呀。"这女家就打整什么衣裳，什么首饰，都拾掇俐俐了，就上轿。男女都上了轿，伴郎的那俩人，和压轿的那个小孩子，也上了车，吹吹打打的就走了。

上轿的时候，看着那一天喜神在哪一方，那轿口就冲着哪里，躲避丧门神。这也是个瞎道道（儿）。

这送女（儿）客，是女家那头找下的人，也是娘（儿）们（儿）。得忌什么属相，别和男家那头反着。这也是有歌子的呀："从来白马反青牛，羊鼠相交一旦休，金鸡见狗不到头，猛虎见蛇如刀断，辰龙卯兔不见面，亥猪一生怕猿猴。"

赶男家上了轿走了，女家这头套车弄辆的，蒲棱车也行了，若是轿车更好。这送女（儿）客上了车，后边（儿）跟着，也上男家那头去。

还有送小饭的跟着，也是娘（儿）们（儿），也有闺女，或是女家的亲戚，或是女家的干姐（儿）们。也是打整上坐着车，上男家那头去，什么盒子篮子的，也有干粉的，也有挂面的，也有白面的，这就叫送小饭。

帮轿。这帮轿的人是男的，也是女家的人，也叫送闺女的。或是女家的叔哎哥的，或是当家子的，都可以当这个脚差。上了轿，走的时候，这俩人扶着轿杆。走出村（儿）的，也就坐车。到了男家那头，也是坐大席。头到坐席的时候，拿着酒壶，到厨房里，给厨掌师傅们酾个盅，道个忙。余外再拿着俩钱（儿），不拘多少，也给了厨房里，为的是着他们好好的款待，不端凉饽饽凉菜。赶吃完了饭，就给男家的老的（儿）道喜，再到闺女屋里道了喜，就算完了事（儿），就回来了。

赶娶了媳妇（儿）来，下轿的时候，预备个人（儿），也得忌属相，还避讳穿孝的人，拿着一挂鞭，在院里点着，嘭（儿）哎啪的响一阵子。吹呜哇的在门（儿）外头就吹，等着子轿出来才住了。什么叫子轿呢？是那花轿里头，额外有个小轿。这女的上轿下轿的，就摸着这个子轿卸下来，抬的屋里去。完了事（儿）就抬出来，在那个花轿上一套，底下四个角上有四道簧，一上就行了。下了轿进屋的时候，在当屋掠下个马鞍子。这是借这个"鞍"字（儿），取其平安的个意思。

斛斗、烧香、弓箭。头到下轿的时候，先在天地底下放下一张桌（儿），再着个斗，装上粮食，插上三枝箭，挑着一张弓，底下烧上香。

天地样

赶娶了媳妇（儿）来，下了轿，男女都到天地底下并着膀儿磕了头。这就叫合婚、拜堂，也叫拜天地。

赶媳妇（儿）进了屋（儿），上了炕，有些个闺女媳妇（儿）的，也忌属相，也避讳寡妇穿孝的人，给她开了脸，梳上鬏（儿），戴上首饰，再穿上裙子，什么外套，什么围脖伞，还有翟翟。这净婆家预备的衣裳。上轿的时候，本来净穿上平常衣裳。这就叫冠带。

赶打整完了，就安排着上拜。那些个闺女媳妇（儿）的，也有男家的人，也有女家的人，就是以前说的那送小饭的，搀着这新媳妇（儿），到天地底下先给天地磕了头，再给公婆磕头，再说就是什么婆婆姑呀，婆婆婶子、婆婆姨、婆婆姥姥，挨着班（儿）都磕到了。也有给一根簪子的，也有给一副坠子的，这叫插戴。

赒礼[1]。端盒子。男家这头的亲戚朋友的，什么盟兄把弟的，挨着靠着的，赶到了办事（儿）的这一天，都来赒礼。也有一吊的，也有五百的，也有二百五的。预先里给人家赒多少钱的礼，人家也就还多少，这是一定的。在当院（儿）放下一张桌（儿），叫礼柜，请个写礼的先生写礼，还有帮柜的。赒礼的来了，先到这（儿），是什么亲戚，什么论道，什么张表兄李表弟的、王姑夫赵姨夫的，就按着男家的老的（儿）称呼，先写上名（儿）后写村（儿），再写上是多少钱的礼。乡亲们端盒子，是为什么呢？是拜客的时候，上谁家门（儿）上去了，谁家就端个盒子来。也有干粉的，也有白面的，也有挂面的。端了来，也到礼柜上写上名（儿）。过后主家好按着这个礼簿子还人家。这无非是和美乡里的个礼（儿）呀。这赒礼的亲戚们写上礼，就在待客屋里去坐席的。六个人（儿）一席。赶都落了座，忙活人就拿条盘，先端上四个碟（儿），一壶酒来。喝完了酒，严赶着就端饽饽，什么菜，不论好歹，八碟（儿）八碗（儿）的多。赶起了席，这客们也就走了。

以前说的这吹呜哇的，都是下贱人，在五行八作（儿）里头的数。不论红白喜事（儿），大小主都有吹呜哇的。若是大主办事（儿），就多用人。也是给他们个帖子，上头写：某月、某日，用鼓乐两班，带细乐。细乐就是什么横笛（儿）皮锣（儿）也叫进子鼓，这一类的家伙。若是小主人家办事（儿），就写用鼓乐一班，就是光俩呜哇、一个鼓、一个号，俗话说："某某两扇小钹（儿），就是这几样（儿）"。

执事。这执事不得一样，有七品的、有五品的。若是官宦人家，还

---

①赒（zhōu）礼，此处指婚丧嫁娶时的随礼。

有三品二品的。什么旗、锣、伞、扇、牌、金瓜、月斧、朝天镫、流水沟、花丽棒、仙人手，样数多多了，说不清有多少。近来小巴主办事（儿），多有不用的。

灯笼。这灯笼是随着轿的，是着纱糊的，也不得一样。有使八个的，有使四个的。近来办喜事（儿）的，白晌（儿）的多，为的是省灯笼火把的，多花些个钱，还时兴的送亲。比方初六办事（儿）罢，头一天这女家就送的男家那村里去，或是亲戚家哎，或是靠得住的朋友家哎。男家就在这一家来娶来，省若干的些个事（儿）呢呀。可也有轿，什么吹呜哇的，放炮的，或是顶马，都有。

道喜。完了事（儿）以后，乡亲们就约搁着，三一欑（儿）俩一伙的，买什么挑山对子，置四色礼，着食盒抬着，给事主来道喜，也是磕头。这一天事主预备好吃好喝，豁拳行令，呼儿喊叫的直闹一天，才算完了事（儿）。

回门住九。赶过了事（儿）以后，有三天回门的，有四天回门的。这男家套上车，着做活的赶着，连男的带女的又上女家那头去，就叫回门。住着的时候，以前那陪客的们，这一家请，那一家敬。待九天的工夫，就回来了。这就叫住九。

住十五。头一年娶了媳妇（儿），第二年正月初几（儿），女家就接女婿来住十五。因为有这么个说（儿）。闺女婆了前三年，正月十五不许见婆家的灯。二来，新年新月的，是个闲在时候。接女婿来住十五，不论穷富，都是这么着。还有这个，比方女家是外来的人，离娘家远，或是娘家没人（儿），不能接女婿住十五，就着这新媳妇（儿）在男家的亲戚哎，或是邻舍家哎，过正月十五这一天。反正不着新媳妇（儿）见婆家的灯就完了。

22/
收养

　　怎么叫一子两不绝呢？比方这个人哥（儿）俩，他兄弟只有一个儿，他是绝户，就商量着把他兄弟家这个儿，两家（儿）养活着，算给他大爹过继一半（儿）。后来本家给这个孩子寻个媳妇（儿），他大爹也给他寻个媳妇（儿），一个人俩媳妇（儿），可是没大没小，算两支（儿）。赶死后，埋的他爹和他大爹前头，当间（儿）里。以后若是他大爹给他寻的那个媳妇（儿）生的儿，就埋的他大爹这边（儿）。他本家寻的媳妇（儿）那个儿，就埋的他爹这边（儿）。这就是一子两不绝的那个说（儿）。两股的家业，都着他自己赍①受了。

　　怎么叫过继呢？比方这个人哥三（儿）。他兄弟有儿，他也有儿，惟独他哥是绝户。这两家的儿，都可以给他大爹过继，可得看谁有几个儿？若是老二家只有一个儿，老三家俩儿，就得过老三家的，老二也不能较嘴。若是老三家只有一个儿，老二家俩儿，就过老二家的，老三也不能较嘴。若是老二家和老三家一般（儿）多呢？得尽着老二家的过，老三也不能较嘴。若是老二家和老三家都没有儿呢？老大家有三（儿），也就给老二家过一个，老三家过一个，哥三（儿）一般（儿）多，都绝户不了，都有打幡（儿）摔瓦的。若是老二家有一个儿，老大家也没有，老三家也没有。三（儿）人守着一个，就得给老大家过了继，老二和老三再过别人家的。若实在的过不着，就得绝户了，这叫绝次，不绝长。那是个死巴理（儿）。还不光是亲哥们许过继呢呀，就是当家子，不论远近，不怕是三服、五服、十服、八服，就是多远的当家子，都可以过继，可得按支派说，该着过谁家的就过谁家的，不能混搀和，也不许绝户主爱

　　───────────
　　①赍（qíng），继承。

要谁家的就要谁家的，都有至理管着呢呀。为过继，打官司告状的，有的是了。不论谁家给谁家过继，都得有过继单，就是立下的字样。也不许本主在回里夺，也不许绝户主在回里撺。一家拿着一张合同，当个凭据。

抱养。这抱养，不论一姓（儿）不一姓（儿）。姓张的也兴①抱养姓李的。不论是当村里的，也不论是外来的，是有主的孩子，是没主的孩子，都可以抱养。若是有主的孩子，也得和这个孩子的老的（儿）立下字样，一家拿着一张，怕后来当家子，为争家产，欺负。若是没主的孩子，可和谁立字样呢？就等着后来再说。或是和当家子商量，给抱养的这个孩子除出多少产业来，当家子们也沾点（儿）光。若不家，早晚摸着抱养的赶跑了。

认干亲。这个事（儿）是个妈妈论（儿）。比方张三家有个孩子，不论是闺女小子，怕不成人，就认了李四家作干亲家。这个孩子和李四叫干爹，和李四他媳妇（儿）就叫干娘，和李四家的孩子们就叫干哥、干兄弟、干姐、干妹子。认的这一天，张三家蒸一百馒头，叫百岁（儿），给李四家拿去。李四家就给张三家这个孩子一个小篮（儿），也给这孩子起个名（儿）。这孩子比方几岁了，就弄几个大钱，再弄一绺蓝线，编一挂锁子，就算锁住了。后来一年添一个，添到十五上才拉倒，再作一身衣裳，宽绰的还有抬食盒的呢呀，不是一样的。两家就算是干亲。

还有这么个风俗。比方这一家，一连（儿）死了几个小子。若再添一个，给他起个闺女名（儿），叫丫头，也给他扎个耳朵眼（儿），戴上个坠圈（儿）。说是害死那几个的恶神，不知道他是男的，就不来害他了。

还有个说（儿）。若是一连（儿）死几个小子，就把末了死的这一个，剁一双手去。是说那几个，都是一个冤鬼脱生来的。剁了手去，他就不脱生来了。

拜盟兄弟。人在世界上都有三（儿）亲的俩厚的。俗话常说："人以类聚，物以群分。"也不论是当块（儿）的，也不论是外村里的，也不论是山南海北的，也不论是路遇的，若是说话说入了彀，说投了机，是三（儿）是五个，是七个是八个，或是十来个，就商量着拜盟兄弟。赶拜的这一天，也是装酒弄菜的，请个会写字（儿）的先生写盟书。写

①兴，方言，流行的意思。

完了，烧上香，冲北磕了头，大吃八喝的闹一阵子。排完了岁数，谁大谁就是哥，俗话都称他老千（儿），小的就是兄弟。以后说起话来，就说是冲北磕头的兄弟们，也叫盟兄弟。若是动字眼（儿），也称呼"如兄如弟"，也叫盟把子，也说换帖的弟兄们。赶以后老大就摆席，请这些个兄弟们。老大请了，老二请，轮着班（儿）的这么请，这叫盟把子会。赶请下这一轮（儿）来，就又转着请。不论红白喜事（儿），娶儿聘妇，都有礼节来往。大伙的老的（儿）就都称呼盟伯哎、盟叔哎、盟祖哎。底下有了小人（儿）们，也是这么称呼。也有这个，若是那没身分的人们拜了盟兄弟，以后因着贫富不等，有遂往不起的，或是摆不起席，或是赒不起礼，或是当间（儿）里有闲言闲语的，或是有什么不周不必的事（儿）来，为这个散了的也有的是了，这叫拔了香头子了。还是这么，这拜盟兄弟，官（儿）家犯禁。可是这么个风俗，到底可也断不了。若是女的，就叫拜干姐（儿）们。弄两根秫秸，俩人拿着，在井上去请桃花女。

什么叫发黄表呢？比方这俩人有个不清楚的事（儿），或是为说闲话，或是为财帛，或是为偷盗的事（儿），一总的不对劲（儿）的事（儿）。或是初一十五敬神，或是许愿，都可以发黄表，也叫发疏。就是弄一张黄纸，叠个桶（儿），里头还有瓤（儿）。瓤（儿）是白纸，上头写某府、某县、某村，姓什么，叫什么，为什么事（儿），敬献某庙某神前。若是为起誓，就说："我若怎么怎么了，我遂着老爷（儿）没了。"也说："我若是心眼子不济，我跪下起不来。"若是求别的事（儿），就说别的话。比方若求好年头，就说："老天爷今年多下雨，给俺们个好年景（儿），赶秋后给你老人家唱戏。"若为病人，就说："老爷，着他快快的好了，给你烧香，上供，挂袍。"求别的事（儿），也是这么着。赶祷告完了，就着火点着这个黄纸，这就叫发黄表，也叫发疏。烧了就说，收了疏了。

23

葬礼

　　将咽气。这人临死的时候，就吃不下东西（儿）的了，也喝不下水（儿）的了，上气（儿）也不接下气（儿）了，嗓子里的痰止不住的呼噜呼噜的了，眼也睁不开了，牙口也紧了，舌头也短了，身子也挺了，模样（儿）也变了。一家子人，这一个叫，那一个问，哭哭啼啼的说："你觉着怎么个（儿）来？"耳朵里也许听见了，嘴里呜喇呜喇的也说不清楚了。邪魔外道的，趁着这个时候，也就来混乱来了。窗户也鼓打鼓打的，盆（儿）哎碗（儿）的乱响。四邻八家的也都来瞧看来了。这一个说："这病已就的了。"那一个也说："好好（儿）是不行了。"光有出来的气（儿），没有回去的气（儿）了。这一个说："前晌①（儿）俺俩还在大街上说话了呢。"那一个说："我夜来来瞧他来，还很好的呢。"家里的人也说："今（儿）早起还喝了半碗粉团呢。可只管是喝了，不像常么晌（儿）家那个吃东西法（儿）了。吃的慎人不喇的。打吃了以后，就一会（儿）不如一会（儿）的了，两双手就这么瞎摸索。"别人（儿）说："那叫寻衣摸床呀。你们给他预备的什么衣裳，也早些（儿）给他穿上。也别绑带子，也别缀扣子。给他腰里抽上一绺线，不论什么色（儿）的就行了呀。还是这么，别着他死的炕上，不差么（儿），带着点气（儿），就抬的他床上去呀。再买下点（儿）烧纸，一咽气就给他烧了，就是这一会（儿）这烧纸得了了呀。若有布，就给他弄一床被子。若没有布，就趁早买一张纸，糊个纸被子，也行了。再弄一块白布，给他缝个鸡当枕头。摸着倒头饭也捞出来，打狗棒也烧出来，该在那（儿）掠床。若没有床，就弄两条板凳，支上一扇门，也行了。早些儿安排下，省得临时了，慌手掠脚的了，

_____

①前晌，方言，上午的意思。

丢三落①四的，缺这个少那个的了。你们大伙子心里别过于的难受了。在宽亮里想，什么事（儿）也是该着的呀，人都脱不了这个死呀，哪里有那常生不老的药呢？人的寿数，是老天爷给的呀。到了时候，就得死呀。俗话常说："阎王造就三更死，谁人敢留到五更天呢？"那是没法的事（儿），谁也替不了谁。你们看，这一会（儿）这气（儿）越不跟那一会（儿）了，嗓子里的痰也靠了上了。若不，就抬的他床上去罢，万一的在炕上咽了气，着他背了坏，不是个累赘么？"

说话中间，七手八脚的就往床上抬。家里的人们都止不住的哭。把褥子也铺上了，把缝的那个枕头也放下了，就默伏伏（儿）的放的床上，这就叫停了床（儿）了。也有放的床上就立（儿）没了气（儿）的，也有在炕上咽了气（儿）才在床上抬的。这是有别的耽误，或是等着衣裳哎，或是凑手不及的，没有人（儿）抬哎，就死的炕上。但只有一线之路，也不愿意着人死的炕上呀。诮皮人的，有这么句话："那么明白，可为什么死的炕上呢？"说了半天，这净是在家里死的呀。若是在道上死的，或是在洼里死的，那就不用说了，什么衣裳也得不了，再没人（儿）看见，溪流糊涂的就咽了那口气，过去了。

装裹。以前说的，这人将咽气的时候，就给他穿装裹衣裳。若是男的，就妆裹袍哎罩的，什么靴子胎子帽，可不要缨子，也不许装裹皮衣裳，什么哈喇大呢都不许穿，恐怕死了，脱生畜类。若是女的，也是大袄外套的，也不许穿皮的，脑袋上戴上个包头。其余别的小衣裳（儿），什么裤子袄的哎，都是新的。无冬立夏，都是装裹绵衣裳，没有穿单的裌的的呀。装裹完了，不论带着气（儿）不带着气（儿），就抬的床上去了。

什么叫倒头饭呢？就是一碗小米子干饭。以前说过，人将咽气的时候，就捞出来。咽了气以后，在床前边（儿），死人脑袋头里，放下一张桌子，把这一碗饭来掠的桌子上，再插上几个打狗棒，就行了。

这打狗棒，也是将咽气的时候就烧出来了，烧个十来个子。给死人手里攒着几个，倒头饭上插着几个。这是说的，这人死后，路过恶狗庄，使这个打狗。是着白面烧的。烧成了一个一个的，都着莛杆（儿）插起来。

什么叫献食罐子呢？是弄个小瓷罐（儿），可着口盖上个小白面饼

①"落"原作"邋"。

（儿），插上一双筷子，也搁的死人脑袋头里那张桌子上。赶入殓的时候，把那倒头饭哎装的里头。是说的，人死后有饭吃的，那么个意思。

照尸灯，是人死了以后，在床前边（儿）那张桌子底下点上个灯，不论黑下白日，老是点着。赶入了殓以后，就不点了。

吊左钱。赶这人死了以后，按着他的岁数就买多少张纸，上头砸上钱（儿），着剪子铰的一溜一溜的，可不铰断了，还都连着。拴上一根绳（儿），着一根棍（儿）挑着，插的门口，男左女右。

开吊。吊上左钱以后，乡亲们就知道谁谁死了，就约搁着一群一伙的都来吊哭。到了死人跟前，喝喝三声，也有行礼的，也有不行礼的。孝子就给这乡亲们磕头。若是女的来吊哭，就是这死人的闺女哎，或是儿媳妇（儿）哎，给人家磕头。这是眼面前（儿）的个大道理（儿），家家如是。若有了吊哭的，不给人家磕头，乡亲们就笑话，说："不懂礼。"

破孝。死了人的这一天傍黑子，算算家里有多少人，当家子们有多少人，就使白洋布捋多少孝帽（儿），多少孝箍。这孝箍也分当家子远近。近些（儿）的就捋长些（儿），远些（儿）的就捋短些（儿）。孝子也勒上头，男的就戴孝帽，女的就戴孝箍。

两次报庙找魂（儿）。赶男女都戴上孝，天道也就黑了，就操扯着上土地庙里报庙的。点上个灯笼，着个男的打着在头里走。一大些个女的，也有家里的人，也有当家子们，也有年轻的，也有上年纪（儿）的，在后边（儿）跟着，一半（儿）走着，一半（儿）哭，咧了咧了的，论着叫什么的就哭什么。离着近的娘（儿）们（儿）们，都出来看热闹来。赶到了庙里，就不哭了，烧上香，点着烧纸，就祷告，说："五道爷，俺家这死人活着的时候不结实。求你领着他，慢慢（儿）的走。还求你领着他，在平稳道上走，躲着什么枳根呀，什么泥哎水的。"赶祷告完了，那打灯笼的还在头里走，领着这伙子娘（儿）们（儿）们，哭着就回来了。这是死了的那头一天报庙。

赶第二天，也是等着黑了，当家子们也来全了，就还点上灯笼，着那个人（儿）打着，和头一后晌一样。哭着进了庙门（儿）就住了，就又祷告，说："五道爷千万呢可别着俺那死人包了屈。"赶祷告完了，就拿着个大钱，在庙山上这（儿）来那（儿）的这么粘。一半（儿）粘着，嘴里就问那死人，说："你在哪里呢哎？"这（儿）粘不住，就又在那（儿）粘的。赶多咱在那一块（儿）粘住这个大钱，这死人的魂（儿）就算在那里，才算完了事（儿），就又哭着回来了。这就叫报庙，也叫找魂（儿）。头一天一次，第二天一次，一共两次。

抱香，送盘缠。赶第二次找了魂（儿）回来，各人家里的人，也有当家子们，都等着夜静了送盘缠。头到送盘缠的时候，就弄一柱香点着，在左钱上一掠，就问："你来了么？"一半（儿）说着，一半（儿）在左钱上掠那柱香。这柱香若抱不住，就是没来呢，就再等一会（儿）。若是粘住，就是来了，就安排着送盘缠。是着白面烙些个小火烧，和钱（儿）哎是的那么大。余外再烙一个大些（儿）的，或是烙三四十个，或是五六十个，七八十个，没有准数。再着纸糊个钱褃子，把这盘缠火烧装的里头，再装的信车上烧了。这就叫送盘缠，也叫送路的。

这信车是着纸糊的，也有糊轿的，也有糊马的。不论糊什么，先着秫秸插个架（儿），再着纸糊。若是糊车，也糊个人（儿）赶着；若是糊马，就糊个人（儿）牵着；若是糊轿，就糊四个人（儿）抬着。到了时候，就弄的大门外头来，口冲着西南，因为常说，西南就是佛境之地。旁边（儿）放下一张炕桌（儿），桌子上筛上灰，为的是后来看死人的脚印（儿）。把这车着火点着，大伙子，男男女女、老老少少的人们，放声大哭一阵子。把那盘缠火烧都抢着吃了。有说，吃了这个，胆（儿）大的；有说，吃了这个，不生灾的。都是些个妈妈论（儿），没有什么准讲（儿）。赶完了事（儿），就看看桌子上有脚印（儿）没有。若是有脚印（儿），就算上了车走了。可都说有脚印（儿），到底我没见过。

垫背钱，入殓。头到入殓的时候，家里的人都在棺材里扔钱，这叫垫背钱。财主人家，或是官宦人家，还有扔金子银子的呢。有这么个俗话，说这死人到了棺材里，铺金盖银。赶埋的坟里，常有偷坟解墓的，偷这个，或是偷装里衣裳。若着人家逮住告了，是个杀罪呀！

赶扔完了垫背钱，大伙子就把那死人弄的棺材里。着绵花瓣（儿），蘸着水，在脸上擦擦，这叫净面。再哭一顿，把棺材盖起来，着铁钉子钉上，也有使银锭扣的，就不用钉子了。赶完了事（儿），当家子们就都走了，家里的人也就安了歇了。

三天。这人死了第三天，上那边（儿）就上望乡台上，再望望家。家里的人们，和当家子们，都拿着烧纸供享。把烧纸点着，再哭一回，就等着封灵（儿）来，或是埋的时候，再说罢。这封灵（儿）是大主办的事（儿）呀。饥荒人家多有不封灵（儿）的。入了殓，赶第三天，就抬的个闲地处，停起来，也有说丘起来的。这宽绰的死了人，也有三天封灵（儿）的，也有五天封灵（儿）的。这一天也有吹呜哇的，也念经，或是和尚，或是道士，或是姑子，什么行乡、过桥。若是念书的主，也有请礼教先生的。也撒帖子、动客。客们光有供，可不赒礼。等着埋的时候，才赒礼呢。说的那行乡，是封灵（儿）的这一天，不论念什么经，吹吹打打的头里走。这孝子和来的那客们，也有些个执事（儿）的人们，在后边（儿）跟着，弄一张半八仙桌，桌子上掠下一个花盆（儿），再绑上架子，着四个人（儿）抬着，围着村（儿）转一个过（儿），就回来了。等到点灯的时候，就安排着过桥。这个桥是在丧主家门口，高高的摆上些个桌子，腿（儿）朝上。一个桌子腿（儿）上点上一个灯。在一头，搭上法台。上去一个和尚，戴着五佛冠，嘴里嘟嘟囔囔的念经。别的和尚们就在底下吹打。那些个孝眷们也在底下跪着，忒（儿）呀铛的闹一阵子。在法台上的那个和尚就在下边（儿）扔蹚馍子。看热闹的人们就抢。闹一大后晌的工夫，才散了。这就叫过桥，也叫放食陈，就算封了灵（儿）了。也有在闲屋里堂着的，也有在村边（儿）上闲地处垒个丘子丘起来的。下边（儿）就安排着请风鉴先生在老坟上看看。若是不好，就拔坟，另看别的茔地。看着哪（儿）有风水，就在哪（儿）立新坟。

人死了七天，就叫一七。二十一天，就叫三七。三十五天，就叫五七。小巴主也有就着这几个晌（儿）埋的。若是不理，也没别的事（儿），就是烧纸，哭一会子，就完了。也有五天埋的，叫排五；也有九天埋的，叫排九。若是这几个日子（儿）埋，就不用看好晌（儿）了，这是官日子呀！

看风水。近来办丧事（儿），请风鉴先生看风水的，大行其道。就是盖房，也有请的。先说看茔地罢。请了先生来，好吃好喝的待承，桌（儿）上桌（儿）下的服事着，听他云山雾照①的瞎白话。先在老坟上指

---

① "照"通"罩"。

指画画的说:"这前边(儿)怎么怎么长,那后边(儿)怎么怎么短。西南上有一道来脉,着那个大土岭嵝就挡住了,来不到这(儿)。东北上可也有点(儿)旺气,着谁谁家那处宅子就截住了。那正北有村子映着,更不用提。再说你们这老坟上顶枯焦的,主着不发达功名,又主着不兴旺日子,实在的不好。你错拔了坟不行往。这(儿)正南可是有一道穴,着那村里那座庙就又截住了。若是拔坟,你们这村南里还没地处呢呀。只可以上村北去看看的。"

这主家就领着回来了。先到了家,让的客舍屋里,生着炉子,涮了茶壶,九百六的香片茶叶,恭恭敬敬的抽的上冈(儿),醞茶倒水(儿)的这么伺候着。到了吃饭的时候,是四个碟(儿)、一壶酒。喝的醉醺醺(儿)的。听他扇扛罢。若是抽①大烟的,吃完了饭,还得挑大烟来。抽了,在炕上躺个不耐千烦(儿),这才动掸。一出门(儿),迈着方子步,摇摇摆摆的才走呢呀。这又到了村北里,指东望西的就又说:"这北边(儿),若不着某村里遮着,这个地处就使得了。有这个村子一挡,把个好茔地的来脉截断了。这正东、正西、正南、正北,都没有什么好穴道。"

扭过头来,上西北上一望,胁胁喝喝的说:"呀,西北上有好风水呀!"这就又遛遛打打的奔了西北上去了。走的有个四五里地,可就有一道大水沟,沟后边(儿)有一个土坡子。这先生说:"这块地可真是好茔地呀。前边(儿)可以聚水。后边(儿)这个土坡子,形像如山。土坡(儿)一头有一道劐口。四下里的地势,比别的地都高些(儿)。打西北上来的风水,都归这道劐口。进了劐口,往前一走,就都聚的这个水沟里了,还是没地处泄漏。这叫:'前临水,后靠山,山明水秀',绝妙的好茔地呀!以后主着人烟兴旺,家业富豪。还主着有大功名。不能多了,至轻着得出俩文举,秀才廪生没数。你先别嚷呢。打听打听这是谁家的地。他要多少钱,你也别还价,也要了他的。"

主家说:"先生再看看,是东西葬好哎,是南北葬好呢?"这先生拿出罗镜来一照,说:"东西葬先发日子,南北葬先发功名。东西葬是什么什么道理,南北葬是什么什么讲究。你若是愿意先过财主呢,你就东西葬;若想着先求功名呢,你就南北葬。大主意是你自己拿,我不能

① "抽"原作"呷"。

给你作这个主呀!"

看出好地处来,就领着先生回来了。先打发人上绸缎店里,给先生买了一个袍料、一个褂料、一双靴子、一顶帽子。余外又送了几十吊钱,套上二马驹子轿车,就送着先生走了。这底下就访察那块地是谁家的。打听了几天,是北乡里,离他这(儿)相隔六里地,王老三家的。这个王老三可不是财主,也有个顷八十亩地(儿)。这就着说合的上那村里去说的了。说合的一找这个王老三,可倒好,赶的凑巧,就在家里呢。出来,一看是个说合的找他呢,就叫的院里来,领的牲口棚(儿)里去,在炕檐(儿)上一坐,就问那说合的,说:"你但为找我来的呀?"

说合的答应,说:"呀!你村西南上,挨着谁谁家的那块地,是几亩哎?"王老三说:"六亩二分五。"说合的说:"怎么拿着你这么个财主,一顷八十亩的种着,要那么点(儿)的小块(儿)地呢?我想着和你老说说,去了倒换个大块(儿)不好么?"

王老三说:"我那是一块好地。干么些(儿)的要不起。钱少了我不去,钱多了谁家要?前日有你们同行的张老二也是来给我说这块地来了,说的谁谁家,问我要多少钱一亩。我跟他说,六十吊钱一亩。他嫌钱多,不愿意要。再少了,我还是不愿意去。两下里这么骑糊着呢。我还没听他的回信(儿)呢。你既来说,想必有个准查(儿)要罢。你说说是谁家要哎?"

说合的说:"这南乡里,谁谁家有意要。这说合的可没露出作茔地的那个意思来。"

王老三说:"他家比我日子大多了。他要这么一点(儿)地,可干什么呢?"

说合的说:"他既是愿意要,你说多少钱,就着他给你多少钱,就完了。你也别管他做什么。"

王老三说:"就是罢。依了我的价,我就去给他。我听你个回信(儿)罢。"

说完了话,这说合的就辞脱着走了。回来,见了这个主家,说:"那个事(儿)我去了,回来了。那头可也有说合的给别人说着呢。王老三要六十吊钱一亩。别人(儿)嫌忒贵,不愿意要。我说,你若要么,就给他六十吊钱一亩。我看着那个架式，少了也不行。你拿拿主意，是怎么着哎？"主家说："拿什么主意哎。他要多少钱，咱就给他多少钱，就完了。没说咱用着了么。我看着，六十吊钱一亩，还不多呢。你回去和他说的罢。这个事（儿）算有成头就完了。"

这地主王老三暗含里打听了打听，是要了他这个地作茔地，就刻上了咱怎么呢。赶说合的又去了，一说，王老三说："这个事（儿）你白跑扯了。这个地，光我愿意去，不行。家里人们都不愿意。"

说合的说："你那一天跟我说了六十吊钱一亩。我回去就和人家那头说了。人家又不还价。要多少，就是多少。你怎么这么没主落^①意的哎？"

王老三说："不是我没主意。是家里人们不愿意去呀。我也不能强着他们，拧着他们办事（儿）呀。谁家一家子没个商商量量的呢？"

说合的说："家有千口，主事一人。俗话常说：'糊涂老婆乱当家'，那还办了事（儿）了？"

王老三就变鼻子变脸的，说："嘻！你怎么说这个哎，还不兴俺们不去么？俗话常说：'有钱，难买不卖的货呀。'又没写文书，又没交定钱，难道说俺们算去给他了不成么？"

说合的也急了，说："王老三，你梳着鬓（儿）呢哎，你是奤拉着辫子呢哎？你为什么说了不算，算了不说的。"

俩人一第一句着，话赶话的，说着说着就说俵了，挽辫子，搓拳撩胳膊（儿）的，抬手就要打架。俩人可还没交了手呢，这个工夫里来了个人（儿），说："你俩为什么抬杠哎？过不着这个，拉倒罢。你想，净谁和谁呢？离着个三乡五里的，那是个外人（儿）哎。非亲即友的，都少说几句。"

俩人可倒好，可就不言声（儿）了。这个人（儿）就问："为什么？"说来说去的，是为去地。赶情这个人（儿）是以前那个说合的张老二。以前说的那个查（儿）没意要，正想着另给他说个别的查（儿）呢，可巧走到了这（儿），赶的为这个事（儿）弄急慌呢，解劝了会子，连地主，带那个说合的，三（儿）人在庙台（儿）上就套开了交情了。凡自说合的人，嘴（儿）都乖巧。惟有这一个，比别的更会说。嘴上和掠上油哎是的。

①"落"原作"邋"。

真是能说的死汉子翻身。该怎么批派的，也开得口。别人（儿）来不及的那些个话（儿）们，他都能说。一样的话，若着他一说，格外的好听。还是不慌不忙，慢言可语（儿）的。说出个话来，是入情入理，谁也不能不宾服人家呀。

三（儿）人拉了会子闲叨（儿），可就又说的这个地上来了。张老二就问那个说合的，说："你给谁家说着这个地呢哎？"

那个说合的说："这南乡（儿）里，谁谁家呀。昨日个我来了，和王三哥一提这个事（儿），王三哥可就说你也给他说着这个地呢，说了六十吊钱一亩，可有个几成（儿），停当不了。我可就说么，他若是说不成的时候，我就另给你找个查（儿）。你要多少钱，就着要查（儿）给你多少钱。这个王三哥么，可就满应满许的了。我回去，就和这个要查（儿）也说妥了，六十吊钱一亩。那头没驳回，就着我拿着定钱来交来了。赶我一说呢，王三哥翻了箍眼（儿）了。他说他作不得家里的主。俺们就为这个张嚷①起来了。其实哥（儿）们抬几句杠，算不了什么呀。我给三哥服个下错，赔个理（儿）。你比我大几岁，你是大老哥呢，别和我一般见识。千错，万错，我一人之错。"一半（儿）说着，就给王老三作揖。

王老三也说："不要紧。亲哥（儿）们还有个抬杠辩嘴呢。俗话常说：'哪有码勺不磕锅沿的呢？'咱家哥们，谁说谁几句，也担得起。"俩人哈哈一笑，完了事（儿）。

张老二可就说那个说合的，定钱也没交呢，文书也没写呢，你们抬杠，这不是没用么？俗话常说："买卖不成，仁义在呀。"说了半天，可这是你的一点错处。人谁没有背晦住的时候呢。常说："人非圣贤，孰能无过呢？"话说知了，就算完了事（儿）了。不用说那一层了。咱们前头勾了，后头抹了，另打鼓、另开张。这没别的呀。我既是赶上了，咱俩说说这个合罢。俗话常说："见了面（儿），分一半（儿）呢。"没说我也是个说合的么。同行是冤家呀。

那个说合的，可是打心（儿）里不愿意哎不是，可又说不出口来，就遂话答话的说："嘻！你老哥说的是哪里的话呢。咱家哥（儿）们，

①"张嚷"原作"臧嚷"。

谁闹好了不好哎。我正想着找个人（儿）帮着我说说呢。有这一来，正对劲（儿）。常说：'一人不可，二人治呢！'这一个想不到的地处，那一个就兴想起来。"

这俩人就和地主王老三说："你这个地，你到底（儿）打算着去多少钱呢？你再和你们家里人们掂对掂对。也不怕你多要钱，也不怕要查（儿）少给你钱。俗话说：'买了卖了，才是事（儿）呢呀！'又说，满天要价，就地还钱。"

王老三说："你俩先回去，等着俺们一家子商量商量。大伙子同心合意的了，咱们就写文书。"

有这一来，王老三知道一定是要了作茔地。拿定主意了，少了一百吊钱一亩，不去给他。偏又抬了这顿杠，钱少了更不去给他了。这算拿住他这一把（儿）了。

再说，那俩说合的回去，见了那要地的主，怎长怎短的这么一学说，六十吊钱一亩人家又不去了。若想着要，得打着个百十吊钱一亩，才行了呢。

主家信风水的心（儿）盛，答应，说："他就是二百吊桥一亩，咱也要。你们去说的罢。"

真个这俩说合的就又回来，见了王老三，问说："你和你们家里人们商量了没有哎？这个地，是有意去哎不呢？"

王老三说："俺们家里人们到底可是没吐口（儿）。着我说的，可有了点（儿）活动气（儿）了。就是有一样（儿）。价值上头还有点（儿）差别。"

那俩说合的说："有什么差别哎？是想着多去个钱（儿）哎。那都是好说的事。你说，是打着多少钱去，就完了。"

王老三说："他若是要这个地，得打着一百吊挂零（儿）的钱，才行了呢。若不家的时候，我不能作这个主。"

那俩说合的说："就算一百吊钱，就完了。挂零（儿）不挂零（儿）的，那不是有其限的事么？你再去商量商量的。爽利今（儿）个就定了准（儿）就完了。"

王老三从本心里也觉着到了价（儿）了，就假装着说："我去再商量商量的。"到了外头，打了个转身（儿），就回来了，说："一百吊钱，家里人们还是游游疑疑的，想着多去个（儿）。我可是心足意满的了。"

那俩说合的说："你只如了意，就别骑糊着了。尽自这么三番五次的，也不成个事（儿）。你作了这个主罢。"

王老三说："就那么着罢。你们去拿定钱的罢。"

这俩说合的，来的时候就带了钱来了，就立（儿）在腰里掏出来一吊钱，说："可巧俺们伙计俩带着俩钱（儿）呢。先交给你，当了定钱。回去，俺们再和那头要。"

王老三接过那吊钱来，这就算交了定钱了。那俩说合的又回来，见了那要地的主，说："那个事（儿）算打了准（儿）了。交了一吊钱的定钱。"

主家说："爽利就手就叫官中来，写了文书，摁了戳子，就完了。俗话常说：'私凭文书，官凭印'"。

立时就着那俩说合的把官中叫了来，也把去地的王老三叫了来，带四邻也叫了来，拿着弓尺，把地丈量清了，长呢家多少弓，宽呢家多少弓，立时请了个先生，写了文书，连官中，带小说的，带四邻，都写的文书上，官中就手摁上戳子，各人都画上押，把地价点了。官中开了要家的用钱，小说的开了去家的用钱。要地的主装的酒弄的饭，连写文书的先生也一块（儿）吃喝了。这叫摆割食。吃喝完了，把文书交给官中，拿的房里去，税了契、粘上尾，把这个事（儿）办了个顶妥贴顶牢靠呀。下边（儿）就安排着择日子埋人。

以前喜事（儿）上说过，择日子，是看什么婚姻嫁娶，进人口的晌（儿）。这丧事（儿）就是看破土安葬的晌（儿）。历头上都有。

点主。看准了日子（儿）多咱发殡，头事（儿）上就打算着请谁点主。这点主，得体面人呀。或是文进士、举人、拔贡、廪生，郑重其事的秀才也行了。既有意请谁，先人托人的达下，以后还得给个四摺帖。小主人家办事（儿），多有不留主的，因为车、马、轿夫的，多花一大些个钱。完了事（儿）以后还得送礼，不论干礼（儿）水礼（儿），按主说。干么些（儿）的主，就光有堂点，没有坟点。

这个人，俗话都称呼他点主官。赶接来的时候，也是靴帽袍套，补褂朝珠的，这么穿戴着。前后顶马也戴着红帽，扬暴的呢呀。威威烈烈的来到门口，孝子出来，到了轿前边（儿），请安、问好。手里拿着摔子，行了掸尘的礼，四个礼教先生就接进去。到了客厅里，落了座，先茶后酒的伺候着。孝子来到座前边（儿）看茶看酒。严赶着就上盘子碗子的，什么山珍海味的都有。赶上完了碗，指使人又领着孝子到席前头看饭。赶起了席，在祠堂里搭上高座。若是没祠堂的主，就搭棚。把主签（儿）献上。签（儿）上那个"主"字（儿）不督点（儿）。再用一管红笔。四个礼教先主喝着，说："点主大人升堂。"这点主官就上去，坐下。这礼教就喝着，就着红笔点了主字（儿）上那一点（儿）。又喝别的礼。赶点完了，礼教喝着就下来，又到客厅里坐下。指使人领着孝子就来谢来。

若是坟点，就在坟上搭棚设座，和堂点行一样的礼。完了事（儿），就安排着给点主官送什么礼。

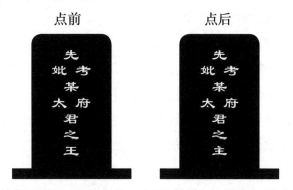

点前　　　　　　点后

祀土。这祀土的，是武功名。也不论进士、举人、秀才，都行了。若是堂点，就没有祀土的。坟点，才有呢呀。赶在坟上点了主，是在哪个地处挖了坟，这祀土的就在这坟坑子前边（儿）行礼。礼教先生喝着，起来跪下的。念了祭文，行完了礼，就和那点主官在一个棚里坐下。孝子就一块（儿）谢了。赶埋了人回来，请了谢席，点主的是哪村里的，祀土的是哪村里的，就套两轿车，都送着走了就算完了事（儿）。可也得给祀土官送礼。

礼教。以上说过，这礼教是请四个秀才，不论文武都行了。若实在的不够头，监生也可以的。也是办事（儿）以先里，用四摺帖达下。到了事（儿）上这一天，就都请来。也是靴帽袍套的，黄銮銮的顶子穿戴着。干么些（儿）的主，连礼教也不请，也是嫌忒啰唆呀。讲究主，都请礼教。

和尚、道士、姑子。这和尚，是七个人算一棚；道士，八个人算一棚；姑子，九个人算一棚。若办丧事（儿），爱念什么经，念什么经呀。头到办事（儿），也是给他们个帖子定下。赶到事（儿）上这一天，来了，在个庙里当下处。一头半晌（儿）送几道疏，就吹打几辋①。在庙里吹打着上灵棚里去。到了棚里，嘟嘟嚷嚷的闹一会子，就又吹打着回来。到了吃晌午饭的时候，就给他们钱，也没准数（儿）。出殡的时候，他们在棺罩头里吹打着走，出村（儿）就完了他们的事（儿）了，不上坟。

搭棚。单有作这个买卖的，叫开赁货铺。谁家办事（儿），也给他们个帖子定下。连搭棚带棺罩、执事、孝衣、堂毯、五供、爵杯、奠池、桌袱、门帐，就都使一个主的呀。绳子，经子，可都是主家的。到了时候，他们来一伙子人，给搭上棚。都得管饭。再说，搭棚，也没一样的。若搭的少，再小，再矬，就花钱少。若搭的多，再高，再大，就花钱多。赶自若是糊纸扎，还得搭纸扎棚。再搭什么过街牌房，什么大客厅，什么待客棚（儿）。再一颤都要隔子棚，再搪板，那就没了品拘（儿）了。唱戏再挂着搭戏台。一切的棚都搭完了，再都贴上对子，就放炮、开灵。

糊纸扎。头到办事（儿）以前，先叫些个纸匠来，开了单子，上杂货铺里买了五色纸来，糊纸扎。要出样（儿）来是要什么。先着秫秸绑上架（儿），以后再着五色纸糊。样数多多了。咱略薄的说个几样（儿）罢：先说什么四老四少、接阴佛、仙鹤、鹿、一对库楼、俩大狮子，什么把门的将军。这是官排场，只得有的。若是愿意多糊，就再糊几出戏，什么喷钱兽。糊的这纸人（儿），也是靴帽袍套的这么穿戴着，很是样（儿）的。脑袋是着胶泥捏的，画上眉眼（儿）。赶糊完了，就都摆列的棚里，着些个花子们黑下白日的看着，也管他们饭，也给他们钱。旁边（儿）掠下些个水缸，满满（儿）的盛着水。是防备着失了火，好着这水泼。赶到出殡的这一天，有些个人们打着这纸扎人（儿），在棺罩头里走。是打哪一样（儿），给多少钱。一出村（儿），那看热闹的人们就都抢了。

赶头到出殡的这两天里，就搭台子唱戏。比方十六出殡罢，十四就开台，唱四天。这一弯（儿）里埋人，都不兴唱戏。就是保定府兴这个，也兴跑马。

这跑马，是女的呀，可是跟着男的。但有这样人，也叫跑马解的，

―――――――――
① "辋"通"趟"。

着年（儿）家当买卖作，满世界去，这里接，那里送的。不是正南把北的人。人们都和她们叫飞娟。到了时候，穿戴的华华丽丽的，骑着马，在大道上跑。或是立的马上，或是脑瓜（儿）适下，或是一条腿在马上立着，还有些个别的故事（儿）。那马和飞哎是的那么跑。跟着她们的那男的，就攛锣动鼓的遂着。一天跑几輪，是有数的。若跑三天，就给她们三天的钱。两天，就给她们两天的钱。连上刀山，一天多少钱，那在当面（儿）讲。

这上刀山，是着一个大柴篙，有四五丈高，底下埋的土里，上边（儿）搭上架子，尽尖（儿）上弄上一个圈（儿）。再弄的，和梯子哎是的，一磴（儿）一磴（儿）的，可净铡刀，刃（儿）适上。这跑马的娘（儿）们（儿）们就登着这铡刀上去，在架子上玩些个故事（儿），也是锣哎鼓的遂着。再上去一个男的，立的尽尖（儿）上那个圈（儿）上，弄一挂鞭拴的辫子上，抡着放了。底下那些个看热闹的人们，成千百万的没数了。赶下来的时候，就脑瓜（儿）适下，抱着绳子，一出流（儿）就下来了，这叫顺水投井。

在上头的时候，若是打个眼错（儿），摔下来，就了不得了。那一年，俺们那（儿），不是上刀山，在架子上摔下来了么，把个人，这（儿）削一块，那剌一块，浑身成了个血人了，到底可没死了，还算是万幸呢呀。

打街鞭。头到埋人，前几天里就着撵鞭爆的撵多少挂鞭。多呢就多，少呢就少，没有什么准数（儿）呀，那是论日子（儿）说。可也有不用这个的。赶出殡的这一天，这里抬起棺罩来了，那里就有人们在头里点着这个鞭，喷（儿）哎啪的在道上这么响。一出村（儿）就不放了。这也是为的热闹些（儿）呀！

开灵。头到出殡以前，也有开三天灵的，也有开两天灵的，也有当天（儿）开灵的。就是把那灵丘子拆开，把棺材抬的棚里去，放三声爆，就算开了灵了。开灵以后，若是财主或是讲究主，就请礼教先生行祭。若是那干么些（儿）的主，就请个说书的来，说一后响书。单有这样人，着年家指着说书养家肥己的。谁家办丧事（儿），赶开灵的这一后响，就叫他来，说一后响书。也给他五百钱，管一顿饭，这叫说丧牌（儿）的。

拔坟，是在别处看准了新茔地，就在老坟上把以前埋的两三辈（儿）的人都刨出来，埋的新坟里。若不刨，就立明堂，也算拔坟。这立明堂，是着木头修个牌（儿），和牌主签（儿）哎是的。也写上祖上的名字，埋的新坟里，就当埋了的那先人，也省得刨旧坟了。以后再埋人，就不在老坟上埋了。

埋人的这一天，就叫出殡呀。远近当家子，家里的男女孝眷，和着己的亲戚，都穿上孝，或是请礼教，或是念经。亲戚朋友的都来赒礼。上下人等连操忙的都赴了席，或是拉灵车子，或是抬重，也放三声爆，把棺材抬的架子上，浮头掠上棺罩，大儿打着幡（儿），别的儿都挂着哀杖，抬的坟上去，把棺罩抬下来，埋了那棺材，孝子和来的客们都磕头拜了圹，就算完了事（儿）。

说的那灵车子，是弄四个小车轱辘（儿），着绳子攀成堆（儿），浮头放下两根大杠，把棺材掠的上头，再掠下棺罩，前头挽上套（儿），着穿孝的们拉着。拉这个车，也有讲究。正孝子架着辕，近当家子离车就近些（儿），远当家子在头里就离车远些（儿）。若有外甥（儿）也行了。若实在没人（儿），还兴着牲口拉呢呀！

上边（儿）说过，搭棚的就带着出赁棺罩。这棺罩皮（儿），也有布的，也有哈喇大呢的。先搭上个四方架（儿），再挂上皮（儿），和个大轿哎是的。也有二十四抬的，也有三十六抬的。

以前，喜事（儿）上，说过赒礼。这丧事（儿）赒礼，和那个可就不一样了。也有抬食盒的，也有使钱袯子背着十六个馒头当供的，也有提溜着俩果封（儿）的。来了，先写上礼，就到灵棚里，上了纸，吊哭了，就上待客棚里去，等着赴席。乡亲们端桌（儿），也有十六个馒头的，也有四个果子的，着条盘端来，也写的礼簿子上，下边（儿）人家有了事（儿），好还人家。到了时候，不来的就算慌了。赶他有了事（儿），也就不给他赒礼的了。

抬重。上边（儿）说过，二十四抬，三十六抬。赶绑完了架子，就放三声爆，喊叫乡亲们来。孝子磕了头，再弄一瓶子酒，大伙一喝，抬的坟上去，就完了。若是离坟远，在道上换肩（儿）的时候，孝子还磕头谢劳。

打幡（儿）。这幡（儿），是弄一根秫秸，着白纸缠上。再着剪子铰些个纸条，拴上一根绳（儿），挂的这根秫秸上。赶出殡的时候，着孝子打着，在棺罩头里走，一半（儿）走着一半（儿）哭。这是引着魂（儿）走的个意思。赶埋完了人，把这个幡（儿）插的坟头上。待到第三天，一早起，头到太阳出来，去个人（儿）拔了，扔的坟上。

摔瓦。是起灵的时候，孝子一双手里打着幡（儿），一双手里拿着一块瓦。棚门口早就掠下了一块石头。赶孝子一出棚，就在这块石头上摔了这块瓦，就打着幡（儿）在棺罩头里去了。

穿孝的规矩。这穿孝，是按服制说。比方亲侄子给叔哎大爹的穿孝，这算"期服"，光穿一年白鞋。再往下的人就算"大功服"，穿五个月的白鞋。再往下的人就是"小功服"，穿三（儿）月的白鞋。再往下的人叫"缌麻服"，穿一个月的白鞋。再往下的人叫"袒免服"，就是埋的这一天穿孝衣，戴孝帽，以后什么也不穿了。再往下的人就算出了五服了，埋的这一天，也有穿孝的，也有不穿的，随便。若是埋爷爷奶奶的，没有爹在着了，各人就算"承重孙"，也穿三年重孝，这算替了他爹那一辈（儿）了。若是各人的父母死了，就穿三年重孝，辫子上打白绳（儿），穿白鞋，帽子上戴白纥绺，光兴戴皂布帽垫（儿），不兴戴缎帽垫（儿）。抽三年白褙包。女的穿孝，和男的一样。

埋了人第三天，男男女女的，拿着铁锨大钩的，还到坟上，着土再埋埋。把坟头埋圆了，再哭一阵子，这就叫圆坟（儿）。

赶清明节气，家家都上坟，拿着铁锨木锨的，再在坟上除上点（儿）土。这叫添土，也烧纸。

每年七月十五这一天，家家也上坟、烧纸，也就是哭一会子，没有别的事（儿）。都说这个日子（儿）是鬼节。

赶到了十月初一这一天，家家买点子五色纸，叫寒衣纸。着剪子铰个衣裳样（儿），再拿着点（儿）烧纸，再买俩柿子，拿着当供享（儿）。到了坟上，把寒衣和烧纸都烧了，也没别的事（儿）。

到正月初一这一天，家家也有先上坟烧了纸，回来才拜年的；也有先拜完了年，以后再上坟烧纸的；也拿着鞭爆，在坟上放了。

怎么叫忌晌（儿）呢？比方这个人是年上三月初六死的，到今年三月初六就算忌晌（儿）。到过年三月初六也是忌晌（儿）。每年三月初六，上坟、烧纸，这叫烧忌晌（儿）纸，是不忘了的个意思呀！

民间叙事

Narrations populaires

1

祭文①

　　有一家，死了人。这村里有个教学的先生。人家请了他去，作祭文。那个先生很二五眼②。他不会作。就在本（儿）上找了一篇现成的祭文，抄下来了。哼，抄的不对。人家死的是个男的，他抄的是个女的。这不是张三的帽子，给李四戴上了么？人家找了他去，和他说："先生写差了。"那个先生说："哎！本（儿）上印的很清楚，怎么能够差了呢？要是差了，不是我差了，是你家的人死差了！"

---

　　①改编自清石成金《传家宝初集》之《笑得好·死错了人》。

　　②二五眼，源自京剧的词汇。京剧中的"板眼"有两板三眼、两板四眼、两板六眼，就是没有两板五眼，简称"二五眼"。所以北京方言中"二五眼"的意思是不着调、差劲。

2

奶母①

　　有一个老秀才。他家里有一个小孩（儿），着奶母奶着。有一天，那个孩子净淘气。怎么着哄，他也不睡觉。那个奶母没了法（儿）了，就往那个老秀才说："给俺们一本（儿）书罢。"那个秀才笑着说："咳，你连一个字（儿）也不认得。你要本书，可做什么呢？"那个奶母说："哎，这个孩子净淘气。他不睡觉。我见先生拿起书来，就睡着了。着这个孩子拿拿，莫的也就睡着了。"

---

①改编自清石成金《传家宝二集》之《笑得好二集·瞌睡法》。

3

敝月亮[1]

有一个人，他和人说话，肯用谦虚字眼（儿）。有一天，他请客，在家里喝酒。会（儿）不多，那月亮就上来了。那客人就欢喜着说："呀！今（儿）晚上这月亮，怎么这么明快呢？"那个人连忙[2]拱手，答应说："不嫌不好。这不过是舍下的一个敝月亮。"

---

[1] 改编自清石成金《传家宝二集》之《笑得好二集·粗月》。
[2] "忙"原作"忘"，疑错。

4

积德

　　张广德先生好修好，给人看病。饥荒的，他不要钱，反倒给他们钱。宽绰的拿钱来买药，也不问钱多少，就给他们好药。有人来请他治病，也不管远近，快快的就去。有一次，半夜里，下大雪的时候，有人来请他。家里的人拦着，不着他去。张广德说："那病人在家里等着，不知多么难受呢，我只得要去。"有一天，城里着火了。四邻八家的那些个房子，都烧了个干净。单剩下张广德的房子，没有烧。后来他的子孙们也都发了功名。这就是积下了阴功了。

5

酒杯[①]

一个人，人家请他去赴席。主家斟酒，净斟半杯。这个人和主家说："你家里有锯没有，借给我使使？"主家问："作什么用？"他指着那酒杯，说："这半节（儿）不盛酒，锯了去，才好。留它空着，作什么呢？"

---

①改编自清石成金《传家宝二集》之《笑得好二集·锯酒杯》。

6

知足常乐

　　人在世界上，要常常的快乐，该当知足。有一个人，他骑着驴。在路上看见了一个骑马的，他心里说："人家骑马，我骑驴。"就觉着难受起来了。走着，走着，又看见了一个推小车（儿）的，累的通身的汗往下流。他就心里说："哎，比上不足，比下有余。我骑着驴，比那推小车（儿）的强多了。"就自己安抚了自己。看起来，当着不如人的时候，该当这么想，还有比我不济的呢。这么着心里就好受了，也就宽量了。

7/

守财奴①

　　有一个人，过于的刻吝，拿着钱当命也是的。有一天和他儿在河边（儿）上走道，栽了个跤，掉②的水里去了。吓的他儿就喊叫，说："有人把俺爹救出来，我要重重的谢称。"他爹在水里，脚登手刨的，探出脑袋来，叫他，说："小子呀，别多给钱呀。就是把我淹死，也不要紧，可是别多花钱呀。"

---

①改编自清石成金《传家宝初集》之《笑得好·溺水》。
②"掉"原作"吊"，疑错。

8

近视眼^①

有一个近视眼的人走道，不知道道了。见道旁边（儿），石碑上落着一个老鸹，他只当是个人在那里立着呢，就再三再四的问他。会（儿）不多，那老鸹飞了。这个近视眼的人就说："我问你，你为什么不答应呢？如今你的帽子着风刮掉^②了，我也不说给你。"

①改编自《笑林广记》之《形体部·问路》。
②"掉"原作"吊"，疑错。

9 / 老君与佛[①]

　　一座庙里头，左边（儿）塑了一个老君像，右边（儿）塑了一个佛像。来了一个和尚，看见，说："我佛家很大哎，怎么倒在老君右边（儿）呢？"就把那佛像搬到老君左边（儿）去了。又来了一个道士，看见，说："我道教很尊贵哎，怎么倒在佛的右边呢？"就把那老君又搬到佛的左边（儿）来了。俩人搬来搬去，不知不觉的，把两个泥胎都搬坏了。老君笑着往佛说："咱们俩本来可是很好，都是着那两个糊涂人给搬坏了。"

---

①改编自清石成金《传家宝二集》之《笑得好二集·搬老君佛像》。

10

韩伯俞[①]

　　汉朝的时候有一个人，姓韩，名伯俞。他母亲脾气过傲，管教的他很严。就是有个一点半点（儿）的小不好，也不饶他，总要打他。平常日子伯俞挨打的时候，都是情甘愿意的受着。有一天他母亲又打他，他忽然哭起来了。他母亲就纳闷（儿），问他，说："我常打你，你都是满脸（儿）陪笑的。今天你为什么这样呢？"伯俞跪下，说："头上母亲打我，这身上觉着疼。今（儿）个打我，我不觉怎么样。想是母亲年老，那气力衰败了，我怎么能够不哭呢？"你看，伯俞这个人，他娘打他，不但不抱怨，反倒怕他娘年纪大了，气力弱了。这才算是个孝子呢！

---

　　①改编自清石成金《传家宝二集》之《时习事·泣杖》。

11

裁缝①

一个人叫了个裁缝做衣裳。拿出来的那材料，严对严（儿），没有余头（儿）。叫裁缝裁。那裁缝比画了半天，老是不裁。这个人问他，说："师傅，你为什么不裁呢？"那裁缝说："嘻！我很作难的。这点（儿）材料，有了我的，不够你的；够了你的，没有我的。"

---

① 改编自清石成金《传家宝初集》之《笑得好·不肯下剪》。

12

醋幌子①

　　有一个人开了个黄酒馆（儿）。有喝酒的人，要说他酒酸，他就把人家绑的柱子上。有一天，正绑着一个人（儿），恰好有个道士，背着一个大葫芦过来了，问这是为什么呢？那卖酒的说："他净撒谎，说我酒酸。就是为这个，把他绑起来了。"那道士说："拿一杯来，我尝尝，看看怎么着。"喝了一口，那道士咧着嘴就跑了。那卖酒的就忙喇喊叫他，说："哎！你别跑。忘下你那葫芦了。"那道士远远的摆手，说："我不要了！我不要了！送给你，挂起来，当个醋幌子罢。"

_____

　　①改编自清石成金《传家宝二集》之《笑得好二集·醋招牌》。

13

不孝子[①]

　　有一个人，他有个儿，实在的不孝顺，不是打爹，就是骂娘。他爹就是恨的他慌，可是没法（儿），不敢管他。他那个儿也有个小子，这个人天天（儿）抱着，反倒看着很娇生的，很疼爱的。别人说："你儿那样的不孝，你可心疼他家这孩子，干什么呢？"那个人说："不孝顺的人，哪里养活出好小子来呢？我生着这个孩子，我为的是盼望着他大了，跟着他爹学，好给我出气。"他儿听见这个话，心里就害起怕来了。以后慢慢（儿）的就好了，也知道孝顺了。

---

①改编自清石成金《传家宝初集》之《笑得好·出气》。

14

拜盟兄弟①

　　一个老鼠和一个蚂蜂拜盟兄弟。请了一个秀才来给他们写帖（儿）。年、貌、三代、连帖上的话语，也着秀才都写上。赶换帖的时候，他们三位一块（儿）坐了席。有别人看见，和秀才说："怎么拿着你一个先生家，和老鼠、蚂蜂，一张桌子上坐着呢？"那个秀才说："你不知道，这老鼠会钻，那蚂蜂会蜇，我是怕他们，只得就打着，不敢小看他们的。"这是说的，凡是遇着尖头的人比那老鼠，心里有毒的人比那蚂蜂，总该小心，别惹他们，怕后来受了他们的害。

---

①改编自清石成金《传家宝初集》之《笑得好·让鼠蜂》。

15
北京的月亮^①

　　有一个人，打京里回来。到了家，说话来，不拘说什么，就是夸北京里的好。有一天，后上，他和他爹在月亮地（儿）里走道。他爹说："今（儿）黑下这月亮才明快呢！"那个人就说："这不算明快。比北京里那月亮差多了。"气的他爹就骂他，说："你糊说！天下都是一个月亮。北京里也是这个月亮。还能够有两样（儿）么？"说着，就照着他脸上，打了他一巴掌。那个人（儿）哭着说："哎呀！咱这里，别的都不行。你这个掴子^②，可比北京里好的很呀！"

---

①改编自清石成金《传家宝二集》之《笑得好二集·拳头好得很》。
②掴子，耳光的意思。

16

病腿①

　　有一个人，腿上长了个大疮。黑下白日，疼的是哼啊咳的，吃不下饭也睡不着觉。他想了个想法（儿）。就在墙里，冲着邻舍家的房子，挖了一个窟窿，把他那条病腿舒过去了。别人看见了，问他，说："你为什么这样呢？"他说："我疼的实在难受。我恨不能的，把我这个疼首，分给俺邻舍家点（儿），才好呢。"从此看来，凡是心眼子不济的人，自己有了灾病，也要着别人有灾病。你们千万呢可不要这样。

---

①改编自清石成金《传家宝初集》之《笑得好·疽痛》。

17

外科先生[1]

有一个兵，在阵上中了箭。败阵回来，就请了一个外科先生给他治。那先生看了看，连说了几个"不碍、不碍""好说、好说"，就拿着一把大剪子，把外边（儿）那箭杆（儿），平着肉皮（儿），就铰了去了。完了事（儿），就要谢礼。那兵说："箭杆（儿），谁不会铰呢，可肉里头那箭头，怎么给我弄出来呢？"那先生就摇着头说："那个，我不管，那是内科先生的事（儿）。就是给我谢礼，我走罢。"

---

[1] 改编自清石成金《传家宝二集》之《笑得好二集·剪箭管》。

18 /

夸口①

　　俩人走道。在道上碰见了一乘轿。这一个说："哎，咱躲躲罢。坐轿的是我的个相好的，见了我，他就得下轿。咱们别劳动他，咱躲躲罢。"走着走着，每次碰见体面走道的人，这一个老是这么说："躲躲、躲躲，这是我的知心的一个好朋友。"走了半天，遇见了个花剌子，这一个不念声（儿）了。那一个就说："哎，咱躲躲罢。这是我的一个好朋友。"这一个就笑话那一个，说："嘻！你的好朋友，都是这个样的么？"那一个答应，说："哎，那好的，你都占了。剩下这不好的，我不要，可怎么着呢？"

---

　　①改编自清石成金《传家宝初集》之《笑得好·剩个穷花子与我》。

19

猴子见阎王[①]

　　有个猴（儿）死了。见了阎王，它求着要脱生个人。阎王说："人，身上没有毛（儿）。你要想着脱生人，先得把你身上那毛（儿）都拔了去。"那猴（儿）说："是了罢。"阎王就叫小鬼（儿）来，给它拔毛（儿）。才拔了一根（儿），那猴（儿）就疼的受不的了。阎王笑着说："你一根毛（儿）也舍不得拔，你怎么着为人呢？"看起来，这人要脸，就得花钱。这个笑话（儿）就是说的，那不要脸的人，光知道钱中用，连一个也舍不的花的呀！

---

①改编自清石成金《传家宝二集》之《笑得好二集·拔毛》。

20

吕蒙正^①

　　宋朝里有个人，姓吕，名字叫蒙正。他是个贫寒人，到后来作了宰相。有一天，上朝的时候，有朝里的一个人，隔着帘子指着他，笑话着说："这个样（儿）的人也坐了宰相了。"吕蒙正装^②没听见，就过去了。那一块（儿）上朝的官们，都气的着急。赶到下朝回来，他们就乱说："察考察考，这个说尖巴话的是谁？"吕蒙正就说："别家，要知道他是谁了，恐怕后来记恨着，就成了仇人了。不如把那句话，当做耳旁风罢。"

---

①改编自清石成金《传家宝二集》之《时习事·容讪笑》。

②"装"原作"妆"，疑错。

21

汉代三杰①

　　有个教书的先生。五月端午，学生家没有送节礼。先生问学生，说："你父亲怎么不遂礼呢？"学生回家，问了问他爹。他爹说："你回去，告诉给你们先生，说我忘了。"学生，按着他爹的话，告诉给先生。先生说："我出个对子，你对对罢。若对不上，我就得打你。就说，汉有三杰，张良、韩信、尉迟公。"学生对不上，又怕挨打，就哭着告诉给他爹了。他爹说："你和先生说，这对子出差了。尉迟公是唐朝人，不是汉朝人。"学生就又告诉先生。先生说："哎，你父亲一千多年的事（儿）都记得。怎么昨日，一个五月节，就忘了呢？"

---

① 改编自清石成金《传家宝二集》之《笑得好二集·忘记端午》。

22

编故事的教书先生

有个教书的先生，不认得字（儿）。一个小村里，净是些个庄稼人，请了他去上了学。他就教给那学生们念："一溜三间房，一间五根檩①。"偏赶的本县下了乡，到了村里，那乡地就领的这学里，当公馆。赶官（儿）到了这学房门口（儿），听见学生们念："一溜三房间，一间五根檩。"那官（儿）问："你们念的，这是什么书呀？"先生说："我们念的，不是书，是我编的。"那官（儿）就恼了，说："你不认得字（儿），就敢教书么？给我，按着他瞎编的这话，打他！""一溜三间房"，就打了他三下（儿）；"一间五根檩"，又打了他五下（儿）。赶官（儿）走了，那东家们就拿着酒菜，给先生来压惊来了，就说："先生受惊呀，先生受惊呀！"那先生说："今（儿）个这个事（儿），我倒觉得便易。房顶（儿）上那些个苇子，我才编上了，还没着学生们念呢。要念出来，着官（儿）听见，可就把我打死了！"

---

①檩（lǐn），架在房梁上托住椽子的横木，也称"桁条""檩条"。

23

欠钱人[1]

有一个人该别人的钱，好几年了没有还。有一天他在道上碰见那债主了。那债主说："你该我的钱，日子不少了，该给我了。"那该钱的说："要论说，早就该给了。可是我有两句话跟你说说罢。比方，你那钱，我要是早还了你，你早就花了，难道说你还跟我要重分（儿）么？"那债主说："你说的哪里的话呢？你要还了我，我要在放出去，这利钱早就挣的多了。"那该钱的人没言答对的，就又说："比方我要出了外，你可上哪里找我的呢？"债主说："哎，我等着你回来，再跟你要。"那欠债的又说："你就当我上远处去了，不回来，我猜你又没法（儿）了。"债主说："你别闹了。你现在当面（儿）呢，怎么敢说没法（儿）跟你要了呢？"欠债的说："哎，比方你只得要钱，我真是还不起你，你就是揪过来，打我几下子。要失了手，把我打死，那个时候钱你也要不了，还得替我偿命。要是我打死你，你先摸不着活着了。哪如咱俩谁也别找寻谁，安安生生（儿）的多好呢？"那债主听了这一套子推辞话，就着了急，说："你无论怎么会说，我今（儿）个只得要钱。"那欠债的就喊着说："我说了这些个好话，你不听，我说句伶俐的罢。你勿论怎么能要，我就是没有钱。你有什么法（儿），你去施展的罢！"

---

[1] 改编自清石成金《传家宝二集》之《笑得好二集·回债》。

24/
迂夫子

有一个先生，认得字（儿）不多，教了个馆。那学生们上了学，求先生在书皮（儿）上写上个姓（儿）。那先生就问："你姓么？"有一个学生说："我姓姜。"那先生写不上个"姜"来，就说："你别姓姜呀。那姜怪辣的，你姓王罢。"又有一个学生说："我姓史。"那先生又写不上来，就说："你别姓史，那屎怪臭的，你也姓王罢。"那俩学生，赶黑了，下了学，把这书拿的家去，着他爹一看，就恼了，说："这个不错。怎么给你们把姓也改了呢？咱找他去，不依他的罢。"这俩东家，就拿着把棍子，找了去。到了学房门口（儿），就喊叫，说："哪有你这一道先生呢？你为么给俺家孩子改了姓呢？"那先生往屋里听见了，觉着不好，恐怕挨打，就跑了。跑到了个大猪圈着，跳进去就藏了。本是个后响家，那天道漆黑的。东家们点上灯笼，就满院子找起来了。找了会子，也没有找着，就走了，说："赶明天再说罢。"那先生听见那东家们去了，偷着就跑的家来了。那村里的人们见了他，说："这几天，你上哪里去了。"他说："我去教书的了。"那人们说："你又不认得字（儿），可谁家要你呢？"他说："嘻！我这先生强多了。我那东家们，打着灯笼，找我也找不着。"按中国的风俗，姓最要紧。要给改了姓，就如同骂人一样。说这个人，打着灯笼找也找不着他，就是说的难请的意思。

25

治罗锅[①]

　　有个医生，常说他会治罗锅[②]（儿）。不怕那腰弯的和弓也是的，也不碍。若请了我去，一治就好了。管保那脊梁立刻就笔管（儿）似直的。有一个罗锅子听见说，就信了实了，请他治起来了。那医生找了两块木头板（儿），把这一块放在地下，着那罗锅子仰着脚躺在板（儿）上。把那一块压上。把那两块板（儿），着绳子紧紧的捆住。那个罗锅子疼的直喊叫，说："可疼死我了！拉倒罢，我不治了。"那个医生装[③]听不见，一个劲（儿）的使劲紧。会（儿）不多，那罗锅子真是直了。赶松了绳子，人也没了气（儿）了。他家里的人，揪住那医生，就要打。那医生说："哎，怎么打我呢？我光管治罗锅子，我不管他死不死。"

---

　　①改编自清石成金《传家宝二集》之《笑得好二集·医驼背》。

　　②罗锅，驼背。《醒世姻缘传》第七十回："叫人寻下皮鞭木棍，要打流了你的罗锅哩！"

　　③"装"原作"妆"，疑错。

26

陆绩^①

汉朝年间有六七岁的一个小孩子，姓陆，名字叫绩，上九江拜望他父亲的一个朋友。那个人姓袁，是个大官。留下他住着，摆了席，请了他。陆绩看见那席上有橘子，就拿了两个，偷着藏的袖子里了。赶临走的时候，他不小心，一作揖，把那俩橘子就掉^②下来了。那官就笑着说："嘻！这陆公子，当着客，在酒席上，还藏下橘子了么？"陆绩就跪下，说："我不是藏了为的我吃。我家里有个老母亲，她有病，常想着吃橘子。我吃的时候就想起来了，我就藏下了俩。"那官听见了他说的这话，就欢喜着说："呀！这么六七岁的个小孩子，就有这样的孝心，赶到了大了，必不是个平常人。"

①改编自清石成金《传家宝二集》之《时习事·怀橘》。
②"掉"原作"吊"，疑错。

27
上与下①

　　有弟兄俩，伙着种地。他兄弟小，什么事（儿）也不懂得。和他大哥说："咱们那庄稼，赶分的时候，得分均了。谁也不许占相应。"他大哥说："咱们是一母所生的亲弟兄，不要那么太清楚了。不如把这庄稼，分上下两头就完了。今年，你要上头的，我就要下头的。咱俩一第②一年着说。"他兄弟说："那么今年我要上头的，你要下头的罢。"他哥说："就是罢。"赶到了耕庄稼的时候，他兄弟和他哥说："该耕地了。"他哥说："是呀。可是，你拿定主意了，万不许后悔，说了不算，算了不说的。今年你要上头的么？"他兄弟就说："是。"他哥说："我听见算卦的说，今年主着大旱，咱们栽山药罢。"他兄弟不知道山药是个什么东西，就说："行了。"赶到了分山药的时候，上头的是蔓子，吃不的，又烧不的。就是喂牲口，没有别的用。他兄弟说："要是这样，赶过年，我要底下的罢。"赶到了第二年，他哥净种谷子高粱，变着法的着他兄弟净吃亏。

---

①改编自清石成金《传家宝初集》之《笑得好·兄弟合种田》。
②第，表示次序。

28

阎王与医生[①]

有一天阎王得了病。他就叫小鬼（儿）们，给他去请个好医生。那小鬼（儿）们说："俺们怎么知道哪一个是好医生呢？"那阎王就吩咐给他们，说："你们拣着这门口上冤鬼少的，就是好医生。"那小鬼们就满世界去找的了。走到了一个门口，见那冤鬼们一群一伙的上那门上站着呢，那小鬼（儿）们就走了。到一个门上，是这样。到一个门上，又是这样。连找了好几天，有一家，门上只站着一个冤鬼。那小鬼们就欢喜了，说："可闹着了，可找着好先生了，咱们快请他去罢。"就把他叫到了阎王跟前。那阎王说："你们找着好先生了么？"那小鬼们说："找着了。俺们[②]连找了好几天。门口（儿）上那冤鬼，都是堆堆垛垛的。就是这一家，门上只有一个冤鬼。"那阎王就问这个先生，说："你这医道，怎么这么好呢？你行了几年医了呢？"那个医生就说："我才学行医。"那阎王又说："你才学行医，就这么好么？你可治过多少人了呢？"那医生又说："我才治过一个人了。"那阎王一听这话，就恼了："哎呀！你治了一个，就死了一个。要着你还了阳，你不定治死多少人呢？小鬼（儿）们，快给我把他下了油锅！"

---

① 改编自明冯梦龙《笑府》之《冥王访名医》。
② "们"原作"门"，疑错。

29
兄弟分靴子①

有这么弟兄俩。他大哥是个有能耐的人，常断不了给人家当执客②。红白大事，都少不了他。给人家办事，就得穿靴子。他自家又买不起。就会他兄弟商量着说："咱们俩伙着买双靴子罢。"他兄弟说："很好。"果然就买了一双漆黑徹亮的好缎靴。他大哥整天家穿着，给人家看客。他兄弟轻易的穿不着，就后悔了，心里说："这不是买了靴子，全便宜了我大哥么？这个不行。他白日穿了，我得黑下穿。"那一黑下，他穿上，就满洼里去跑的了，把那双靴子一阵子就穿了个稀烂。他大哥看见破了，穿不的了，就又会他兄弟说："咱们俩摊钱，再买一双罢。"他兄弟说："拉倒吧。咱别买了，再买了，我就摸不着睡觉了。你各人买罢。我好睡个安生觉。"

看起这个来，凡是伙着的东西，不是不管，就是抢着用。所以俗话说："伙房漏，伙马瘦。"

---

① 改编自清石成金《传家宝初集》之《笑得好·兄弟合买靴》。

② 执客，又称值客、值爷。婚丧大事中，主人家特意请来帮忙招呼、安置客人的人，一般由见多识广的老人或信得过的中年男子担任。

30

费宏①

明朝年间有一个人，姓费，名宏。二十岁上，就拉了翰林了。有一天，会他的个相好的斗着玩（儿），斗恼了，就打了他一掴子。他那个相好的立刻就会他绝了交情了。费宏的父亲在家里知道这个事（儿）了，就写了一封书信，送的京里去。书子上说："人生在世，不许闹脾气。你才二十岁的个人，值的了值不的就动手打人。这个还了的你了么！以后谁还答理你呢？"写完了，又在书子里封上了一块竹板（儿）。这是叫他上他那相好的家去，赔个不是。费宏接了书信，看了看，就遵着他父亲的命，上他那相好的家去，赔不是了。谁知道，那个公子，赌气子，再三再四的不见他的面（儿）。费宏没了法了，又来到门上，就把那书信板子都传进去了。不多一会（儿），那公子跑出来，抱住他，就放声大哭。费宏就说："是我错了，得罪了大哥了。你可为什么哭呢？"那公子答应说："小弟怎么能够不哭呢？大哥有错（儿），还有父亲教训。我父亲早不在了。小弟要有了不是，就摸不着受教训了。"从此以后，这俩人，跟亲弟兄们一样。后来都作了官了。

---

①改编自清石成金《传家宝二集》之《时习事·遥遵父命》。

31

母狗①

　　有一个教书的先生，他肯念差字（儿）。赶死了，见了阎王，那阎王说："小鬼（儿），查查，他一辈子有什么罪？"那小鬼（儿）说："他什么罪也没有，就是爱念差字（儿）。"阎王说："他爱念差字（儿），就爱教差字（儿）。这个罪也不算小。着他下辈子脱生个狗罢。"那先生听见这话，就磕头如捣蒜的，求起恩典来了："阎王爷，若着我脱生个狗，千万着我脱生个母狗。"阎王说："嘻！放着儿狗你不脱生，你为什么脱生个母狗呢？"那先生说："母狗比着儿狗强。"阎王说："怎么强呢？"那先生说："《礼记》上说：'临财，母狗得；临难，母狗免②。'"一听见他把个"毋"字又念差了，气的那阎王就着他脱生了个不会说话的鱼。

---

① 改编自明冯梦龙《笑府》之《别字》。
② 原句为"临财，毋苟得；临难，毋苟免。"（《礼记·曲礼上》）

32

假银子①

　　某镇店上有一座德成银号。前几天有一个人，拿着一双金镯子，到那银号里来卖。那铺里的伙计刚搁的平上一平，就又进来了一个人，和那个卖镯子的说："刚才我到了你府上，给你送了信去。你家里的人说你上街上去了。那么我就上街上来找你。恰好碰见你了。"一半（儿）说，一半（儿）从怀里掏出一封书信，一包银子来，说："这是打浙江来的信。"那个卖镯子的人，把信就接过来了，给了那送信的五百钱，着他走了。就说："这是我兄弟在浙江给我送了银子来了。我就不卖镯子了，可把这银子卖给你们罢，还有一件事（儿）。我不识字（儿）。求你们把这封信拆开，给我念念罢。"那伙计们把那镯子又给了他，就把那封信拆开，念了念。前头不过是说在外头很平安，请哥哥放心，也有勾当，在某衙门里当书班。末了说："我捎去了银子十两，请大哥先用，等着再有了顺便脚，我在多捎几两，就是了。"赶念完了，那个人就说："那么着你们把这十两银子拿去平平，都给我换了现钱罢。"那掌柜的就拿去。一平，不是十两，是十二两。那掌柜的看这个人二五眼，打算着赚他，昧下了二两银子，就说："正对十两。"就按着市价，合成钱，查对了票（儿），给了他。那个人拿着走了。不多一会（儿），又有拿着票子取钱的一个人，进了那银号，往那伙计们说："刚出去的那个人，在这里做什么呢？"他们说："卖银子了。"那个人说："你们认得他么？"他们说："不认识。"那个人说："哎，怕你们上了当。他是个绲子手（儿）。他卖给你们的，不是好银子。你们怎么着他赚了呢？"那掌柜的听见这话。赶紧的就拿夹剪来，把那银子剪开了，一瞧，可就是假的。那掌柜的"嗤"

------

① 改编自《笑林广记》之《古艳部·取金》。

了一声，就问那个人，说："你认得他么？"那个人说："你们若给我钱，我就领你们找他的。"那掌柜的就给了他一吊钱，叫他带了两个伙计就去了。那个人接过钱来，他们三（儿）就走了。走到一个茶馆（儿）门口（儿），往里一看，那个人就说："这不是他么？没有我的事（儿）了。你们各人进去找他的罢。"那两个伙计，拿着那包假银子，就进去。见了那个绗子手（儿），就说："你卖的这包银子，是假的。"那个人说："那银子是假的不是，我也不知道。那本是我兄弟在外头捎来的。要是假的，不碍，银子还是我的。我把票子交回。"就着茶馆（儿）里那掌柜的给平了平那包银子，是十两不是。赶他接过来了，搁的平上一平，说："这是十二两银子。"那个人听见这话，就往那俩人（儿）说："我才卖给你们的，是十两银子，如今这包假银子，是十二两。那怎么是我的呢？你们这是拿别的假银子，来讹我来了罢？"银号的那俩人，听见这么说，闹的无言答对的。又有别的喝茶的，看着这个事（儿）理（儿）不对，要打那两个伙计。他们没法（儿），只得拿着些那假银子，又跑回来了。你看，这绗子手，能耐不能耐？可银号的那掌柜的，他也是自做自受。

33

头和脚^①

有个庄稼人，没有进过城。这一天有他城里的一个亲戚，请他进城。他们俩在关里走着，道旁边（儿）插着一根杆子，杆子上挂着个木笼，里头装着个人脑袋。那庄稼人就问，说："哎，这是什么呢？"他那亲戚就告诉他，说："这是做贼的，犯了案，杀了，挂的这里，为的是警教人呀！"他们俩走了会子，到了城门（儿）着。进城的时候，那庄稼人看见城门洞子里又挂着个木笼，里头盛着双靴子，就说："哎！有了。这不是那脚么？往这里呢。"那城里的人一听，哈哈的就笑起来了。那乡下人问说："你笑什么？不是那脚，是什么呢？"那城里的人就说："你看错了。我告诉给你罢。这是前任的太爷，作了清官，待百姓们好。他升了官了，赶到临走的时候，众人们烧香，摆酒席，给他送行。把他的靴子扒下来，留下，当个念头。"那庄稼人就说："呀！今（儿）个我进这一趟城，没有白来了，可开了眼了。"

①改编自清石成金《传家宝二集》之《笑得好二集·乡人看靴形》。

34

打人

　　有俩庄稼人，搭伙计，就着伴（儿）上口外，服了几年苦，挣了点（儿）银子，伙计俩就带伴（儿）回来了。有一天。扛着行李，走到了个十字道口上，这一个说："伙计呀，咱歇歇（儿）罢。"把褡套就扔在地下，各人坐着各人的，就歇着起来了，又抽烟，又说闲话。待了会子，从南一望，来了一个小人（儿），一半（儿）走着一半（儿）唱。赶走到了跟前，他俩就说："小伙计（儿），你歇歇（儿）罢。"那个小人（儿）说："歇歇（儿），咱就歇歇（儿）。你们打哪里来呢？"他俩说："俺们打口外来。"那个小人（儿）说："你们小心着点（儿）。这道上可不大安定。"他俩说："怎么？这里还有劫盗的么？"那个小人（儿）说："哼，有。才不多的两天，一个人（儿）拿着根棍子，就把两个走道的劫了。"他俩说："小伙计（儿），你怎么知道？莫的是你看见了么？"他说："那一天我拾柴火。我看的真真（儿）的。我给你们学学那个样（儿）罢。"这俩人就笑着，巴着俩眼（儿）才瞅着他呢。那个小人（儿）把他俩拿的走道的那根山棍子，立时把棍子一抢，照着脑袋，这一个一棍子，那一个一棍子，把他俩打懵了，也喊叫不出来，就躺在地下了。那个小人（儿），把他俩的褡套着棍子担巴着就跑了。赶他俩还醒过来，他那行李银子都没了。你看，这个小人（儿）坏不坏？使了这么个法（儿），就把他俩劫了。这出门（儿），真是不容易呀！

35

学俏①

　　有一个年轻的人，是个傻子。他的爹娘嫌他傻，给他银子，叫他出去学俏的。他就走了。到了外边，来到一棵树底下，那树上有一大些个家雀（儿），喳喳喳喳的乱叫。忽然来了一个鹞子，往树上一落，吓的那家雀（儿）都不敢叫了，可巧有一个念书的人，也在树底下坐着呢，就说："一鸟入林，百鸟压音呀！"那个傻子就问："先生你说的么？"那个人不愿意答理他，说："我爱说什么，说什么。不用你管我。"他说："先生教给我。我给你银子。"那个人说："那也行了。"要了他的银子，就教给他说："一鸟入林，百鸟压音。"赶学会了，那个傻子就又上别处去了。走到了 个井着。冬天那挑水的洒的水，井台（儿）上都冻成冰凌了。有一个老头子，牵着匹老驴，来饮来了。这驴往井台（儿）上一上，就滑倒了。那老头子着了忙，就喊叫说："给我抽驴来罢，给我抽驴来罢。"那个傻子就问："你说的么？"那老头急的，喊着说："说什么？给我抽驴来。我没有说别的。"他说："你教给我，我给你银子。"那老头说："行了。"就教给他说"给我抽驴来罢"。那傻子给了他银子，就回了家了。他爹娘看见他回来了，就很欢喜的。街坊邻舍的也都来看他来了。正在说话的时候，众人都乱嚷，那傻子的娘来了。进了门，众人都立起来，不念一声（儿），那个傻子就说："一鸟入林，百鸟压音呀！"他爹听见他说的这话，就欢喜的哈哈大笑。笑着笑着，一下子栽了个跤，就跌倒了。那傻子就喊叫着说："给我抽驴来，给我抽驴来。"这个笑话，你看着有趣（儿）没有？有趣（儿），真是个好笑话。

---

　　①据祁连休《中国古代民间故事类型研究》（石家庄：河北教育出版社，2007年，第443页），该故事属于"呆子学舌型故事"。

36

官印

　　有个做官（儿）的，带着印过河。翻了船了，淹死了俩人，东西都丢了，连他那口印也失迷了。他就愁的着急，想着服毒。着那相好的坐官（儿）的劝着，也没死了。就替他详明了上司。他本是个清官，上司顶喜欢他的，就劝他说："不碍。"先给他做了个木头印，着他使着。又给他奏明了皇上，着他请罪。皇上也知道他是个清官，又不是不小心丢了印了，也没治他的罪，就着吏部里给他铸了一口印，打发人给他送的任上去了。偏赶的打发的这个人，和他有个仇口（儿）。就是俗话说的："一人难称百人心呀。"多好的人，也有人说不好。这个人就想着，就着这个机（儿），害了他，在道上把那印拿出来，把印盒又包上，就给他送了来了。一进衙门，恼在心里，笑在面上，就把那个空印盒交给他了。他一见给他送了印来了，就欢喜极了。赶那个人出去，他打开印盒一看，里头没印，是个空盒子。知道是那个人把印藏起来了，也没说什么，也没怎么他。待到了黑下，他就在衙门里放了一把火。衙门里里外外的人都喊叫救火。给他送印的那个人也起来了。官（儿）就喊着说："烧了别的东西，都不要紧。先把那印抢出来。"一半（儿）说着，自己就把那个空印盒抢的手里了。和那个人说："你是个好的。你把这印拿的你那屋里去，给我守着。"那个人明知道没有印，可又不敢不接。就来到各人屋里，左思右想的，心里说："要给他拿回这个空印盒去，他准是不依我。要不家，还把这印给他放的里头罢。"就把那印又放的印盒里了。赶人们救完了火，他就给官（儿）送了去了。官（儿）打开，看了看，有了印了，就着那个人走了。你看，这个官（儿），用的这一计好不好？

37

老虎①

　　赵城地方有七十多岁的个老婆（儿），跟前有个儿。娘儿俩过日子，就是俗话说的："孤儿寡妇。"这一天她儿上山打柴火的，着老虎吃了。她想的难受，就不愿意活着了。哭哭啼啼的到了县衙门里，喊了冤了。知县立刻坐了堂，只当有什么大事呢。问了问，知道是这么回事，县官（儿）心里说："这宗事（儿），哪有告状的呢？"就笑着和她说："狼虎伤人，是常行理（儿）。我可怎么给你着王法治它呢？"她听见官（儿）说没法治，她就在大堂上又哭又闹，别人也安抚不住。官（儿）吓唬，她也不怕。官（儿）说她上了年纪了。又不忍得怎么她，就当堂许了她，给她拿这个老虎。她还跪着不起。错等着出了票子，她不肯走。官（儿）无奈，只得应许了她。立时刷了票子，就问差人们，说："你们谁能拿这个老虎来？"其中有个衙役，名字叫李能，当时喝了个顶醉，在堂下酒盖着脸（儿），和官（儿）说："我能拿它来。"当堂领了票子就走了。这个老婆（儿）也回了家，等着拿了老虎来，报仇。再说李能赶醒了酒以②后，可后悔极了，心里说："这是官（儿）定的和局，也不过现时哄着这个老婆（儿），不着她在堂上搅闹，就完了。哪有差人拿老虎的这个理呢？"自己心里有这么个瞎打算（儿），也就拿着不当事（儿）。到了卯日，拿着票子，就要交回官（儿）。官（儿）一见，就恼了，说："你自己说你能拿虎。怎么又反了后悔呢？既说了，就得办。"李能觉着实在的作难，就磕头求恩，要个票子，着那常打围的人，帮着他一块（儿）拿虎。官（儿）就应了。李能就拿着票子，把他们聚成堆（儿），

----

　　① 改编自清蒲松龄《聊斋志异》之《赵城虎》。
　　② "以"原作"一"，疑错。

黑下白日的上山上去拿虎的，打算着拿住一只虎，也别管是它吃了人了不是，搪了这个差使就完了。哪知道，待了一个多月的工夫，也没见那老虎的面（儿）。受了好几回逼，挨了好几百板子，也没处诉冤的，净自己谩怨各人多事。有一天，到了庙里，跪下，就祷告开了，说："阿弥陀佛，你老人家是灵验的。要救我一死，就着我拿住吃人的这个老虎。"一半（儿）祷告着，一半（儿）哭，把嗓子都哭哑了。正哭着祷告着呢，一睁眼，看见从庙外头进来了个老虎。李能吓的浑身抖擞，也怕着他吃了。这个老虎到了庙里，也不满世界看，正在菩萨跟前就蹲下了。李能就和那虎说："如果你要是吃了谁谁家的儿，你就别动，着我捆起来。"说完了，就拿出绳子来，捆这个虎。这个虎真个就连动也不动。把耳朵一抿，就着他捆上了，弄的衙门里去，交了官（儿）。官（儿）坐堂，问这个虎，说："谁谁家的儿，是你吃了么？"那虎就点了点头。官（儿）又说："杀人偿命，自古以①来，是不能赦了的。你知道么？况说这个老婆（儿），就是这么一个儿。你吃了她的，她没别的依靠，又这么大年纪了，她可指于什么活着呢？你要替她儿行孝，我就饶了你。"那虎又点了点头。官（儿）就着衙役们给它解开，放了它了。那个老婆（儿）谩怨官（儿）不杀了老虎。想着告上状。赶第二天早起起来。一开门（儿），看见门外头有一个死鹿。她就剥了，把这鹿肉鹿皮都卖了，就使这个钱籴米买柴火。还没等着花完了呢，那虎就又给她弄了一个来。后来三五天弄一个来也不定，十来天弄一个来也不定。打这（儿）常常的不断。对劲（儿）吃了人，就把那人的东西，什么银钱布匹，也给她弄来。那个老婆（儿），花销②又不大，旋旋（儿）的就宽绰了，比有她儿的时候还享福呢，心里常感念这老虎的德行。这老虎来了，还有时候卧的院里，一天一天的不走，也不怎么人，也不糟行鸡哎狗的。直待了好几年，赶那个老婆（儿）死了，这虎就来到院里叫唤，看着有想念的那么个意思，眼里也流泪（儿）。那老婆（儿）素日家积余下的那些个东西，也够埋葬了。当家子们给她置的衣衾棺椁，抬的坟上去。刚埋完了，这虎又来到了坟上，把送殡的那些个客们都吓跑了，就在坟前不住的叫唤，待了几天才走了。那一块（儿）

---

① "以"原作"一"，疑错。
② "销"原作"消"，疑错。

的人给这个虎修的庙，至这咱还有呢。你们看，这虎还能替她儿行孝呢，活着奉养，死了啼哭。这不孝顺的人，真就不如个虎呀！打爹骂娘的，还不该回头想想么？

38

谁是他爹①

　　有保定府的个张三某人，出外的。到了北口外驿马途川地方。闹了几年，发了财了，在外头寻了个媳妇（儿）。待了一年多，养活了个小小子（儿）。过了个四五年的工夫，忽的声想起来，要带着他媳妇（儿）回家。和他媳妇（儿）一商量，他媳妇（儿）不愿意，说："当时我寻你的时候，说的是不许你强带着我回家。我愿意，才行了呢。咱们话归前言。不能说了不算，算了不说的。俗话常说：'君子一言，快马一鞭。'什么事（儿）要兴变卦，那就不成个世界了。"她男人说："你寻了我，就算我的人了。要不依着我，也是不行。俗话常说：'娶到的妻，买到的马，爱骑就骑，爱打就打。'我要箭直的着你和我回家，你也不能拧我的辙（儿），回我的弯（儿）。要实在的你不跟我去，我就光弄着俺家这孩子走。"他媳妇（儿）说："孩子也不光是你自己的，你也不能弄去。"俩人越说越惊，抬了会子杠。他媳妇（儿）寻思着走头没路的，就天一声地一声的哭起来了。她男人嫌她哭，揪头搋衣的打了她几下子，就伤了那两口子的情肠了。他媳妇（儿）想着，再说不跟他去，心里舍不得这个孩子。再说跟他去，心里又没底。乍去了，人生地生的。说话、语音又不对，再不服水土，弄的好不好（儿）的。再说家里还有爹有娘的，也不愿意舍家撇业的掠下走了。俗话常说："穷家难舍，故土难离呀。"心里左思右想的，可是没一点法（儿）。一咬牙，发了个狠，说："跟他去，跟他去的罢。什么事（儿）也是该着的呀。"就辞别了她爹她娘的，一家子抱头相哭的，闹了阵子。她男人雇了辆车，把什么家家伙伙的都

---

　　①据祁连休《中国古代民间故事类型研究》（石家庄：河北教育出版社，2007年，第613页），该故事属于"举哀还儿型故事"。

装的车上。他媳妇（儿）也上了车，喻喻喝喝①的就走了。走到了黑，下了店，宿了一宿。第二天，一发亮（儿）的时候，就又起了身。赶情这个赶车的是个光棍汉（儿）。对了劲（儿），就放脚车，不对劲（儿），就无所不干的个人。俗话常说："车、船、店、脚、牙②，没罪也该杀。"一半（儿）走着，和这个娘（儿）们（儿）眉呢来眼呢去的，也知道这个娘（儿）们（儿）和她男人不一心（儿），就起了不良之意了啪怎么呢。走了一天，到了个城池地方，又下了店。张某人看出他媳妇（儿）和他有了外心了，就闷闷不足的到了店门外头，散了散心。赶回来，他媳妇（儿）生生（儿）的就不认他是男人了。她硬说那个赶车的是她男人，也不着他进屋了。他赌气子到了县衙门里，就喊了冤了。出来了个门上，拦住，说："为什么事（儿）？"张某人怎长怎短的这么一告诉，门上说："去写字的罢。"他就到了代书房（儿）里，写了张呈子，在承发房里挂了号。第二天就出了个拘带票（儿），连他媳妇（儿）带那个赶车的都叫了去。官（儿）坐堂一问，他媳妇（儿）和这个赶车的一气合谋的，说的活脱像真的。这个张某人怯官，不敢说话。官（儿）也糊涂，也没深究，就摸着他媳妇（儿）断给那个赶车的了，把他反倒打了二百板子。他心里觉得气不忿（儿），就又上府衙门里去，挝了鼓了，一挝鼓，衙门里头不知道有了什么人命大事了，知府立刻就坐了堂了，把他叫上去，问他，说："什么事（儿）哎，你就挝鼓？"他按着实情一诉，知府说："大约着你也不懂挝鼓的利害。错非人命大事，不兴挝鼓，就是多有理，挝了鼓也得挨打。"吩咐皂家先打他四十板子。赶打完了他，立刻拔了根大签，把他媳妇（儿），和那个赶车的，连他家那个小小子（儿），都拘了来。再说他家那个小小子（儿），才四五岁了，还不懂什么呢，也跪的旁边（儿）。知府就怎来怎去的把两造呢都问了问，到底问不出真情实话来。当堂就想了一计，就和跟班的说，要吃点心。拿了点心来，先叫那个小孩（儿）。到了公案桌子着，给了他一个点心吃了。又给了他一个，说："给你爹拿这一个去罢。"这个小孩（儿），只管是不懂什么，可知道哪是他爹。拿着这个点心，箭直的就给张某人送了去了。知府一看，把惊堂木一摔，

①喻喻喝喝，拟声词。
②牙，指牙行，我国古代和近代从事贸易中介的商业组织。

喝着令，先把这个娘（儿）们（儿）打二百嘴巴，又把这个赶车的打了几百板子，把这个娘（儿）们（儿）就断给她那个真男人了。俗话常说："是真，假不的；是假，真不的呀。"又说："妻归前夫，地归本主。"把这个案子开消了，详明了上司，把那个知县也撤了任，就完了事（儿）。房边左右的百姓们，都感念府大老的好处。这个张某人也就给他挂了匾。这个故事（儿）就可以当个劝人方（儿）。

39

聚宝盆[①]

有一个人，在洼里耕地。耕着耕着，啪的一声，把个犁铧子打了。他说："这是怎么的个事（儿）呢？平地里，又没有树根，又没有砖头瓦块的，可怎么把犁铧子打了呢？"他就过去，扒拉了扒拉，看了看，是个瓦碴盆（儿）。他说："这可是个什么呢？"就拿的家来，刷的干干净净的，里头放些个东西，把东西拿出来，里头还有。他说："呀！可闹着了。这是个宝贝。我把钱放在里头，看看怎么样呢？"把钱拿出来，里头还有。那个人可就欢喜的了不的了。就把他一家子大小都嘱咐了：谁也不许往外人告诉。可那孩子们瞒不住事（儿），他就说了。那村里都嚷动了。他的地邻也知道了，问："那个宝贝，他在哪里得的呢？"有人说："是在地边（儿）上拾的。"那地邻就说："呀！是在我地里拾的。这盆是我的。"说着，就找了他去。那个人说："不是你的，是在我地里，我自己耕出个的，离着你那地远着呢！"那地邻说："是你侵了我的地，你多耕了，这盆是我的。"两个人分说不清，就打了官司了。官（儿）叫了他们去，说："你们为什么打官司？"他俩把这个聚宝盆的事情，细细的往官（儿）说了一遍。官（儿）说："真么？"他们说："是真。那东西不很好看，可是个宝贝。里头放上了什么，拿出来，还能够长什么。老爷不信，拿来试验试验罢。"官（儿）说："很好。你们拿来，我瞧瞧罢。"他们就把这个瓦碴盆（儿）拿了来，交给官（儿）。官（儿）

①据祁连休《中国古代民间故事类型研究》（石家庄：河北教育出版社，2007年，第620页），该故事属于"聚宝盆型故事"，可追溯至宋代《秘阁闲谈·青瓷碗》，又见中国民间文学集成全国编委会、《中国民间故事集成·河北卷》编辑委员会编《中国民间故事集成·河北卷》（北京：中国ISBN中心出版，2003年，第500页）"八十一个爹"的故事。

验了验。真是个宝贝。官（儿）就坐了堂，说："这个官司，实在没法（儿）断。若断给你，他不愿意；若断给他，你不愿意。我出个主意，给你们讲和了罢。你俩都不许要了，入了官罢。"他两个没有法（儿），把嘴一噘，把脑袋一耷拉，回家去了。从此以后，人人都说他是个赃官，爱惜人家的东西，苦害民人。官他爹听见说了，就气的找了来了，说："你做的什么官呢？人家都骂，说你是个赃官，净贪财，要了人家的东西不给人家。"官（儿）说："你老人家不用生气。那个东西不过是个瓦碴盆（儿）。"他爹说："可要那个，有什么用呢？咱们的瓷盆（儿）金盆（儿）多着呢。你要人家的，做什么呢？"官（儿）说："这个盆（儿），有点（儿）古怪。"他爹说："怎么古怪呢？"官（儿）说："这个盆，里头放上什么，就长什么。"他爹说："没有的事。"官（儿）说："你老人家，别着急。你要不信，咱试验试验罢。"就把那盆拿过来，着上了一个元宝，拿出来，里头就又长了一个，又拿出来，又长了一个。官（儿）他爹就纳闷（儿），往那盆里一瞅，不成望一下子栽了个跤，就栽的盆里了。吓的官（儿）忙喇往外一拉。拉出一个爹来，还有一个来，还有一个，越拉，越多。拉了一屋子，一院子，净是官（儿）的爹了。拉来拉去，那个盆也坏了。闹的那官（儿），认不清哪一个是他真爹了。没有法（儿），只得连真的带假的，都得孝顺养活着。你看，这做贪官的，有什么好处呢？

40
三兄弟

　　那老时年间，有一家子姓田的，弟兄三个。老大老二全娶了媳妇（儿）。老大家，外人叫她田大嫂。老二家，外人叫她田二嫂。这妯娌俩很和美。那老三还年轻，跟着他哥嫂过日子。赶他长大成了人，也娶了一房媳妇（儿），叫做田老三家。这个女人不是贤慧的，仗着自己有些个陪送有些个体己，觉着这一家子伙里过，自己摸不着当家，她就整天（儿）家挑唆她男人，说："咱家这财帛，都是你大哥二哥掌管着。你什么事（儿）也摸不着做主。这家里，里出外人的，你也知不清多少。他们花一个，也许说花了十个。挣了十个，也许说挣了一个。瞒着你，他们自己积攒着。依我看着，咱这家，早晚也是得分的。若等着把日子过窄了再分，就苦了咱们了。依我说，不如早些（儿）分开罢，各人过各人的，不好么？"老三听了他家里的话，就请来的亲戚、当家子、相好的，商量着给他们分家。这老大老二全不愿意。那老三家两口子，总得要分。大哥（儿）俩也没有法（儿）了，就把这房子、地和各样的东西，按三股分开，谁的也不多，谁的也不少。剩下了这当院子一颗紫荆树，长了好几百年，还发旺着呢，又正在开花的时候，可就没法（儿）分它。人家老大是个直正人。他说么："分家，得分均了，才是。赶明（儿）咱刨下它来，把树身子一锯三节（儿），把那枝子框子按三分（儿）劈开罢。"商量妥当了，到了明天，田老大叫着田老二老三，就去刨树去。赶到了树底下一看，打黑下那花都落了，那叶（儿）都蔫了。没等着刨，着手一推，那树就倒了，露出根子来。老大一见就哭起来了。他这俩兄弟说："你不是夜来说，这棵树也得分呀。如今你怎么这么哭呢？"老大就说："我哭的，不是为这棵树。我哭的，是为咱们家。我想咱弟兄三个是一母所生，就像这树枝子都是一个根（儿）发出来的。昨天这树还发旺。咱们一分家，它就不活了。这一定是个应验，着咱们明白，分了家就要败了，像这棵树死了一样。"这小哥（儿）俩一听这话，也都哭起来了。那老三也不要分家了，还央求着伙里过。他家那妯娌三（儿）也听见在院里哭，就全出来看来了，才知道是这么个事（儿）。老大家老二家很欢喜。就是老三家嘴里抱怨，不愿意。急的老三就说，要把她休了。那大哥（儿）俩不住的解劝，拦着他，不着他休。这老三家觉着羞愧难当，没脸见人，到了黑下就吊死了。赶到了白日，一看，当院子那棵紫荆树，也没人栽它，它自己又长起来了。那叶子又支生了，那花又开了，比从前的更朵（儿）大，更鲜亮。这弟兄们就在树底下盟下誓，一辈子不分家。

41

南蛮子^①

有个南蛮子，要学官话。他就拿了几十两银子，打了一个小包袱，上了船，来到了北方。在码头上下了船，进了城，来到大街上，看了看，人们都不答理他。他觉着，这里难找老师，心里就凉了半节（儿）。要说立刻回去，恐怕着乡亲们笑话。再说不回去，这官话可在哪里学呢？你说，这个南蛮子，背着个小包袱，蹶打蹶打的走，可笑不可笑呢？

连走了几天，到了一个小村里，看了看，倒没有什么热闹。心里觉着，这里可就可以学官话了罢。他就箭直的进了村（儿）。可巧这村里有一伙子潦倒梆子^②，开了个小宝局（儿）。那个蛮子，看见那些出来进去的人那个样子，都不像体面人，他心里就欢喜了，说："这里倒可以学官话。"就背着小包袱，一步迈进宝棚子里去了。到了里头一看，赶的正开着宝呢。那开宝的吆喝着说："兔幺，不要二。"那蛮子说："这是什么玩意（儿）？"别人一看，他不是本地人，就问他，说："做什么呀？"他说："我包袱里有银子。"别人说："呀！你要押宝么？"他说："不会那个。我要学官话。"别人就说，这是个傻蛮子，来到咱们北方，学俏来了，没别的，咱们也赚他一下子罢。就说："哎，你要学官话，你就拜我为老师罢。也不用花一大些个钱，你先请请我，就装上一壶酒，切上半斤肉，也不要你四个碟子，八个碗，什么大火锅子。咱们俩套个交情。我就教给你官话，管保你回到南方，就算头一个懂官话的了。"你说，这个傻蛮子到了外边（儿），装了一壶酒，切了半斤肉，回到宝棚里，磕了个头，

---

① 据祁连休《中国古代民间故事类型研究》（石家庄：河北教育出版社，2007年，第445页），各地有此"学官话"类故事。

② 潦倒梆子，方言，指不成器的人。

拜了老师，你说，可笑不可笑呢？那个潦倒梆子喝了几盅酒，吃了几口肉，就高了兴了，大声喊叫着说："你给我学罢。我说什么，你也说什么。"你该说："我。"那个蛮子就说："我。"你说："闹着玩（儿）。"那蛮子就说："闹着玩（儿）。"你说："是。"那蛮子就说："是。"这潦倒梆子说："这就行了。你的话学好了。你记结实点（儿），别忘了。回到你们南方，就能够当通事了。"那个蛮子，背着包袱，又回到海口，雇上船，趁着顺风，不多的两天就到了家了，下了船，正赶的半夜的时候。他慌慌忙忙的走到了自己门口（儿），拾起来了个小半头砖（儿），苦痛苦痛的连砸了几下子。他家里的人就跑到门（儿）着，在里边问："是谁？"他说："我。"里边的人就说："你为什么砸门呢？"他说："闹着玩（儿）。"他家里的人不懂得，就隔着门缝（儿）一看，认得是他，才开了门，就问："你学了官话，回来了么？"他说："是。"呀！那一家子，老婆孩子，都欢天喜地，跳跳钻钻的。到了明天，闹嚷的四邻八家，一街两巷的，都知道他学了官话回来了。都说："哎，咱们村里可好了，有了能耐人了。"

过了几天，可巧那村里有着人杀死的一个倒卧（儿）。乡地打了禀帖。官（儿）就下来验尸。官（儿）说的话，那些个蛮子一句也不懂。官（儿）就着了急，问人们，说："嗐！你们这村里，连着懂官话的也没么？"那村里的乡地就答应，说："有。"就把那个蛮子叫了来了。到了官（儿）跟前，官（儿）就问他，说："你知道，这个人是谁杀了他么？"他就答应着说："我。"官（儿）就恼了，说："你为什么杀人？"他就说："闹着玩（儿）。"官（儿）说："这个闹着玩（儿）杀人，叫做戏杀。按律条，你该替他偿命，监候绞。我定你个死罪。"他就答应着说："是。"官（儿）就叫衙役三班（儿）把他锁起来，带到城里，掐了狱。官（儿）行上文去。不多的几个月，就下来愁文了，定了他个绞罪。就绑起他来，出了西门，把他绞了。你说，这个傻蛮子学官话，落得这样结果，真着人可笑。

42

二大爷

　　有一个老头（儿），人称呼他，都跟他叫二大爷。那二大爷是村里的一个大脑瓜（儿）。有了遭难的事（儿），村里的人都请他，出个主意。有一家，喂着一个牛。这个牛渴了，当院子有个水瓮，那牛把缰绳揪折了，就钻的那瓮里头，喝水。喝了水，那脑袋怎么也出不来了，众人都着了忙，说："可了不的了，这个可怎么着罢？"就有人说："不是有二大爷么？请他来，想个法（儿）罢。"别人说："嘻！可就是。忘了他老人家了。快快的请他的罢。"就有人跑了去，见了二大爷，说："二大爷，可了不的了。"二大爷说："有什么事（儿）？"那人就说："哎！有个牛，钻的瓮里头喝水，那脑袋出不来了，这个怎么着呢？"二大爷说："不碍事。我去看看的罢。"说着，大行大步的就去了。到了那里，大伙子都欢欢喜喜的说："呀！二大爷来了，这可就不碍了。"二大爷看了看，那牛脑袋还是出不来。二大爷说："嘻！要没有我，像你们这些人，可怎么过呢？一个牛脑袋出不来，你们就没有法了。拿刀来，砍下来，就弄出来了。"众人都说："哎！还是二大爷的见识高。"二大爷骂他们不中用，气的把脚一跺，就走了。那些个人们拿了刀来，把那牛脑袋砍下来，还是弄不出来。他们说："这个怎么着？"别人说："咱们还请二大爷来，出个主意罢。"有人说："烦劳了他一趟了。再请他，还行么？"别人说："你若不请他，这个牛脑袋怎么着弄出来呢？"他们说："没有法了。只得再请他的罢。"就有人又跑去请的了。二大爷说："你们又来做什么呢？"他们说："那牛脑袋还是弄不出来。"二大爷说："真个你们一点（儿）出息也没有。我再去看看罢。"二大爷来了，弄了弄，也是出不来。他就着了急，说："你们这孩子们，连这么点法（儿）都没有。拿锤子来，把这瓮砸了，管保就出来了。"说完了，二大爷赌气子就走。那些人们拿了锤子来，把这个瓮就砸了，看了看，那牛早已经死了。这个怎么着？有一个人又和二大爷去商量的了。二大爷越发生气，说："嘻！你们还是没法（儿）。剥剥它，煮煮，吃了就完了。"那个人就回来，往别人说："二大爷说了，要剥剥，煮着吃了。"众人说："嘻！还是二大爷的主意高。"他们就剥了剥，煮了煮，捡着那肥的，给二大爷端去了一大盘子。二大爷一看这肉，不住的眼里掉泪，就大放悲声的哭起来了。别人就劝他，说："二大爷，你哭什么？你看看，你费了这么大心。若不请你，谁能够把牛脑袋弄下来？谁能够把瓮砸了？若不叫你，咱们怎么摸着吃这顿肉，解解馋呢。你老人家别急哭了。你费了心了，给你吃罢。"二大爷就大声哭着，连说了好几回："呀！要是没有我这样明白人，你们可怎么着过罢？这村里有了大事，可怎么着罢？

二大爷他那村里的人们，都是织布纺线的。卖布卖线，都得要起早赶集。那村里又没有钟表。不是起的早了，就是起的晚了。有一天，他们大伙子商量着，说："这个怎么着呢？"就有人说："咱们找二大爷去说说的罢。"他们就去了，说："二大爷，你看看。人家赶集，都有个准（儿）。咱们赶集，不是早了就是晚了，可有什么法（儿）呢？"二大爷说："这个好说。再来，你们听见鸡叫，就起。这个时候赶集，也不早也不晚的。"他们说："可哪里有鸡呢？"二大爷说："你们上集上去买一个的。"他们说："俺们都不懂眼，不认得好歹。二大爷，你费点（儿）心，去给俺们买的罢。"二大爷说："哎，为你们孩子们辛苦点（儿），也是该当的。"说着，就去了。到了集上一买，买了个鸭子。那村里的人看见二大爷从集上回来了，大伙子都跑了来看，就欢喜的了不的，说："哎！咱们可开开眼罢。向来没有见过鸡，这才见了鸡了。"看了一回，他们说："这鸡，可放在哪里呢？若放的东头，西头听不见叫；若放的西头，东头听不见叫。这个，可怎么着呢？还着二大爷出个主意罢。"他们就又来见二大爷，把那刚才作难的话，就往他告诉了一遍，二大爷说："这个事（儿）好说。放的村当间（儿），大庙前边（儿）那旗杆料子上。它一叫，村里的人都听见了，就起去赶集的，也误不了。"他们就把那鸭子，放的大庙前边（儿），旗杆料子上了。

那时候正赶得冬天，黑下冷的受不的。后晌家家欢欢喜喜的都说："这村里可好了，有了鸡了。咱们今（儿）黑下可放心大胆的睡觉罢。"说着，家家都睡了觉了。直睡到太阳大高，还听不见鸡叫，说："这是怎么的个事（儿）呢？"家家都起来，又找了二大爷去，问问他怎么不叫唤呢？二大爷说："我去看看的罢。"走到那里，看了看，那鸭子早就从旗杆上掉下来了，满院子摸扯着找食（儿）吃。二大爷瞧了瞧，"嗐"了一声，说："怨不的这鸡不叫。你们看看。把它的嘴都摔扁了，冻的它那爪子都连成堆（儿）了。这个不中用了。咱们白花了钱了。哎，我另上集上，再给你们买个好的罢。"

43

讼师①

　　有一个人，姓文，自小念书，很聪明的。可惜，他不正用。净给人家调词架讼的，写好呈字，当刀笔手。有一天，他正在家里呆着呢，有外村里的一个人，来找他。文先生问他，说："你找我，有什么事（儿）哎？"这个人就给他磕头，说："求先生救救我罢。我没出息，不知好歹。我会俺爹打架了，把俺爹的俩门牙，着我一撇子打下来了。俺爹气的着急，嘴里血呼溜拉的，进城，送我忤逆的了。赶官（儿）出了票子，拿了我去，恐怕我这性②命难保。先生快③想法（儿）救我罢。"文先生一听这话，就说："嘻！你这个东西，太没出息。你爹也是你打的么？你还在人数的数么？呸！着官（儿）打死你，我也不管。快给我出去罢。"那个人就哭哭啼啼的，到了大门外头，跪的直橛（儿）也是的，一个劲（儿）的哀告，求着救他。文先生諫④打他，说："你就是跪到黑，我也不管。"一摔袖子，气忿忿的就走了。到了屋里，坐了会子，就和别人笑着说："工夫不小了，你们谁去看看他还跪着呢没有哎？"别人出去，看了看，回来说："他还跪着呢。撵他，他也不走。"文先生说："要不家，我想个法（儿）救了他罢。"这个时候，正当着五方六月里，才暑了伏。文先生就穿上了一身皮袄，戴上了个风帽，生上了个手炉，等着手炉里那炭火着欢了，就提溜着到了门口（儿）。那个人，一见文先

---

　　①据祁连休《中国古代民间故事类型研究》（石家庄：河北教育出版社，2007年，第1059页），对比"咬耳授计型故事"，该类故事初见于冯梦龙《智囊补》杂质部卷二十七《狡黠·啮耳讼师》。

　　②"性"原作"姓"，疑错。

　　③"快"原作"忺"，疑误。

　　④"諫"（cì）通"刺"。

讼师 | **197**

生出来了，就不住的磕头，像鸡嗛米也是的。文先生，也不言也不语的，围着他，正转了三遭，倒转了三遭，抽了个冷绊子，爬的他脊梁上，哼，就咬了他一口。咬的那个人，疼的哎呀哎呀的说："先生为什么咬我呀？"文先生说："不咬你，不行。这就是救了你了。赶官（儿）叫了你去，过堂的时候，你只管给官（儿）一个劲（儿）的磕头，说："求大老爷的恩典，求大老爷的恩典。千万可别分争理。"

真个是待的会（儿）不多，衙役们飞签火票①的就来了，把他锁起来，带到了城里，箭直的到了大堂上。官（儿）一见他，就恼了，着惊堂木拍着公案桌子，说："你这个没出息的东西，你竟敢打你爹么？你还算个人么？"这个时候，他就按着文先生教给他的那话，跪的大堂上，二话不说，就是一个劲（儿）的磕头。官（儿）一看他穿的那个小褂子，脊梁后头着血都湿过来了，官（儿）就叫那站班（儿）的衙役看看，他那后脊梁上，是怎么的个事（儿）？那衙役把他那小褂子撩起来一看，有咬的俩大牙印子，那血还滴滴打打的流呢，夺拉着一块肉。对官（儿）一说，官（儿）亲自离了公案桌子，到了他跟前，看了看，就冷笑了一声。说："呀！这就是了。敢②情你儿不是不孝。是你这个老混账，不知道疼爱儿。你打他几下子，也罢了的哎，你可怎么咬他呢？怪不的你那俩门牙掉下来了。这是生擂下来了。你还来送他。快给我滚下去罢。"

这个事（儿），他爹也没有法（儿）了，只得和他一块（儿）下了堂。到了家里，就笑着说："你算是个好儿。你不光有拳头打我，你还有智谋呢，你虽然打下来了我俩牙，我看你有这样好韬料，我倒很欢喜。到底咱俩总算是亲爷们（儿），你和我说了实话，是谁给你出的韬（儿）？我想不是你自己想的。你说给我，是谁教给你的？我也不怎么你。"他就说："哎！我的爹，真不是我自己想的呀。是文先生教给我的呀。"他爹，一听这话，就气坏了，说："好个文先生，我进城，去告他的。"到了城里，就告了。官（儿）就又把文先生叫了去，问他，说："拿着你个念书人，可为什么不干正经的呢？给个打爹的子弟出这个韬呢？"文先生不慌不忙的说："那里哪个人了，我怎么不认得他呢？"官（儿）

---

①飞签火票，古代联合通缉的公文。

②"敢"原作"赶"，疑错。

就问那个人，说："你和你爹说，是文先生给你出的主意。文先生怎么不认得你呢？"那个人说："文先生，你忘了么？我在你门口（儿）跪了老大半天，你才出来了，咬了我一口，说："这就不碍了。不是你么？"文先生说："你傻了罢？你疯了罢？你认得准是我么，到底我穿着什么衣裳？"那个人说："我看的清楚着呢。你戴着个风帽，穿着身皮袄，手里提溜着个手炉。你说是你不是哎？"文先生就说："大老爷，看他是疯了不是？这六月里，怪热的天道，还有人戴风帽、穿皮袄、提溜着手炉么？"官（儿）也就大骂着说："这个行子。你真是疯了。你家爷儿俩，都不知好歹，还敢诬告人么？快给我拉下去，打！"把他俩，一人打了二百板子，具了个诬告的甘结，噘着嘴，苦丧着脸，下了堂就家去了。你看文先生古董不古董，坏不坏？他没是没非（儿）的下了堂，也没有担一点不好（儿）。这当讼师的，你说流俐不流俐呀？

44
干老儿①

    有个傻子，认了个干老（儿）。他干老（儿）家有个小骡驹（儿）。那傻子就问他干老（儿），说："这骡驹（儿）是伏的不是哎？"他干老（儿）说："是。"他说："你把这个骡驹（儿）给了我，你另伏一个罢。"他干老（儿）说："不行。我给你个蛋（儿），你自己伏的罢。"他说："那也行了。"他干老（儿）就给了他个西瓜。那傻子就伏起来了。整天家把那西瓜搂的怀里偎着。偎了好几天，也伏不出来。他就使心急，把那个西瓜掏出来就摔了。看了看，里头烂红的瓤（儿）。他就说："嗄！已经成了血了。若再②伏两天，可就伏出来了。这个没法（儿）。已经的坏了。"他就又找了他干老（儿）去，说："干爹，把个事（儿）闹砸了。我伏了几天，伏不出来。我直使心急，把那蛋（儿）着我摔了。里头都成了血了。要再等两天，就伏出来了。你再给我一个，我另伏罢。"他干老（儿）又给了他个西瓜，他就又抱着走了。连伏了好几天，他又烦了，说："这一个，也是伏不出来。把那个西瓜掏出来，一下子就又摔了。偏赶的他摔西瓜的那个地处，卧着个兔子。那傻子把西瓜一摔，吓的那个兔子一迸就跑。他在后边（儿）就赶，说："别跑，别跑，我还养活着你呢呀。"那个兔子哪里懂得话呢，就止不住的跑，跑到了个坟上，就钻了窟窿了。那个傻子舒进手的掏不出来，着手巾蒙上那个窟窿，一声（儿）也不言语，就在旁边（儿）等着。那兔子听见外头没了动息（儿）了，往外一钻，把他那手巾顶着就跑了。那傻子就赶。赶着赶着，

---

    ①据祁连休《中国古代民间故事类型研究》（石家庄：河北教育出版社，2007年，第1285页），该故事属于"糊涂虫型故事"。

    ②"再"原作"在"，疑错。

赶花迷了眼了。他就到了个村里，去找的。偏赶的村里有一家子埋人的。那傻子就问那穿孝的人们，说："哎！你们见了个小牲口（儿），顶着白布了么？"穿孝的那些个人们说："这小子怎么骂人哎？"揪住就打。别人拉开，说："他是个傻子，饶了他罢，着他走罢。"

他就回来，找了他干老（儿）去，把这事（儿）学说了学说："伏出骒驹（儿）来了，跑了，不光没有找着，连手巾也带了去了。我到了个村里，有出殡的，我打听了打听，说：'你们见了个小牲口（儿），顶着白布的么？'那些人揪住，把我好打。你看，这个冤不冤哎？"他干老（儿）说："那是你不会说话。有这般光景，先哈哈三声，说，吊个纸（儿），吊个纸（儿）。再说找小牲口（儿）。"那傻子说："是了。我说错了。"又走到了一个村里，看见一家子娶亲的，才下了轿。他走到了那（儿），哈哈了三声，吊个纸（儿）。人家说："这小子不说理。给我做他罢。"就又把他打了一顿。他又回去，和他干老（儿）诉诉冤的。他干老（儿）说："是怎么的个事（儿）呢？"他说："有轿，有吹打的。"他的干老（儿）说："那是娶亲的。见了，当说，道个喜（儿），道个喜（儿）。人家就不打。"那傻子说："是我不知道。怨不的人家打哎。再遇见这样事（儿），我就知道了。我再去找找我那小牲口（儿）的罢。"

又走到一个村里，有一家子着了火了。他就跑到那（儿），说："道个喜（儿），道个喜（儿）。"人家就骂他，说："这行子不救火，还不说正经的话。先打他一顿，再说罢。"又着人家棍子棒子的打了一顿。有人说："他是个疯子。不懂四六（儿），不用和他讲理，着他走罢。"他就跑了，又见他干老（儿）说："我净上了你的当。你叫我说道个喜（儿），着人家又把我好打。"他干老（儿）说："又是怎么的个事（儿）呢？"他说，是怎么怎么的个事（儿）。他干老（儿）说："那个光景（儿），不该说，道个喜（儿）。当说，救火罢！救火罢！拿过水来就泼灭了那火。"他说："是。哎！怪不的。我不知道。再来，我就知道了。我另去找的罢。"

他又到了一个村里，看见一个小炉匠（儿）生火呢。生了一早起，刚才生着了。他一看那火，就跑过来，说："救火罢！救火罢！"拿过来了一筲水，一下子就泼煞了。那个小炉匠（儿）就恼了，说："哪里的这么个小子哎？我生了半天，才生着了，你就来给我泼煞。"说着，就拿起锤子来，照着脊梁上就打了他几下子。他就又跑去，一半（儿）哭着和他干老（儿）说，我又，为什么什么，着人家打了。他干老（儿）说："那是个小炉匠（儿）。见了那个，该说，帮帮锤（儿），帮帮锤（儿）。"那傻子说："我记住了，就又去找那个小牲口（儿）的了。

又走到一个村里，有一伙子人打架呢。他看见了，就跑过去，喊叫着说："帮帮锤（儿），帮帮锤（儿）。"别人说："这东西。只有劝架的，哪里有帮着打架的呢？"那打架的就不打了，把那傻子倒打了一顿。别人劝着，饶了他。他就又找他干老（儿）来了。他干老（儿）说："有了这样事（儿），就该说，拉倒罢！拉倒罢！人家就不打了。"那傻子说："赶自这么着好。再来，就不能挨打了。"他又走了。

走到一个地处，见有俩头牛顶架呢。他就跑过来，说："拉倒罢！拉倒罢！"就着那俩牛，顶了个稀烂。哎呀，世界上又少了一个傻子。

45
被子[①]

有个瞎子，净糊弄人。有一天，他在道上走着，下起雨来了。他喊叫着说："瓜园里有窝铺没有哎？可怜我这没眼没户的，着我避避雨（儿）罢。"不远（儿），可就有一个瓜园。那看瓜的听见他喊叫，就说："先生，你上这里来避避雨（儿）罢。"那瞎子就去了。那雨直下到了黑，他也走不了了。他又哀告，说："天黑了，我可上哪里去呢？你还得可怜我，着我宿一宿。赶明天早起，我再走罢。"看瓜的说："行了，你宿了罢。"那瞎子连个被子也没有。那看瓜的还借给了他一床被子。他黑下就把那被子，四个角（儿）里头，攥上了四个大钱。他又摸了摸。窝铺里还有一把伞。他数了数多少根戗[②]。赶到了傍明子，他就连被子带伞都卷了卷，背起来，偷着就跑了。那看瓜的人，赶醒了一看，也没有被子了，也没有伞了。就起来，去赶他的了。赶到了一个村里，赶上了，说："你怎么这么没良心哎，我可怜你，着你宿了。怕你冷，又借给你被子盖着。你怎么，连被子带伞都偷了来了？"那瞎子就翻了脸，说："怎么你要讹人么？我在你窝铺里跟你就了一宿伴（儿），给你解闷（儿），你反倒讹赖我么？"他俩就嚷起来了。有别人来，说："你们俩，为什么事（儿）哎？"他俩，各人把各人的理（儿）说了说。别人问那个看瓜的，说："到底你的被子，你的伞，有什么记号没有？"他说："被子是我的，伞也是我的，还要有什么记号呢？"瞎子说："我有记号。我的被子，四个

---

① 据祁连休《中国古代民间故事类型研究》（石家庄：河北教育出版社，2007年，第1331页），对比"被子官司型故事"，该故事类似于《中国恶讼师》（1919）中的异文。

② 戗（qiàng），伞的支撑条。

角（儿）里头，有四个大钱。我的伞，是二十一根楗（儿）。"别人一看，正对瞎子说的话。大伙子都说那个看瓜的不是，说："你怎么欺负人家，谋害没有眼没有倚靠的人，硬讹人家的东西？你这人，不是个好人。快去罢。你这个理（儿）实在的不对。"那看瓜的，闹了个有口难分诉，就告了那个瞎子了。瞎子一上堂，官问他，说："你为什么绁人家的东西哎？"瞎子就把他那理（儿）说了说。那官（儿）是个有心眼（儿）的人，看见是个旧灰色被子，就故意的说了句谎话，说："嘻！怪不的他讹你。你这被子，颜色太鲜亮。"瞎子，听见风就是雨，就接着说："哎，老爷说的是。我是个大印华①被子。"官（儿）听见，就骂他，说："好你个瞎东西！你净讹人呀。"就着他，连被子带伞，都还了那个看瓜的了。

那个看瓜的下了堂，到了家，把这些个事（儿）都和家里说了说。他家里有十来岁的个小子，就说："爹，我替你报仇的罢。"他就找了那个瞎子来了，跑在他头里，就假装②着哭起来了，说："可怜我这没主的孩子，没有人收留。"那瞎子听见了，就说："哎！你是谁？你哭什么？"那个小人（儿）说："俺爹娘都死了，当家们把东西都要了，又把我赶出来了。我也没吃的也没穿的。先生，可怜可怜我罢。我跟着你，当你的个小徒弟（儿）。"那瞎子说："行了，我管着你吃，管着你穿。你给我领道（儿）罢。"那个小人（儿）就不哭了，领着那瞎子就走了。瞎子就问他："你姓么？"那个孩子说："我姓都，我的小名（儿）叫'来看'。"瞎子说："知道了。"那个小人（儿）领着他就走。到了个水坑着，那小人（儿）就说："师傅，咱们洗洗澡（儿）罢。"瞎子说："你洗罢。我不洗。"那个小人（儿）到了坑里，就洗起来了。瞎子就在坑边（儿）上等着。那小人（儿）洗了一会（儿），说："这水，又温和，又干净，师傅，你也下来，洗洗罢。"瞎子说："大青白日的，有人看见，不好。"那小人（儿）说："这是村外，没有人，不碍事，来洗洗罢。"那瞎子还多了个心眼（儿），心里说："我要都脱了，他若拿着跑了，我可怎么着呢？"就把那大褂子，还有四百钱，卷了卷，着的胳肢窝里夹着，就到了坑里，洗起来了。瞎子下了坑，那小人（儿）慢慢（儿）

---

① 华，同"花"。
② "装"原作"妆"，疑错。

的把他的钱袱子、弦子、裤子、袜子，那些个东西，都背起来，跑的家去了。那瞎子洗了一会（儿），听不见动息（儿），就叫："都来看，都来看！"叫了十声，九不答应，他就使大嗓子喊叫起来了："都来看，都来看！"邻近有些个镪地的，听见了，说："那边（儿）喊叫什么呢哎？咱们去看看的罢。"到了那（儿），看见那瞎子赤身露体的还直喊叫，说："都来看，都来看！"那些个镪地的就说："这个瞎东西不要脸，怎么连衣裳也不穿，叫都来看呢？咱们打他一顿，叫他个人样（儿）。"说着，就要动手。那瞎子就央起来了，说："我不是叫你们都来看呀。是我一个小徒弟（儿），他给我领道，他的名（儿）叫都来看。我是叫他呢。"别人听见了，说："怨不的，哎，饶了他罢！"

那瞎子，光穿着那个大褂子，拿着那四百钱，摸着道（儿），就上了村里走。没有裤子，他也不敢进村（儿）去算卦的。就上庙里去了。都来看那个小人（儿）在家里想起来，那瞎子还有四百钱，我再去谦他一下子的。说着，就又来了，到了庙里，看见瞎子在庙里踮蹑着呢，他换了别的声音（儿），假装一个别人（儿），说："先生，怎么连一条裤子也没有呢？"那瞎子就把前边（儿）的事（儿），和他细细的说了一遍。那小人（儿）说："先生，你没有钱么？你要有钱，我去给你买一条的罢，你穿上裤子，就可以上街上去算卦的了。"瞎子说："我还有四百钱，给你。你给我买的罢。可你姓什么？叫什么哎？"那小人（儿）说："我姓蔡，叫刚。"瞎子说："行了，记住了，你给我买的罢。"头到去的时候，那个小人（儿）爬的供桌上，在香炉里出了大恭，才走了。不多时，就有人来了，看见那瞎子在庙里呆着呢。又一看，供桌上那香炉里有出的大恭，别人（儿）就说："这个瞎东西，怎么往香炉里拉屎呢？"他说："是蔡刚拉的。"别人说："嘻！敢①情是才刚拉的，还冒热气（儿）呢。快给我打他罢。"那瞎子就着那些个人，拳头巴掌的，打了一顿。

你看，这瞎子可怜不可怜？他要谦人，反倒着人谦了。

---

① "敢"原作"赶"，疑错。

46
糊弄人

有一个人，好发坏，净糊弄人。有一天，他们村里打醮^①。他父亲是个会头。他遇见一个卖饽饽的。他说："哎！怎么不早些（儿）来？正用馍馍上供呢。"那卖饽饽的说："嘻！我不知道，要知道，早就来了。"他说："还不算晚，你快送去罢。可是，你这馍馍，怎么头上有红点（儿）呢？这个，上供可不行。"那个人说："这可怎么着呢？"他说："有法（儿）。你把这馍馍皮（儿）剥了去，你吃了，也不少卖钱。"那个人（儿）说："行了么？"他说："行了。你把那皮（儿）剥了，快送去罢，见了我父亲，就说是我着你送来的。他一看，就如了意了，必定多给你钱。"那个人，把馍馍皮（儿）剥完了，说："这就行了。你领我去罢。我不认得。"他说："我忙着呢。你自己去罢。你到了那里，就说是我叫你送来的。"那个人（儿）上了他的当，把那馍馍就送了去了。到了那个打醮棚里，说："哎！那会头呢？我送了馍馍来了。"那会头说："怎么样？叫谁你送来的？这个，上供用不着。"他说："是你儿叫我送来的，他说要的紧。"那会头说："没人要。你另去卖的罢。"他说："卖不的了。"那会头说："怎么卖不的？"他说："没有皮（儿）了。"那会头说："那皮（儿）呢？"他说："我剥了去了。""谁叫你剥去？"他说："是你儿叫我剥去，他，上头有红点（儿），上供不行。他叫我剥了去了。"那会头说："嘻！这孩子又糊弄了人了。你另去卖的罢。"他说："不行，没有人要了。"

---

①打醮，道士设坛为人做法事，求福禳灾的一种法事活动。冬天到了，农事暂告一段落，农民们为了感谢神灵带来一年的收获，祈求上苍来年风调雨顺、五谷丰登。《红楼梦》第二十九回："一时凤姐儿来了，因说起初一在清虚观打醮的事来，遂约着宝钗、宝玉、黛玉等看戏去。"

那会头没有法（儿）了，就把馍馍买了，给了钱，打发那卖饽饽的走了。

这个人赚了那个卖饽饽的，他又碰见了一个卖盆（儿）的，就说："有花盆没有？"那卖盆（儿）的说："没有捎着。"他说："嘻！这打醮，就是花盆（儿）用的多。怎么你不捎着呢？"卖盆（儿）的说："我回去挑的罢。"他说："不用。再回去挑的，就晚了。有个好法（儿），你把这盆底（儿）钻个窟窿，就行了。花盆（儿）没有窟窿，不漏水，你快钻钻罢。"那卖盆（儿）的说："行了么？要钻个窟窿，人家不要了，可怎么着呢？"他说："不碍。担了去，就得要。"那卖盆（儿）的说："是了。"就把那盆（儿）钻起来了。赶钻完了，说："你领着我，我挑去罢。"他说："哎！我忙着呢，别的事情多着呢，你自己去罢。你到了那（儿），就说是我叫你送来的。那会头是我父亲。他掠下，就给你钱。"那个卖盆（儿）的就挑起担子来，送的打醮棚里去了，说："哎！那会头呢？送了花盆（儿）来了。"那会头说："这是花盆（儿）么？"他说："可不？"那会头说："怎么这个样（儿）的花盆（儿）呢？"他说："你儿说了，钻了窟窿，当花盆（儿），就行了。"那会头说："这打醮用不着花盆（儿）。你担着，去卖的罢。"卖盆（儿）的说："不行了。钻了窟窿，就卖不了的了。"那会头没法（儿），骂着说："这个东西又糊弄了人了。就是罢，我给你钱，卖了你的罢。"

那会头家来了，和他儿说："你净糊弄人，早晚我得要弄死你。"他嘴里也不念一声（儿），可心里说："我糊弄了别人（儿）了，我还要糊弄你呢。"他就出去了。到了药铺里，买了些个巴豆，压成了面（儿）。到了家，和他爹说："你老人家别生气了。我错了。我就赔个不是，给你盛碗饭吃罢。"他爹一听，心里就软了，想：这孩子虽然是个好发坏，可也有点（儿）孝心。就把碗递给他。他就接过来，把巴豆面（儿）放在碗里，盛了一碗饭，给他爹吃了。不多的一会（儿），他就出去了，到了邻舍家，说："哎呀！可了不的了。你们快救我罢。我糊弄人，俺爹不依。他要进城，去送我的。你们快去拉拉的罢。赶到了那（儿），千万什么话也别提，就是不着他下炕。他若下炕，就是要送我的，你们别看，他不着急，就当没有事（儿）。若不拦住他，他下了炕，你们就拦不住了。"这邻舍家那人们，就去陪着他爹，拉叨的了。待了一会（儿），那个巴豆劲（儿）行开了。他爹说："你们闪一闪（儿），我下去。"别人说："哎！说话罢。不要下去。"他说："我有点事（儿）。"别人说："哎！有事（儿），后来再说罢。"他说："这个事（儿）要紧，耽误不的。"别人说："今（儿）个怎么也不能叫你下去。俺们知道，你若下去，就闹了大事了。"他说："你们说什么大事呢？你们闪一闪（儿），我下去，就回来。"他越要下去，那人们越拦着他。待着待着，憋不住了，呼喇一下子，那不用说。

　　这个事（儿），慢慢（儿）的人们都知道了。他家里和他说："你謙别人，倒也罢了，你连咱爹都謙，这还了的么？你还算个人么？"他说："你小心着。不要说我。怕我连你也謙了。"他家里说："你就是謙不了我。"他说："看着呀。走着瞧。"有一天，他去赶集的，买了一块白布，叠了个孝帽（儿），特故意（儿）的来的晚晚（儿）的。到了家，他家里说："怎么来的这么晚哎？这是哪里的孝帽子呢？"他说："不用提了，你睡觉罢。"他家里说："有什么事（儿）哎？"他说："不说给你。娘（儿）们（儿）家，心窄。说了，你就睡不着觉了。"他家里说："什么事（儿）？"他说："不告诉你。赶明天早起，再说给你罢。今（儿）个告诉给你，也没有用。"他家里说："到底有什么事（儿）哎？你说说罢。"他说："嘻！"他家里说："你嘻的什么？"他说："我要说了，你这一宿就得哭哭啼啼的不安生。"他家里说："我不哭，你给我说说罢。"他说："我在集上，碰见你兄弟，买孝布子呢。"我说："买这个，做什么？"他说："给你娘穿孝。"我说："哎！怎么着呢？"他说："作饭的时候，一掀锅，一下子就栽的锅里了。人们就忙着往外拉。赶拉出来，早把脑袋烫坏了。疼的一跳大高一跳大高的，一个劲（儿）的喊叫，不多的一会（儿）就死了。"他们要后晌来叫你来。我说："明天一早罢。若晚晌去，她一定的哭一黑下，也是来不了。"说完了，他家里大放悲声的就哭起来了。他说："别哭。我说不告诉给你罢，你直得要问。那个当不了么，别哭呢。"

他家里说："不用等着了，咱们快去呢。"他说："哎！黑更半夜的，可怎么着走呢？有贼，有狗，等着明天早起再去罢。"他家里没有法（儿），只得等着明了。就抽抽打打的哭到了鸡叫。又说："哎！你不知道我这心里怎么难受呢？"他说："那么你梳梳头，洗洗脸，咱就走罢。"他家里哭着就梳起头来了。他说："这个哭哭啼啼的，可多咱梳完了呢？还得烧水呢。我给你烧洗脸水罢。嗐！灯里也没有油。不碍。黑孤影（儿）里也行了。你快梳罢。我给你烧水。"说着，他把那锅门子黑，抓了一把，着的锅里。待了一会（儿），他说："烧热了。你快洗洗罢。天不早了。走罢。"他家里洗了洗脸。就起了身了。在道上一个劲（儿）的净是哭。哭的不知道栽了多少跤。他说："看你这个样（儿），可赶多咱走到了呢。嗐！你慢慢（儿）的走。我头里去，叫他们套个车，来接你罢。"他家里说："就是罢。"他就头里走了。到了他丈人家，见了他丈母，就假哭着说："哎呀！可了不的了。你家闺女疯了。净满世界跑。不是哭就是笑。她连身体（儿）都不顾。我领她来了。离这（儿）有二里地，她也不走了，说你不在。劝她，也是不听，你们快去接她的罢。"他丈母听见这个信（儿），就哭起来了。他又说："咱别哭了。哭也是不中用。我回去看看她，怕她跑没了。你赶穿好了，就出去，去接她的罢。接的家来，咱想个法（儿）给她治治罢。"说着，就忙喇跑回去，往他家里说："可了不的了。你娘死了，你家里凶着呢。常闹事（儿）。你娘也挓了尸了，不拘抓住谁，不是啃就是咬。哎呀，你看看，那不是来了么？咱快跑罢。"就拉着他家里，满地里跑。他丈母后边（儿）就赶，抽打抽打的哭着，说："呀！闺女呀，你怎么疯了？"她闺女吓的半死不活的，一半（儿）跑一半（儿）喊叫："有鬼呀！别咬我呀！别咬我呀！"她娘就赶着，说："我不是鬼呀。我的儿，我是你娘呀。"他拉着他家里，跑着说："不要听她的话。她抓住，就要咬你。快跑罢！"赶着赶着，她娘就赶上了，抱住她闺女，大放悲声的就哭，把她闺女吓的也没有法（儿）。哭了半天，才知道又是着他赚了。娘儿俩也就不哭了。到了家，又说，又恨，又骂，又笑。这才完了。

47
两个瞎子①

　　有俩算卦的瞎子，搭伙计过日子。这一天村里有个卖鱼的吆喝，称鲜鱼来。他俩听见了，这一个说："咱们称鱼吃罢。"那一个说："很好，我早就馋的慌，想着吃鱼呢。"他俩商量着，买了一个小鱼（儿），还活着呢。他俩说："真是鲜鱼呀。"这一个说："今（儿）个这鱼不多，赶做熟了，咱俩谁也不许抢。一第一碗着吃。"那一个说："就是罢。那么着更好。"他俩先添上了半锅水，把那鱼着的锅里，也忘了，没盖锅，就烧起火来了。赶烧热了，那鱼在锅里烫的难受，打了个溅（儿），就进出来了。他俩又看不见。赶那一个烧了会子火，这一个就说："不用烧了。熟了，我先尝尝，喝·口汤（儿）罢。"那一个说："我也喝一口。"这一个说："很香的。"那一个说："是不错。"一人盛了一碗，就喝了，这一个说："咱们尝尝这鱼罢。就在锅里一捞，说："哼！怎么没有鱼呢？保不住是你吃了罢。"那一个说："我猜是你吃了。"说着说着，俩人就嚷起来了。外头有个人（儿），听见他俩这么闹，就偷着进来，看了看，也不言语（儿）的上去，望着这一个，啪，就是一捆子，又望着那一个，啪，又打了一巴掌。把俩瞎子，着他打的，就喊叫起来，说："好你不错。你使这么大劲打我呀。"那一个说："你使的劲也不小。那个人（儿）还嫌不解气，又拿起他俩使着摸道的那根杆子，这一个一下子，那一个一下子又打了一顿，掠下就跑了。那俩瞎子又喊又骂的，就引斗了些个人来看来了，说："你俩为什么打架哎？"俩人就把这事（儿）说了说（儿）。众人就说："你们称了多少鱼呀？"他俩说："俺们称了一个鱼，活着就下了锅了。"众人说："怎么这锅盖上还有个鱼呢？"他俩说：

---

①改编自《笑林广记》之《殊禀部·瞎子吃鱼》。

"哎！怨不的没摸着吃，这鱼是迸出来了。"俩瞎子，这一个就说："是我的错了。"那一个说："是怨我。"俩人彼此都说了些个好话，各人都赔了个不是，就和美了。把那个鱼又着的锅里，做了做，吃了，就出去算卦的了。

正在道上走着呢，有一个拾柴火的，把筐掠的道上，就上的树上去，扒干棒的了。他俩过来，这一个着那筐绊了个跤。正没好气呢，就爬起来，把这筐踹了个稀烂，又骂了几句。那个拾柴火的在树上也不敢念一声（儿）。赶那俩瞎子过去，他心里说："我跟着他俩。得了空（儿），我想个法（儿）报报仇。"那两个瞎子走到了一棵树底下，坐下，就歇着。这一个说："伙计哎，我还有点（儿）酒呢，俩咱喝了罢。"那一个说："赶自那么着好。"这一个就把钱夹子拿过来，把酒壶酒盅（儿）也掏出来，说："我先给你斟上一盅罢。"那个拾柴火的就到了他俩跟前，接过去，喝了，把酒盅（儿）递给那一个。那一个一喝，是个空的，没有酒。就说："哎！怎么你没有斟上哎？"这一个说："我斟上了，许是你洒了。你拿过来，我另给你斟上罢。"就接过来，又斟上了一盅。那个拾柴火的又忙喇接过去，喝了，又把那个空盅（儿）递给那一个了。那个瞎子一喝，又没有酒，就说："怎么你拿空盅（儿）糊弄我呢？"那一个说："没有的事。怎么你喝了，你还说没有喝呢？"说着说着，这个拾柴火的给了这一个一捆子，又给了那一个一捆子。一人打了他们两下子，还是不出气，心里说：我再想个法（儿）打一顿。就拿起他那条扁担来，站的旁边（儿），就装[1]喝道子的，说："呀，闪闪道呀，太爷过来了。"就又装官（儿）说："嘻！你俩为什么打架哎？"他俩就把喝酒的那个事（儿），和他说了说（儿）。他说："好你们这宗瞎东西，怎么当道上就这么闹？给我拉下去，打！我今（儿）个带的差人少，就着这个瞎子摁那一个。"那一个也不敢动，就趴[2]下。这一个就摁巴住。那个拾柴火的打了那一个四十扁担。又装官（儿）说："把这个瞎东西也给我打四十。"就又着那一个摁着这一个，也打了四十扁担。赶打完了，又装官（儿），骂他俩，说："从今以后不许你们再打架。我要再看见你们打架，我是得打死你们的。"

---

①此段多处"装"原作"妆"，疑错。

②"趴"原作"爬"，疑错。

就喝着道子走了。那俩瞎子嘟嘟哝哝的坐着，这一个说："今（儿）个好丧气，又挨了一顿板子。"那一个说："我觉着不像板子打的，像一条扁担也是的。"这一个也说："可就是，我也觉着像条扁担。"他俩纳了会子闷（儿），也不知道是怎么的个事（儿），爬起来就走了。

48

得金①

世事翻腾似转轮，眼前福祸不为真。

请看久久分明应，天道何曾负好人？

这四句诗，是说的，人在世界上，一天一天的，活像随着个轮子转一样。眼时的福祸，不算真的呀。俗话说："天大，地有轮的。"日子（儿）长了，不论好事歹事打在谁头上，谁也得算着，只有老天爷看着呢，他自然就不辜负好人呀。听见老人们相传着，说湖北汉阳县有个人，姓金，名孝。因为日子不宽绰，四十上还没有成家呢。家里就是有个老娘。金孝以卖油为生。有一天，挑着油担子做买卖的，上茅厕里解了解手，拾了一个白布钱褡裢（儿），里头有一包银子。掂弄了掂弄，大约着有个三十来的两。金孝满心欢喜，就挑着担子回了家，说和他老娘："我今（儿）个有了财命了，拾了这么些个银子。"他老娘拿过来一看，吓了一跳，说："莫非你做不好事了，偷来的银子罢？谁家有这些银子，不小心，去丢了的呢？"金孝说："娘哎，你怎么说这样话哎？你儿我，多咱偷过人家的哎？"又和他娘说："使小些劲（儿）说话，别着邻舍家听见。这个褡裢（儿），真不知道是什么人丢的。我拾的家来，打算着买油的本钱就大了。常说：'本（儿）大，利宽。'强于净和人家油房捣里拨（儿）。"他娘说："我那儿哎，你就没听见过俗话说：'万般皆有命，半点不由人。'你要是命里该着富贵，你就脱生不到我着穷卖油的家了。要依我说，这银子，就是不是你偷来的，也不是你卖力气挣来的，只怕还得受了它的害呢。这银子，咱也不知道是本地（儿）人丢的哎，也不知道是外来人丢的；又不知道是他各人的，又不知道是他借来的。一时不小心，

① 节选自明抱瓮老人《今古奇观》第二十四卷《陈御史巧勘金钗钿》。

丢了；回去找，再找不着。你想他心里好受了么？他再寻死觅活的，其中再出了人命，咱这不是损人利己么？你今（儿）个该办点好事（儿），把这银子，在哪（儿）拾的，你还在哪（儿）去看看，有人找哎没有。要有人找的时候，你就领的他家来，把原物交回，这也是有好处的。老天爷知道，他是公道的，自然就难为不着你。"

金孝本是个忠厚老实人，又是个孝子。听见他娘说了这一篇子好话，就连忙说了几个："不错，不错。老娘，你说的是。"就把这褡裢（儿）、银子，掠的家里，忙唰跑到那个茅厕着，看见一大伙子，唧唧嚷嚷的，围着一个人。那个人长的顶高，拳大胳膊粗的，急的脸上一点血色（儿）也没有，在当中立着，愁眉不展的，叫苦连天。金孝上前，问他为什么这样。那个人怎来怎去的，说是丢了银子，要淘茅厕呢。街上来了一大些个人，闲看热闹，也有说这个的，也有说那个的。常说："事不关心，棒不打腿。"金孝又问他，说："你丢了多少银子？"那个人只当他是个卖乖的，含糊答应的，说："有四五十两。"金孝顶实老，就信着口说："可有个白布褡裢（儿）么？"那个人一把揪住金孝的衣裳，说："正是，正是。是你拾了。你给我罢。我也不着你白拾。"看热闹的人们，有那嘴快的就说："要按理说，平半（儿）分，才是呢。俗话常说：'见了面（儿），分一半（儿）。'"金孝说："是我拾了。在我家里掠着呢。你跟我来拿来罢。"那看热闹的人们都说："拾了银子，怕人知道，瞒还瞒不住呢。这个人，他反倒来找主还人家，这真算是个奇怪事（儿）。"金孝领着那个人就走。那闲人（儿）们也都在后边（儿）跟着。金孝到了家，把那银子拿出来，双手递给那个人，那个人解开包，看了看，知道是原物没动，心里可是怕金孝要谢礼又恐怕众人挑唆着他分一半（儿），立时就起了个没良心，赖着金孝说："我这银子，是四五十两呢。怎么剩了这么一点（儿）哎？你落下了我一半（儿）。就是都给我拿来罢。"金孝说："我根自拾了来，在家里连脚也没站，我老娘就着我去找本主还人家。我连一丝一毫也没动。那个人一定说他落下了。金孝觉着实在的窝囊，一头就撞了那个人去了。那个人比金孝力量大，一把揪住金孝的头发，就提溜起来了，和拿着一只小鸡（儿）也是的。苦痛的一下子扔在地下，搓拳掠胳膊的就要打。把金孝七十多的老娘也惊动出来了，喊冤叫屈，啼哭骂哭的。众人，有那好事的，就看不公这个事（儿），就想着替金孝打这个抱不平，活像反了也是的，就嚷嚷起来了。可巧县太爷在那里路过。听见一大些个人吵闹，住下轿，吩咐差人拿上来审问。众人里头有怕受连累的，就躲的远远（儿）的去了；有那没事（儿）找事（儿）的，就站的旁边（儿），听着县太爷怎么断。

那差人立时就把金孝娘儿俩，和那个人，都带上来，说："跪下！"知县就问："为什么闹事？"那丢银子的说："他拾了小的银子了，昧下了一半（儿）。"金孝说："小的可是拾了银子了，拿的家去，听了老母亲的好言相劝，我好心好意的给了他，他反倒讹赖我。"知县就问别人，谁可以作证见？在旁边（儿）的那人们，就都上去，跪下，说："那个人丢了银子，才说着人淘茅厕打捞呢，金孝就来承认了，这是小的们亲自眼见的。银子多少，小的们可不知道。"知县说："你们两造呢不用分争了，我自有道理。"吩咐差人，连原被告，带中人，都带着进城。到了衙门里，官（儿）坐了大堂。中人和两造呢都跪下。官（儿）吩咐，把褡裢（儿）和银子都拿上来，叫库房拿戥子平了平。正三十两。官（儿）就问那丢银子的，说："你的银子是多少呢？"那个人说："五十两。"官（儿）说："是你看见金孝拾了，可是他自己承认的呢？"那个人说："不敢瞒老爷，真是他自己承认的。"官（儿）说："他要是有心昧下你的银子，为什么不都昧下呢，只昧下一半（儿），又自己承认了。如果他若不承认，你可有什么法（儿）呢？我这么想着，他必定没昧下你的银子，你丢了五十两，他拾了三十两，分两不对，想必这银子不是你的，一定是别人丢的罢。"那个人说："这银子，实系是小的丢的。小的情愿不着他还那二十两了，光要这三十两。"官（儿）说："银数不对，你这不算冒么？如果再有那丢三十两银子的，找了金孝来，他可着什么还人家呢？这银子该着断给金孝。等着那丢三十两的找他来，好还人家。你那五十两，你另找的罢。"那个人又想着回话，官（儿）早就退了堂了。金孝得了这银子，搀着他老娘，回家去了。那个人有口难分诉。经官断了，也就不敢和金孝争夺了。只得遵着堂断，臊眉耻喇眼的，闹了个没味（儿），就跑了道了。众人齐声说："好太爷。这个事（儿）断的不离。"你看好心的好不好哎？

49

晋升城隍①

　　我姐夫的爷爷，姓宋，名焘，是个廪膳秀才。有一天，身得重病，躺在床②上，就昏迷过去了。见了一个差人，拿着请帖，牵着一匹白马，来到他跟前，说："请先生去考的呢。"宋焘说："学院大人没来，怎么着考呢？"那差人也不答话，只是催逼着他走。宋焘就疾忙骑上马，跟差人去了。觉着道路不熟，走了会子，到了个城池地处。待了一会（儿），进了一道衙门。那正殿上坐着有十来个官（儿），不知道都是什么人，其中有关公还能认识。殿下摆列着两张桌子，桌子上有笔墨砚台的。先有一个秀才坐的下座（儿）。宋焘和他靠着膀子坐下了。待了不多的一会（儿），就出卜题来了。看了看，是四个字（儿）的题，说："有心无心。"宋焘和那个秀才，每人作了一篇文章。宋焘那文章上，有这么几句，说："有心为善，虽善不赏；无心为恶，虽恶不罚。"

　　这个意思是说的，人作善事，要求着着人知道，这不算真善，不能赏他。有时候办错了事（儿），从本心里不打算着是恶，这不算真恶，不能罚他。《弟子规》上说："有心非，名为恶；无心非，名为错。"殿上坐着的那几位神仙，看见他文章上有这几句，都夸奖他，叫他上殿，晓谕他，说："河南某县里缺一个城隍，你可以称这个职分。"宋焘这才省悟③过这个理（儿）来了，就跪下、磕头、啼哭着说："我本是个无能之辈。尊神既着我做城隍，我也不敢辞，可有一样（儿）该禀尊神知道。我家里有七十多的老母亲，没人（儿）事奉，求着我母亲百年以后入土

---

　　① 改编自清蒲松龄《聊斋志异》之《考城隍》。

　　② "床"原作"状"，疑错。

　　③ "悟"原作"误"，疑误。

为安的了，我再从命。"上座有一位，和皇上一样气像的，就着差人拿过生死簿子来，察察他母亲的寿数。有个长胡子的差人，拿着簿子，看了一个过（儿），说："他母亲还有九年的阳寿。"正议论着呢，关公说："可以着张生替他权九年的印。"就又和宋焘说："如今本当是你去上任。念你这一番孝心，就算你告了九年的假。赶到了日子（儿），再叫你来。"又勉励了那个秀才几句话。宋焘和那个秀才就都磕头行礼，在殿上一块（儿）下来了。那个秀才，拉着他的手，送到了衙门外，和他说："我是长山张生。"宋焘骑上马，就辞别着走了。赶到了家，活像做个梦也是的。已经死了三天，早就入了殓了。他母亲听见棺材里有哼哼的声音（儿），赶打开棺材一看，他又还醒过来了。在棺材里抬出他来，待了半天的工夫，他才能说话。打听了打听，长山这个地处，真有张生这么个人，就是这一天死的。又待了九年的工夫，他的母亲真个就死了。赶把他母亲埋葬了，他各人也就死了。他丈人家住在城里，忽然见他威威烈烈的，有车马轿夫围遂着他，拜望了拜望，就走。大伙子疑惑，不知道是怎么回事，疾忙上他家来，看了看，早就死了。就知道他成了神，上任的了。

城隍庙，各城里都有。城隍是阴间里的官（儿），管着合属的那死鬼们。赶七月十五，城隍出巡，收鬼。把这城隍，穿着真衣裳，戴着真帽子，抬出来。城里的文武大小官员，坐轿的坐轿，坐车的坐车，骑马的骑马，还有四个喝礼生，都在后边（儿）跟着送出来。可着街筒子的人，都在城隍面前烧纸。是说的，把这纸钱（儿）交给城隍，着他给那鬼们分散分散的。抬的城外，在洼里转游转游，就掠下，摆上供，祭奠。大官先跪下祭完了，别的小官（儿）们也祭。也有外来人，也有本地（儿）的，看热闹。待一大后晌，就又抬的庙里去，才算完了事（儿）。赶到十节一，又出巡，放鬼。和七月十五，一样的个来派（儿）。

50 / 报还①

从来欠债要还钱，冥府于斯倍灼然。

若拾得来非分内，终须有日复还原。

这四句的意思是说的，该人家的，总得还人家。俗话说："杀人的偿命，欠债的还钱，是定而不可疑的。"就是这一辈子该人家的还不了，下辈子，变骡子变马，也得还人家。这些个事（儿）们，神家看的真，一丝一毫不能错了的。世界上的那世俗人，想着占便宜，你哄我，我谦你的，净做些个绷撇拐骗的事。哪知道，要是不应分得的财帛到了你手里，也不过给人家看守些个日子（儿），就完了。终久谁的还是谁的，日后总得还了原（儿）呀。俗话常说："无义之财不可贪。"正是这个意思。不论什么事（儿），都有个报应循还呀。要说起这个报应来，还不只一条两条。一时半会（儿）的不能说完了。众位先听我说说这个希②罕故事（儿），当个引子，下边（儿）咱们接续着再说别的。

话说晋州古城县有个人，姓张，俩字（儿）的名（儿）叫善友。平常日子（儿），是吃斋、念佛。有了化缘的和尚道士，最好舍布施。真称的起个善人君子呀。寻了个媳妇（儿），姓李，就叫做张门李氏，性③气暴烈，见识浅薄，净想着做些个占便宜不吃亏的事（儿）。两口子耐活着过日子，也没有生男长女，人口少，交过就不大。一年家地里打的粮食，吃不清花不清的。余外积攒了个三头二百吊的，放出账的，也长个利钱（儿），日子越过越从容，也没有个为难着窄的时候了。

---

①节选自明抱瓮老人《今古奇观》第十卷《看财奴刁买冤家主》。

②希，同"稀"。

③"性"原作"姓"，疑错。

离他有个十来多里地，某村里，有个人，叫赵廷玉。是个贫寒人。平常日子（儿）也安分守己的。因为母亲死了，没法葬埋，耳朵里也听见说，张善友是个小窝囊财主，就有意偷他点东西（儿）来，发殡。千思想万打算的，待了两天的工夫，他真个就在人家墙上挖了个窟窿，偷了个五六十两银子。回了家，就求人看了个好日子（儿）发丧。籴粮食、买柴火，各样的菜数，一切等等都置买全可了。各亲戚朋友家也都撒了帖子。什么戏上、罩上、厨掌师傅、棚匠、念经、糊纸扎，披麻戴①孝的，把老的儿埋了。自己心里想着说："我本不是个摸黑天（儿）的人。只因为埋母亲的大事没钱使用，一时忘了古人的话，贫儿不可富葬，做出这样伤心害理的事来，偷了人家的银子。这一辈子大约着是还不了人家，等着下辈子我再还罢。"

一个人不能张着俩嘴，话分两头。再说这张善友失盗的这一宿，没听见动息（儿）。赶第二早起起来，看见墙上有窟窿，知道是有了人了。睁眼一看，那钱柜盖（儿）也敞着呢。察考了察考，没了五六十两银子，自己心里说：财帛是淌来之物，没了那个，还有这个呢，也不吃在心里挂在意上的，嘴里光说，是该着的。常说："是儿不死，是财不散呀。"贼盗、火烧，都是天意造就的呀。长叹了一口气，说："罢了。"心里也不觉着忒难受。惟独他媳妇（儿）李氏，是个娘（儿）们（儿）见识，可就牵在心里挂在意上的了，着天（儿）家常叨磨（儿），说："要有了没的这些个银子，什么事（儿）办不了哎？要放出账的，得长多少钱的利钱哎？就这么白着贼偷了去，真是可惜了的呀！"有一天，嘴里正翻打着呢，只听见大门外头，铜锣敲的连声响，震的心惶。说是催钱粮的，又不到三九月呢。纳了会子闷（儿），说："嘻！耳听不如眼见。我爽利出去看看，到底是个干什么的？"出门（儿）一看，赶情是个化缘的和尚，口称着说，找张善友。张善友就出去，见了这个和尚，问了问底里情由，是在哪庙里出家？是在哪里化缘回来？可怎么知道我呢？那和尚说："老僧是在五台山庙里出家。因为佛殿，日久年深，坍塌的这里一块那里一块的通着天（儿），刮风下雨的淋着佛的法身，老僧不忍得观看，庙里又没什么地产，工程浩大，独力难成。所以老僧下山来，

———————————
① "戴"原作"带"，疑错。

不辞辛苦，叩化四方善人君子帮助资财，以完修补，久后庙貌重新，佛面光彩。我化来化去，化了有百十两银子，略薄的少些（儿）。还有那，接了蔬头，没有够账的，我想着去在哪里寻找寻找。无奈，我化的这布施银子，随身带着，恐怕遇见贼人打抢了去。满心里想着寄放的个托靠的地处，又不知道哪是好人。常说：'人心隔肚皮，十人九不知。'一路上打听着，听见说你老是个大善人，人人都知道，念佛经、吃斋、行善。所以我特投奔你来，想着把这项银子来暂且先寄放寄放，等着上别处化够了回来，再一块（儿）取这个，上山，修造庙宇。可不知道你老心下如何？"张善友说："这是善事呀。老师傅只要放心。掠的我这里，就活像箱里箱着，柜里柜着一样，万无一失。等着老师傅，完了事（儿）回来，原璧归赵。当下把银子封准了分两，点清了件数，张善友就拿去，交给他媳妇（儿）了，要留下这和尚吃斋。这和尚说："不用你老候我的斋饭，老僧心忙，没空（儿）骚扰。"张善友说："老师傅的银子，我已经交给我家里了。如果老师傅来取的时候，我在家不在家的，我也嘱咐的家里个话（儿），务必交回老师傅，就完了。"那和尚和张善友道了个费心，就辞脱着上别处化缘的了。却说李氏把银子接到手里，喜上心来，暗里说："很好，很好。不离，不离。我今（儿）黑家才失了盗，着贼偷了五六十两银子。这和尚倒给送了百十多两来了。这岂不是加陪奉还么？"当时就起来个不好心（儿），打算着讹赖人家的。

这一天她男人张善友要上东岳庙里烧香求儿的。临走的时候，就和他媳妇（儿）说："赶我走了以后，五台山上那和尚，要来取他寄放的这银子来，不论我回来了回不来，你就原封（儿）交给人家哎。他要是想着在咱（儿）吃斋也莫的，你也给他点（儿）素饭素菜，他吃，这也是你积阴功的事（儿）。"他媳妇（儿）说："那个我都知道。"张善友把话嘱咐完了，就起身走。赶走了个两三天的工夫，那和尚可就化完了布施，回来取他这银子来了，问了问。李氏说："张善友没在家。我也不知道有谁寄放下的银子。老师傅，你不是错认了门（儿）了罢？"那和尚说："我前几天呢亲自把银子交给张善友了。他拿的家来，说交给夫人收拾了。怎么今（儿）个说出这样的话来呢？"李氏骂誓，说："我要见了你的银子，我眼里流血死了。"和尚说："你说这话，是想着昧下我的银子呀。"李氏又说："我要昧下你的银子，我下十八层地狱。"和尚见她尽自盟誓发愿的，明知道是想着狡赖不说理。说她是个娘（儿）们（儿）家，又不愿意和她吵闹。无的奈了，就并着手，念了声："阿弥陀佛。我是在满世界，一凑十，十凑百，化来的布施呀，又舍不的吃，又舍不的喝，忍饥挨饿的，为的修庙用的呀。寄放的你家，你可为什么瞒心昧己，见物生心，昧下我的，把老僧的可怜扔的旁边（儿）？你就不管那佛的好歹了？世界上哪有这样狠心的人呢？你昧下我这银子，这一辈子还不了我，下辈子也得还我呀。阿弥陀佛。暗室亏心，神目如电。循还报应，分毫不错呀。"数落了会子，怒恨恨的，带着可怜视见（儿）的样子，就走了。待了个四五天的工夫，张善友烧了香回来，就问他媳妇（儿），说："和尚那银子，取了去了没有？"李氏说瞎话，是顺嘴（儿）流。听她男人一问，心（儿）里一那，动瞎话就来了。哄她男人，说："你走了，第二天那和尚就来取来了，我就双手递给他去了。"张善友听见他媳妇（儿）这套子瞎话，就信以为真了。俗话说："瞎话容易哄信了人。"所以也就和他媳妇（儿）说："不离，不离。这算又完了一条子事（儿）。"两口子商商量量的又过起日子来了。待了二年的工夫，李氏养活了个小小子（儿）。你说，自打添了这个小子以后，那日子是越过越大，气（儿）吹的也是的就起来了，一天火头着一天的。过了五年的工夫，又添了个小子。自打张善友上东岳庙里烧香求儿回来，一连（儿）添了俩小子。大的乳名（儿）叫乞僧。第二个的乳名（儿）叫福僧，赶那乞僧成人长大的了，把家做活的，顶会过日子，星里来月里去，起早睡晚（儿），少吃减用，一个大钱也舍不的花。几年（儿）的工夫，把日子过了个顶大。哪成望他兄弟福僧，本和他是一母同胞，秉性可就和他大相反了。着天（儿）家是吃喝嫖赌，打戏，事事（儿）花钱不眨眼（儿）。见天（儿）门口有要账的，这净在外头揭借来花了的。张善友本是个脸（儿）热的人，怎肯着各人的儿受人家的刻薄呢。只得挨门（儿）挨都还了人家。那乞僧在旁边（儿）看着，哪里受的了。本是他苦把苦掖挣来的东西。出来进去，不住的叫苦连天。张善友心疼大儿受苦，恨那小儿耗费，大的得给小的（儿）背狼，也就拿定了个主意，把庄货、房子、地，一切的家具，分了三分（儿），大儿一分（儿），小儿一分

（儿），老两口分了一分（儿），就都各人过各人的了，那治家的任凭各人治家，败家的任凭各人败家，谁也妨碍不着谁，也省的着一个人（儿）糟落了。那小儿福僧终久是个败家子（儿），不成器的。打分了家以后，事事（儿）也得自由了，正合他的意思。把各人分的那家业，就活像滚汤泼雪、风卷残云一样。不想，半年的工夫，弄了个家产净绝，片瓦无根，连衣履（儿）都闹不上了。张善友老两口子，见了小儿落到了这般光景，又疼，又恨，有心把小儿治死。回头，一想古人的话：虎饿，不吃子呢，可以人而不如兽乎？就把各人分的那一分（儿），也就着他顺手糟没了。你说福僧这个东西，人们都说他是散财童子下转。三股家业，他糟了两股，然后又搅乱他哥那一股。他哥也不敢拦手。旋旋（儿）就气的成了病，卧床不起，吃药不效，求神不灵，堪堪至死。张善友心里难受，说：好的倒有病，不好的倒没病。几年（儿）的工夫走到这样地步里了。恨不得着小的（儿）替了大的。心里的话，可没说出口来。

那大儿乞僧，不是别的病，正是气蛊，没治的病。俗话常说："痞痨、气蛊、噎，阎王请到的客。"病是一就的好不了了。待了些个日子（儿），叫了一声爹娘，把眼一合，把嘴一咧，把腿一伸，呜呼哀哉就死了。张善友家夫妻俩，想儿的心盛，只是不住的哭，什么也顾不的了。那福僧见他哥死了，心里倒很痛快，因为剩下的家财，合该是他赆受呀。李氏妈妈看这般光景，就越发的想那大儿了，整天（儿）家哭。明哭到夜，夜哭到明，哭的俩眼里流血，也就死了。福僧见他娘也死了，心里也不想念，外面（儿）也不啼哭，反倒觉得没有拘管（儿）是个乐事（儿）了，带着重孝，就上那烟花柳巷去玩耍的了。以后得了痨疾病，也是堪堪的要死。张善友急的，没法可使，说："哪怕这不成器的（儿）呢，给我留下个根（儿），也好哎，到底绝户不了。"哼啊咳的，老不住声（儿）。这正是：

　　　　前生注定今生案，天数难逃大限催。

这两句话的意思，是说的，这人这一辈子的事（儿），那一辈子就定准了。但等气数到了，什么事（儿）也就完了。这一步催的紧的呢呀。什么人可也逃不出去。俗话常说："善有善报，恶有恶报。要是不报，时辰不到。"闲话别提。再说这福僧本是个弱症底（儿）。死期一到，就活像灯里没油，火光要灭。一时气断，也就留不住，死了。张善友只管可是不待见他，如今死了，可也觉着怪伤心的。自己这么想着，俩儿都死了，老伴（儿）也没了，孤伶伶的剩下各人，不由的哭天抹泪，叫苦连声，自家心里说："我不知道哪一辈子遭了什么罪了？如今有这个报应。"一半（儿）抱怨，一半（儿）心里想着，说："我这俩儿是在东岳庙里烧香求来的，哪成望着你阎王夺了去呢？东岳庙里准不知道。我恼恼性子，我就上东岳庙里，在神面前去告你一状。东岳庙里的神是有灵验的。把阎王叫去，万一他还得还回我一个儿子来，也兴有的事。这是张善友，想儿想疯了，没法是法的，和个傻子一样了。心里想着，嘴里说着，真个他就上东岳庙里，跪在神前，苦苦的哀告，说："老汉张善友一辈子没坑害过人。净是烧香拨火（儿），救人苦难。就是我那两个儿子，和他娘，也没遭了什么罪孽。如今着阎王都夺了他们的命去，独独（儿）的剩下老汉孤身一人（儿），着实的孽障。望着尊神的灵验，把阎王叫来，我和他折正折正，明明我的心。如果要有恶报，我死而无怨。"说完了，放声大哭，倒在地下，就昏迷过去了。一觉睡着，忽然看见有一个小鬼来到了跟前，和他说："嗐！阎王差我来叫你。"张善友说："我正想着见阎王去，问问他的呢。对劲（儿）、对劲（儿），凑巧、凑巧。"就起身，跟着小鬼直来到了阎王面前。阎王说："张善友，你为什么在东岳庙里告我？"张善友说："因为我两个儿子，和我妻李氏，并没有什么罪过，你为什么要了他们的命？着我有冤没处告的。我所以来在东岳庙里，求神明作主。"阎王说："你愿意看看你这俩儿子么？"张善友说："愿意，愿意。"阎王就着小鬼把他这两个儿叫来。眨眼之工，只见乞僧福僧都来到跟前了。张善友一见，眉开眼笑，喜从心来，先和他大儿乞僧说："儿呀，还跟我家去罢。"乞僧说："我不是你儿。当初我是赵廷玉。因为偷了你家几十两银子，我就加上几百倍利息钱，还了你的了。我和你，不是父儿俩了。"张善友见乞僧这么个说法，无奈只得和小儿福僧说："小子，你哥和我不是么（儿），你该和我家去哎？"福僧说："我也不是你的小子。我那一辈子是五台山上的和尚。因为你昧下了我的百十两银子，我就脱生的你家来，着你加上百倍还够我了。我和你不相干了。"张善友一听这话，吓了一跳："我怎么昧下五台山和尚的银子了呢？我问问我妻李氏才好。"阎王在上边（儿）坐着，早就看出他是这么个意思来了，说："张善友，你还想着看看你的妻么？那也不难。"叫小鬼开开酆都城，把张善友之妻李氏拿来。小鬼（儿）快快的答应，说："喳，是。"不多的一会（儿），只见李氏带着一面大枷，脚镣子手铐子，脖（儿）里还带着挂锁（儿），小鬼牵着，到了阎王殿前。张善友一看，出了一身凉汗，说："她哎，你可为什么受这么大罪呢？"李氏哭着说："我在世界上昧下了五台山和尚那银子，死后阎王教我下了十八层地狱，可苦死我了。"张善友说："当时我只当还了他那银子了，赶情你昧下人家的了？你这是自作自受。"李氏使大劲哭着说："咱们俩在世界上做了夫妻一场。你可怎么救我罢？"拉着张善友的衣裳不松手，止不住的放声大哭。阎王在上，怒气冲天，把惊堂木摔的连声响。不觉，把张善友吓醒了，乃是做了一个梦。心里明明白白的了，才知道那俩儿子，是一个还账的，一个要账的，是那一辈子的冤家债主。擦了擦泪也不哭了，就出家修行去了。

51

新徒①

　　有个王生，是个富家子弟。他觉着世界上没有什么意思，一心要想着修行。听见说崂②山上有修行成了的仙家，能以常生不老，他也想着得了这个法（儿）。这一天预备了盘缠，收拾上行李，就上山学道的了，赶上到山顶（儿）上，看见有一座大庙。到了正殿里，有个老道坐着个蒲团，大长的头发披散着，奔拉到腰里，真像个活神仙。他就磕了个头，求着拜那老道为师。

　　老道说："成仙，不容易呀！我恐怕你在家里，性情懒惰，娇气熟了，服不下辛苦的。常说：'不受折磨，不能成佛。'"他说："行了。"老道就许了他了。到了傍黑子，有一大些个徒弟就都打柴回来了。他都见了，行了礼，就留的他庙里宿了。到了第二早起，老道也给了他一把斧子，着他跟着别的徒弟们，一块（儿）打柴的。他就去了。打这（儿）以后，见天（儿）打柴，也不说么。待了一个多月的工夫，手上也磨了膙子③了，脚上也跐了疱了，浑身是腰痒骨麻，腿也发酸，那苦就成了一个，暗里就有了回家的心了。到了这一天，打了柴回来，看见有俩人和老师傅喝酒呢。天道也就末太阳的时候了，屋里可还没点灯呢。只见老师傅弄了一张纸。着剪子铰的和个镜子也是的，贴的墙上了。眨眼之工墙上出来了个月亮，着实的明快。那光亮，连头发、胡子、眼眉、都照的一根（儿）一根（儿）的清楚呢。徒弟们就垂手而站的，在旁边（儿）伺候着。和老道一块（儿）喝酒的那俩客，有一个说："今（儿）后上

---

①改编自清蒲松龄《聊斋志异》之《崂山道士》。
②崂，同"劳"。
③膙（jiǎng）子，手、脚的掌面部分因摩擦而生的硬皮。

天气顶好，当与人同乐。"说完了，就在桌子上拿了一壶酒过来，着徒弟们也喝。还说："你们都该喝够了。"他心里想着，说："这么些个人，光给了一壶酒，可怎么能喝够了呢？"有一个徒弟，按着人数，拿过来了几个酒杯。喝了半天，酒壶里的酒老不显少。他心里就很纳闷（儿）。待了一会（儿），老师傅问徒弟们，说："你们喝够了么？"大伙子都说："喝够了。"老道又说："喝够了，你们该早些（儿）睡觉，明天早些（儿）起来，别耽误了打柴的事。"大伙子都答应，说："是。"他心里很欢喜，把那个回家的心（儿）就又没了。又待了一个月的工夫，觉着受不了那个辛苦，老道又不教给什么仙法，打心里不愿意在山上了，就和那老道告辞，说："傻徒弟好几百地来投师学道，老不听师傅的教训。哪怕教给我个一点半点（儿）的呢，我也算没白来了。在门下待了两三个月的工夫，老是白天打柴夜晚回家，并没别的艺业。傻徒弟在家里也没受过这个辛苦。"老道一笑说："我早知道你在家里没受过。打你一来，我就说过。你说你行了，如今白当是不行，赶明天你就回去罢。"他说："傻徒弟也是在这（儿）待了一场子，受辛苦提不着。老师少教给我个仙法，给我留下个记念（儿），老师也有名。"老道问他，说："你愿意学什么仙法哎？"他说："我见老师出来进去的，有墙也挡不住。我就学会了这个法（儿），就够了，不敢再多求。"老道笑了笑，就许给他学会了这个。就教给他，怎么着掐诀，怎么着念咒。赶学会了，先试巴了试巴①。老道指着那墙，说："进去罢。"他到了墙着，不敢在里走。老道又说："再试巴试巴。"他就又走到了墙着，又着墙挡住了。老道说："你只管低下脑袋，往里走，别打等（儿）。"他真个就离墙好几步一跑，活像没墙的一样。回过头来，看了看，可就是在墙外头呢。满心里欢喜，就又到了屋里，磕头，谢了谢老道。老道嘱咐他，说："你到了家，可别忘了。忘了，可就不行了。"立刻把那斧子又交给老道，就回家来了。赶到了家，家里人们问他，学来的什么仙法（儿）？他洋洋得意的，怎么长怎么短的就说："不怕有多结实的墙，我箭直的就过去了，也挡不住。"他家里人们都不信。他就掐上诀，念了咒，离墙那么远。在前一跑，到了跟前，着脑袋一碰那墙，也没过去。他就倒下了，碰了个半

①试巴了试巴，方言，试一试。

死子。他家里扶起他来，一看，把额髅盖碰了和鸡蛋也是的个大疙瘩。他家里揙的他屋里去，嫌他妄想高攀的，说："你就忘了俗话说的，'神仙还得神仙做，哪有凡人作神仙呢？'"他打心里又里又臊的慌，又恨那老道，就望着崂山骂了几句，说："好你个老牛呀老牛。你真没良心。我从来没受过的苦，我都为你受了。你又不给我工钱，还不教给我仙法，着我家来碰这一下子，可不是玩（儿）的。"一半谩怨着，搂着个脑袋，就说："好疼呀，你可谦詁苦了我了。"

52
狐狸①

　　历城县有个姓尹②的，是个穷念书人，极有胆量。这县里有个大财主。财主家有一片闲庄子，好几十亩大。里头有些个房子。可是顶凶，常不断的有奇怪事（儿）。所以日久年深的，没人（儿）来往，没人（儿）住，白日也没人（儿）敢进去。满院子长了些个荒草。这一天尹先生和同窗弟们在一块（儿）喝酒。大伙子就商量着打赌，说："谁敢在那个闲庄子里待一宿，大伙（儿）就摆个席，请请他。"尹先生在上一起，说："那是什么难事呢？我去！"就立（儿）拿了一领席，就去了。那同窗弟们送到了他门（儿）着，吓唬他，说："呀！可不是玩（儿）的呀。俺们在门外等你一会（儿）。要有动息（儿）。你可就喊叫呀。"尹先生笑着说："要有狐狸哎鬼的，我就抓他来，着你们看看。"

　　说话中间，就在里走。进了门（儿），只见道上有些个砖头瓦块。两边（儿）净是树木椰林，荒草野菜，阴气逼人。这个时候正当着十五前后，老母（儿）光明，门户都摸索清了，慢慢（儿）的来到了后楼着。上的高台阶（儿）上，心里说："这真是个好地处。"把席铺下，在四下里一望，清凉自在。坐了会子，没有什么凶险事（儿），自己暗笑，说："人们都说这个地处凶，是人传说差了。"就在旁边（儿）搬了一块石头枕着，躺的席上，观看明星③。工夫大了，就困了。才说想着睡觉呢，听见有人走道的响声（儿）慢慢（儿）的就来到了。他就假装睡着了这么看着，见来的那个人，打着灯笼，到了他跟前一看，吓了一跳，立时

---

①改编自清蒲松龄《聊斋志异》之《狐嫁女》。

②《狐嫁女》原文为姓殷。

③明星，天上星名，或指启明星，或指织女星，或泛指明亮的星，此处不明。

就回去了，和后边（儿）的人说："有生人在这里。"别人问："是谁？"那个人说："不知道。"又待了一会（儿），来了个银白胡子老头（儿），低下脑袋，看了看他，说："这是尹先生在这（儿）睡觉呢呀。别惊动他。办咱们的事（儿）罢。"就领着众人，上了楼了，把楼门都开开。待了不多的一会（儿），出来进去的人越多了。楼上灯光明亮，活像白日一样。他就翻了翻身，又打嚏喷，又咳嗽。那个老人听见他醒了，就出来了，到了他跟前，跪下，说："老夫我有一个闺女，今（儿）黑下娶呢。不成望惊动着贵人了。万望大人恕罪罢。"他就起来，和那老人说："我不想今（儿）后响你老有喜事。我也没个填箱的礼，可是对不着你。"那个老人说："难得贵人在这（儿）压住不祥。就是老夫一家子的万幸了。屈尊贵人坐下，给老夫增增光，去陪陪客的罢。"尹先生也不辞。遂着老人，就进了楼。看见楼里陈设摆列桌椅板凳，一颤是硬木，都是靠漆漆了的，正明徹亮^①，又齐整又干净。待了一会（儿），出来了个妇人，有个四十来的年纪（儿），给他拜了拜。老人说："这是老夫的拙妻。"他也还了个揖。又待了一会（儿），听见鼓乐喧天，吹吹打打的。有个人来到了席前，说："来到了。"老人慌忙迎出去了。他也立起来，等着。说话中间，灯笼火把的，领着一个年少的新郎，衣帽整齐，貌像俊美，世界上没有那么好看的。

老人先着新郎和他行了个礼（儿）。新郎看着他活像来的个客，就给他作了个揖。然后老人和新郎也行了女婿丈人的礼，都落了座，拉了两句闲套，就紧接着上酒上菜，大鱼大肉。盘（儿）哎碗（儿）的都是金镶玉的。八个酒杯俱都是赤金的。喝了几盅酒，老人就着丫鬟请小姐来。丫鬟答应了一声，就进了屋了。待了老大半天，尽自不出来。老人起身，到了隔山门（儿）着，掀着门帘，说："怎么不出来呢？"说完了，就有一群丫鬟老妈，扶着小姐，来了。到了跟前，老人吩咐先给贵人拜拜。拜完了，就坐的她娘旁边（儿）。老人又给贵人醹了一盅酒。他就立起来，发谦辞说："不敢当，不敢当。"他心里说："这个金酒杯，等着一会（儿）我拿它一个，带出去，着同窗弟们看看，当个证见。"赶喝完了，就把那个酒杯褪的袖里了，就爬的桌子上假装睡觉。席上人们都说："贵

①正明徹亮，"正"同"铮"，"徹"同"澈"，铮明澈亮。

人喝醉了。"待的会（儿）不多，听见新郎告辞要走，声吹细乐的就都下了楼了。赶送出新郎的回来，一抄家伙，少一个金酒杯。背言背语的都说是他藏起来了，要搜搜他，又恐怕惹的不好了。老人急忙拦着，吐叱着说："别言声（儿）。"又待一小会（儿），可就听不见动息（儿）了。他抬起头来一看，黑谷洞的，连一点灯火（儿）也没了。满屋子可还有那个酒味（儿）呢。出来，看了看，也就东发亮（儿）了。摸了摸，袖子里那金酒杯还有呢。心里欢喜，说："很好，很好。"就把他铺的那席又卷起来，拿着，就出来了。他那同窗弟们，早就在门外头等着他呢。都说是夜来后晌①出来，今（儿）早起又进去的。他拿出那金酒杯来，着众人一看，大伙子都吓了一跳，就问他。他怎长么短的这么一告诉，大伙（儿）心里都打算着他家里穷，必定没有这个东西，就都信是真的了。话归前言。一人摊了俩钱（儿），摆了个席，请了请他，才算完了那回事。后来他会了进士，做肥邱县的知县，有一家姓朱的，也是个官宦人家，摆官席，请了他去。主人吩咐家人在箱里拿出那金酒杯来。家人答应，去了。会（儿）多了，不见回来。有人暗里告诉主人。主人就带了恼怒的颜色（儿）了。待了一会（儿），家人就拿了金酒杯来。他一看，大小粗细，和他拿的狐狸那个，一模一样（儿）。心里就纳闷（儿），问主人在哪里置的。主人说："这酒杯是八个，先前我父亲在京里做官的时候置的。这是传家之宝，已经这么些个年（儿）了。因为今（儿）个请大人喝酒，大人不择嫌我，屈驾增光，刚才在箱里拿出来，只剩了七个。我疑惑着是家人偷。封锁的又顶严实，多年的尘土原封（儿）在着没动。这个事（儿）我很纳闷（儿）。"他笑了笑，说："先生，你那一个金酒杯，长了翅（儿），飞了。传家之宝，缺一个，就不成套数。我有一个，和先生这个一样。我送给先生，配成一套（儿）罢。"赶起了席，回到衙门里，就差人给朱家送了去了。主人一看，原封（儿）是各人家没了的东西。又惊诈，又欢喜。亲自置的礼物，就上衙门里去赞谢他的了，问他是怎么得的？他把根本缘由从头至尾的说了一遍，才知道，不论什么物件（儿），不怕千里万里，狐狸能以借用，到底可不能留下。再说这狐狸，比人更灵，能欺负人。可也是因着人的邪正说。人要是邪，狐

①夜来后晌，昨天晚上。

狸借着你的邪，就能欺负你。人要是正，狐狸就怕你的正，自然就躲避你。所以这狐狸不怕贵人狂士，只怕正人君子。皆因着人，有道德在身，是属阳的，极正极大。狐狸是属阴的，最邪最弱。他自然不敢朝见你的面（儿）。常说："是邪，不能侵正呀。"凡自世界上着狐狸迷住的，必定是他心术不正，自己就先胆怯了。所以狐狸借着你那个劲（儿）找寻你，不是狐狸找寻你，是你自己早就虚惊了。尹先生躺着卧着，狐狸还尊他敬他呢。况且是修德学道的君子哎。说了半天，这狐狸作怪，脱化人形，是常有的事（儿）。慌慌（儿）后晌家洼里出来个灯笼，或是三五个，或是十来个，还有多的时候。有人赶他，也赶不上，老是离那么远。有了事（儿），就借人的家伙使用，什么盘子碗子的，桌椅板凳。使完了，就送回来。人可也不知道，什么时候借去的，什么时候送来的。对劲（儿）有空行人（儿）走道，着他们引的个地处去，待一宿。有时候着人迷糊了，看着四圆遭净①水，不知道上哪里走。人着了急要骂，他们也骂。有这么回事。一个人晚上走道，碰见他们了，着他们领的个坟上去。看着是道，直走了一宿。赶明了，看了看，是围着坟头转了一宿。

这一年肃宁城西，西南庄村，有个姓马的，上肃宁去卖布的。回来的晚了，道上就碰见他们了。看见眼前像个人，可是比人高，俩眼在腰里长着。这个姓马的可也到不了他跟前，老是离那么远。他骂，他们也骂；他哭，他们也哭；他拿墣墥投，他们也拿墣墥投。闹了一宿，着他们领的河间城西白寺村去了。赶情这个白寺，有个阁（儿）。这个阁（儿）上就有狐狸。这个姓马的第二天雇人，送了他回来，病了两三个月的工夫才好了。

还有一个人晚上走道，走着走着就迷糊了，也不知道东西南北了，也没了道了。抬头一看，眼前有个小屋（儿），屋里点着灯。他打算着是个村（儿）。到了跟前一看，是个场院。他就喊叫借光，问个道。屋里有人（儿）说："进来罢。"赶他进去，屋里有个老头（儿）看书呢，问了问他是上哪里去？说了一会子话，这个老头（儿）就说："你在这（儿）宿了，明天再走罢。"他就给那个老头（儿）作了个揖就在那个小屋里宿了。赶第二早起醒了，赶情是在坟上睡觉呢，也没有屋子了，也没有人了，

---

①遭净，都是的意思。

脸上抹的青脸（儿）红花的，弄的满脑袋满嘴净土了。有时候在庙里作怪，或是变人（儿），或是变别的。人们就说神仙显了圣了，烧香、磕头、上供、唱戏。要有老庄货，没人（儿）住的地处，他们就肯占。有那信邪的人也不敢惹他，也有信他会治病的，也有求他保护的。河间有个狐仙台。人们在上头掠了些个香炉，常给他们烧香，求他们保佑。小阎王①反的那一年，河间城上每逢黑下满城上净灯笼，就是狐狸们闹的，为的是着贼们疑惑着护城的兵多，贼们就没敢进城。赶过了反，河间大小衙门里，连住家的百姓们，都烧香、上供，说是他们护救了。至这咱人们还是常烧香。狐狸可是作怪，到底不能害人，也不过就是和人闹着玩（儿）。要是那好人，可也轻易的碰不见。好喝酒的人走黑道，常常的碰见他们。都说狐狸喜欢酒，闻见酒味（儿）就找了去了。

---

① 小阎王，指清末反清农民武装势力捻军（1853—1868）的著名将领、西捻军统帅张宗禹。

53

看财奴[①]

　　宋朝时候，曹州曹南村，有个秀才，姓周，俩字（儿）的名（儿）叫荣祖。媳妇（儿）张氏。周家老辈（儿）里是财主。他爷爷的名字叫周奉。最信佛门（儿），天天烧香念经，仗着有钱，自己修了一座佛庙。一到周荣祖他父亲手里，过日子的心（儿）大，就改了家门（儿），不信佛。因为要盖房，舍不的买砖瓦木料，就把这座庙拆了，使这材料盖了房了。赶那房还没盖完呢，就得了个暴病，卧床不起。人都说是拆庙的过了，这是个报应。以后待了不多的日子（儿），就去世了。周荣祖安排发丧的大事，把他父亲入土为安的了。家业合该是他掌管。这荣祖自小念书，是过目成诵的材料，聪明过人，才情出众，学成满腹的文章，等到乡试的年头上京科举。惟独怀抱里有个小小子（儿），名（儿）叫长寿，只因为舍不的把妻子二人掠的家里，所以就和他媳妇（儿）商量着，三口子一块（儿）进京。把家里那些个金银财宝，整个（儿）的都埋的个闲院（儿）里墙根（儿）底下，恐怕在道上不好带着。光把那碎银子，和什么绸缎衣裳，一切的细软东西随身带着。把房屋找了个忠厚老实人住房（儿）。夫妇俩，带着长寿，顺着御路，就进了京了。

　　一嘴没有两舌。安下这头，再说这本地（儿）有个穷人，姓贾，名仁。祖上没有给他丢下事业，自根（儿）就受穷，食不充口，衣不遮寒；吃了这一顿，看不见那一顿；又不能写，又不会算，做个小买卖（儿）都不行；就是一天家给人家担土、攉泥、脱坯、垒墙。除此外，不会别的营艺（儿）。就是做这些个粗剌[②]子活，一天挣来一天吃，只可以糊弄

---

　　① 节选自明抱瓮老人《今古奇观》第十卷《看财奴刁买冤家主》。
　　② "剌"原作"糲"。

着养命，也积攒不下什么。做一天活来，黑下就在个破窑里安歇。在外人眼里看着，实在的苦，人都叫他穷贾儿。你说，这个人生来的秉性古怪。常自言自语的说："世界上的人都是一样的。怎么人家就宽绰，我就受穷呢？"

到了这一天，偷着空（儿）到了东岳庙里，跪在神前，苦苦的祷告，说："小人贾仁特来祷告。我心里常想，天下有那骑马坐轿的，穿绸裹缎的，一天家净吃好东西不做活（儿），他也是个人，我贾仁也是个人，怎么就缺吃的少穿的，净做些个苦活，还忍饥挨饿？只得着我落个苦死么？哪怕那小富贵，你给我一点（儿），我也会作好人（儿）呀。什么打发化缘的和尚道士，修桥补路呀，惜老怜贫呀，净办这些个好事。"东岳庙里的神，本是灵验，有求必应，真个就着他祷告的，心慈面软的了，就想着可怜他。

这一天又去祷告的，赶祷告完了，在庙台（儿）上一躺，就睡着了。他那个真魂（儿）就着神仙拿了去了，问他说："你着天（儿）家恨天怨地的，是为什么呢？"贾仁把他那心事告诉了告诉，又苦苦的哀求了回子。灵派候有可怜他的意思，就着差人察察他这一辈子的衣禄食禄，是有是没有，是多是少。差人察了察，说："这个人那一辈子不敬天地，不信神佛，杀生害命，作践粮食。这一辈子应该受冻饿而死。"贾仁一听这话，就着了惶了，就越发的恳求开了，说："尊神可怜我罢。哪怕给我点（儿）小衣禄食禄呢，我是必定得做个好人的呀。就是俺爹娘在着的时候，我也是尽着力（儿）的行好了。死了以后，我任倒怎么穷，也没断了在坟上烧钱挂纸的呀！哭的那眼泪，至如今还没干呢呀！我本是个孝子呀！"灵派候说："我看他平常日子（儿）所作所为的，虽然没别的好事，却是贫家的一个孝子，有这么点（儿）好处。要按他那一辈子恨天怨地，可是该着落个冻死饿死呀！念他这一点（儿）孝心，可怜他罢。地不长无根之草，天不生无禄之人呀！咱们该体天心那好生之德。看看，有那该折扣的福分，借给他点（儿）。也给他个假儿，事奉他白头到老，生养死葬，还他这一点孝心（儿）罢！"差人察了察那阴功簿子，说："曹州曹南村有个周荣祖，他家积了三辈子的阴功。因为他父亲一时粗心，拆了庙宇，合该受点（儿）罚数。要不，把他这福分，暂且借给贾仁二十年，等着够了年头，再着他交回本主。这不是赏罚各得其便么？"灵派候说："可以，可以。很好，很好。"遂即叫贾仁，明明白白的告诉给他，着他记的结结实实（儿）的，说："赶你当财主的时候，那要账的就上你门上等着呢。"贾仁一听这话，忙喇慌的磕头，谢了神仙提拔的恩典，心里的话，我这就算财主。一出门（儿），就骑着走马，和飞也是的跑。哪成望①，正在高兴的时候，那马打了个前失，苦痛的一下子，就把他摔下来了。吓的贾仁心惶忙乱，大喊一声，不觉醒了，却是做了一个梦，身子还在庙台（儿）上躺着呢。自己心里说："刚才神家和我说的，我该作财主，到底那财主可在哪里呢？罢了。常说：'做梦是心中想'，可信它干什么呢？夜来谁谁家和我说他家要圈院墙，着我给买些个坏哎砖的，还着我去助工。擢泥搬砖，是我的本等呀。我去问问他家的，看看怎么样？"

一出庙门（儿），恰好正碰见周秀才家那个住房（儿）的。因为房主进京老不回来，他也是缺少吃穿。偏赶的黑下又有了人了，着贼偷了个净光，把衣裳家具连锅碗（儿）都偷了去了。看了看，没有别的卖头，就是后头院里倒了一路墙，有些个砖头瓦块的，还有一堆坏。想了想(儿)，这个掠着也是没用。不如先把它卖俩钱（儿），好糊口。等着主家回来再说，俗话常说："火燎眉毛，先顾眼下。"拿定了主意，一出门（儿），正碰见贾仁了。知道他是个常作泥瓦匠的人，就把这堆坏，求他给找个查②（儿），卖了。贾仁说："有钱，难买对劲（儿）。我正想着买些个坏呢。你说个实老价（儿），也别要谎，我也不还价（儿）。要不，我就放钱，你留。"那个人说："你也是给人家买，也不是你要。咱们都是穷哥（儿）们。你还难为着我了么？不论怎么着，你看着办的罢。"贾仁说："错不了事（儿）。"那个住房（儿）的就开开后头院里的门（儿），任凭贾仁自掘自担。贾仁就取了铁锨锭钩的来，动手。这就是贾仁时来运转，该着发财。刚锭了几钩，只见地下露出石头来了。那泥土希溜呼拉的直往下掉③，活像地下是空的。他就把那泥土着铁锨除了除，却是一块大石

①哪成望，哪知道。
②查，人家、买主的意思。
③"掉"原作"吊"，疑错。

板。他把那石板来，使劲抽起来，正是个大石槽。满槽里净是黄銮銮的金子，白花花的银子，一共不知道有多少两。吓了一跳，心里说：怪不的人们都说的东岳庙的神仙灵验。就有这样的事，这正是由了我在庙里做的那个梦了。莫的这就要着我作财主了。你说，贾仁福至心灵，低头有计，立时刻把这金银来，装上了两筐。其余的又着土埋起来，等着回来再担。把这一挑子来，箭直的就担的他睡觉的那个破窑里去，着土埋上了，谁也不知道。直担了这么两三趟，可就都运变完了。要着那才虚的人，乍有了这些个银子，就有些个担不住的样子。贾仁不家，他更会铺排。先把些个小锞（儿）卖了，在别的村里买了一处宅子，住下。把窑里埋着的那个，也都鼓到的家来。赶安排好了，就假装着作个小买卖（儿），什么推个货郎车（儿）哎，扛个烧饼篮子的。慢慢（儿）的就开布铺，熝果铺。几年（儿）的工夫就发了大财了。盖了几处楼瓦砖房的，什么开当铺、开粉房、磨房、油房、烧锅，各样的买卖都有。他那日子活像气（儿）吹也是的就长大了。旱地里有田，水地里有船，手里也有钱。以前人们都和他叫穷贾儿。到如今都改过嘴来，叫他贾员外。那说媒的们，也都是踬前跑后的，给他来说媳妇（儿），这一个说："某村里，谁谁家有个闺女，人才出众，像貌超群。"那一个说："某村里，谁谁家这个闺女，能写会算，聪明过人，还是飞针巧线，那别的就更不用说了。"三言两句说停当了，看日子就娶①过来了。过了三四年的工夫，横是有点（儿）内症，不生长。你说贾仁过这么大日子，这些个买卖，他是目不识丁。只得请着一个老先生，叫陈德甫，着他连家里带铺里的账目，什么收钱放账的这些个事（儿）们，都着他管着。贾仁常和陈德甫叙谈些个闲话，说："我空有这么大的事业。后来连个人（儿）赕受也没有。对了劲（儿）有那卖的呀，或是愿意给人家抱养的，不论闺女小子，都行了。"说了，还不只一回。陈德甫就说给酒铺里那打杂（儿）的："如果街上若有那卖孩子的，或是愿意给人家养活了的，你先来给我个话（儿）。"贾仁正满世界求儿呢，这个放下，先不用说。

再说那周荣祖三口子进京去了以后，无奈时气不强，功名不利，没中了举。这还不算，赶回到家来，什么东西也没有，光剩下了一座空房子。

① "娶"原作"取"。

一找墙底下埋的那金银，连半点（儿）也没有了。打这们，缺吃的少穿的，又没进项，爽利把房子卖了做盘缠，三口子就上洛阳去走亲的了。哪知道，时气不济了来，事事（儿）赶不上，样样（儿）不凑巧。周荣祖家三口子到了洛阳，打听了打听，那亲戚早就出外的了，没有信（儿）。周荣祖弄了个没投没奔（儿），前来不的，后去不的，无奈只得空载月明归。不多的几天，盘缠短少，还是正当着十冬腊月，止不住的下那遮天盖地的大雪。三口子，身上无衣，肚里无食，地下滑泏，天气寒冷，真是难以行走。那小孩子不知道么（儿），爹一声娘一声的，一半（儿）叫一半（儿）哭。哭的那大人，心里活像刀子搅的一样，也就忍不住了，大哭了一声，说："不睁眼的老天爷！"张氏可就又说："风刮的忒大，雪下的顶紧，这可怎么的个走首呢？倒不如，往前头那个村里，找个地处避避风雪，咱再走罢。"

哪知道，在人眼里看着，是避风雪。在神家的妙用，是打发他家那孩子去要账的了。前头那个村（儿），正是贾仁住的那个村（儿）。口说八道的，三口子来到了个酒铺门口。这酒铺里打杂（儿）的，一见俩大人一个孩子，像个逃难的样（儿），说："你们这行路之人，莫非想着打点（儿）酒喝么？"周荣祖说："嘻！我倒满心满意的想着打点（儿）酒喝。可惜，我腰里没钱，怎敢讨扰呢？"酒铺里打杂（儿）的说："我这（儿）是卖酒的呀，但伺候有钱的大爷来照顾照顾。你不打酒，你可来我门口，干什么呢？"周荣祖说："我实对掌柜的说罢。我是个穷秀才。俺们三口子上洛阳投亲的了。一去，扑了个空。这才慢慢（儿）的在回里走。不想，老天爷不可怜穷人。遇见这样天气，直下大雪。所以来到你老这里避避。"打杂（儿）的说："避避风雪，不要紧呀。谁不在谁门前过呢？再说，出门（儿）的难处我也知道。"周荣祖说："多谢老兄的恩情。连我家里，带那个小孩子，都着他们在屋里来，暖和暖和罢。他们冻的浑身直抖擞。"打杂（儿）的说："行了。"遂即领了他们进来，又说："先生，你在道上受了冷。你喝一盅酒罢。"周荣祖说："我一个钱没有，又没别的物件（儿），我可怎敢喝酒呢？"打杂（儿）的说："出门（儿）的人，真是难呀。可怜，可怜。哪里不是修好呢？我送给你一杯酒喝，不要你的钱。"就在财神龛（儿）里供享着的那三杯酒，端了一盅过来，递给周荣祖喝了。立时身上就觉着暖和过来了。张氏在那边（儿）闻见酒味（儿），也想着喝一盅遮遮寒，可又说不出口来。那打杂（儿）的看出是那么个意思来了，就又端过来了一盅，张氏喝了。那小孩子长寿终久是不知好歹，也要喝一盅。周荣祖家两口子，不觉眼里吊下泪来了，说："儿呀，掌柜的好意给俺们喝了，可怎么你也要喝呢？"那小孩子一听这话，就哭起来了。打杂（儿）的问他为什么哭？说来说去，也要喝一盅酒。打杂（儿）的说："那个不吃紧。"爽利把剩下的那一盅，也端过来，着那孩子喝了。就开口和周荣祖说："我看着先生这样的艰难，要把你家这个令郎给人家养活了，不省的心里少一番子结记么？"周荣祖说："我倒有那么个意思，轻易的碰不见个合式的主。打杂（儿）的说："这村里可就有人（儿）要。你和你家尊夫人商量商量。"周荣祖怎般如此的和他媳妇（儿）一告诉，他媳妇（儿）说："给人家养活了，可也倒好，省的跟着咱们受罪。只要是个正南巴北的人家，就给他啪怎么呢？"周荣祖把他媳妇（儿）的话和打杂（儿）的学说了学说。打杂（儿）的说："我今（儿）个着你们欢喜欢喜罢。那边（儿）有个大财主，没儿没女的，正想着抱养人家一个呢。我给你们费点（儿）唇舌，这也是个好事（儿）。你先在这里等一等（儿），我再去找个人来。"这打杂（儿）的就三摇两晃走到了对门（儿），和陈德甫说了说这个缘故。陈德甫也来到了酒铺里，说："那行路之人在哪里呢哎？"打杂（儿）的就把周荣祖连那个小孩子，叫过来，和陈德甫见了面（儿）。陈德甫是常看麻衣相①的个老先生。一见长寿，心里就说：这孩子真算是个有福的。又问周荣祖，说："先生是哪里的哎？姓字名谁哎？因为哪一样（儿）卖这个孩子呢？"周荣祖说："我就是这北边（儿）曹南村的呀。我姓周，名字叫荣祖。因为一时的被累，就养不起我这小儿。莫非先生你要么？"陈德甫说："我却是不要。那边（儿）有个贾仁，是个新发户（儿），正是发财的时候。你看那房子、那楼、那瓦房。要把你家这个孩子给他养活了，久后就都成了你儿的了。这岂不是遍地黄金走，单等有福人么？"周荣祖说："既是这样，先生就替我费心。成全了我这事（儿），以后我时来运转，必是忘不了先生的好处。"陈德甫说："你跟我来罢。"

---

①麻衣相，相术的一种，相传始于宋代麻衣道者，故得名，传有《麻衣相法》。

周荣祖就着他媳妇（儿）领着长寿，都跟了陈德甫去了。到了一个门口着，陈德甫说："你们先在这（儿）等一等（儿），我头里进去看看。"

　　陈德甫一进院（儿），正迎见贾仁在外走呢。俩人恰好走了个对头。贾仁没等着陈德甫开口，他就问，说："我以前托先生找孩子的那个事（儿），至如今可有音信（儿）没有呢？"陈德甫说："员外，今（儿）个有了你体心的事（儿）了。"贾仁说："在哪里呢？"陈德甫说："现在门（儿）外。"贾仁说："是个什么人家的孩子？"陈德甫说："是个穷秀才家的。"贾仁说："秀才这个名（儿），倒很好听的。就是这个穷，忔快人。"陈德甫说："嘻！员外呀，怎么拿着你这么个明白人，说这样糊涂话呢？哪有富家子弟，给人家养活的呢？再说，他穷不穷，可碍着干什么了？"贾仁说："那么你就领进他来，我看看罢。"陈德甫出来，和周荣祖怎长怎短的这么一说，就着他和长寿一块（儿）进去，就和贾仁指引了指引。周荣祖先和贾仁作了个揖，问了好，然后就叫过长寿来，着贾仁看了看。贾仁心里欢喜，说："呀！可真就是个好孩子，长的不离。"就又和陈德甫说："他给我这个孩子，也得立一张文书。"陈德甫说："那是自就的。员外，你说，怎么写罢？"贾仁说："也无非就是按着大官套写罢，立文书人谁谁，今因衣食不足，情愿将自己亲儿长寿，过继于财主贾员外为儿。"陈德甫说："等一等（儿），我先拦你的贵言。就写个贾员外就完了。财主不财主，可要什么紧呢？"贾仁说："我不是财主，难道说是个穷人么？"陈德甫知道他是个有钱的脾气（儿），喜顺不喜抢，就顺着他说："是，是，就依着你写财主罢。"贾仁说："还有一样（儿），也得说明。下边（儿）写上这个，立字之后，两无反梅。若有反悔之人，罚钱一千吊，给这不反悔的人使用，立字为证。"陈德甫大笑了一声，说："要是这么大罚数，那正价钱可得多少呢？"贾仁说："那个，你不用管，我自有道理。就依着我这么写，就完了。我这么大财主，莫的还不给他钱么？我指甲心（儿）里弹出来的那个，他也使不清。"陈德甫把他这个话哎就信了实了，又和周荣祖告诉了告诉。周荣祖也没驳回，就按着他说的那么着写。赶写到罚钱一千吊着，周荣祖停住笔，不写了，说："这些罚数。那正价钱可给我多少呢？"陈德甫说："我刚才也问他了。他说他是大财主，难为不着你呢。"周荣祖说：

"也倒罢了。那价钱也就不用提明了。"哪知道周荣祖和陈德甫都是个书呆子，肚里没这些个那些个的，哪里懂得贾仁那坏韬①呢？不由的就上了他这个圈套了。只说他嘴里说的很好听的，心里可早就打算着那价钱要少给人的。周荣祖就吃了他这一脱了，写完了文书，交给陈德甫，陈德甫又转交给贾仁收起来。贾仁就把这个小孩子领进去，着他媳妇（儿）看了看。他媳妇（儿）也是顶欢喜。这个时候长寿也已就七岁了，心里有点（儿）知识了。贾仁教给他说："以后要有人问你姓什么？你就说你姓贾。"长寿说："我不。俺爹姓周，我也姓周。"贾仁他媳妇（儿）说："好小子，赶明天我给你做花衣裳穿。有人问你，你就说姓贾。"长寿说："你就是给我做大红袍子穿，我也是姓周。"贾仁听着孩子不肯遂姓，心（儿）里是个不欢喜，也不说打发着周荣祖走。老秋的屋里②不出来了。周荣祖就催陈德甫。

陈德甫就在屋里把贾仁叫出来，商量着给周荣祖多少钱。贾仁说："着他把孩子掠的我这（儿），走他的，就完了。怎么还跟我要钱呢？"陈德甫说："人家卖孩子么，为什么不要钱呢？你要不给人家钱，人家为什么走呢？"贾仁就起了个狡赖心（儿），说："我不知道什么钱。着他给我俩钱（儿）不的？"陈德甫说："你怎么这么说哎？你别耍笑人哎。他因为没钱，才把儿子卖给你哎。你怎么倒和他要钱呢？岂有此理哎！"贾仁说："他因为穷的没饭吃，不能养活大了这个孩子，这才给我养活了。是愿意着这孩子逃活命呀。打这（儿）以后，他这孩子要吃我的饭。我不和他要钱，他反倒跟我来要钱，岂有此理呢？"陈德甫说："人家，不知道费了多大事，养活了这么个小子，如今跟你来叫爹，你想想（儿）人家为什么哎？忙喇给了钱，着人家走罢。你就忘了俗话说的：'饱汉子不知饿汉子饥了。'"贾仁说："文书已经立了。他要有话说，他就算反悔的人。我先罚他一千吊，还着他领着他家这孩子走。"陈德甫说："员外，怎么你净和人家耍无赖子？给了人家钱，打发着人家走了，是正理呀。"贾仁说："陈德甫我观着你的面（儿），给他一吊钱，就完了。"陈德甫说："买这么个孩子，给人家一吊钱，也忒少些（儿）

———————————
①坏韬，方言，坏心眼。
②秋的屋里，方言，总是躲在屋里。

哎。"贾仁说："这一吊钱，若干的宝字（儿）。你可怎么看轻了呢？你快给他拿去罢。他是个念书人。看见他这孩子落的财主家了，就是不给钱，他也是愿意。"陈德甫说："哪里的话呢？有其不要钱，人家不卖孩子不的呀？"再三再四的说，贾仁只当耳旁风，装听不见。只得把这一吊钱先交给周荣祖。周荣祖这个时候，正在门（儿）外劝他媳妇（儿），说："这家子人家不离，真是财主呀，如今已经立了文书了，大约着这个事（儿）有成头了。咱家长寿算得了好地步了。"他媳妇（儿）说："可说了多少价钱呢？"话把（儿）还没落呢，只见陈德甫拿出来了一吊钱给他们。周荣祖还没开口呢，他媳妇（儿）先说："俺家两口子费劲把力的养活了这么个小子，怎么只给俺们一吊钱呢？他就是买这么个泥娃娃，也不够哎。"陈德甫又回去，把这话跟贾仁一学说。贾仁说："嘻！她怎么说这个哎。那泥娃娃还不要吃穿呢。俗话说：'有钱不买张嘴物呀。'他因为养活不起，他才卖给我呢。我不驳回，就算一百成。怎么还和我要钱呢？既是陈德甫你又回来了，我不抢你的脸（儿），再给他添上一吊。常说：'只有再一再二，可没有再三再四。'要尽自三番五次的，怎么是个头哎？我先说下，咱们可后不为例了。他要不愿意的时候，这里有白纸写的黑字（儿），我就罚他一千吊，着他领孩子去，就完了。"陈德甫说："他要有一千吊，他还不卖孩子呢。"贾仁嬉①皮笑脸的说："陈先生，你要有钱，你就给他添上五百吊，我可是没有了。"陈德甫说："财主，你忘了俗话说：'只说千声有，不说一声无。'嘻！这人是我领来的呀。贾员外不肯添钱，那周先生岂肯两吊钱就卖了孩子的呢？这个事（儿），我当间（儿）里也不够人（儿）了。我可落在哪一块（儿）呢？我在你府上也是这些个年（儿）了。今（儿）个得了儿，是你家的好事（儿）呀，可碍着我干了呢？我也不过是成人之美呀。俗话说：'添的言了，添不的钱呀。'我真是穷，可你要坚执的不添了，说不上，就把我这身价钱支两吊添上，给他凑四吊，打发他走。"贾仁说："你添两吊，这孩子可算谁家的呢？"陈德甫说："孩子算你家的罢。"贾仁一听，满脸（儿）陪笑，说："你，我出了一般（儿）多的钱，孩子却是我的，你真算是个好人呀。"陈德甫支了两吊钱，贾仁就着他明明白白的写的支

①"嬉"原作"喜"，疑错。

账上。一共四吊钱，着陈德甫拿出去了，和周荣祖说："这员外就是这样的刻勒，只给了两吊钱，再也不添了。我看着忒拿不出手来，把我的身价支了两吊，添上了，一共四吊钱。先生包含着点（儿），拿去。只想咱那孩子落在好地处了，别争论钱多少了。"周荣祖说："可不，俺们也算松了这条子心了。但有一说，着先生破费两吊钱，这是个什么道理呢？"陈德甫说："那不要紧的事。只要久后不忘了我陈德甫，全当我帮补先生两吊钱。咱们后会有期，就完了。"周荣祖说："员外买俺家孩子，才出了两吊钱。先生倒替他出了一半（儿）。这个恩真是不小呀，我可怎么敢忘了呢。常说：'饥了给一口，强于饱了给一斗。'求先生把孩子叫出来，俺们再看看，嘱咐他几句话，俺们就走呀。"陈德甫又叫出长寿来。周荣祖家两口子说："孩（儿）呀，你白投奔我们作爹娘了。"三（儿）人抱头相哭的，闹了个不了。就嘱咐长寿，说："爹娘无奈卖了你了。你跟着这家子，省的你跟着俺们，忍饥挨饿的。只要你听说理道的，这家子人也不能拆掇你。等着待些个日子（儿），俺们就来瞧你呀。"那小孩子舍不的爹娘，只是拉住爹娘的衣裳哭。你想，这个工夫里，着人怎样的难受罢？真是难割难舍。陈德甫只得买些个长生果来，哄他。哄的他离开爹娘，周荣祖家两口子哭哭啼啼的就走了。以后孩子想爹娘，爹娘想孩子，那就不用提是多难受了。

再说贾仁得了长寿，又是谋买的，没有费一大些个钱，觉着是个便宜事（儿），满心（儿）里欢喜。逢人（儿）指人（儿）的告诉，说："可别在俺家孩子跟前，提起买他的事来。"都和他叫贾长寿。也不许周荣祖家两口子来往。严严实实的瞒了个几年，就觉着心足意满了。哪知道，暗地（儿）里就着杜树接上梨树了，早就双手把财帛还回本主的了。日月如梭，光阴似箭。一眨眼的工夫，不觉待了十三年了。长寿堪堪的就是二十上下的岁数。把以前的旧事（儿）也就忘了。只认着贾仁家两口子，是他的生身父母了。还是这么。那贾仁自根（儿）就是视财如命，一个大钱也不妄花。这长寿可就改了家门（儿）了，花钱不眯眼（儿），看着那钱活像垛壩块（儿）一样。所以人们都叫他阔大爷。这个时候，贾仁他媳妇（儿）得了个暴病（儿），死了。贾仁想的利害，黑下白日的是哼呀嗐的，旋旋（儿）的积累也就成病了。长寿就要上东岳庙里烧香许愿。和贾仁要了一吊钱，暗里和家僮喜儿开开库房，又拿了些个银子去了。这个时候是三月二十七，正是东岳神仙的生日。那烧香赶会的人，老老少少，人山人海，就多多了。长寿带着家僮到了庙上，天道就傍①黑子的时候了。在众人里头挤挤插插的过去，到了庙台（儿）上，正想着拣个干净地处歇歇（儿）呢。只见那边（儿）有两个人，一男一女，饿的是面黄肌瘦，穿的衣裳顶单薄，浑身带着些个土，沾着些个泥。看着是常走道的穷人。众位，你们猜猜，这俩人是谁呀？正是那周荣祖家两口子。自从把儿子卖了以后，他们没个准投奔（儿），就满世界要饭吃。待了十来多年，想起那故土来了。又想着打听打听那儿子长寿的消息（儿）。所以就在回里走，路过东岳庙，恰好赶上神仙的生日了，是个大庙场。心里打算着给庙里写写疏头哎么的，挣俩钱（儿），买点东西（儿），去瞧瞧长寿的。所以就来在庙里，和和尚商量了商量。和尚这个时候正用着写字的人了，就留下他了。因为他是个念书的人，给他找了个干净地处。刚安排下了，贾长寿这个东西看见那个地处好，就着他那家僮赶他们上别处去。你说喜儿这个小子，虎假②虎威喊了一声，说："嘻！哪里的这么个穷人，还不快躲了，让给俺们这个地处呢？"周荣祖问他，说："你们是什么人呢？"喜儿就打了他一下子，说："俺们阔大爷到了，你还不认得？"周荣祖说："我问了庙里老师傅了，着我在这里站着呢。什么阔大爷不阔大爷就来赶我？"长寿见他不让给地处，就教家僮还打。喜儿这个小子不管这那，揪头掳衣，拳打脚踢的，就抓挠起来了。周荣祖就喊叫。惊动的和尚出来，说："什么人哎？这样的不说理。"喜儿说："俺们阔大爷到了，要在这（儿）安歇。"和尚说："家有家主，庙有庙主，这人是我留下的呀。你们是怎么的呢，夺他的地处？"喜儿说："俺家阔大爷有的是钱。给你一吊，着他让给俺们。"和尚见了钱（儿），心里想着，这是好东西。立时就改了嘴，不向周荣祖说了。就着他们两口子另挪个地处，用好话劝了他们一会子。周荣祖觉着没钱就这样的不如人，心里是个气不忿（儿），可又没法（儿）。惨凄了会子，说："罢了，罢了！"只得让给人家。等到第二天，烧完了香，长寿就走了。赶到了家，

---

① "傍"原作"旁"。

② "假"原作"驾"，疑错。

贾仁已经死了。他就当上家了。顶大的日子，他全掌管着，那不用提。且说周荣祖家两口子，到底是忘不了他家长寿的呀。买了点细果子拿着，夫妻俩瘸狼抱狈（儿）的就走了。

多年在外，地势改变，道路也就生了。在道上逢人（儿）就打听。赶到了贾员外那个村里，就访察贾家的消息（儿）。正打听着呢，忽然间他媳妇（儿）得了心疼的病了，大约着是想儿想的。看见道南里有一座药铺，招牌上写着舍药的字样，急忙求了点药，吃了就好了。夫妻二人道谢了道谢药铺里那先生。先生说："不用谢，给我传个名罢。"指着招牌上那字（儿），说："你记着，我叫陈德甫。"周荣祖一听陈德甫三（儿）字（儿），就一愣瞪，点了点头，说了两个陈德甫，就和他媳妇（儿）说："陈德甫这个名（儿），怎么我耳朵里熟花花的，像屡绪的。你记得这个人（儿）哎不？"他媳妇（儿）说："咱们卖孩子的时候，当保人的，不是他么？"周荣祖忽的一声就想起来了，说："是，是！不错，不错！"又转过来，问陈德甫，说："先生，你还认得我哎不？"陈德甫抬头一想，说："可是面熟熟的，紧忙郎我可想不起来。"周荣祖说："几年不见，先生显老了。我就是卖儿的那个周荣祖。"陈德甫说："还记得我给你添上两吊钱么？"周荣祖说："救命之恩，岂敢忘了呢？我那儿可也好哎？"陈德甫说："好吗，你们今（儿）个来了，可欢喜欢喜罢。你儿如今长大成人的了。"周荣祖说："贾员外还在着呢么？"陈德甫说："这新近才死了。"周荣祖说："好刻杏个人呀。"陈德甫说："你儿这咱成了正当家的了，不照的贾员外那会（儿）了。我这药铺就是他的本钱呀。"周荣祖说："先生，怎么着我和他见面（儿）呢？"陈德甫说："先生，你领夫人来，先在这药铺里坐一坐（儿）。我去叫他来和你们见面（儿）罢。"陈德甫一出铺门口，箭直的就找了长寿来了。怎长么短的这么一告诉，那长寿只管可是多年没人（儿）提起他的事（儿）来，他也慌慌惚惚的记得小时家的事（儿）。如今又听见一说，就想起他是给贾家养活来了。急忙来在铺里，抬头一看，还变上爹娘的模样（儿）来了呢。吓了一跳，心里说："在东岳庙上我打的，就是他们。"周荣祖心里也说："这不是在庙上夺俺们地处的那一个么？叫什么阔大爷是什么。我受了他些个气，哪成望是我那儿哎？"两下里都认识了。长寿可就说："该死的小儿，在庙上不认得爹娘，一时冒犯着了。死罪，死罪。求爹娘饶赦我罢。"周荣祖家两口子，见了亲生的儿，活像天上掉下来的一样，欢喜的俩巴①掌扷②不成堆（儿）。终久是年（儿）多不见了。两口子不错眼珠的这么瞅着长寿，长寿只当是爹娘记着在庙上的那个气（儿）呢，心里过意不去。忙拉叫喜儿拿一匣子金银来，和陈德甫说："小侄（儿）在庙上不认得爹娘，为争夺地处冲撞着爹娘了。如今用这一匣子金银，先赔个不是（儿）。求陈德甫大伯给我说个情（儿），饶了我罢。"陈德甫就拿着这匣子金银，和周荣祖这么告诉了告诉，周荣祖说："自己孩子错了，干么拿金银来赔补呢？他也不是明知故犯的事（儿）。"长寿跪着说："要是爹娘不收儿的金银，小儿情愿死的爹娘面前。爹娘要容从小儿，只得收下这点（儿）东西。"周荣祖见他这样的后悔，又有陈德甫在旁边（儿）说着，也就推辞不过去了，只得收下。那意里③想着报答报答陈德甫那两吊钱的恩情，和酒铺里打杂（儿）的那三杯酒的厚道。赶打开匣子一看，打了个冷颤（儿），心里纳闷（儿），说："哼！这原来是俺周家的银子。"陈德甫说："怎么是你家的呢？"周荣祖说："俺爷爷的名字叫周奉。这银子上，有他亲手刻上的，周奉记的字样。先生你看看。"

陈德甫接过来一看，说："可就是。怎么到了贾家了呢？"周荣祖说："我那二十年前，进京乡试的时候，把祖上给丢下的金银都埋的墙底下了。赶以后回来，连一点（儿）也不见了。所以就受了穷了，把长寿卖的贾家。"陈德甫说："这就是了。贾仁当初是个穷鬼，给人家担土运砖的个人呀！忽然发了大财，想必是你家的银子着他挖着了。敢情是这么个事（儿）呀。他没儿没女，抱养你家的儿子赚受了这事业，这正是物归本主，岂不是天意呢？怨的他这么刻吝，一个大钱也舍不的花。原来不是他的东西，他不敢花呀。他这十年的工夫，不过是你家的个看财奴呀。"周荣祖家两口子也叹息了个不了。长寿也奇怪这个事（儿）。周荣祖就拿了两整块（儿），要送给陈德甫，报答他当年那两吊钱的情意。陈德甫推辞不

---

①"巴"原作"把"，疑错。
②扷（kuǎi），搔、挠、舀、挎。
③意里，心里。

过去，只得留下。周荣祖就在对过（儿）叫酒铺里那个打杂（儿）的过来，也赏了他一个整的。那打杂（儿）的心里说：这么点小事（儿），我早就忘了，谁打算着今（儿）个有这样报答呢？欢天喜地的就走了。长寿就把他生身的父母接的家去，养老。周荣祖把匣子里剩下的那银子又交给长寿，吩咐他，说："以后把这银子都济了贫。有那没依没靠的，孤儿寡妇的，都周济了他们，想起俺们这二十年的苦楚来，真是说不来就完了。"又着长寿，按着他老爷爷那会（儿），修一座庙。周荣祖家两口子，见天（儿）烧香念佛，修行开了。长寿仍然还姓周，后来娶妻生子，人烟兴旺，家业富豪，就过起财主来了。贾仁白给人家看了二十年财帛，没有他的事儿。可见是外财不富命穷人。天生物，原来有本主。这贫富，一落生就定了准（儿）了，是万不能错了的呀。

54 / 抽鸦片的人

这人要不是货了来，老婆孩子，亲戚路见，都拿着不当人。惟独这抽大烟的，更利害。是谁见了，谁忔快。人们都躲着，不愿意和他同事（儿）。因为他什么人（儿）也谦。不论亲戚朋友老子爹娘跟前，并不说实话；还是不管干么来的钱，他就要花。某村里有个人，姓么叫么不用指明了。自小是个暮生①（儿）。他娘看着他顶娇生，就把他惯坏了。一天家任活（儿）不做，除了抽大烟就是玩钱。把祖上给丢下的事业都糟净了。投亲，亲戚不着进门（儿）。访友，朋友不见面（儿）。他娘和他媳妇（儿）指着纺线过日子，领着他家一伙子孩子，大一个小一个的都不中用，光会吃不会做。你说这个日子可怎么着过罢？他一天还得要抽几十钱的大烟。要不给他钱，他就打老婆骂孩子的闹，惹的大的哭小的叫，爹一声娘一声的，惊动的四邻八家都不得安生。这一天他又瘾的慌了，和他媳妇（儿）要钱挑烟。他媳妇（儿）说："咱家孩子打多咱要饽饽吃，还没有呢。可哪里来的钱挑烟哎？你想，咱又没地没土的。我和咱娘纺线，弄吃烧还弄不上呢。咱们大小五六口人，一天没二百多钱，就过不了。那是那进项哎。孩子比大人也不少吃。你不管俺们了，还不够受的哝，还常和俺们来要钱。人家谁家都是指着女人过日子哎？你就不思思想想有这个理哝？我什么也不用说，就怨我命不济就完了。常言说：'嫁汉嫁汉，为的是穿衣吃饭。'人家也是个人，我也是个人。我没修来，我也不家哪一辈子打了天了骂了地了，少欠你的，打在你手里受这个摈拨，这都是损的呀！"一半（儿）说着就哭。把她男人哭了一脸臊火，抬手动脚的就要打，吹五吹六的就要骂。说着说着，就撕挢成

---

①暮生，父亲死后才出生的孩子。

堆（儿）了。终久抽大烟的人没力气，着他媳妇（儿）一把揪过来，搵倒就打。他娘就喊叫，说："东邻家西舍家，都来拉架来呀。"惹的大男小女，忽拉就来了一院子，挤挤嚷嚷的，这一个一言，那一个一语（儿），就上跟前来，把他家两口子，拉着胳膊的拉着胳膊，拽着手的拽着手，都拉开，说："别常打架呀，往后半半第第的了。过着个穷日子，可打的什么架呢？"他媳妇（儿）就哭着说："你们都看看，俺家这个日子可怎么着过？还常着他打哎骂的。我不活着了。"一边（儿）说着，就在外跑，要跳井的。也有论着叫嫂子的，也有叫婶子的，推着的推着，拉着的拉着，把她弄回来，劝她说："嫂子哎。"那一个说："婶子哎，你看着俺们，别闹了。你瞧瞧你那孩子们直啼哭。别吓的他们好哎歹（儿）的了，就更不好了。"他媳妇（儿）只是不住的哭。他在旁边（儿）还赌气（儿），说："你们别拉她。只管着她去死的，我不怕！"搓拳撩胳膊的还要打。拉架的人们都说："你这就不好了，生是怨你的过。"那当家子大辈（儿）就要打他。他娘就拦着说："孩（儿）哎，你忒没出息呀！这个大烟还不该忌了么？常弄的生气惹恼的，还有什么抽头哎？你就没点(儿)昂气，不怕笑话，着这些个人们跑前跑后的都跟着费嘴舌。"他还说："我瘾的慌么，不抽不行，只得要抽。"人们光顾了劝他，也没理会他媳妇（儿）白当出去跳了井了。引动了一村子的人都来看，搬着梯子的搬着梯子，拿着绳的拿着绳，下了井，在水里摸了半天才捞上来，浑身的衣裳都湿透了，喝了一个大肚（儿），刚有点气（儿）。待了会子，把那水都吐出来，可就没死了。烧了点（儿）姜水喝了，暖和了暖和，才说出话来了。人们光顾了看他媳妇（儿），也不知道什么时候他把自己的个铜盆偷出去，换了大烟，抽了。后来人们知道了，都笑话，说抽大烟的人没脸，不使盆洗脸了。无论怎么着也得抽。过了瘾就是个活人，瘾上来就像个死人。所以人常说："抽大烟凭干什么也不济。"

55
卢家人

　　河间城西有个卢家庄（儿）。这村里有一家子姓卢的，庄稼主，种着么有个五十亩地。老两口子，六个儿。老大老二老三耕耕耩耩的都做庄稼活。老四住鞋铺。老五老六还小呢，打草，拾把柴火的，先提不着。老婆子是个半瞎子，似看见似看不见的。这目下说话，是四房儿媳妇（儿）。你说："一个人一个脾气，一个人一个秉性。"卢家这四个媳妇（儿），是一个比着一个的不贤慧。哼，你听我说说：这一年冬天，她婆婆着她大儿媳妇（儿）做个绵袄，好过冬。你说哎，她大儿媳妇（儿）就出了个坏韬（儿），特故意（儿）的给她婆婆做坏了。她做的，哼，猜不着怎么样？她做的，就是一个袖子长，一个袖子短。还是把扣哎都缀的底襟（儿）上，把扣门（儿）倒缀的大襟上了。赶她婆婆拿过来一穿，一舒①袖，说："哼，这个袖子我怎么舒不出胳膊来呢？越伸，越伸不到头。再试把试把那一个罢。"又一舒呢，那胳膊出去了多半节，露出胳膊肘来了。那老婆子说："哼，怎么一个长一个短呢？"心里的话说：嘻！罢呀，媳妇（儿）自从娶进门（儿）来，本来是拙，不会做活。赶又一系扣（儿），摸了摸，大襟上净扣门（儿），那扣（儿）都缀的底襟（儿）上了，越摸掣，越系不上。这就知道她大儿媳妇（儿）是发坏来了。把那老脸一翻，就恼了，骂说："孩子，你这不贤良的，给你娘越做的好越好，你偏做的越不好。你故意（儿）的发坏，给我做这个样（儿）的衣裳，你也不嫌臊。我这个怎么穿哎？"一半（儿）说着，拿着那袄，就跑的街上来了，大嚷着说："东邻家西舍家，你们都来看看俺家那拙老婆给我做的这袄来。这个着我可怎么穿？"嚷的那四邻八家，东西两

---

①舒，方言，伸。

头的人们，就都来了，劝的劝，说的说，推着搡着的就把她拉的家去了，解劝了会子。她婆婆就叫她那第二个儿媳妇（儿）过来，说："孩（儿）哎，你是个好的。千万别和我那个大老婆学。把这袄拿去，给我拆了。再给我做条绵裤。"第二个儿媳妇（儿）说："哎，是了。"真个就把那袄，连裤子布，都拿的各人屋里来，才说要拆呢，她大嫂（儿）就来挑唆来了，一进门（儿）就说："你二婶子呀，我先告诉给你，你可别给她好生着做。你想，你要给她做好了，那不是着她不待见我么？那婆婆光向你，常说我不好（儿），一家子有了厚此薄彼，咱这日子还怎么过哎？常说：'有饭同吃，有活同做。'把这个老婆子气煞，咱就好了。"老二家说："是那么个事（儿）。我也不给她拆袄，爽利连裤子给她做坏了。"真个，那袄也没拆，把那裤子粗针大线的做上，给她婆婆拿去。先一穿那裤子，舒上了一条腿（儿），又想着舒那一条腿（儿），摸了摸，在上边（儿）呢。就说："哼，怎么一条腿（儿）朝上，一条腿（儿）朝下呢？"就又恼了，说："呸！好不害臊的，好你们个老婆们，你们一气同谋的这么欺负我呀？活活的把我气死。你婆婆奶奶那会（儿）在着的时候，我是怎么服事，我是怎么打整哎？你们这个样（儿），可是个什么心（儿）呢？老天爷就看不见你们这个样（儿）的么？"躺的炕上，生了出子气，肚里觉着饿的慌了，这就不敢着她那俩儿媳妇（儿）做饭了，恐怕给她下上毒药。就又叫老三家老四家来给她做饭。老二家和老大家说："嫂子哎。"那一个说："怎么了，你婶子？"老二家说："三（儿）家和四（儿）家给那个老气婆去做饭的了。咱们嘱咐嘱咐她们的，着她们别正经呢给她做。你想，她们要给她做好了，她俩落好，咱俩落不好，不着外人笑话咱俩么？"那一个说："你说的是。走。"真个又见了三（儿）家和四（儿）家，说："你三婶子和你四婶子，在这边（儿）来，有句话给你们告诉。你们给那个瞎老婆子做饭，你们给她搁上土，着她越吃越牙碜，有虫子更得，她吃了一肚子脏的，恶恶快快的就不好了，咱家妯娌们在一块（儿）过，多好哎。"三（儿）家和四（儿）家说："俺不。害了婆婆，是有不好（儿）的。俺要做了这个，俺怕天爷怪乎，怕老天爷不容俺们了。"老大老二家就吓唬她们，说："这俩小老婆子，敢不听俺们的话。不家，俺们给你们俩说闲话栽赃的。俺们弄死她，就说是你俩弄死的，着你俩偿命，一个点天灯，一个骑木驴。受罪是你俩的，没有俺们的事（儿）。"三（儿）家四（儿）家本来是小女嫩妇的，哪里搁住这么吓唬了呢？再说是听她们，心里是难的慌；再说不听她们，怕她们不答应。不愿意，也得愿了意。心里的话说：抢风打火，顺风打旗。听她们调令罢，是的啪怎么呢？你说，只管是心里的话，没说出来，天上早都知道。常说："人间私语，天闻若雷。"那坏话的声音（儿）就敲动天鼓了，动动动，就给她们写上账了。再说妯娌四个咕咕嚷嚷的商量中了，就下手，给她婆婆做饭。找来的什么虫子蛐蜓。和面的时候又抓上了两把土。说话就做熟了。给她婆婆端上去，说："娘哎，你吃罢。"瞎老婆子一吃，心里还欢喜呢呀，说：嘻！倒是俺这俩小儿媳妇（儿），比那俩老婆强的多。你看，给我做来的这汤，翻滚烫热的多好哎。心里一半（儿）说，嘴里一半（儿）吃。呼噜，咽了一条蛐蜓，说："哎呀！俺家小儿媳妇（儿）还给我着上肉了呢呀。这真是好的呀。"赶吃了会子，又说："我觉着多半饱了。我不吃了，你们吃了罢。"你想，吃了这肮而不脏的有毒的东西，恶快人不是？她一掠饭碗（儿），呜儿哇就哕①起来了。她说："怎么我吃了就哕呢？你们在这饭里给我着上么了？"三（儿）家四（儿）家说："没有着么。你怎么了，娘？"她婆婆说："我怪烧的慌的。"三（儿）家四（儿）家说："想必是你有点火。不碍，我去给你烧壶水喝，就好了。"老大家和老二家就又嘱咐她俩，说："赶给她烧水，提院里那苦水，再给她着上一碗驴马尿，着她个老婆子越喝越渴，越喝越干，越死的快越好。"真个就按这么办了。也没着茶叶，就端了去。她婆婆喝了一口，又咸、又苦、又臊气，就说："怎么这么苦哎？我闻着，还没茶叶味（儿）。"小儿媳妇（儿）就说："白水窦章②，喝了肚里宽亮。你喝罢。"赶喝下去，就觉着膨闷胀饱，肚里撑胀的慌。折腾了个不了，三天开外，把眼一瞪，把腿一伸，把嘴一咧，就死了。赶死了以后，那四个泼妇又商量着说："还有这个老头子顶歪，又摔又打。跟着他，咱过不了。咱得各人过了。各

---

①哕（yuě），恶心的意思。

②白水窦章，出自《百家姓》，原文是"柏、水、窦、章"四姓，借"柏水"两字之音，形容茶水不浓。仅以"白水"表示词义，而又暗中谐音"柏水"，于是连接成"白水窦章"。

人过，才好呢。要这个老汉子干什么呢？"各人就把各人男人挑唆开了。再说这四个儿，一点人味（儿）也没有。听着他媳妇（儿）的话，就望他爹说："咱得分家罢。"他爹看他们这么不孝，就说："分家，分家的罢。"一个屋里给了他们五亩地，自己要了三十亩地，和老五老六说："小子哎，咱们包揽着过罢。咱三口够吃的够穿的，撑不着饿不着，就很好，就念佛。"那么着这一家子就算分清了，各人过起各人的来了。过来过去的，没过了俩月，他家哥四个也是弄不成堆（儿）。这一个嫌那一个不做活，那一个嫌这一个懒，三天两头打架。谁挣来的钱，各人屋里的女人还捎落下攒体己。比方，老大挣了一吊钱，他女人就捎落下六百。老二挣了五百，老二家就扣二百。别的知道了，都忿不上，说："大伙（儿）挣的东西，是大伙（儿）吃，大伙（儿）用，才是呢。谁也不许想的多交的少，私自攒钱。"今（儿）个吵，明（儿）闹。你想这个日子还有什么过头哎？常说："国怕谣言，家怕吵。"这一天老大和他兄弟们说："咱们这个日子没过头了。哪里有百年不散的筵席么？咱们各人干各人的罢。八仙过海，各显其能。有能耐的就吃好的，没本事的就挨饿。"老四就说："我又年轻，又不能想钱，我不分家。"老二没能耐，想不上吃，又是个忿巴脾气，顶拧。就往老大说："你不是东西。你这个事情是不当。"说了这么一顿，把个老大说烦了。老三老四在旁边（儿）扇凉翅（儿）。老大把老二搌的地下了，你听罢，棍子棒子，咕痛咕痛，和捶牛也是的一路子好打，打了他个不是话。赶起来了，老二还不解气。出去，就抄起来了把铡刀，摸了摸，还钝，就在石头上叱啦叱啦的磨了半天。老大见他磨铡刀，和老三说："他磨铡刀，干么呢？他想着杀咱们么？"这一个拿了根磨棍，那一个抄了条扁担，去找老二去了。三（儿）人就打成堆（儿）了，也不知道怎么，着老大把老二在脑袋上打了一磨棍，只听见"哈歃"的一声，那血就流出来了，就立（儿）就没了气（儿）了。弄了一领席，这么一卷，就埋的地里了。和老二家说："你爱寻主就寻主，不爱寻主就拉倒。"你想，老二他媳妇（儿）怎肯和他们干休呢。就跑的大街上来，又喊叫又哭的说："我的天爷呀。打死了俺男人，俺领着大一个小一个的，可怎么过罢？"一半（儿）哭着，就要去告状的，着乡亲们拦住劝她。这一个说："你婶子。"那一个说："你大妈，别告状呀。常说的那话，屈死别告状。你想，要碰见个明白官（儿），给你出气；要遇见个混官（儿），他给你断个皮不察清①的，也出不了气。还有一说：'官（儿）好见，衙役难搪呀。'那么样（儿）的就见了那官（儿）了么？再一说：'清官难断家务事。'哥打死兄弟，不偿命，死了白死。"

这一个一言，那一个一语（儿），把老二家弄了个前来不的后去不的，大哭小叫闹了个不了。回来就生开了闷气了，三五天的工夫得了个气迷心（儿）就疯了，见人（儿）就打，逢人（儿）就骂；也不顾羞耻，一天家精着光着的遥街跑，谁也不敢近前（儿）。老大和老三老四商量着说："兄弟哎。"那俩说："怎么哎，大哥？"老大说："要不，咱们把个疯子也弄死她，省的她给咱们丢人丧脸的。"老四不愿意，就说："你们打死她男人了，还想着弄死她。你们干这样损事，怕老天爷不容。"老大老三就说："什么老天爷不老天爷。咱们拼了命就完了。要不家，俺把你活埋了，家里少个好吃懒做的东西。"老四丧了良心就说："哎，依你们话罢。可不用弄死她。我有个法（儿）。要弄死了她，着她娘家人知道了，他们不能不告，总得出气。出了官司，又不好打。私下不许弄死人。不如锁起她来，就没乱子。赶锁起来，给她饭，她爱吃不吃，不吃就落个饿死，咱们就干净了。还有一样（儿），人疯着劲大着着呢。等着她睡了觉，咱锁起她来，就完了。"老大老三看着有理，就愿了意了。你说，这个事情乱不乱？赶到黑下，在炕上就把那疯娘（儿）们（儿）捆起来了，嘴里给她前上绹子，就把她吊的房梁上，脑瓜朝下，脚朝上。她这么吊着，这个活的了么？死死不了，活活不了的，待了这么三四天，就死了。

常说人有三（儿）魂（儿）。赶死了么，大魂（儿）去脱生的，二魂（儿）游往，三魂（儿）守坟头。要死的屈，阎王不叫，那大魂（儿）也漂漂流流的，当冤鬼。还说："人疯，魂（儿）不疯；人傻，魂（儿）不傻；人小，魂（儿）长的大。"老二家死了以后，她二魂（儿）和大魂（儿）这么商量，说："咱活着是人，死了是鬼。咱死的屈呀，得安排着报仇。这个仇可怎么的个报法呢？"大魂（儿）说："等到半夜三更，

---

①断个皮不察清，断不清的意思。

咱们去害他们满门家眷。"二魂（儿）说："不行。黑家①他们上了门，有门神爷给他们把着门，咱们进不去。"大魂（儿）说："不碍，我有个法（儿）。咱们顺着灶桶进去么，再顺着灶火堂出来，就把他们都害了。错报了仇，不家。"二魂（儿）说："就按这么办罢。"真个，到了时候，大魂（儿）二魂（儿）就去了。先到了老三老四家屋里，把他们都掐死。再说上老大住的那屋里，得过外间屋，转锅台。二魂（儿）就说："不好，灶君爷不依咱。"大魂（儿）隔着隔山门（儿），偷着一瞧，真个板（儿）上没有灶码，说："好了。灶王爷没在家。去访查事的了。"俩魂（儿）就进了老大那屋子。大魂（儿）一动手，把脖子一掐，把个老大掐死了，还剩下老大家一个人。大魂（儿）二魂（儿）理着炕沿在上一蹲，才说要下手。你说，这个事（儿）才怪呢？老大他媳妇（儿），虽然是万恶滔天，可命里该不着死。神指鬼拨的，也不知道怎么，就醒了。浑身觉着激凛凛的，头发根子一扠②，打了个冷战（儿），心里说：屋里有了什么呢？就叫她男人。叫男人，一个地道一个乡俗。风俗大不同。河间是这么叫：他哎，你醒罢！这么左叫右叫的，叫了好几回，也叫不醒。她心里说："他睡的这么死，想必是他大魂（儿）二魂（儿）许是作梦去了。可他三魂（儿）怎么着还该在肚里，那一个跑不了。爽利推他一下子，他就得醒了。就来到了脑袋头里，推了推，也推不醒。赶掀开被子，着手一通，哎呀，冰凉。吓的她一翻身，就滚下炕来了，忙弄打火，端过灯来一看，她男人眼里长了些个眵历訾③，牙口也紧了，胳膊腿的也挺了。擘嘴，怎么也擘不开了。擘眼，也擘不开。哎呀，瘆人，是死了。再说那魂（儿）么，是夜聚明散。是魂（儿），见不的阳气。屋里点了灯，那俩魂（儿）掩在被子着了。老大家见她男人死了，门（儿）也没动，墙上也没窟窿，就知道这不是着贼人害死的，准是死的不明。不是邪魔外道的，是谁？吓的就跑到她三小叔四小叔屋里，说："哎呀！你三叔，你四叔，你三婶子，你四婶子，可了不的了！"喊叫了个八开，没人（儿）答曰。赶掀开被子，着手一通，老三老四浑身上下也都冰凉了。这就跑

---

① 黑家，天黑的时候。

② 扠（zhā），扠擘，张开的样子。

③ 眵（chī）历訾（hū），也叫眵目糊，眼屎。

的当街来，喊叫。喊叫的四面八方都来了，人们越聚越多，都说："你嚷么哎？"吓的那老大家也疯了多一半（儿），一个劲（儿）的净喊叫："我的天爷，可了不的了，把俺们一家子都害死了。"人们，这一个一听吐吐舌，那一个一听瞪瞪眼。进了院子一看，可就是真的。就劝老大家，说："你告诉给俺们，是谁杀了他？俺们给你声冤，俺们给你见官，不用你上堂。"这么七言八语的。他们越嚷，那老大家越说不出话来。那人们就恼了，都说："这家子人家可是该不着过了，净出了些个横事。怎么俺村里出这么个乱子哎？怕着他们害的，这村里都没风水了，家堂家庙都不保护了。怕往后是老的不服小，小的不服老。咱们这村里还怎么过呢？"叨唠了多半宿，天就东发亮了，各人就奔了各人家去了，那俩魂（儿）也就走了。这一家子都没落了好死，这不是别的。这是不孝的不孝，害婆婆的害婆婆，灶王详明了上天，着他家一家子家败人亡。

再说，那村里的人们很作难。要说问那老大家话，她疯了，一句也问不出来。要说禀报了官，难斗。有人说："哼，死了的死了，疯了的疯了，先不用进城，先去给她爹句话。她爹要愿意告状，咱就遂着；不愿意，咱就依着。是这么个理（儿）呀。"这个人这么一说，大伙子这么一听，可也使的了，就去给了她爹个信（儿），说："你儿死了，你还不去看看的么？"那老头子问："是怎么死的？"人们说："谁知道怎么死的哎？你是愿意押着埋了哎，是愿意经官呢？"那老头子一听经官这俩字（儿），就浑身抖擞，像吃了烟袋油也是的，就说："官（儿）难斗，我斗不了。想必是天看不见这不孝顺的狗子们，我不管。"人们说："那么你就押派着埋了。后来要出了事情，可宁着一人担，别着二人寒。不要着咱一村子吃了挂水浆。"那老头子说："是了罢。"说话，登时买了棺材，装起来，钉上棺材盖，出了村，埋在了漫洼野地，这就完了。

可见慢待公婆，是有不好的。揭被窝，端尿盆（儿），这是儿媳妇（儿）应当的，那是理，对、是、喳。哥也不许嫌兄弟没能耐，兄弟也不许嫌哥想不多对。兄宽，弟忍。做哥的该宽量，做兄弟的该忍耐。该大家抱抱着过日子，才是理呢。妯娌心和，家不散；兄弟心和，顺气丸。还有老人的古语（儿）说不错："吃饭，穿衣，论家当。"庄稼人闹不的排场。常有人，有了钱，就烧的慌，担不住。没钱就偷偷摸摸的，要偷摸不着，就扒扒，那不行。也不要打官司。打起官司来，也不知道那官（儿）断输断赢。常说："衙门口冲南开，打官司拿钱来。"也别高攀妄想的。咱庄稼人，数不着拨捌不着。千万里可别骂天地。天好，地好，那自然。不信服天地呀。要把天地扔在膜外不管了，天不下雨，地不长苗，你还吃么哎？常有老娘（儿）们子老爷们子，老天爷要是旱了，就谩怨，说老天爷不好；老天爷要是下了雨，就说："你看看这个。刮这么大的风，下这么大的雨，赶多咱晴天哎？老天爷，慢着。别着老鼋①发水，别着雨下的这么大了。"哪知道，这下雨，是老天爷的公事。对，对，是那么个事（儿）。老天爷莫的得问你对不对么？还有，别断了烧香。烧香，赶死了不受罪。阎王差小鬼（儿）叫你，领着你妥妥帖帖的。各人烧香，各人好；各人吃饭，各人饱。要是那么，管保你不和姓卢的这一家子，活的不明，死的不明。你大魂（儿）到了阴间里，也不刮他的肉，也不磨的他一点（儿）一点（儿）的，也不压的他阴山背后，万年不转人身。起个不良之心，各人劝各人，说："我是个好人，慢着，慢着，不许办损事。"要那么着，怎么不得益处呢？老天爷保护的结实着呢呀。人家一亩地打一布袋，你就打两布袋。说了半天，还是修好好呀！

---

①鼋（yuán），大鳖，此处以水中精怪兴风作浪喻大雨不止，《西游记》中通天河原来的主人便为老鼋。

56
知县女儿①

　　五代末了，南唐这一国有个江州德化县的知县，姓石，名璧。本家是福州人。四十上就丧了妻。下边（儿）又没儿，就丢下了八岁的一个小闺女，名叫月香，还有一个丫鬟和她就伴（儿）。石璧本是清官，不想脏钱。问案还是明白，没个审屈了的官司。百姓欢乐，地方清静，又没霸道，又没匪类。德化县合属的百姓，给他送的万民衣、万民伞，在大堂上挂了些个匾。天天赶退了堂，到了官宅里，石璧就抱着他家闺女月香坐的髁髅膊（儿）上，教给她念书认字（儿），或是着丫鬟和她下棋，扤毬②，什么别的玩艺（儿），哄着她玩（儿），为的是不着她想她娘。嗐，这没娘的孩子，得格外的怜惜。家家如是，到处一理。况且月香，聪明出众。有一天丫鬟和她在院里扤毬。那丫鬟一脚，把这毬踢起来了。哪知道，踢的劲（儿）忒大了，那毬打地下蹦了好几蹦，滴溜溜落的地下一个窟窿里头了。那窟窿有二尺多深。原来是在地下埋的个绍兴坛子，使着盛水的。丫鬟舒下手的，摸了摸，也没摸着。正在作难的时候，石璧来了，问月香说：“你有什么法（儿）取出这个毬来呢？”月香低头一想，说：“有了法了。”就着丫鬟提筲水来，倒的那窟窿里，那毬漂在水浮头，自己就出来了。石璧本是想着试试月香的聪明。看见那毬顺水漂出来，满心里欢喜，那不用提。

　　且说石璧在任上待了二年，一阵子时气不济，官运不好，就有了大祸了。俗话说：“闭门家中坐，祸从天上来。”这一黑下仓里失了火了，吓的石璧着惶着忙的。赶一大些个人来救的时候，把官米早就烧了

---

①改编自明抱瓮老人《今古奇观》第二卷《两县令竞义婚孤女》。
②毬，以毛填充的毛皮球。

一千多石。那个时候粮米正贵，每一斗就值京钱一吊五。还是年景不济，正缺粮食的时候。南唐地方立的国法，要有作官糟行粮食到三百石的，绑的西门外去就杀了。因为石璧是个清官，又是失的天火，不是他不小心，夙先里又没私弊，上司们都上摺子，替他表明这个事（儿）。唐王不肯赦了他，就立（儿）摘去顶戴，革了官职，着他描赔官粮，共合一千五百多两银子。把所有的家具物件（儿）都折变了，还不够一半（儿）呢。知府把他入了狱，逼刻着教他赔。他实系是赔不起。心里忧闷成病，几天（儿）就监毙了，留下月香和丫鬟这么俩人，没人（儿）照管，也没人（儿）埋葬他。暂且先搰的个闲地处，垒了个丘子，就掠起来了。知府压派着，着卖婆（儿）卖这俩人，好使这价钱赔那官粮。这不是苦上加苦呀！俗话说："越渴越吃盐。"月香正项（儿）里没娘，就够孽障的了。又把她爹死了，眼摆着下边（儿）就得不了什么好了。那不用说。

且说这德化县里有个民人，姓贾，名昌。头到石璧上任，在别的官（儿）手里着人诬告了他，还是个人命案（儿）。问成了死罪，暂且压在监里，等着愁文到了就杀他。幸亏了，那个官（儿）撤了任，换了石璧。这一天要坐堂提审，就把贾昌在监里提出来一问，贾昌把当时被拉的那屈情事一回，连叫了几声冤。石璧连问了几堂，知道贾昌被人诬告实系冤枉，就摸着他放出来，免他一死。贾昌磕头谢恩，下堂去了，自己心里说："救命之恩不可不报。"就出去作买卖的了。这新近才回来，一到家，就听见说石大老爷死了。就忙弄跑到那丘子跟前，和死了老的儿也是的，大哭了一场。又从新置买的衣衾棺椁，一家子大小都穿着重孝，单要了一块地，把石璧埋了。又听见说一个丫鬟一个小姐，官压着要卖，现在卖婆家里，疾忙带着银子找了卖婆（儿）来，问这俩人的身价多少？卖婆（儿）拿出官票来，一颤净是着红笔批的。贾昌一看，丫鬟十六岁，定了三十两。小姐十岁，定了五十两银子的官价，俩人一共是八十两银子就卖了。贾昌报恩的心（儿）大，也就不心疼银子了，就立（儿）在腰里拿出来了一包银子，有百十两挂零（儿），给卖婆（儿）平够了八十两，余外又道谢了她五两，立时领着俩人就回了家了。卖婆（儿）把这俩人的身价原封（儿）交了官库。知县详上文的，说："石知县把家财人口俱都卖净了。"上司奏明了唐王，那不用提。再说月香小姐，自打她爹一死，觉着实在的孽障，没一个时候不啼哭的；又不知道买各人的是什么人，心里怕是落在下贱地步，一半（儿）走着一半（儿）哭。丫鬟说："小姐呀，你今天到了人家，不同的跟着咱家老爷了。你要是净啼哭，可就断不了挨打挨骂的。"月香一听，就越发的觉着难受。哪知道贾昌是一片的好心。领的家来，和他媳妇（儿）说："这是我那恩人石老爷家的小姐。那一个是服事小姐的丫鬟。起当初，要不是石大老爷待我有恩，我早就着王法治死了。这二年的工夫，空怀着这个报恩的心（儿），至如今还没有报呢。不成望石老爷不等着我报恩就死了，我这心肠没处显露。常说：'有恩不报，非君子；忘恩失义，是小人。'今（儿）个见了小姐，活像见了恩人一样。你该各自拾掇出一间屋来，打扫的干干净净的，着她俩住着。桌上桌下的服事她们，可别发烦，也显着咱俩有夫妇之情。以后要有她家亲戚朋友，或是同乡作官（儿）的，来找她们，果然要说的字字相投了，就着他们领去，也算尽了我这一点（儿）人心。要是没人（儿）找的时候，就养大了她俩，在咱们这本地（儿）找个门当户对的主，出聘了她们，就完了。石老爷的坟茔也有个亲人来往，我也就于心无愧了。那个丫鬟，仍旧还着她事奉小姐，就伴（儿）作点针线活哎么的。教她们不出门（儿），也省的惹些个是非。"那小姐月香本是聪明伶俐的一个人。看见贾昌拿着这一篇子心腹话嘱咐他媳妇（儿），知道必定是个义气人，心里说：我为么不和他拉个近呢？忙弄就来到了贾昌跟前，说："小奴家本是你老拿银子买来的呀，为奴作婢是理所当然的。哪成望这样的抬举俺们，俺们可就感恩不尽了。要是不择嫌我，我情愿认你老作干爹，我就是你老的干闺女了。"说完了，就跪下了。慌的贾昌也跪在地下，忙喇着他媳妇（儿）扶起小姐来，说："我贾昌是石老爷的百姓呀。我这命是石老爷救下的呀。就是那位丫鬟，我也不敢轻视了，慢说是小姐，我可怎敢讨大认为闺女呢？也不过暂时包屈，在我这小户人家存身，不嫌我这房舍茅庵。就是按客看待就完了。一会（儿）家照应到照应不到的，求指着小姐不挑俺们的礼，俺们就算万幸呀。"月香说："你老待我们这么好，就活像爹娘在生一样呀。"贾昌又都告诉给家里别的人们，都称呼她石小姐。那小姐和丫鬟跟贾昌家一家子，也都有个称呼，那不用说。

原来贾昌他媳妇（儿）这个人，着实的不是东西，实在的不贤慧。起头看着月香长的好，各人又没儿没女的，心里打算着留下她当各人家的个亲闺女，还有点欢喜心（儿）。以后听见她男人说当客待，她就打心（儿）里不愿意。又想小姐她爹待各人的男人有救命之恩，无奈只得依着男人的话，勉强应酬着点（儿）。贾昌看着他媳妇（儿）待小姐和丫鬟也没什么外心，各人可就出去做买卖的了。在外头买来的顶高的绸缎，给石小姐做衣裳穿。有时候回家来，先问石小姐好不好。他媳妇（儿）看这个样子，心里是个气不忿（儿）。又待了几天，可就把那个古董劲（儿）使出来了。贾昌在家的时候还失不了大格，按班就次的奉承小姐，还像那么回事。俗话说："恼在心里，笑在面上。"只一背男人的眼（儿），可就另一个样子看承了：净是粗茶淡饭，爱吃不吃。还常着丫鬟作些个零碎活，连一会（儿）也不着她闲着。小姐也不敢打拨拦（儿）。还有，一天跟小姐要多少针线活，定下准数。要有时候不应口了，就指狗骂鸡，嘴里不干不净的。正是："人无千日好，花无百日红。"且说那丫鬟一天家净受气，和小姐商量着，等着贾昌回来和他告诉告诉。倒是小姐比丫鬟度量大。拦着丫鬟，说："当时贾家拿银子买咱们来，咱们也是打算着低三下四的事奉人家。不望指着人家抬举呀。如今贾婆可是不好了，谁都是有那么些个耐烦性（儿）呢。咱们也得看一个顾一个的。俗话说：'不能十个指头一般（儿）齐了呀。'她不好了，碍不着她男人的事（儿）呀。你想，咱们要一告诉，她男人必定得给咱们出气，和她搁惹吵嘴的，惹的四邻八家都不安生，那不把人家这番好心没了么？也显着咱们不知足，咱们也不乐意。你就想咱俩都是命不济的人，还是忍耐着比么也强，就完了。"

　　赶这一天贾昌作买卖回来了，走到了村头上，正碰见丫鬟在井上提水呢。井又深，筲又大，累的丫鬟通身是汗。贾昌抬头一看，丫鬟脸上黑干（儿）憔瘦的，就和她说："我满口里说了，光着你服事小姐，不用你作别的活。这是谁着你提水来了？把那筲掠的井台（儿）上，着别人（儿）来担罢。"丫鬟放下水筲，心里觉着惨凄的慌，不知不觉的吊了两眼泪。俗话说："人不伤心，难吊泪呀。"贾昌才说要问她为什么呢？她就着手把俩眼擦了擦，忙喇慌的走进大门的了。贾昌心里实在的纳闷

（儿），家来，问他媳妇（儿），说："石小姐和丫鬟有什么事（儿）？"
他媳妇（儿）说："没有什么事（儿）。"贾昌因为在外头才回来，这
么事（儿）那么事（儿）的心里也忙，把丫鬟打水的那个事（儿）也就
耽搁下了。又待了几天，贾昌在邻舍家串了个门（儿）回来，到了住房
屋里，不见他媳妇（儿）了，就想着上厨房里去看看的。正碰见丫鬟在
厨房里出来，和他走了个对头，右手端着一大碗饭，浮头有一点（儿）
咸菜。左手里拿着一个空碗，并没别的腥荤菜数。贾昌不知道这饭是着
谁吃的？就掩的旁边（儿）看着。只见丫鬟箭直的就走的石小姐屋里去了。
贾昌隔着门缝（儿）一看，看见小姐和丫鬟俩人吃这一碗饭，就着那咸菜。
贾昌一看这般光景，怒气冲天，就和他媳妇（儿）打起架来了。他媳妇（儿）
说："有的是好菜。我又不是割舍不的给她们吃。那个丫头她不拿碗盛。
难道说还得着老妈妈给她们送去呀？"贾昌说："我头上说过，这丫鬟，
光为的着她和小姐就伴（儿），不许她作别的活。我家里使用人不少，
为么单着她上厨房里盛饭的呢？还有那一遍子。她噙着两眼泪上井上提
水的，我就很疑惑有了事（儿），必定是家里难为她了。因为我忔忙，
也没迭的①细问。赶情你这么没情没理，连小姐你都慢待了，现放着好菜，
光着她吃饭。这是个什么道理呢？我在家里就这么个待承（儿）呢？这
我要出去，少不了你连饭也不给她们吃。怨不的我见她们又黑又瘦的，
赶自是这么个事（儿）呀！"贾婆说："哪里的这么俩丫头，你领的家来，
这么惜怜她们，养的她们粉白大胖的。你为的留下作小婆（儿）哎！"
贾昌说："你糊说！认作干闺女，我还不敢讨大呢。你这是说了畜类话！
你真算不通人性，我也不跟你较争。自打明天起头，我着别人（儿）另
给她俩盘锅灶。你也别管！不在一个厨房里起火了，省的你骑锅子夹灶
的，见人家吃你就红眼。"贾婆自知理亏，喔嚷了几句，下边（儿）也
就不说么了。打这（儿）贾昌吩咐别人给石小姐和丫鬟各自作好的吃。
着一个别的丫头伺候着。不许和以前也是的那么不齐整了。贾昌这么奉
养石小姐，有一年多没出去作买卖的。贾婆看出是那么个架式来了，心
里多不如意，外面（儿）可不使出来。常在男人面前耍些个马前枪（儿），
也不说长也不道短。小姐在贾昌家待了五六年的工夫，堪堪的到了嫁夫

①没迭的，顾得上。

着主的时候了。贾昌那意里是想着先给她寻个好主，各人才出去作买卖的，心里也就不挂牵着了。偏赶的婚姻又迟。他又挑主，高不凑低不就。那出身低的，贾昌又恐怕对不着石老爷的阴灵；那有名望的人家又不肯寻。把个事（儿）就骑糊住了。贾昌见亲事难就搭，家里又顺情合理的了，就又出去做买卖的了。未从出门的时候，先嘱咐了家里人们好几回，说："咱们这一家子人，全指着我养着呢。当时，要不是石爷救了我的命，咱们一家子也得失散了呀。人不忘本，才行了呢呀！要想起我被人攀拉的时候来，还有我的命么？到如今为什么不经心用意的打整小姐哎？你们千万里可别忘了我这话！"又请小姐和丫鬟出来，再三再四的拿好话安抚了她们。又指着小姐，和老婆说："我先说给你，这是我的恩人，你可别错待了她。要不听我的话，赶我回来，我就不和你是夫妻了。"把一家子都叮咛到了，这才走了。

且说贾昌在家里净偏向小姐，他媳妇（儿）打心（儿）里不忿。无奈只得依着她们生肚子闷气。贾昌在外一走，把那个刁泼样（儿）就使出来了。找了个邪茬①（儿），就把伺候小姐和丫鬟的那个丫头，扇了一巴掌，嘴里骂着说："你是我拿钱买来的，总得事奉我。你仗恃着谁的势力也不行。当家的在家里，我宽容了你。他出去，就得按着老娘我的规矩做事。除了我以外，还有哪一个该服事哎？常说，除了灶王爷，就是我大。谁要吃饭，着她自己盛来。不用你这么多劳心。只是误了老娘我的事（儿），半点（儿）也不行！"发了出子歪，趁着热闹中间，就把小姐丫鬟那锅灶拆了。月香小姐低声下气的忍耐着，一言不发，全不介意。又待了一两天，丫鬟在厨房里打洗脸水的，一摸那水，俱都是冰凉的。丫鬟不由的哼了一声。贾婆就来找寻，说："这水也不是你挑来的，你也没烧火。将就着使罢。当初你在卖婆家，谁给你烧热水洗脸哎？"丫鬟忍耐不住，就俸了几句嘴，说："我也不是没挑过水，再来我还自己挑的。我这两只手也会烧火，再来我自己烧。不用费别人的力气了。"贾婆（儿）听见她说挑过水的这话，就骂她，说："你个丫头。你前几天里挑了两挑子水，就在外头装孽障，哭哭啼啼的着当家的看见，家来和老娘我生气惹恼，咱们算干休不了。你既说会挑水烧火，打这（儿）

①"茬"原作"查"。

以后把这两条事都交给你。一天家用的水都着你挑，不许撒懒（儿）。烧火抱柴也跟你说，耗费了我的柴火还是不行。等着你那仗竿子回来，爽利你和他啼哭个样（儿），告诉告诉老娘罢。不怕他赶跑了我，认你们作女人。"小姐在屋里听见贾婆（儿）发躁自己的丫鬟，忙喇慌的来到贾婆跟前，拿好话奉承她，说："千错万错，我一人之错。什么事（儿）也有个看顾，不用怪乎她了。"丫鬟见各人的小姐这个样子，自己也回头认错，说："今（儿）个真是我的过了。看着小姐的脸（儿）饶了我罢。"贾婆听见说小姐俩字（儿），就变鼻子变脸的说："什么小姐哎小姐！是小姐，不上我这（儿）来！我是个庄稼人家，不懂得小姐是个什么！动不动（儿）的就拿小姐来压派我。我虽然是个百姓人家的儿女，我也不着压派。今（儿）个咱们得说个明白。别说是小姐，就是皇姑，也是我拿钱买来的！先说了我，才轮着你们了呢。我这贾婆，也不是你们叫的！"月香听着话不投机，眼里噙着泪花，就上各人屋里去了。贾婆又着别的丫头，以后不用和她叫小姐，就叫她月香。又着丫鬟在厨房里，缺了水就挑水，用着烧火了就烧火。不许进月香的门（儿）。月香要吃饭，着她自己来盛。这一天后晌，把丫鬟的铺盖抱的自己屋里来。赶月香坐的夜深了，老不见丫鬟来就伴（儿），无奈只得自己插门睡觉。又待了几天，贾婆连月香也不着在那屋里了。把她叫出来，摸着屋里门（儿）锁了。月香没了站脚之地。白日就在院里遛打。到了黑下，就和丫鬟通脚睡觉。早起起来，也着她和丫鬟一块（儿）作些个零碎活。俩人就这么耐活着。俗话说："人在矬檐下，怎敢不低头呢？"贾婆见月香使着顶顺手，那个坏心（儿）就欢喜了。爽利把月香那屋里门（儿），拿钥匙来开，把屋里那好绸子、好缎子、好衣裳，都鼓到的各人箱里来。月香心里是各人难受各人知道，可也不敢滋事。就是好歹子就取着就完了。有一天贾昌在外头有了顺带脚，捎了一封信，又给小姐捎了些个好东西。书子上的话语，也无非是嘱咐家里人，经心用意的服事小姐，不久的我就要回家。贾婆哪里肯听哎。把捎来的东西收下。心里的话说：我把这俩丫头作践了个不像样（儿），要等着男人回来，必定不跟我拉倒了。难道说我还得重新事奉她们不成？那个老东西把她们养肥胖了，我不知道有什么使用。他临走的时候又说，要不听他的话，回来就不和我是夫妻了。保不住他有了外心了罢。俗话常说："事到临时后悔难。"又说："一不作，二不休。"爽利把她俩卖了，绝了我这个祸根（儿），就完了事（儿），永无后患了。就是那个老汉子回来，一闹强于百闹。豁着和他打架，他横是不能打死我。难道说他还花银子买她们回来么？一定是这个主意。给他个剪草除根。立时就着别的丫头叫了张卖婆来。贾婆就叫出小姐和丫鬟来，着卖婆相了相。又打发她俩别处去，就和卖婆说："俺家六年以前买了这么俩丫头。大的二十一二了，小的儿十五六了。俺们当家的看着顶娇生，什么活也不着她们作。我想着卖了她们俩，特请张大嫂给找个查（儿）。"卖婆说："对劲（儿）。那个小些（儿）的可有个好主要她，就恐怕你不愿意。"贾婆说："我为什么不愿意哎？有其我不愿意，我还不请你来呢。"卖婆说："就是咱这本县正堂上老爷，双姓钟离，名字叫义，他是寿春县人。没有儿。所生一女，寻的德安县正堂上高大老爷家的大公子，不久就要过门。女家（儿）这头的陪送嫁妆，早就预备停当了。就是缺少个跟轿的丫鬟。前几天里老爷叫了我去，当面（儿）吩咐，着我给他找个合式的丫鬟。我正没处去找的呢。你家这位小姑娘可就正对劲（儿）。可有一样（儿），老爷是外来人，恐怕你舍不得卖给他。"贾婆心里说：我正想着卖的她远远（儿）的去呢，他算来的凑巧。况且还是官宦人家买了去，就是男人回来，他也说不上么（儿）。就和卖婆说："跟着作官（儿）的家，比跟着我强多了，我有什么舍不得呢。可得别着我赔了原价，才好呢呀。"卖婆说："你那原价是多少？"贾婆说："买的时候，那个小些（儿）的十岁上，是五十两银子的价，这五六年吃的饭钱比那原价也不少。"卖婆说："吃的饭不用算钱。这五十两银子的原价在我身上。"贾婆说："还有那个大些（儿）的，也给她找个主才好呢。她俩是一块（儿）来的。小的儿走了，大的我也不留着。她也到了寻婆家的时候了。拦的忒大了，就越不好寻主了。哪怕填房（儿）呢也给她招揽个。"卖婆说："那一个可要多少钱呢？"贾婆说："那一个买的时候，合了三十两银子。她俩一共是八十两银子买来的。"卖婆说："粗剌①子货值不了那些个银子。打着减去一半（儿）可就不大离了。我有个外甥（儿），正三十岁了，现在跟着我呢。头上

———————————
① "剌"原作"糫"。

我许下他，给他寻个媳妇（儿）了。因为我手里不宽容，把个事（儿）哎也就耽搁下了。有今（儿）个这一来，这倒是天配的姻缘。"贾婆说："既是给你外甥（儿）说，就是让你几两银子，可算个什么呢。"卖婆说："连谢媒人的礼在内，一共让我十两银子罢。"贾婆说："行了，你去说的罢。"卖婆说："我先去回复咱们县太爷的。要是说成了的时候，咱们就两手换，一手交银子，一手交人。"贾婆说："你今（儿）个还回来哎不？"卖婆说："我还得和俺外甥（儿）商量商量的呢。今（儿）个我就不回来了，等着明天再见话罢。"说完了就走了，那不用提。

且说这知县钟离义和德安县高官（儿）是个同乡。高官（儿）有俩儿，大的叫高登，年十八岁；第二个的叫高升，年十六岁。高登就是钟离义家的女婿。钟离义家光有一个闺女，叫瑞枝，年十七岁。看的本年十月里的行嫁月。这说话的时候是九月半头，眼看着离办喜事（儿）就不远了。所以钟离义着了急的也是的，着卖婆（儿）给他找个跟轿的丫鬟。卖婆恰好遇见了贾家这个事（儿），当天（儿）就禀报了县太爷知道。太爷说："人头要是长的堪住了，五十两银子可也不多。赶明天上库里来领银子，后晌就要领人来。"卖婆说："遵老爷的命。"当时卖婆就回去，和她外甥（儿）赵二商量着第二天后晌上贾家娶亲。赵二听见说，满心里欢喜。只恨夜长，尽自天明不了。有喜事在心，一宿也没睡着觉。赶第二早起起来，梳洗打扮，预备的好衣裳，伺候着后晌娶亲。卖婆手下银子不够，就东摘西借的凑上了二十两的数。又到了衙门里，领了老爷的票，就跟管库的兑了五十两银子，回到家来，把这两项银子拿着到了贾家，交给贾婆（儿）。把话来也都说明白了。说话中间天就后半晌了。县太爷差了四个轿夫，抬着一乘轿，来到了贾家门口，把轿掠平了。原来贾婆（儿）办这个事（儿），小姐和丫鬟都不知道。赶临时了，才打发月香上轿。月香不知道是哪里的事，又不知道着她上哪里去，就和丫鬟俩人，天一声地一声，爹一声娘一声的，哭了个不了。贾婆和卖婆也不管三七二十一，推着的推着，拉着的拉着，东倒西歪的出了大门。那卖婆才说："闺女哎。你不用啼哭了。贾婆把人卖的县太爷家了。县太爷家有个小姐，眼下不多的几天就要娶。着你当个跟轿的丫鬟。这一去，你就算到了好地处了。好歹是个作官（儿）的，比跟着他不强么？俗话说：

'只给大主作梅香，不给小主作童养'呀！生米作成饭了。你哭也是白哭了。"月香心里想起"人不和命争"这句话来了，只得擦擦泪，上轿。那轿夫抬到官宅里。下了轿，月香见了钟离义，光问了个好。卖婆在旁边（儿）说："这就是老爷呀，该跪下说话。"月香只得跪下磕了头。立起来，心里觉着惨凄的慌，俩眼止不住的吊泪。卖婆领着她，见了官太太，说她叫月香。太太说："月香这俩字（儿）不离，也不用改名（儿）了。就着她去事奉小姐。"钟离义也重赏了卖婆，那不用提。那卖婆得了赏，出了衙门，也就傍黑子的时候了。迈开脚步，一直的到了贾家。看见那个丫鬟正想小姐，在厨房里放声大哭呢，贾婆在旁边（儿）劝她，说："我把你来寻了张卖婆的外甥（儿）了。今（儿）后晌就来领你去。他年纪也不大。你俩顶班①配的作了两口。要按说，比着跟月香强多了。不用啼哭了。"卖婆也解劝了她回子。待了一会（儿），只见赵二打着灯笼来娶亲来了。卖婆就着丫鬟给贾婆拜拜辞别了。赵二打着灯笼在头里领道。卖婆就扶着丫鬟到了家，和她外甥（儿）拜了天地，就算一家子人了。

再说月香进了衙门，当天（儿）没事（儿）。等到了第二天，太太着她打扫打扫院子。月香听说，就拿着扫帚去打扫的了。这个工夫里老爷剃头打辫子的完了事（儿），也吃完了点心了，靴帽袍套，补褂朝珠的穿戴上，传了喊堂的喊叫三班（儿）六房，发梆敲点，正要坐堂问案呢。出了官宅，抬头一看，只见月香拿着个扫帚，在院里立着，也不扫院子，心里活像有事也是的。钟离义心里说：哼，这个事（儿）真怪道。又迈步上前，一看的时候，赶自底下有个窟窿，月香瞅着那个窟窿，泪汪汪的哭。钟离义心里纳闷（儿），不知道是怎么回事？就立（儿）又吩咐伺候堂事的那差人们，说："暂且先不坐堂呢。等着坐晚堂。那三班（儿）六房各自就散了。钟离义把官衣脱了，穿上便衣，坐的书房里，叫月香上来，问她为什么看着地下的窟窿啼哭呢？月香听见一问，就越发的觉着伤心。大哭起来了，说："我不敢对老爷说。"钟离义说："有什么屈情事，不要瞒我知道。"月香这才擦干了泪，说："小人五六岁的时候，俺爹着我在这院里扽毽闹着玩（儿）。一下子把那毽来，掉的这个窟窿里了。俺爹问我，有法取出这个毽来没有，可不许着手拿。小人我说有法（儿）。

①班，同"般"。

就着丫鬟提了一筲水来，倒的这个窟窿里，那毬自己就漂上来了。俺爹说我聪明，满心里欢喜。如今虽然这么几年的事（儿）了，小人我还没忘了呢。想起以前的事来，真伤我的心。所以，情不自禁，在这（儿）哭起来了，不想着老爷看见。求老爷可怜小人，别怪乎我。"钟离义听完了月香的话，吓了一跳，说："你爹是谁，姓么叫么？你小的时候，怎么到了这院里？你从头至尾的跟我说说。"月香说："小人姓石。俺爹叫石璧，那六年以前在这（儿）作知县。因为失了天火，烧了仓里的粮食，朝廷家把俺爹的官（儿）丢了，逼刻着着赔。俺爹受逼不过，身得重病，一命归天了。那新知县押派着，把小人和丫鬟卖的这城东某村里贾昌家了。贾昌以前受过俺爹的救命之恩，就拿银子买的俺俩家去，活像见了恩人一样，待俺们忒厚道，养到了如今。因为贾昌出去作买卖的，那老婆不能容俺们，先把小人卖在老爷这（儿），还不知道丫鬟怎么样呢。"俗话常说：兔死狐悲，物伤其类呀！钟离义问出月香的话来了，就觉着难受，心里说："我和石璧都是一样作知县的。他因为失了天火，把命也赔上。他闺女落到我手下，这也是天意。我要是不提拔她，这不算拧天而行？我要是提拔了她，就是石璧在九泉之下也不能忘了我。一定是这个主意。"立时就把月香的来历，细细的和太太说了一遍。太太说："这一说，她也是个小姐，就不可当丫鬟看待她了。老爷，这可怎么着呢？"钟离义说："着月香，和咱家闺女，姐妹相称。"就立（儿）写了一封书子，打发人送到高亲家衙门里。高官（儿）看完了书信，说："这是个好事（儿）呀。我怎么着他自己得了这个好名声呢？"立时也给钟离义写了一封回信，说是愿意着他第二个儿婆月香，还是一天婆，嫁妆多少也不要紧。钟离义满心里欢喜，就和太太把这个事（儿）说明白了。就把瑞枝那陪送分了两分（儿），该添的就再添上点（儿），俩闺女一样，没有厚此薄彼。到了婆的那头一天，就送这些嫁妆去。第二天，高官（儿）安排的人马轿夫，鼓乐喧天，灯笼火把的，就来娶亲。钟离义着瑞枝和月香，俩小姐，一块（儿）上轿。再说钟离义婆了闺女以后，黑家躺在床上，自言自语的说："石璧在九泉之下，也必定难为不着我。"正思想着呢，忽然间，威威烈烈的，进来了一个人，立的床前，说："我是月香她爹石璧，活着的时候作德化县的知县。因为天火烧仓，唐王着我赔，被押在狱里死了。上天说我没罪，封我作这一县的城隍。你老待了月香顶厚道，跟亲闺女一样的聘婆，和高知县成全了这个好事（儿）。这就是莫大的阴德，我已经奏明了上天了。你命里本当绝户，上天怜爱你老行善，赐给你一个儿传流后代，还给你加官进禄，增寿百年。高知县和你老同心行善，上天也赏赐他那俩儿作大官，报答他的阴功。你老该把这个事（儿）晓谕世界上的人知道，劝人存心行善，万不可损人利己，欺老压少。皇天有眼，看的分明。赏善罚恶，分毫不错。积善之家，必有余庆；积恶之家，必有余殃。"说完了，躬身施礼。钟离义慌忙起身回拜。一下床，着脚蹬住衣裳了。"扑"的一声跌倒在地，忽然惊醒，却是做了一个梦。赶到了第二天，钟离义坐着轿到了城隍庙里，烧上香，行了礼，又把各人的俸禄银子舍的庙里了一百两，着庙里老道重新庙宇，把这个事（儿）刻在一统石碑上，晓谕众人，千古不没。又把这梦中的言语，写信着高知县知道了。高知县看完了信，就着他那俩儿看了看，彼此都感叹了会子。以后奋力读书，作到了宰相。再说钟离义那夫人，四十七八上添了一个儿，起名（儿）就叫天赐。钟离义后来作官到了大学士，寿活九十多岁。他儿天赐后来也点了状元。

话分两头。再说贾昌在外作买卖回来，不见月香和丫鬟了，叫过贾婆来，问了问底里情由。贾婆怎来怎去的一告诉，贾昌把贾婆（儿）实实老老的打了一顿。知道小姐落的官宦人家了，贾昌倒没的话说。拿了二十两银子，要赎回丫鬟来，仍然还愿意着她事奉月香。那赵二可怎么舍的了呢？自打娶进门（儿）来，就是恩爱夫妻，不忍相离，情愿意在一块（儿）去。张卖婆（儿）也拦止不住。贾昌就领着赵二家两口子，到了德安县衙门里，禀报高老爷知道。高官（儿）底细问了问贾昌，又到了内宅，问了问儿媳。果然是这么回事。就把赵二家两口子收留下。又拿出金银绸缎来，赏贾昌。贾昌坚意呢不收，各自回家去了。打这（儿）贾昌恼恨老婆没情没义，起下誓不和她在一块（儿）。以后又寻了个小婆（儿），生了两个儿子，这也是行善的报应呀！

57

掷骰子^①

有个姓任的，名字叫建之，是鱼台人，成年（儿）家卖毡条皮袄。到了这一年，又拿着二百多两银子，上陕西去办货的。道上路遇了一个人，姓申，名字叫竹亭，是宿迁人。俩人说入了骰了，排了岁数，拜成了盟兄弟，就搭傍一块（儿）走。赶到了此处。任建之身得重病，卧床不起。申竹亭就给他请师傅唤太医，煎汤熬药的，按亲哥们打整他。待了十来多天，他这病越利害了，他自己觉着也是不行了，就和申竹亭说："我家里没有什么产业，一家八口全指着我这一个人，早起晚睡，披霜带露的要吃穿。无奈，命运不好，死在外头，离家二千多地，哪是那三亲六故哎？你就是我的个知心人。俗话说：'在家靠父母，出门（儿）靠朋友。'我行李里有二百多两银子。你用一半（儿）给我置买棺椁衣衾，剩下的就当我帮助了你的盘缠。其余那一半（儿）带的家去，交给我那一家子人养命，着家里把我这灵柩起的家去。"说完了，就爬的枕头上，写了封信，交给申竹亭，到了后晌就死了。申竹亭把他这二百两银子拿的手里，花了个五千六吊的，买了个薄皮子材，就装起来了。店里着他埋的个别处，申竹亭扯了个谎，说："我去问问庙里的山主，先埋的他庙后头。"一半（儿）说着，就出了店门。店里等了会子，老不见他回来。出去找了找，他早就跑了。店里只得操扯着埋的义地里了，在坟上插了个木牌（儿），写上家乡住处，姓字名谁，有人来认得，好弄去。待了一年多的工夫，任建之家家里才听见准信（儿）了。

任建之的儿，叫任秀，这个时候才十七岁，正在学里念书呢。听见说他爹死的外头了，就要去搬取他爹的灵柩。折变了盘缠，着个老做活

---

① 改编自清蒲松龄《聊斋志异》之《任秀》。

的跟着，他就走了。待了半年，才回来了。安排着出了殡，把家业也就花没了。这任秀生来的聪明。念书念的，已经全了篇（儿）了，不愿意舍了念书这条道。所以赶穿满了孝，又用了一年工夫，县考考的前十名，府考就是前五名，赶院考进的前三名。当时有名的好手，就是有个偏性（儿），好玩钱。他娘管的他很严，真活像断机训子的那个规矩。那么管教他，老是不改。到了保等的年头，大人下了马，他考了个四等，着同考的人们都笑话。他娘也气的吃不下东西（儿）的。他又臊的慌，又怕他娘气的好哎歹（儿）的了，就给他娘跪下，央恳着说："小儿从今以后改邪归正，再也不着娘生气了。"他娘就着他起来，发落了他会子。打这（儿）就用开了苦工夫了。又到了岁考的时候，他取了个一等第一，就补了廪了。他娘就劝着他教书。他夙先里有个好玩钱的名（儿），人家都不敢请他，恐怕他反了性。俗话说："山河容易改，秉性最难移。"他有个表叔，姓^①张，在京里做买卖，想着在京里给他成个馆，叫着他一块（儿）走，还管他盘缠。他就跟他表叔，雇上船，走了。走到了临清州，天道到了傍黑子，就在船上宿了。赶夜静了，他躺的船舱里，听见挨着的船上有掷骰子的声音（儿）。呼吆喉叫六喉，局里顶热闹。常说："耳不听，心不犯。"他越听，越睡不着觉。把那个旧病（儿）就又犯了。打心（儿）里痒痒的慌，拿起钱来，又想起他娘教训的他那话来，就又躺下，忍耐不住，就又起来。闹了这么三四回，咬牙，拿定主意了，非去不行，就拿着钱去了。到了那船上，有俩人对着面（儿）玩呢，下的顶大的注。他就把钱放的桌子上。那俩人一看，也愿意着他当。当了会子，他就赢了。那俩人，有一个输没了钱的，就拿出银子来，交给船家，船家就给了他现钱。正玩的热闹的呢，从别的船上又来了一个人，拿着一百两银子，也交给船家，船家也给了他现钱。四个人就玩起来了。他表叔张某人在船上睡醒了一看，没了他了，又听见挨着的那船上有掷骰子的响声（儿），知道他就是玩钱去了，急忙起来找了他去，想着拦住他，不着他当了。又看见他赢了一大堆钱，就没言声（儿），拿了几吊钱回来，叫船上那人们都起来，去给他倒腾钱的。五六个人鼓捣了好几趟，大约着有四五百吊。待了会子，那三（儿）人都输干了，都着他赢净了。

---

① "姓"原作"性"，疑错。

船家也没现钱了。那三（儿）人还想着使银子下注。他就说："错非现钱，不玩。"那三（儿）人急躁的没法是法的。船家贪着打头，就说："我上别的船上，给你们找现钱的。"就立（儿）又在别的船上借了一百吊钱来。那三（儿）人分着使了，给了船家银子，就又玩开了。抽锅子烟的工夫，又着他赢了。他表叔和他，又把他赢的那个，弄的自己船上来。那三（儿）人也就走了。赶老爷（儿）出来，船家一看，黑下换的那些个银子，净些个纸灰。吓了一跳，出了一身凉汗，找了任秀船上去，说了说这个缘故，想着着任秀赔他。赶问了问任秀的姓名（儿），是哪里的人，知道是任建之的儿，一低脑袋，臊的脸红脖子粗的，不言声（儿）就走了。任秀也打听了打听。赶情这船家，就是绷了他爹的那个申竹亭。当时搬取灵柩的时候，也听见说过这个人。到如今，神家打发鬼来报应了，也不用提以前的事（儿）了。把赢的那钱，给了他表叔点子，也没到了京里，就又回了家了，一年的工夫得了加倍的利钱，以后也不教书了，自家用工夫，后来会了进士，做了官，十年的工夫成了那一块（儿）的大富贵人家。俗话说："十年河东，十年河西。"

58

遗书①

　　论说这咱晚（儿）的世界，劝人行善的书很多，这个经那个传。但有一样（儿），劝了外面（儿）劝不了心里。据我看着，都是身上的瘤子，多一块肉。要依我说，只有俩字（儿），真能守住这俩字（儿），就算是个好人。哪俩字（儿）呢？就是孝弟②。这俩字（儿）里头，还贵重这个孝字（儿）。因为能孝顺父母的，就能和睦兄弟。所以这个"弟"字（儿），紧跟着孝来。凡是想到父母身上，做兄弟的就不分彼此了。就说这个产业的事（儿）罢，是有多大，是有哥（儿）三（儿）哥（儿）俩。到分家的时候，总该想这个事业，是老的（儿）给挣下的呀，还较论什么你的我的呢？设使要生在饥荒人家，老的（儿）没给留下东西，说上不算着了么？免不了自己去服些个辛苦，挣个过活来。你看，这咱人们生在有的人家，分家的时候你的多了我的少了，你的好我的不好了，动不动（儿）的就说爹娘偏向，甚至于打官司告状，真算糊涂到家业了。你想，做小的（儿）在世界上这么争吵，那爹娘在九泉之下也不得安生呀，这岂是孝子办的事（儿）呢？再说，爹娘生下我来，连一丝一线也没带来，哪是你的东西呢？还有一样（儿），爹娘不能常跟着你，也不过和你就半辈子的伴（儿）呀，就该早些（儿）不着老的（儿）生气，只恨各人孝顺不到。再说，最亲爱的是两口子，白头到老，这是长远的。你想，没有结亲以前，姓张的姓张，姓李的姓李，谁也不认识谁，前半辈（儿）都是外人。就是这兄弟们生在一家，长在一处，从小至大到老都离不开。有了什么事（儿），商量着办；有了什么难，你扶保我，我护救你。真

---

①改编自明抱瓮老人《今古奇观》第三卷《滕大尹鬼断家私》。

②弟，同"悌"。

活像胳膊离不了手一样，那样的亲，那样的近呢。这财帛，是淌来之物，没了，还能有了呢。兄弟们要没一个，可还上哪里去找的呢？就活像缺了一条胳膊，少了一条腿一样，是一辈子的残疾。说到这一块（儿），你们还不动心么？真要为财帛伤了弟兄们的情肠，倒不如生在那穷人家，省的生气惹恼，费些个嘴舌。闲话少说："我给你们说个故事（儿）。是劝人重义气，轻财帛。你们有哥（儿）们没哥（儿）们的，都碍不着我的事（儿），都该各人拍着良心窝（儿）想想。

明朝永乐年间，直隶顺天府香河县，有个姓伊的，做过两任知府，家有千金，是个富户。太太姓陈，生了一个儿，叫善继。长大成人，成家以后，陈夫人就死了。伊太守也就辞官不做，回家来过日子。这个工夫，业已就七十九岁了。虽然年老，气力不衰，精神强壮，一切的家务事（儿）他还自己经管，一会（儿）也不闲着。他儿善继和他说："父亲今年七十九，明年齐抹头（儿）正八十，为什么不把家务事（儿）推给小儿掌管着？各人安然自在的享几年福不好么？"他爹摇着头（儿）说："我活一天，就管一天。多咱死了，我才不管了呢。到那个时候，任凭你经管。"当时说这话，是个九月里的时候，就又上庄子上去收租的了。到了庄子上，就是个月期成的住着。那些个地户们，酒哎肉的供着他吃，待承（儿）顶好。这一天过晌午，他带着跟班的，在村头上闲游望，散心解闷。忽然间一抬头，看见坑边（儿）上有个年轻的姑娘，和一个上年纪的老太太洗衣裳呢。待了会子，洗完了，俩人就走了。他就留心看着，上哪里去。只见走的不远（儿），就上那个小篱笆院（儿）里去了。他就忙郎回来，叫那管庄子的，和他说："今（儿）个我见了怎么怎么的俩人（儿），在哪哪（儿）洗衣裳了，洗完了，就上那边（儿）小篱笆院（儿）里去了。你去问问，她有了婆家了没有呢？要是没寻主的时候，着她寻了我做偏房，行不行哎？"那管庄子的怕不能得（儿）的要在主人跟前买个好（儿）呢。一听这话，慌忙答应说："行了，行了。我去，我去。"再说这个姑娘姓梅。他爹是个文秀才。因为爹娘都死了，家里没人（儿）照管着，就住姥姥家。刚才说的那个老太太，就是她姥姥。这个姑娘今年十七了，还没寻婆家呢。当时管庄子的到了她家，就和她姥姥照直的说："俺们老爷今（儿）个看见你外甥女（儿），人才长的好，他看上眼（儿）了，想着寻了做偏房。虽说是不官面，可那正房已经死了这么几年了，也没有人（儿）拘管着。要是成了，进门（儿）就当家，丰衣足食的那不用说，连你老也都是俺家老爷照应着。你老百年以后的时候，也得个好发送，岂不是个好理（儿）呢？"那老婆（儿）听着说的怪好听的，当时就应许了。也是造定了的姻缘，管庄子的又会说，一说就成。急忙回去，告诉给太守。太守欢喜的着急，就立（儿）说了彩礼，在皇历上择了个好日子（儿），也没给他儿个信（儿），是恐怕他拦挡着呀，所以就在庄子上过了门了。待了几天，套着车，就和梅氏一块（儿）到了家里，和他儿媳妇（儿）上下人等都见了面（儿）。阖家大小奴婢们，都找来，磕头，称呼奶奶。太守拿出来的布匹，都赏了众人，大伙（儿）欢天喜地。

惟独他儿善继，嘴里虽然不好意思的说么，从本心里不愿意，背地（儿）里和他媳妇（儿）说："这个女人活像个娼家，没有个大家的来派（儿）。咱爹着人们称呼她奶奶，难道说还着咱俩和她叫娘不成么？要论说，在咱爹旁边（儿），就该当小婆子看承她，称她个姨娘就算不错，过后（儿）还有个退身子的步（儿）。"两口子说了半天，又冷笑，说："可笑，咱爹这么大年纪了，又弄这么个人来，可干么呢？咱们不能和她叫娘，着她后来管着咱们。赶明早（儿）先指狗骂鸡的，着她受咱们点气（儿）。"两口子嘟嘟哝哝的说了个八开。旁边（儿）就有那嘴快的人，把他俩的话传的他爹耳朵里去了。他爹心里虽然不欢喜，当时忍了一口气，也没说么（儿）。幸亏了梅氏的人性是个老好子，待上边（儿）下边（儿）的人们都是和和美美（儿），别人也都欢欢喜喜的没个恼言（儿）。待了俩月的工夫，梅氏有了身孕。瞒着众人，就是他家老两口子知道。日月如梭，光阴似箭，一天一天的也是快的呢呀。不觉待了十个月的工夫，添了个小小子（儿），举家大小都吓了一跳，不知道是哪里的事。这一天正赶的九月九，起了个名（儿）就叫重阳，待了两天，九月十一就是伊太守的生日，还是整八十，就安排着贺喜，一来为庆寿，二来为给小孩子作三晌（儿）。那些个亲戚朋友相好至厚的们，挤挤攘攘的净人了，都说："老先生这么大年纪，又得了个令郎，可见是气血不衰。真是俗话说的：'年老筋骨壮呀。'"伊太守哈哈大笑，高兴的着急，就把个事（儿）办了。他大儿背地（儿）里又发出话来了。说："哪里有干巴树又开了花的呢？这个孩子，不知道是怎么回事。一定不是俺爹的骨血。我万不能认他做兄弟。"这话又透的他爹耳朵里去了。他爹又没说么（儿）。待到了第二年九月九，给重阳做生日，亲友们又来道喜。善继头一天就躲出去了，这一天也没照应客。他爹早就知道他的意思，也没找他。嘴里只管不说么（儿），心里总是有点气（儿）。自己陪着亲友们吃饭喝酒。待了一天，赶客们散了，他大儿才回来了。心里只怕那小孩子长大了，分他一股家业，所以不肯认他做兄弟。他爹本是念书念醒了的人了，什么事（儿）不明白，什么事（儿）看不出来。看见他大儿这个光景，又想各人这么大年纪，可还有几天的活头呢？赶我死后，保不住重阳家娘儿们（儿）得上他手里讨香火（儿）。看看这个小孩子，又疼爱的慌。看看梅氏小小的年纪（儿），又可怜她。常是想出子、发出子闷，老是不痛快。又过了四年的工夫，重阳可就五岁了。他爹见他又精神又伶俐，能说会道的，就要送的学里去念书。起了个学名（儿），和老大排着叫。老大叫善继，就着他叫善述。掀开黄历，择了个入学的日子（儿），预备的酒席，领着善述学里去拜师。原来伊太守当时就给他大儿家的孙子（儿）请着个教书的先生呢，还是自己的专馆，所以就立（儿）又把小儿送的学里去念书，一个学里俩学生，小叔大侄（儿），商商量量的同来同去，在外人眼里看着都说不离，太守也很欢喜。哪知道善继和他不一心（儿）。他见那小孩子起的学名（儿）叫善述，和自己排着叫，心里就有点（儿）不忿。又和各人家的学生在一个学里念书，还得和他叫叔，自小叫熟了，后来难保受他的气。不如趁早另上别的学，躲了他倒好。当天（儿）就把他家孩子叫的家来，就说有病，不上学了。他爹一起头还打算着是真有病呢呀。待了好几天，听见先生和他告诉，说："你家大少爷另请了别的先生，不着学生跟我念书了，也不知道是个什么主意。"他爹一听这话，打心里恨的他大儿慌，立刻就要找去问的。回头一想，心里说：天生的这样畜类东西，可着人有什么法（儿）呢？任凭他的罢。又生了肚子闷气，也没说么（儿）。到了家里，一进屋里门（儿），着门闲（儿）绊了个脚。梅氏慌忙把他扶起来，搀的床上去坐下，也就不省人事（儿）了。急忙请医生先生来看了看。先生说是中了风了，烧点（儿）

姜水喝了，见点（儿）汗就好了。赶喝了水，见了汗，心里可就觉着清亮些（儿）了，可是浑身麻木，动不的。又着先生看了看，说是半身不遂。连吃了几付药，也不见功。医生又候了候脉，说："这病，也不过就是多待几天，就完了，好不俐俐了。他大儿听见说，也来看了几遍。见他爹病重了，大约着也是好不了了，就呼哎喝的，吓唬这一个，骂那一个，想着装那当家的样子。他爹在床上听着，越发的生气，又起不来，梅氏只是啼哭。连小学生（儿）也不上学的了，着他守着他爹。太守自己也知道好不了了，就把他大儿叫的跟前来，拿出来了一本家务账，什么房屋、地产、家具，一切的事，都在这本账簿子上呢。就吩咐他大儿，说："善述才五岁了，什么事（儿）还得人照管着呢。梅氏又年轻，她也不能当家。就是分给她点东西（儿），也是无益。今（儿）个我把一总的事（儿）都交给你罢。如果日后善述成人长大的了，你看着我的面（儿），给他成家立继，再分给他五六十亩地，给他东庄（儿）上住宅一处，别着他挨饿受冷的就够了。这些个话们，我都写的簿子上了。梅氏要愿意出门（儿）走呢，随她的便。要愿意守着孩子过呢，你也别强她。我死之后，你可样样（儿）依着我的话，就算是个孝子呀，我在九泉之下也就放心，不牵挂着他们了。"善继掀开账一看，真是写的清楚，说的也明白，满脸（儿）陪笑的说："是了，是了。爹爹别忧愁，只管放心罢，小儿样样（儿）依着爹的言语就完了。"抱着本账簿子，欢欢喜喜的就走了。梅氏见他走远了，两眼掉泪，指着那孩子，和太守说："难道说这个孩子，就不是你的骨血么？你把事业都给了你大儿，着俺家娘儿们（儿）后来可怎么着过呢？"太守说："你不知道。我看着善继不是个好东西。要把家业给他俩平半（儿）分了，我恐怕连这个小孩子的命都难保。不如都给了他，称了他的意，顺了他的心，他也就不生气，你家娘儿们（儿）也就平安了。"梅氏又哭，说："只管是那么，也忒不均匀哎不。"太守说："我顾命都顾不过来了。你正当着年轻。趁着我还没死呢，把孩子嘱咐给善继。敢我死后，多着一年少着半载，你找个好主，图你后半辈（儿）的快乐。也不用在他眼皮子底下，常惹气生呀。"梅氏说："你说的哪里的话哎。小奴也是书理人家的闺女，也知道一女不嫁二夫郎的那话。我岂肯别门改嫁呢？况说又有这么个小孩子，我也舍不的掉下他走了。不论怎么着，我也得守着这个孩子过。"太守说："你果然是真心守着么？你可别后悔了。"梅氏就起誓发愿，说："我要是不真心，怎长怎短。"太守说："你既是真的，别愁着你家娘儿们（儿）受穷受窄。"说完了，就在枕头边（儿）着拿出来了一个东西，交给梅氏。梅氏起头也打算着是本家务账。赶打开，看了看，有一尺宽三尺长的这么个轴子画（儿）。梅氏说："这个有什么用？"太守说："这是我的行乐图，其中藏着些个奥妙事（儿）。你可别着外人知道。收拾的严严实实（儿）的。等着孩子大了，善继要不肯看顾他，你也别说么（儿），什么事（儿）都藏的心里。多咱打听着县里作了明白官（儿），你就拿着这个轴子画（儿）去告他的，就说这是我临死的时候交给你的，求大老爷仔细看，上头自然有个说道（儿）。赶他看出来的时候，就足够你家娘儿俩过的了。"梅氏听见这么一说，就把那轴子画（儿）收拾。太守又待了几天，说了个不行就没救星（儿），把眼一合就死了。活了八十四岁。

再说善继，打那一天得了家务账，仓房库房里的钥匙也都拿的手里，见天（儿）察点家财，哪有工夫到他爹跟前问安呢。直等着他爹死后，梅氏打发丫鬟去报了凶信（儿），他家两口子才来到跟前，也哭了几声。从本心里不想，也哭不上劲（儿）。好歹应酬了应酬外面（儿），待了一会（儿）就走了，嘱咐给梅氏守尸。一切埋人用的东西，都是现成的，也不用善继费心。梅氏和小孩子守着尸，早起后晌的哭，也不离地处。善继一天家，也有来逖①的时候，也有不来的时候。连一点（儿）哀痛意思也没有。等到了一七，就看了个日子（儿）埋了。赶埋了人回来，善继家两口子就到了梅氏住的那屋里，把箱里柜里拾翻了个到，打算着有他爹存下的私财。梅氏恐怕他们拾翻着那行乐图，所以自己也下手，把自家陪送的那箱哎匣子的开开，拾掇出来了几件子旧衣裳，着他家两口子也看看。善继看着梅氏很畅快的，也就不仔细看了。两口子混闹了一回就走了。梅氏思想着实在的孽障，心里难受，就放声大哭。小孩子见他亲娘这样，也就哭起来了。娘儿俩哭了个不了。这个光景，就是泥人也得掉泪，铁人也得酸心。到了第二早起，善继就叫了个纸匠来，看梅氏住的这屋子，要裱糊裱糊，给他儿娶媳妇（儿）。把梅氏家娘儿俩，

①逖（tì），远。

遗书 | 277

撵的后头院里那三间坏屋里去，里头净是柴火葛蒡，多年没人（儿）住。着他家娘儿们（儿）在里头囚着。百么也没给他们，就是给了一面三条腿（儿）的床，一张破吃饭桌子，一条破板凳。把那大些（儿）的丫鬟他都叫了去，剩下了十一二的这么俩，伺候着他们，见天（儿）上厨房里去取饭。有菜没菜，吃饱吃不饱的，善继也不管。梅氏看着不方便，爽利和他各人过了，自己盘了个锅台，和他要点（儿）米面柴薪的，自己提水做饭。一天家给人做点（儿）针线，挣个钱（儿）来买菜吃，这么耐活着过日子。也着小孩子上了学念书，束修杂派都是自己出，善继也不管，还常着他媳妇（儿）逼刻着梅氏出门（儿）走。后来，见梅氏拿定主意了不嫁人，他也就不来说来了。又见梅氏十分的憨厚，没言没语（儿）的，善继虽然心狠，人家惹不着他，迤逦迤逦的也就不把他家娘儿们（儿）放在心上了。

待到了孩子十四上，梅氏就没有把家间事和他学说过。是恐怕孩子小，不知道么（儿），肚里盛不住话，惹出些个是非来，有损无益。到了如今，他人大心大的了，什么事（儿）也就瞒不住他了，心里也知道要好了。这一天和他娘要件绸子衣裳穿，他娘说："儿哎，咱没钱买呀。"孩子说："俺爹做过知府，留下了俺们哥（儿）俩。现今俺哥这么宽绰，我和他要件绸子衣裳穿，他就不给我么？既是娘没钱买，我去和俺哥要的。"说完了就要走。他娘一把拉住，说："我那儿，一件绸子衣裳可值多少钱，也去张个嘴求人的。你就没听见老人常说：'减食增福，减衣增寿'。小的时候穿布，大了来就穿绸子。要是小的时候穿绸子，恐怕大了，连布也摸不着穿了呀。你多等几年，好生着念书。要得了功名的时候，做娘的情愿卖了身子来，给你做衣裳穿。你那哥不是好惹的呀，你可找寻他干什么？好小子，听娘的话，别去呀。"善述见他娘说的这么可怜，就连声答应，说："是了。娘说的是。我不找他的了。"嘴里虽然应酬他娘，内里总有个不服的心（儿），心里说：俺父亲留下了家财万贯。俺俩平半（儿）分才是呢。我又不是随娘改嫁带来的外姓人。怎么他这么宽绰，我就受穷呢？他一点（儿）也不管我。俺娘又这么说，我到底不服这个理（儿）。一件绸子衣裳就没我的分（儿）么？我错找他不行。他也不是吃人的老虎，我怕他个么劲（儿）呢？就立（儿），背着他娘，就来到了善继这院里，见了善继，深深的作了个揖。善继抬头一看，吓了一跳，就问善述。来意是怎么回事？善述说："我和哥，都是官宦人家的子弟。身上穿的褴褴褛褛①的，也着人家笑话。所以兄弟我，特来找哥，要匹绸子，做衣裳穿。"善继说："你穿什么衣裳，和你娘去要的。"善述说："咱爹留下的家财，是哥你管着呀。俺娘又不当家，她可怎么的绸子给我呢？"善继听见说家财的话，就一红脸（儿）问善述说："这个话是谁教给你的？你是来要衣裳穿哎？是来争家财？"善述说："家财，后来有个分的日子。那个以后再说。今（儿）个，我先要匹绸子。"善继就翻了脸了，说："你是哪里的这么个野种？老爹爹留下的多大事业，自有长子长孙赡受，碍不着你这个野种的事（儿）。你听了什么坏人的挑唆，来着我生气？我恼恼性子，着你家娘儿俩没有站脚之地。"善述哭着说："咱俩都是老爹爹生的。我是野种，你也就是野种了。惹着你怎么个（儿）来。难道说你还敢杀了俺家娘儿们（儿），你自己赡受了家财么？"善继就越发的恼了，骂说："你这个小杂种，敢来冲撞我。一半（儿）骂着，就攒起拳来了，起溜枯腾②的打了一顿。善述挣歪③了挣歪，一溜烟（儿）也是的，啼哭骂哭的就跑了。跑到了他娘跟前，怎般如此的这么一告诉，他娘就抱怨他，说："我没说不着你惹他么？你不听我的话，你偏要去找他的。该打！"嘴里虽然那么说，一手拉的怀里来，看了看他那脑袋，打的青一块紫一块的，都肿了。用手抚拉着，心里觉着惨凄的慌，俩眼就掉下泪来了。只管是这么，左思右想的，又恐怕善继怀恨在心，反倒打发了俩使女，跟他去说好的，就说："小学生不知好歹，冒犯着他大哥了。着俺们来替他认个不是（儿）。"善继还是怒气不消。等到了第二早起，请来的族长家长，拿出他爹亲笔写的那家务账来，着大伙（儿）都看看。也把梅氏家娘儿俩叫来，当着大伙子善继就说："这不是咱们阖族的老的（儿）都来了。不是我不养活着他家娘儿们（儿），因为善述夜来来和我争家财，发了些个大话，我恐怕久后弄的不好了，俺们趁早（儿）说清了罢。我要分出他们的。

①褴褴褛褛，衣服破烂的样子。
②起溜枯腾，一作"梯溜枯腾"，大动作地，急急忙忙地。
③挣歪，挣脱。

按着俺爹的话，着他们搬的东庄（儿）那处宅子上住的，给他们五十八亩地。这都是我父亲当初立下的字样，也不是我的主意。求众位叔哎爷的给我作这么个证见。"这伙子族人夙先里都知道善继这个人利害，又有他爹留下的字样，哪一个肯向着梅氏家娘儿们（儿）说哎。就一齐都奉承善继，说："是呀，你说的那么着行了呀，千金难买死人的笔呀。就按这么办，满对着你爹那阴灵（儿）了。"然后又和梅氏家娘儿俩说："你家娘儿们（儿），又有房子，又有地，也不算没根基。只要各人好生着干，自然就错不了。有稀的吃稀的，有糇的吃糇的。那个就在各人的命了。"梅氏心里说："这么着也不错。"就依着众人的言语，和小儿善述道谢了道谢众人们，叫人搬家，拾掇这个弄那个，鼓捣了半天就完了。娘儿俩来到了东庄（儿）上，到了院里，只见满院子荒草，多年没人（儿）住的屋子，破砖烂瓦。房顶子上还有通着天（儿）的地处。地下是精潮的。可怎么的个住法（儿）罢？无奈只得将就着打扫了两间（儿），放下那面破床，把铺盖先掠下，然后又把家具安排下。又打听着那五十八亩地，净些个薄碱沙洼的，不拿苗（儿）。错了十分好年头，才有一半（儿）的收成。要是歉年，还得赔上牛量子种。梅氏叫了一声苦呀。倒是那小学生心里有个调算（儿），就和他娘说："俺们哥（儿）俩，虽然是一父两母的，都是老爹爹的骨血。为什么分家的账这么偏向呢？其中必定有个缘故。莫非他这账，不是俺爹亲笔写的么？要是家，万不能这么不均匀了。常言说：'分家不论大小'。娘，为什么不去告他的呢？经官断了，哪怕不断给咱们东西呢，那倒没的怨。"梅氏听了他儿这些个话，倒把各人提醒了。就把他爹临死的时候怎么嘱咐的，怎么把家务账都给了善继，说你是个小孩子，恐怕他谋害你。为的是都给了他，稳住他的心。可就给了我一张小轴子画（儿），说是他的行乐图，再三再四的和我说里头藏着些个细微事（儿）呢，等着县里作了明白官（儿），就拿这个去告他的。官（儿）要看出里头的事（儿）来，就够你家娘儿们（儿）过的了。善述说："既有这样的事，为什么不早说哎？那行乐图在哪里呢哎？拿出来，小儿看看。"梅氏开开箱，拿出来了一个布包（儿），解开包袱（儿），里头还包着一层子油单纸。赶打开，挂的墙上，娘儿俩都跪下，祷告，说："俺家娘儿们（儿）在小乡村（儿）

里住着，也不便易烧香上供的，你可别挑俺们的礼呀。"说完了，起来，善述仔细看了看。是一个坐像，戴着一顶纱帽，白胡子白头发，画的很清楚。怀里抱着个小孩（儿），一只手指着地下。善述看了半天也不懂得，就又卷上，包起来了，心里好纳闷（儿）。又待了几天，善述总不知道里头藏着什么意思呢，就想着找个明白人给解解这个事（儿）。这一天，吃了早起饭，就去找人（儿）的了。路过关公庙，看见有些个人们抬着整猪整羊，上庙里去上供。才说想着问问为什么呢，又见有个老头（儿），拄着根拐棍（儿），来到跟前，问那些个人们说："你们这是为什么哎？"其中有个人和他说："我叫程大。前三年里沈八汉谋害了赵材，又挑唆着赵材他女人告状，说是我害的。前任那知县是个混官（儿），问了我个死罪。我在狱里许下愿，若死不了，就在这庙里还愿。到底是老天爷有眼，不着人屈死。至如今也没替了偿。这新近县里才换了个老爷，姓滕，忒会问案，多冤屈的事（儿）也问出来了。前几天呢可就提俺们这一案。赶上去，三言两句就问出真情来了。着沈八汉替赵材偿命，把我就开消了。因为这么，众位乡亲摊的分子，为我还愿。你想，要不着明白官（儿），我就洗白出来了么？"那个老头（儿）听了半天，说："可就是。县里若做这么个明白官（儿），真算是咱们的福呀。"善述在旁边（儿）听了个清楚，回家来，和他娘怎般如此的一告诉，有这样好官（儿），为什么不把行乐图拿着去告状的呢？娘儿俩商量准了，等到了三八放告的日子，起了个早（儿），拿着那行乐图，来到县里，就喊了冤了。官（儿）就立（儿）坐了堂一问，他们没有呈字，光有这么一个小轴子画（儿）。打开一看，心里觉着着实的奇怪。问了问什么缘故，梅氏就把善继所作所为的，和她男人临死的时候说的话，细细的和官（儿）说了一遍。知县当堂把那画就收下了，着他家娘儿们（儿）暂且先回家，等着我看出真情来，再说罢。他家娘儿们（儿）磕头谢了恩，就回家来了。官（儿）立时退了堂，到了官宅里，拿起那小轴子画（儿）来，底细看了看。上头画着个老人，一只手抱着孩子，一只手指着地下，心里打算，说：这个老人必定是伊太守，这个孩子必定是善述，那不用说。这只手指着地下，莫的是着我看他地下的情面（儿），替他出力办事么？又一想，说：既说这话里头藏着细微事（儿）呢，其中必定还有个道理。我若断不清这个事（儿），就白着人说我明白了。见天（儿）退了堂，可就把这小画（儿）捣开，千思万想。连着待了这么好几天，老看不透里头的意思。到了这一天，吃了晌午饭，又拿起来，细端想了几个过（儿），还是不明白。正想着呢，丫鬟送茶来了。一只手去接茶碗的，一时不小心，也是心里没在那茶上，把一碗茶都洒的那行乐图上了。就立（儿）拿着，到了老爷地（儿）里，两只手托着就晒。就着明快（儿）一照，看见画里头有些个字（儿），心里就越发的疑惑，就拿的屋里来，揭开一看，里头有一块字纸（儿），正是伊太守的笔迹，上头那意思写的是：老夫做了两任知府，寿数到了八十，死了也不后悔。但有一样（儿），小儿善述刚才一生日，和大儿善继又是两母。善继人性又不济。老夫，恐怕后来欺负善述，现今把大宅子两处，和别的事业，都给了善继，惟独左边（儿）小屋（儿）分给善述。这小屋（儿）左边（儿）埋着五千银子，着五个坛子盛着。右边（儿）还埋着五千银子，一千金子，是六个坛子盛着。这个都不许大儿善继争夺。若有县太爷断明了这个事（儿），小儿善述该把那一坛金子谢承了。伊守谦亲笔，某年某月某日。

　　再说这个知县官（儿），是个见景生情的人。看见上头写着有些个金银，馋的嘴里直流水喇喇，就立（儿）把眉头（儿）一皱，计上心来。立时标了票子，打发差人快叫伊善继来见我。差人本是指着叫票（儿）吃饭。偏赶的半月以前没打官司的，这一班（儿）里嚷没钱花，那一班（儿）里嚷没饭吃，都是穷的着急。当时听见说有票（儿），又是财主，就活像财神下界，都来迎接。再说伊善继独霸家产，心满意足，见天（儿）在家里喝酒取乐。这一天喝的正高兴呢，只见衙役们如狼似虎，飞签火票的，立时叫他进城，不容迟误。善继推辞不过，只得跟着他们上县。到了大堂上，正当着官（儿）坐堂问案呢。衙役上了堂，打了个千（儿），说："小的叫了伊善继来了。"官（儿）说："叫他上来。"善继从来怯官。到这个时候也就没了法（儿）了，只得长长胆子，上了堂，跪下。只见官（儿）在堂上，把三角眼一瞪，问说："你就是伊太守的长子么？"善继连声答应，说："小的正是。"官（儿）说："你后娘梅氏有状告你，说你不孝不弟[1]，赶出她的在外宅居住，你独霸家产，是真的么？"善继

　　[1]弟，同"悌"。

说："继母兄弟善述，是小的养大了的呀，老爷。新近他俩要分居各过。小的并不敢撵他们呀。要说家产的事，是我父亲临死的时候亲笔写的分单，小的只得遵着父命，求老爷恩典罢。"官（儿）说："你父亲亲笔写的字样在哪里？拿来我看。"善继说："现在家里。容小的拿来，老爷看罢。"官（儿）说："你后娘那呈字上说，有家财万贯。这不同小可的。你父亲的字样是真是假，我也不知道。看你是官宦人家的子弟，暂且我先不难为你。赶明天把他家娘儿们（儿）都叫齐了，我亲自到你家里察看察看。真要是厚薄不均，我自有道理，下去。"衙役们见善继下了堂，在后边（儿）紧跟，只恐怕他跑了。跟到了仪门外头，啰唆了个钱（儿），才放他走了。又到了东庄（儿）上，说给梅氏家娘儿俩。明天老爷来，着你们在家里等着过堂。

再说伊善继回到家来，心里想官（儿）的口气顶利害，自己办的又是亏心的事，实在嫌怕。怎么着想个法（儿）搁上几个证见才好呢？就立（儿）拿出来了点子银子，把户族当家那老大长（儿）们都买服了买服，说："赶明早（儿）你们都到我家里，等着官（儿）来了，要问家财的事，你们叔哎爷的替我说几句帮寸话。"他那当家子们一听，心里说："一年家连口水也喝不着他的。今（儿）个大块（儿）银子给送了来，这正是闲时不烧香，急了抱佛脚。"一个一个的吐舌暗笑，心里说："什么也不跟银子是好东西呀，买么吃也行了。明天见了官（儿），在旁边（儿）看看风浪，再说罢。"当时就都应了善继。这一个说："那个行了。"那一个说："这事好说。"你一言，我一语（儿），欢欢喜喜的就散了，都预备着第二天见官（儿）。

再说梅氏见衙役来嘱咐，就知道县官（儿）给她作主了。来到县里，见了官（儿），磕头谢恩。官（儿）说："可怜你孤儿寡妇。固然是得给你想法（儿）呀。但有一件。我听见说善继拿着你家老先生的字样。这个事（儿）可怎么着办呢？"梅氏说："分单虽然写的清楚，那是因为小儿年幼，恐怕善继谋害他，把东西都给了善继，为的是安住他的心，保着这个小孩子有命。那也不是先人的本心呀。大老爷看看那家务账，就知道了。"官（儿）说："清官难断家务事。家务账我也不管，敢保你母子二人受不了穷就完了，你可也别想大富大贵。"梅氏说："冻不着饿不着的，就够了。小的不望指着和善继一样的过财主。"官（儿）又吩咐梅氏母子，先到善继家里等着，我随后就去。

再说善继早就打扫出客厅来了，桌椅板凳也都安排上，把当家子也都请来。赶梅氏母子来到跟前，见有自己的人，也说了几句岂有此理的话。善继虽然满肚子恼怒，这个时候也不使出来。众人等了会子，只听见村头上有喝道子的声音（儿），又听见连放了三声炮。说话中间，传锣执事两边（儿）摆列，后面（儿）红罗伞下一乘大轿，抬着威威烈烈，有才有德的个滕大尹。来到善继家门口，不慌不忙的下了轿。善继早穿戴的衣帽齐整，伺候着呢。赶官（儿）一下轿，连梅氏母子都跪下迎接。当家子们也在旁边（儿）看着，心里的话：等着官（儿）问就说，不问就拉倒。只见官（儿）进门（儿）的时候，在空中打躬，嘴里自言自语的说"请、请"，活像有人让他的一样。众人都是你瞅瞅我，我看看你，不知道是哪里的事。走一层门，打一回躬。到了客厅着，将要上台阶（儿），又连作了好几个揖，在上尽让。赶到了屋里，又在上座（儿）一让，又打了个躬，又在空中拉拉扯扯，活像有人陪着的一样，嘴里只说："不敢，不敢。"尽让了好几回，才坐了上座。众人看着他见神见鬼的样子，也不敢近前（儿），就站的两边（儿）这么看着，活像一群傻子一样。又见他对着空座（儿）说："你老先生的尊夫人，把产业事告到晚生门下。这个事（儿）可怎么着办呢？"说完了，就侧着耳朵听了会子，又说："那怨大公子不好。尊夫人家母子，可指着什么过日子呢？"待了会子，又问，说："右边（儿）小屋里有什么东西呢？"待了一会（儿），又说："领教，领教。这项银子都给二公子，不许大公子争夺。大公子的家产，也不许二公子均分。"晚生领命了。又待了一会（儿），说："晚生怎敢受这样的重谢呢？可是不敢的。"推辞了会子，又说："你老实意赏我，晚生也就不敢不受了。"说完了，就拿起笔来，写了个批，交给善述拿着。一起身，又作了个揖，说："晚生就去。"众人大眼瞪小眼（儿），就越发的惊惧了。又见官（儿）立起来，在四下里东瞜①西看，活像丢了东西的一样，说："伊老爷在哪里去了？"跟班的说："没见有人（儿）哎。哪里的伊老爷呢？"官（儿）说："这个事（儿）可就奇怪了。"叫善

①瞜（sā），方言，冀鲁官话，看、寻。

继上来，问说："你父亲方才在门外接我进来，和我对面（儿）坐了会子，说了半天话，你们听见了没有？"善继说："小的们都没听见。"官（儿）说："哪里有这样的奇怪事（儿）哎？有这么这么个人，高高的身材，瘦瘦的脸面，小小的眼，长长的眉、高鼻梁（儿）、大耳朵，雪白的长胡子，戴着乌纱帽，穿着皂布靴、红袍、金带，不是你父亲么？"吓的众人都跪下，齐声说："正是他老活着的时候那个模样（儿）。"官（儿）说："怎么一眨眼就不见了呢？"又说，"你家有两座大客厅，东边（儿）还有一座小屋（儿）。我也不知道，是真的么？"善继和作梦一样，听着官（儿）说的顶对，也就不敢隐瞒着了，慌①忙答应，说："那是真的。"官（儿）说："既是真的，走，领我到小屋着去看看的。"众人见官（儿）半天自言自语，说的活脱（儿）像真的，都信是伊太守显了灵验了。哪知道是官（儿）的巧计。他净按着那行乐图说来的，并没有半句实话，把善继和众人就都哄信了。领着官（儿），到了小屋着，众人也在后边（儿）跟着，围着小屋（儿）转了个过（儿），到了屋里，坐下，官（儿）就和善继要了那家务账来，看了会子，说："产业可真是不小，称的起是个财主。"又看到那分单着，说："账上既是写的这么清楚，就按这么办。把产业都给了你，不许善述争夺。"梅氏在旁边（儿）听着，暗叫了一声苦呀，才要磕头求恩呢，又听见官（儿）说："这小屋分给善述，你也不许争夺。"善继心里打算着，这个小屋，净些个破烂家具，值不了多余的钱，也就够我便宜的了，就答应说："老爷的明断，小的情愿遵着。"官（儿）说："你家哥（儿）俩，一言为定，不许反了后悔。"又和众人说："你们既是他的当家子大辈（儿），都不是外人，都该当个证见。刚才他家老先生当面（儿）和我说，这小屋左边（儿），埋着五千银子，着五个坛子盛着，给二公子善述，不许善继争夺。"善继打心里不信，就和官（儿）说："别说就是五千银子，就是万两黄金，也是兄弟的，小的毫不沾染。"官（儿）说："你沾染不上。你若争夺他的，我就办你。"立时叫人，拿着铁锹镢钩，就在这小屋墙下掘开了。掘着掘着，听见"哈歆"的一声，果然露出来了五个大坛子。七手八脚的抬上来，都是满满的银子。上秤约了一坛，正对六十二斤半，一千两。别的也就不用再约了。众人

---

① "慌"原作"惶"，疑错。

看着白花花的，真是一辈子见不着这些个银子，馋的眼里直冒火星（儿），嘴里拉拉涎沫，恨不得抢人家两块，可又犯法。善继越信是他爹显了灵验了。要不是，埋的这银子，各人还不知道呢，官（儿）怎么会知道？只见官（儿）把这五坛银子摆列在自己面前，又吩咐梅氏，说："右边（儿）还埋着五坛呢，也是五千两。余外埋着一坛金子，你家老先生说谢承了我。我说不敢当。他再三再四的要给我，我只得领了。"梅氏和善述磕头，说："左边（儿）那五千两，就是不打算的事（儿）。要是右边（儿）还有，小的情愿都谢承了老爷。"官（儿）说："那使不的。就是这一坛金子，要不是老先生只得给我，我也不敢要。"说完了，就又着人掘右边（儿）。果然有六个大坛，五坛是银子，一坛是金子。善继一看，也就眼（儿）热了。又有一言在先，也不敢滋事。又见官（儿）拿红笔，给善述标了那批。梅氏母子又磕头拜谢。善继从本心里不欢喜，可又没法（儿），也只得勉强着磕俩头，说："多谢老爷的恩典。"官（儿）又写了两道封条，把那坛金子封起来，就着差人抬的衙门里去了。众人都认着是伊太守当面（儿）谢承他的，都说是理之当然，也没别的话说。再说梅氏母子，第二天又来到县里，磕头谢恩。官（儿）把行乐图里头那字样揭了去，原封（儿）又裱上，交给梅氏拿的家来。到如今他家娘儿们（儿）才知道，行乐图上那个老人，一只手指地，是指的埋的那金银。这个时候，有了这一万银子，买庄货要地，就成了财主了。善述娶妻生子，念书成名。阖族里就是这一支（儿）兴旺。善继那俩儿，都没材料，把事业都糟净了。善继死后，把那两处大宅子也卖给善述。村里的人，没有不说是恶报的。

59

判官①

　　唐朝玄宗年间，长安地处有个文秀才，姓房名德，长的很伟魁，满带福气。三十上下的年纪（儿）丧了父母。日子落丕，十分寒苦，全仗着他媳妇（儿）贝氏纺线，耐活着过日子。这一年，正当着秋后的时候，房德身上还穿着个大褂子，稀烂破的，脑袋上连顶帽子也没有，心里想，说：眼看着往后天气要冷。这个样（儿）可怎么着见人呢？明知道他媳妇（儿）掠着两匹布呢，想着要来，做件衣裳穿。哪知道贝氏这个人，是个小家子出身，没有什么度量，又不贤慧。肚里是一片狼心狗肺，嘴头又巧，能说会道。舌头活像刀子一样，你怎么说，她怎么对，就是死的也得着她说活了，活的也得着她说死了。看着男人没本事，净指着各人做活来吃饭，不由的就常颠说几句。房德觉着各人不遇时，也只得怕着她点（儿）。这一天贝氏正思想：男人这个样（儿）的狼狈，赶多咱是个熬出来，怎么是个好呢？直不断的谩怨她爹娘给她寻的主不好了，耽误了她一辈子，心里越想越难受。正在气头（儿）上呢，房德去要布的了。贝氏说："你这么高一条汉子，挣不上各人的饭吃，连个衣履（儿）也弄不上，净靠着女人过日子。今（儿）个你又来和我要布。你就不嫌臊么？"房德着她呛白了几句，弄的满脸臊火，觉着没趣。只得低声下气的又说："我可是没能耐，别看现时这么被累。我想后来必定有个出头的日子。你就当借给我这匹布。赶我时来运转的时候，我再报答你。"贝氏冷笑了一声，扤着巴掌说："嘻！我不是傻子，你别净拿好话来哄我了。你就没听见人说，人到中年，没后成。你这么四十多的人了，还想着好么？错了天上掉下银子来，要不，就得去做贼偷的。你哄了我这些个年（儿）了。

---

　　①改编自明抱瓮老人《今古奇观》第十六卷《李汧公穷邸遇侠客》。

我不信你这一篇子瞎话。这两匹布，我还放着自己穿呢。你打了那个妄想心（儿）罢，别来给我添病来了。"房德央恳了半天，也没要出布来，倒惹了肚子闷气。再说和她打架，又恐怕嚷起来，着外人看着不好瞧。忍了一口气就出去了，心里打算着找个朋友借贷点（儿）。

走了半天，不知道上哪里去。偏赶的老天爷还和他做对（儿），又刮风，又下雨。把他那个破大褂子淋了个精湿，又着那西北风吹着，就起了一身鸡皮疙瘩子。来到了个村头（儿）上，有一座大庙，他想着在山门底下避避风雨。一到跟前，见有个人（儿），顶大的身量，在那里呆着呢。又听见禅堂里有和尚念经。他也就坐的廊子底下，看着那天道。慢慢（儿）的可就住了雨（儿）了。心里说：还不走，等着么哎？万一的要再下大了，可怎么着呢？就起身要走。又一抬头，看见墙上有画的个雀（儿），翅膀、尾巴、翎毛，什么腿（儿）、爪（儿），画的很清楚。可就是没画脑袋。心里说：哪有这样画鸟的呢？常听见人说，画鸟，先画头。怎么这个画法，和人不同呢？又没画完，这可是个什么意思呢？一半（儿）想，一半（儿）看，心里又说：各人还顾不过各人来呢，哪里有心管这个闲事呢？可又说，这鸟任哪（儿）画的好，光剩下了个脑瓜（儿），我给它添上。一半（儿）说着，就上庙里跟和尚借了一管笔，膏了顶饱的墨，急忙回来，画上那个雀（儿）脑袋（儿）。画完了，看了看，也不显丑，自己心里欢喜，说："我要学丹青也行了。"在那里呆着的那个人，把房德浑身上下打量了打量，满脸带着笑模样（儿），深深的给他作了个揖，说："先生是哪里的哎？贵姓哎？宝号是哪个字（儿）哎？"房德说："你是谁哎？有什么话说？"那个人说："先生你不用细问。走，跟我来。自有好处。"房德正没落（儿）呢，听见说有好处，打心里欢喜。把笔给和尚送去，跟着那个人就走。这个时候可是住了雨（儿）了，地下净些个浆泥浆水，弄的顶不好走。东倒西歪的，来到了个地处，叫乐游园。这个地处，是光见树木，不见人烟。来到了门（儿）着，那个人敲了敲门（儿）。在门外等了一会（儿），听见里头有个人拉开插管（儿），把门开开就出来了。房德一看，也是顶高顶大的个汉子。一见房德，满脸（儿）陪笑，作了个揖。房德心里疑惑，说：这两人可是干什么的呢？也不知道，叫我来，有什么好处？就问以前那个人，说："这是谁家的宅子？谁在里头住着呢哎？"那个人说："先生不用问，到里头去就知道了。"房德心里虽然含糊，可又说，业已经来到这（儿）了，爽利进去看看，再说罢。就跟进那俩人的了。赶进去，那俩人原封（儿）又把门插上，领着房德到了院里一看，荒草满地，是多年没人（儿）来往的个破花园（儿）。曲偻拐弯（儿）走到了个待终倒的亭子上。赶情里头还有十四五个人呢，都是这么大个（儿），拳大胳膊粗的，恶模恶样。见了房德，都欢欢喜喜的让了他个起坐（儿），说："先生请坐。"他就坐的板凳上。那人们又问，说："先生贵姓？宝号哪个字（儿）哎？"他说："小生姓房，名德。不知道众位有什么话说？"以前在庙里的那个人说："实对先生说罢。俺们弟兄们，都是绿林中的朋友，专一做这没本钱的买卖。因为都是有勇无谋，前几天里差一点（儿）没惹出个大祸来。所以对着天祷告，若遇见个有智料的人，推尊他做大哥，事事（儿）听他铺派。刚才在庙墙上没有画完的那个鸟，就是俺们众兄弟们画的。任哪（儿）都画完了，单剩下一个脑袋（儿）没画。那个意思是说，若该着弟兄们兴旺，天就打发个有才的英雄来，给添上个脑袋（儿），众弟兄就请他来为头。连等了好几天，没有这么个人（儿）。今（儿）个遇见房先生你，给俺们添上这个鸟头，这正是天不绝人！俺们算有了为头的了。打这（儿）以后，众人情愿听先生的号令，这还不好么？"说完了，就着众人杀猪宰羊，感谢天地，都和房德叫大哥。房德心里说：哎呀！赶自这班子人，净是一伙子贼呀！拿着我清清白白的一个念书人，可怎么干这样事呢？就和众人说："众位，听我一句话。若着我做别的，行了；若说做这样事，我可不敢应。"众人说："怎么不敢应呢？"房德说："我是念书人，还想着求功名呢。可怎么能做犯法的事呢？"众人一笑，说："先生，看你这个光景（儿），也不像有钱（儿）的。既是没钱，想着做官，这不是糊涂么？哪如跟着俺们，大瓶子酒，大块（儿）肉，吃一口香的，喝一口辣的。一年四季衣裳，单袷皮绵纱都有。金银按秤约，你要大分（儿）。再说，要有了时气，占山为王，也依你做主，那样的快乐哎。"房德待了半天也没言声（儿）。众人又说："先生要真不愿意，也不强你。可有一样（儿）。来着容易，去着就难了。要放出你的，恐怕你给俺们走露了风声。请先生把脑袋掠的这里罢，你可别怪。说完了，就上靴筒

（儿）里掏出刀子来了，耀眼争光的。吓的房德魂不附体，脸上连点血色（儿）也没了，说："众位先别动手，咱再商量。"众人说："不用商量。愿意就说愿意，不愿意就说不愿意，一言为定。"房德心里打算说，在这样荒野地处，要不依着他们就得死了，有谁知道哎。暂且先哄过这一时的。多咱得了空（儿），再跑也不晚，一定是这个主意，就说："众位兄弟既是爱见，我更愿意。我是说，自小念书，又胆（儿）小，恐怕不能做这样事。"众人说："那个不要紧。一起头胆怯，做几回就好了。"房德说："既是这样，我就从命罢。众人欢欢喜喜的，把刀子又放的靴筒（儿）里，说："如今你真是俺们的大哥了。就立（儿）拿出衣裳来，什么靴子帽子都是新的。房德穿戴上，觉着比以前那个样（儿）就强多了。众人都夸奖，说："大哥这个人品，别说为头（儿），就是做皇上也堪住了。"房德本是个穷秀才，从来没有穿过这么好衣裳。这咱这么一换，就打动他的心了。又把众人说的那一套子话，细细的想了想（儿），倒觉着有理，心里说：像我这个平常学问，怎么能做了官（儿）呢？要做不了官（儿）的时候，受一辈子贫贱，倒不如这伙子人受用。又一想，正当着十月天气，还穿着这么个破大褂子，和女人要匹布做衣裳，她都不给。又没个至亲厚友帮补。看起来，还是这人们义气。和他们素不相识，一见面（儿），就给我这么好衣裳穿，什么事（儿）还着我作主。跟他们胡闹一回，图个后半辈（儿）的快乐，也倒不错。又一想，说：不可，不可。要是着人家逮住，连命也就没了。正在胡思乱想疑惑不定的时候，只见众人烧上香，摆上酒筵，连房德一共十八个人，都冲北跪下，对天盟誓，磕了头，就算拜了盟兄弟了，请房德坐上座。真是羊羔美酒，大吃八喝。房德平常吃的，不过是粗茶淡饭，对劲（儿）还兴断了顿（儿）；就是有时候扰人，有酒有菜，也不能吃足了兴；今（儿）个是酒足饭饱，觉着心满意足了。众人还是称呼他大哥长大哥短，俱都是眉开眼笑，替换着给他酾盅。房德起头还有个含糊意思，到此如今就死了心（儿）了，一定要做这个事。心里还妄想，说：万一的我若有点（儿）造化，有这些个人们扶保着，还兴做了朝廷呢，那也是没准（儿）的事。不家的时候，遂着他们做个三回两回的，得点（儿）财帛就拉倒，求个官（儿）做，这还不好？要是命里该不着犯了案的时候，吃了喝了死了也不后悔，比饿死强多的呢。众人吃喝搅闹，待到了点灯的时候，有一个人说："今（儿）个和大哥头一回见面（儿），弟兄们很高兴，趁着这个劲（儿），为什么不取个吉利（儿）呢？"众人都说："你说的有理，咱们可上谁家去呢？"房德说："围着京门子，没有比着延平门王元宝家财主的了。他还是住在城外，没有官兵巡察。庄前庄后，门里门外，我都摸的清楚。若抢了这一家，比抢别的十来家子都强。不知道众位看着怎么个（儿）来？"众人一听，扺着巴掌，哈哈大笑，说："不瞒大哥你说，这一家子，俺们早就有意去。因为得不了空（儿），老也就没去了。今（儿）个大哥说起来，这是暗里同了心了，该着咱家哥（儿）们要兴旺。立时把酒席撤了，拿过来的火硝、硫磺、引火的东西，又拿的刀枪剑戟，一个一个的都着蓝布箍上头，红布缠上腰，穿上跟脚的鞋，黑红颜色递上脸，就活像一群妖魔鬼怪来到世界，狼虫虎豹下了高山一样，打扮停当了，出了院子，倒插上门（儿），箭直的就奔了延平门去了。

再说王元宝有百万之富。因为他叔伯兄弟王镇现时做着九门提督，才拨了三十兵，在家里把守着。也是该着房德这伙子人们倒运，当时到了门外，拿出引火的东西来点着，照的和白日一样，一呐①喊（儿）就杀到了院里。看家的那三十兵，还有二三十个做活的，一共五六十个人，都在睡梦里吓醒了，忙喇慌的起来，撼锣动鼓，也拿着兵器，和贼们打仗。东邻西舍听见有动息（儿），也都来护救。这伙子贼见人多了，摸不着抢东西，放了一把火就跑。王家那人们分，一班（儿）救火，一班（儿）赶贼。赶的不远（儿），就把贼们围住了。两下里打了一仗。把王家那人们也打伤了几个，把贼们也弄住了几个，房德也着人家逮住了。当时都着绳子捆起来。待到了第二早起，解的王镇衙门里去。王镇打发了个委员审问。这个委员姓李，名字叫勉，是个忠正义气人，又有才情，又有德行。当时坐了堂，把十来个贼，和受伤的那五六个人，都带上来，还有行凶的兵器也掠的堂下。李勉抬头一看，这贼里头，惟独房德人才不凡。心里说：怎么拿着这么个人品做贼呢？就有可怜他的个心（儿）。问明了怎么抢的，怎么打的仗，也没动刑，那贼们就都招了。赶一问房德，房德就眼里掉泪，说："小人自幼念书，没做过贼。只因为家贫，衣食

① "呐"原作"纳"。

短少，昨日想着和朋友求帮告助。走到了半道上，在庙里避了避雨（儿），着这些个人们诓骗了去，硬逼刻着小人入伙。小人出于无奈，不敢不从。"就把画鸟以前以后的事（儿）说了一遍。李勉早就有意放了他。又一想，已经被拿了，就算是贼。况说这个案子又是上司派的。若放了他，可怎么着回复呢？错非这么这么不行。就假装恼怒，吩咐差人上枷上锁入狱，等着拿住跑了的那贼再问。又打发王家受伤的那人们回家调养。看家的兵，和做活的，俱各有赏。赶问完了，退了堂，就叫管狱的王太进衙门。

原来王太从前犯过死罪，也多亏了李勉救他，就在本衙门里当差。王太感恩不尽。李勉托他什么事（儿），没有不尽心竭力办的。因为这么，就着他当管狱的头。当下李勉叫了他来，吩咐说："刚才问的那贼里头，有个叫房德的。我看着这个人不平常，必定是个不遇时的贤人。我有心要救他，因为人多势众，不能当堂明放。我想把这个事（儿）托在你身上，抽个空（儿）放他逃走，再给他三两银子做盘缠，着他上远处去躲避躲避，别在近边处又着人拿住。"王太说："老爹吩咐，理当去办。但有一样（儿），恐怕这些个狱卒们有话说。"李勉说："你放着他走了以后，就领着妻小，躲的我衙门里来，也别显身（儿）。我在上司那（儿），发一道文书，就说你图财买放了他了。把不好推的你身上，众人自然没事。你在衙门里就当是我的官亲，比当这个差使不强么？"王太说："若是那么着，小人更没处报恩了。"李勉说："不要紧。"就交给了王太三两银子。王太疾忙出了衙门，来到狱里，和狱卒们说："新来的这几个贼犯，都没动刑。别着他们在一块（儿），恐怕弄出事来。"狱卒们就听着他的话，把那几个贼，连房德，分的好几下里，就睡了觉了。王太领的房德旁边（儿），把李勉那番好意思细细的说了一遍。又把那三两银子交给他，把枷锁都去了。房德感念恩情，说："烦你老的驾，替我在老爷那（儿）说罢，救命之恩非同小可。小人今生不能报，下辈子也得报答这个大恩。"王太说："老爷一片热心肠救你，并不图你报答，但愿意回去改了这条道，别辜负了老爷那番好心。"房德说："多谢你老指教，我敢不听么？"王太看见狱卒都睡觉呢，就把自己穿的衣裳脱下来给了房德。领到了狱门口，里头外头连一个人（儿）也没有，清静的呢。急忙开了狱门，就把房德放出去了。房德一出狱门，放开脚步，也不管高低，深一脚浅一脚的出了城，也不敢回家，心里想着，说："人不该死，总有救。眼看没命的人了，遇见了这么个好官（儿）放了，这真算死里逃生呀。"又一想，可上哪里去呢？忽的声想起来，现今安禄山是皇上的干儿，又有权势。他在范阳收留天下的英雄。为什么不投奔他呢？就顺着范阳官道去了。到了范阳，恰好遇见了个朋友，叫严庄，做范阳的四衙，领着他见了安禄山。那个时候安禄山早有个作反的心（儿），专一拔选四海的豪杰。一见房德这个人才顶好，说话又投机，就留下了。房德住了些个日子（儿），暗地里把家眷也搬取了去。按下房德，别提。

再说王太放走了房德回到家来，把家具都收拾停当了，领着妻子老小就上李勉衙门里来了，也按下不提。再说众狱卒，到了第二早起，察点贼犯，一见没了房德，把枷锁掠在旁边（儿），不知道什么时候跑了。吓的众狱卒脸上焦黄，说："这个可怎么着罢？"都说："上的枷锁又不松，可怎么能够跑了呢？"又不知道在哪（儿）出去的，在四下里看了看，墙上这（儿）来那（儿）的并没掉下个砖头瓦块来，都说："这个该死的囚犯，昨日过堂的时候，他还哄老爷，说是头一回做贼。要看这个样（儿），必定是个老手（儿）。"有一个人说："我先去告诉给咱们王头的，着他快去禀官，赶紧的拿他。"就急忙到了王太家门口一看，插着门（儿）呢。叫了半天，里头没人（儿）答声（儿）。他那邻舍家过来，说："俺们听见王头家夜来后晌拾掇东西，想必是搬了家了。"那个狱卒说："没听见他说过搬家的话哎。这可是怎么的个事（儿）呢？"邻舍说："他家无非就是这两间屋（儿）。可怎么叫不应呢？难道说一家子都中了毒死了么？"那个狱卒见说的有理，就使劲把门撬开。赶情里头是着个柱子顶着呢，屋里连个人（儿）也没有。狱卒说："真是怪事（儿）。他可为什么走了呢？莫的这个囚犯是他买放了？他怕治罪，他也跑了。"猜疑了半天，心里说：别管是不是，就推的他身上就完了。原封（儿）又把门给他顶上，跳过墙来，也没有回狱，箭直的就到了衙门里，禀了官（儿）了。李勉装不知道，假嫌怕，说："这些年来我还只当王太是个托靠的呢，可不想他这么大胆子，竟敢买放贼犯。这还了的了么？大约着他也走不远。你们快去先拿他来。拿到了，就有重赏。"狱卒慌忙在四下里差人拿王太。李勉也就立（儿）发文书，着王锁知道。王锁说李勉办事含糊，就拿这一款奏明了皇上，革了他的官职，着他回家为民。又满世界差人拿房德和王太。李勉当天（儿）卸了任，收拾行李，起身。把王太打扮了个娘（儿）们（儿），藏的家眷里头，就带的他家来了。

李勉素日家家里不大宽绰，做官（儿）又不爱财。如今回了家，仍然还是更不宽绰。就和王太，还有别人，指着种庄稼吃饭。这么混了二年，日子越过越窄，这可怎么着呢？听见说他的朋友颜杲卿做了常山府的知府，新上任一半年，就带着王太，还有两个家奴，骑着马，上常山去找他的了。道上路过柏香县这个地处，离常山还有二百多地。正走着走着，只见前面（儿）执事传锣，还有喝道子的，后边（儿）还有一把红伞，伞下有个人，骑着一匹白马。打执事的那人们就喊叫，说："县太爷过来了，还不下马？"李勉慌忙下了马，闪的旁边（儿）。倒是王太眼尖，远远（儿）的就看见那县官（儿）的模样（儿）了，活像以前放了的那个贼人房德。心里疑惑，忙唰和李勉说："老爷没看见么？我看着那县官（儿），和前年放的那个房德，一样的面目。"李勉说："我也看着面熟熟的像他。"心里就欢喜，说：当时我看着这个人，是个不遇时的豪杰。果然落了这个地位。也没听见说他怎么做了官（儿）了。想着上前去认识认识的，又恐怕认差了人，就一扭脸（儿）在道旁站着。赶那县官（儿）到了跟前，在马上一眼看见了李勉脸（儿）冲外站着，王太也在旁边（儿），心里又纳闷（儿）又欢喜，急忙着众人站下，翻身下了马，给李勉作了个揖，说："恩人见了房德，怎么不言声（儿）来，反倒扭过脸（儿）的？亏了我多了个心眼（儿），仔细看了看。要不，漫过去，才不好呢。"李勉还了个揖，说："本不知道仁兄在这里。恐怕认差了人，所以没敢言声（儿）。"房德说："难得①恩人到这里来。请到衙门里住几天罢。"李勉这个时候走的人困马乏的了，又见他是实意请，就说："既是仁兄好意，小弟就骚扰会子再走。"就立（儿）上了马，俩人靠着膀（儿）就走了。王太和那俩家奴也上了马，在后边（儿）遂着。说话中间来到了城里。大闪仪门，走到了大堂上，才下了马。房德请李勉到了后堂左边（儿）有一座书房，俩人一块（儿）进去，告诉跟班的们不用都跟遂着，光留下了一个叫陈彦在门口伺候。又吩咐厨房

①"得"原作"德"，疑错。

备办上等的席面（儿）。又着人把李勉和从人骑的那四匹马，牵的马号里去，喂上。再把行李搬进来。又在内宅里叫了俩靠近的家人来服事。这俩人，一个叫路信，一个叫支成，都是房德做了官（儿）才买的。

再说房德为什么不要跟班的跟着呢？因为他净在人面前夸口，说他是宰相的后代。别的做官（儿）的都不知道他的来历，没有不敬重他的。如今李勉这一来，恐怕口角里提出以前做贼的事来，着人耻笑。所以不要人跟从着，这是他留心的地处。当时让的李勉书房里去，急忙搬过来了一张椅子，放的正当中，请李勉坐下，房德跪下就磕头。李勉慌忙扶起他来，说：“仁兄怎么行这么大礼？”房德说：“我是没命的人了。恩人把我救了，又给的我盘缠放我逃走，才有了今日。恩人就是我的再生父母呀，不能不受我这一拜。”李勉本是个忠诚信实的人，见他说的有理，就受了他俩头。房德起来，又和王太行了个礼（儿），也表明了表明以前的好处。就领着王太和那俩家奴，到了外厢房里坐下，和王太说：“如果我这下边（儿）的人们要问，千万可别提以前的事（儿）”。王太说：“你老放心，不用嘱咐，小人自然知道。”房德反身，又来到了书房里，也拉过来了一张椅子，在旁边（儿）陪着李勉坐下，说：“常想大人救命之恩，黑下白日的感念，没法报答。不成望今（儿）个有这一来，岂不是天意呢？”李勉说：“仁兄一时被屈，我也不过是行了个方便（儿），那算什么恩呢？着仁兄常挂牵着。”一半（儿）喝着茶，房德又说：“请问恩人现今升到了什么官职，怎么走着这个地处了呢？”李勉说：“我因为放了仁兄，上司说我防备不严，把我的官（儿）就革了。在家里待了二年，觉着闷闷不足的，所以就满世界闲游。今（儿）个我是想着往常山，望看颜①知府的。路过这个地处，不想遇见你在这里做了官了，着实的称我的心。房德说：“赶情是这么回事。因为我的缘故把官（儿）丢了，我倒在这里享荣华受富贵。我可实在的不乐意了。”李勉说：“古人为朋友两肋扎刀，性命尚且不顾。何况这么个小职分，可算个什么呢？但不知道仁兄自打离别以后归到什么地处，怎么做了这里的官？”房德说：“我自从出了狱，逃到了范阳，可巧遇见朋友给我引进着，见了安禄山，待我顶好，半年的工夫就着我做了这一县。可惜我没才，枉吃皇

①“颜”原作“严”，但上文提到唐朝名臣颜杲卿，此处应为“颜”，据改，后文同。

上家的俸禄，还得求恩人指教。"李勉觉着他说的是心腹话，也就信以为真了。又听见说安禄山有作反的心，房德这官（儿）又是他举荐的，恐怕后来他们同心作乱，所以因着他请教的这话，就拿好话劝他，说："做官（儿），也没有什么难处。只要往上对着朝廷，往下对着百姓了。当着为国尽忠的事（儿），生死不顾，不改志向，也不受奸臣贼子的引诱，也不见小利，忘了大义。总想着留名千古。仁兄要拿定这个主意，别说做个县官（儿），就是做宰相也行了。"房德说："恩人训教我的话，一辈子也不敢忘了。"俩人滴滴打打的这么说话，待的会（儿）不多，路信来禀报，说："业已经摆上酒席了，请老爷们坐席。"房德一起身，邀着李勉，到了客厅里一看，分上下摆了两席。是打算着着李勉坐上席，房德自坐下席。房德一让，李勉就说："仁兄这样周旋，我倒觉着不安。"房德说："恩人在上，我在陪座就觉着越礼了。我岂敢坐上座呢？"李勉说："我和仁兄今（儿）个成了知心的朋友，不必这么太谦了。"俩人尽让了会子，白当是并着膀（儿）坐下了。跟班的放下盅筷，安下席。李勉一看，盘（儿）里碗（儿）里那个丰盛，也不同得寻常待客。虽然没有凤蛋龙肝，也少不了山珍海味，什么燕窝、海参、鱼翅、鱼肚。当时都落了座，门外声吹细乐。你想，这是哪样的欢乐罢？王太和那俩家奴在别处款待，那不用提。当着这个时候，李勉房德就觉着亲热极了。吃完了饭，俩人手拉手的又到了书房里。房德叫家人路信，把应酬上司的那好铺盖，搬过来了一铺。房德亲自铺床叠被，提溜夜壶。李勉拉住他，说："这是奴婢办的事。岂敢着仁兄自己周旋呢？"房德说："我受过你老活命的大恩。就是辈辈（儿）这样，也报答不过来。这可算个什么事（儿）呢？"赶打整停当了，着家人在旁边（儿）也放下了一面床陪着。李勉见他越说越亲近，就打算着真是个义气人了，就越发的敬重了。又着家点上灯。俩人对着面（儿）坐了半宿。各人说各人一辈子的志向。第二天，别的官（儿）们听见说他有朋友来了，又是他的恩人，都想着在他手里买个好（儿），就定下日期，给他请客，也叫他陪着。赶说话的时候，房德就说从前李老爷举荐过他，所以称为恩人。

说话别絮烦了。再说房德自从李勉来了以后，一天家就是照应客，不是吃就是喝，也不坐堂问案，也不回官宅见夫人。那个恭敬，就是待他家老的（儿）也没尽过这么大的礼。李勉见他这样的殷勤，把官事都耽误了，倒觉着过意不去。住了十来天，就辞别着要走。房德哪里肯舍呢，就说："恩人这一来，是天遂人愿。哪有待这么几天，就走的理呢？多住俩月，我拨马夫送到常山，就完了。可使什么心急呢？这不和到了自家家里一样么？"李勉说："见了仁兄，我可也是不忍辞别。但有一件，仁兄为一县之主，如今，因为我在这里，耽误些个官事。如果着上司知道了，倒不方便。天长日久，咱家哥（儿）们后会有期罢。再说我主意要走，仁兄强留着我，也没什么意思。"房德看着那个架式也留不住了，就说："恩人坚志呢要走，我也就不强留了。可是打这（儿）离别了，不知道多咱才能见面（儿）呢呀？明天再待一天，咱家哥（儿）们再喝一场子，赶后（儿）再走，行不行呢？"李勉说："仁兄既有一番好意，咱就那么着罢。"房德留住李勉，叫家人路信回到官宅里，想着预备些个礼物馈送他。因为有这一回，李勉差一点（儿）就没丧了命。

再说房德的女人贝氏，自根（儿）房德就怕她，事事（儿）得和她商量，依她做主。如今做了官（儿），有了什么事（儿），还得那么着。这一回见她男人叫了俩家人出去伺候，一连（儿）待了十来天没有回官宅，只当背地（儿）里做什么事（儿）呢，十分恼恨。这一天见房德回来了，就想着闹性。又一想，因为要问个根由，也不必忒利害了，就满脸（儿）陪笑的问，说："外边有什么事，这么几天也没见你回来？"房德说："不用提了。大恩人在这里路过。差一点（儿）就没漫过去。幸亏了我眼快，看见他了，请的衙门里来住着呢。所以这几天我也没有回宅。他赶明天要走。我特来和娘子商量商量，打算着送他多少礼物。"贝氏说："什么恩人哎，说的这么怪亲热的？"房德说："哎呀，我和你说过，你就忘了么？就是前年在狱里放出我来的那个李老爷。因为放了我，把他的官（儿）也丢了。这咱我要上常山去望看颜知府的，在这城西路过。还有给我开枷锁的那个王太，余外还带着俩家奴，都在这里住着呢。"贝氏说："赶情是这么个恩人哎。你打算着送他多少东西哎？"房德说："盖世界上的恩，没有比着救命之恩大的了。这活像父母再活了一样。可得重重的谢承。"贝氏说："给他十两银子，还少么？"房德冷笑了一声，说："哈哈，娘子，你倒会打算呢。这样的大恩人，十两银子，就是送他那家奴也不够。"贝氏说："亏了你做了个知县。你若做个知府，可该怎么着呢？老娘我都没花过你的十两银子。这么个打秋封的，你想着给他多少哎？要不，再给他添上十两，快打发着他走罢。"房德说："娘子哎，你说话这么轻妙么？他救了我一命，又送给我盘缠，又坏了他的官（儿）。这二十两银子也忒拿不出手来。"贝氏从来就小家子百事的，连这二十两都心疼的慌。因为是男人的恩人，所以两回才添到了二十两。她觉着就没处多了，房德老是嫌少，心里就不欢喜。贝氏看着他有不愿意的样（儿），就故意的说："给他一百两，行不行哎？"房德说："这一百两，刚够送王太的了。"贝氏一听，心里实在的焦燥的慌，说："要送王太一百两，李勉至少也得送五百两。"房德说："五百两，还不够。"贝氏就恼了，说："爽利送他一千两，怎么个（儿）来？"房德说："这可就差不多了。"贝氏望着房德脸上啐了一口唾沫，说："呸，你疯了罢？做了几天官（儿）哎，就这么大方？交给了老娘我多少东西哎，恐怕连我卖了，还不够呢。哪里来的这些个银子，送人哎？"房德看着女人着了急了，就说："娘子有话，要商量，别着急。"贝氏大声喊着说："不用和我商量。你爱给他多少，给他多少。"房德说："要实在的凑不上，只得在库里借上。"贝氏扎着脸，说："哎，哎，哎，不嫌臊。你好大胆子。库里的钱粮银子，也是你私自用的么？要着上司知道了，我看你怎么着回答。"房德一听这话，心里烦恼，说："娘子哎，你说的只管有理，我那恩人赶紧的要走。现时没法（儿）。又只得办。可怎么着呢？"说完了，就在床上低着脑袋，发开了闷了。哪知道贝氏看着男人这个样（儿），只得要送一大些个银子，就活像剌她身上的肉一样，连肠子都急断了。就立（儿）起了个没良心，和房德说："我看着你白脱生了男子汉了。这么点事（儿）就没主意，你还想着做大官么？老娘我倒有个好法（儿）。要按我这么办，是永无后患。"房德打算着也不家有什么妙法（儿）呢，就忙弄问，说："娘子，你有什么好法（儿）来？"贝氏说："要依我看着，这个事（儿）不如今（儿）黑下抽个空（儿），把他们主人奴才都挖泯了，那样的干净哎。"说了这一句话不要紧，可就把房德惹恼了，说："嘻！你这个不贤慧的女人，心眼子忒不济。起当初，因为跟你要一匹布做衣裳穿，你不给，我出去找朋友的，着一伙子贼引诱了去，差一点（儿）没要了我的命。要不是这个大恩人，舍着自己的官，放了我，咱们夫妻今日焉能到了一块（儿）呢？你不劝我做好事，反倒着我害恩人，你这心还要的了么？"贝氏见房德恼了，立时一笑，哄他说："哎，你别恼呀。我说的净好话呀。你再听我说说。若有理，你就听；没理，你就别听。哪就值的恨的我慌么？"房德说："你说罢，我听听有什么理。"贝氏说："你揭过，我当时没给你布，至今恨的我慌。你自己想想。我自打十七上来到你家门（儿）里，哪一天吃的穿的不是我在俺娘家带来的哎？难道说这两匹布，我就舍不的给你么？我那意里，说，古时有个苏秦，没时的时候一家子都不答理他。把他那火激起来了，用苦工夫念书，后来做了丞相。我也是那么个心（儿），想着学那个故事（儿）呀。哪知道你时运不济，出门（儿）遇见了一伙子贼，又没苏秦那个志气，跟着他们胡闹了一回，惹出事来，这是你自己遭的呀，可碍着老娘我干了么了呢？再说李勉当时，真是为义气放了你么？"房德说："莫非还是假的么？"贝氏又一笑，说："嘻！你这个人哎，那个心眼子就像块石头。别人还夸你有聪明。你连这么点事（儿）都看不透，可算什么聪明呢？你自说，凡自当问官的，可有几个不爱财的呢？就是他的至亲厚友犯的他手里，他也得装不认识，要想钱的。他和你，连个对火的交情都没有。你认得他是谁，他认得你是谁？你还是真赃实犯。他可怎么，舍着自己的官（儿），放个贼犯呢？无非是听见说你是个贼头，手里必定有些个银子，放出你的，着你暗里谢承他。又没人（儿）知道，他这官（儿）也坏不了。要不是这么，为什么好几个贼独独（儿）的放了你呢？他不知道你是头一回的新手（儿）呀，赶出来，一溜烟（儿）也是的就跑了。他若知道是这么个事（儿），必定不放你。明人不用细讲。一定是这么个事（儿）。如今坏了官（儿），把过失推的你身上，那正是着你报答他呢呀。打听着你在这里做官，就来找你。你想想，是那么个事（儿）哎不是？"房德摇着脑袋说："你说的不对。当时他放我，是好意，并没一点别的心（儿）。这咱他真是往常山去，在这里路过。还恐怕耽误了我的公事，特扭过脸（儿）的装看不见。不是单为来找我。你别瞎猜疑，屈枉了好人。"贝氏又叹息，说："嘻！他说他往常山去，那净是一篇瞎话，你怎么就信是真的呢？不用说别的。

就说他带着王太，还有俩家奴，这就看出他那来意来了。"房德说："带着他们，是为的道上有个伴（儿）。那可有什么不好意呢？"贝氏说："你拉倒罢。你真算是个傻子呀。就打着李勉和颜知府相好，他去找的，难道说王太他们也和颜知府相好？要说他扭过头的装不认识，这是拿冷眼（儿）看你呢呀，看看你开眼不开眼。那正是他留心的地处，岂是好意呢？你别净拿着你那心当别人的心了，傻东西哎。还有一说，他真要是上常山，万不能在这里住这么些个晌（儿）。"房德说："他不愿意住着。是着我苦苦的留住他了。"贝氏说："那都是假的。那是看你待他怎么个（儿）。净是他用心的地处。"房德本是个没主意的人，又着贝氏这么一挑唆，心里就糊迷了，把头一低，也不言声（儿）。贝氏看着他这个样（儿），估量着哄转了他了，就又说："我看着这个恩，总是报不的。"房德说："怎么报不的？"贝氏说："你想，若报的薄了，他翻了脸，必定把以前的事，怎么来怎么去的，结果你。你那个时候，不光是坏了官（儿），保不住还得按贼办你，连命都得没了；若报的厚了，往后他得常来找你，也得照样（儿）送他。一时不足心（儿）了，他就得提起旧事来。你得好好（儿）的应酬他一辈子。这不是你的一块心病么？据我看来，迟早也是得罪了他。常言说，先下手的为强，后下手的遭殃。你若不听我的话，事到其必，后悔可也就晚了。"房德听说到了这（儿），点了点头，不由的就变了心了。又一想，说："如今是我要报恩。他并没提和我借取的话。恐怕他没有这番心罢。"贝氏又一笑，说："哎，他是没见你的东西呢呀，所以他先不说么（儿）。赶你给的他少了，他自然有话说。再说他就是不说么（儿），你这官（儿）也就不能做了。"房德说："为什么呢？"贝氏说："他这一来，你待他顶亲热，衙门里的人也不知道是怎么回事，必定问他那家人。他那家人还能给你瞒着么？一定是得说明了。你想，住衙门的人那个嘴，还有不利害的么？知道你做过贼，必定当个稀罕（儿）笑话你。着别的官（儿）们都知道了，就是不当面（儿）揭你的短（儿），难免没些个背言背语的。我问你，还有什么脸做这个官（儿）哎？这还算小事。再说他既是和颜知府相好，到了他那（儿），还有个不提你的事（儿）么？听见说那颜知府脾气很古怪，他又是咱的上司，如果那个时候他要是给你嚷，嚷的这一弯（儿）

里都知道了，咱们想着跑都不能了。不如快快（儿）的下手，省的在颜知府那（儿）丢这分（儿）人。房德起头就怕李勉的家人走漏了这个消息（儿），所以在背地（儿）里都嘱咐了。到这咱听见贝氏说出来了些个利害，正对了他怕的那个心（儿）了，把报恩的那个意思，就扔在九霄以外了，连声说了几个："娘子你说的是，娘子你说的是。错了娘子会看事（儿），差一点（儿）就没害了自己。可是还有一样（儿）。他来的时候，衙门里的人都知道。赶明天若不见他了，别人不疑惑么？再说他们这尸首可怎么消解了呢？"贝氏说："那个不难。略薄的等一会（儿）。光留下几个靠近的人，其余别的都打发出去，不用他们伺候。把李勉和他那家人，假装给他们饯行，拿酒把他们灌醉了，一刀一个都杀了。然后把书房用火点着，明天起来，拾掇些个碎骨头，谁还认得哎？都打算着是失了火把他们烧死了。咱们再放声假哭一回，别人就都不疑惑了。"房德一听，又欢喜，说："娘子这个计，实在的好。我就去办的。"贝氏知道房德没主意，恐怕去的早了，俩人又说入了彀，又动了他那个慈悲心（儿），就拦着，说："天道还早的呢。再待一会（儿），再去罢。"房德听着女人的话，就先不去。

哪知道墙里说话，墙外有人听。他家公母俩说话的时候，贝氏舍不的馈送银子，专意挑唆着房德害人，打算着外头没人（儿）听见。不想路信从来和他们可是没外心，是不知道房德的来历。如今听见他们俩争多嫌少，以至于放火烧屋子，把这些个话们起根把尾（儿）的听了个清楚，倒吓了一跳，心里说：哎呀，赶情俺家老爷做过贼呀，幸亏了这李老爷救了他的性命。他还有恩不报，反来为仇，还哪里有天理良心呢？看起来，这么大恩人，他还想着谋害呢。我这当奴婢的，若有点不好，他还能容从我么？跟着这个样（儿）的恶人，是净不好没好。明天我也跑了罢。又一想，说："我为么不救了这四个人的性命呢？这也是积阴功的事（儿）。就立（儿）把自己的银子都收拾起来，把要紧的东西也都预备的手底下，慢慢（儿）的出了官宅，急忙来到书房门口。看见叫支成的那个家奴，在厢房廊子底下守着个炭炉子打盹呢，也没惊动他。一步迈进书房门的，见李勉爬着桌子看书呢，王太和那俩家奴都没在屋里。路信来到李勉跟前，爬的耳根台子上，唔唔着说："李老爷，你的大祸到了，还不快走，等着么哎？"这一句话不要紧，把李勉吓了一大跳。急忙问："什么祸哎？"路信把他拉的旁边（儿），把房德家两口子说的那些个话，细细的学了一遍。又说："小人觉着李老爷没罪受害，心里实在的不安。所以我特来，给老爷送个信（儿）。要不快快（儿）的起身，手等着大祸就来到。"李勉吓的浑身冰凉了，止不住的抖擞，就感谢路信，说："要不是老兄你救我，就没了我的命了。这个大恩情，我可怎么报答罢？我万不能像这样忘恩失义的狠心人。"急的路信跪下，说："我的老爷，你使小些劲（儿）说话罢。不要高声喊叫，恐怕支成听见。给咱们走漏了风声，连我的性命都难保。"李勉说："老兄的好心，我知道了。但有一件，我走了，他必定问你的罪，着你受了累。我也于心不忍。"路信说："我又没妻子老小。老爷走了，我也就跑的远远（儿）的去了。你老不用惦记我。"李勉说："既是这样，你跟我上常山去不好么？"路信说："你老要肯收留我，我怕不能得（儿）的呢。"李勉说："你是我的大恩人，怎么说这样的话哎？可是王太和那两家人都出去买鞋的了，这可怎么着呢？"路信说："等着我去找他们的。"李勉说："那马也都在号里拴着呢，也是没法牵的。"路信说："也等着我去牵的。"说完了，出了书房门一看，支成不在廊子底下打盹了。路信就到了厢房里头，看了看，也没有。原来支成在茅厕里解手的了。路信只当和李勉说话着他听见，进了官宅告诉房德的了，心里就吓坏了，就立（儿）反过身来，和李勉说："李老爷，不好了。咱们说话，着支成听见，去告诉主人的了。咱们快着走罢。不用等着王太他们了。"李勉吓的，连哼也不敢哼了，把行李连别的东西都撇下了，跟着路信狼狼狈狈的出了书房。衙役们见了，都立起来。李勉两步并成一步走，急忙出了仪门，可巧有马夫牵着三匹马遛呢。路信和马夫说："快牵过马来，着李老爷骑着，上西关里去拜客的。马夫见是县官（儿）的客，还有衙门里的二爷，只当是真事（儿），就牵过去，着他们骑上。才说要走呢，王太就来到了。路信连忙叫他，说："王大哥你来的好，快跟俺们走罢。"就又着马夫牵过那匹马来，王太也骑上，一齐出了县衙门口。马夫在后边（儿）紧跟着，路信又和他说："这位李老爷明天要起身。你去说给马号里，管李老爷马的那一个，喂的饱饱的。你不用跟着了。"马夫听说，就回去了。三（儿）人到了大街上，一过桥，看见那俩家奴，拿着两双鞋，也回来了，问说："老爷上哪里去哎？"
王太说："连我都不知道。"李勉就说："快跟着俺们走罢。不用多说话。"
李勉路信马上加鞭急走。王太见主人这么慌慌张张的，也不知道上哪里
拜客的，心里疑惑，在后边（儿）紧跟。那俩家奴也放开脚步遂着。眼
看来到了西门里，远远（儿）的望见西关里有俩骑马的要进城。路信认
得有一个在衙门里当买办的叫陈彦，那一个倒不熟意。陈彦见了李勉和
路信，滚鞍下马。路信和他说："李老爷要上西关里拜客的，缺少两匹马。
把你们这马暂且借给这二位爷骑骑，遂后就来。"陈彦怕不能得（儿）
的哄着李勉欢喜，望指着在他们老爷面前说个好话，你想，还有不愿意
的么？连声答应，说："李老爷若用，那是现成的事。等了一会（儿），
那俩家奴，走的通身是汗，一瘸一拐的来到了跟前。陈彦和那个人，把
马扎挣和鞭子，递给他们，上了马，跟着李勉路信出了西门，把嚼子松开，
二十马蹄（儿）一块（儿）起一块（儿）落，飞也是的直望着常山大道
去了。

　　再说那管茶的支成，上茅厕里解了手回来，沏上茶，送到了书房里
一看，连个人影（儿）也没有，心里说：李老爷一定是闷的慌，少不了
在外边（儿）散心的了。等了有吃两顿饭的工夫，还不见回来。才说上
外头去找的呢，一出书房门（儿），看见房德迎着头子就来了，急了也
是的问支成，说："你见了路信了没有？"支成说："没见，想必是跟
着李老爷去闲游望的了。"房德心里疑惑。正想着着支成去找的呢，只
见陈彦从门外来了。房德问，说："你见了李老爷了么？"陈彦说："刚
才在西城门着碰见了。路信要上西关里拜客的。连我的马都借了去，
着那俩家人骑着，一共五匹马，紧在西跑，不知道有什么事（儿）。"
房德一听，知道是路信走漏了消息，也就不往下问了。反回来，又到了
官宅里，和贝氏一告诉，贝氏听见说走了，倒吓了一跳，说："罢了，
罢了。这个大祸越来的速了。"房德见贝氏也着了急，慌的手忙脚乱，
谩怨说："还没见人家怎么样呢，都是你们娘（儿）们（儿）家说长道
短的弄出这样大事来。我看，这个可怎么着？"贝氏说："你不用着慌，
常言说：：'一不做，二不休'。事到其间，也就说不的了。大约着他
也走不远。快打发几个心腹人连夜（儿）去赶的，打扮个做贼的样（儿），

赶上，都杀了他们。剪草除根，永无后患。"房德就立（儿）叫陈彦进宅，和他计较这个事（儿），想着着他去赶的。陈彦说："这样事可做不的。我伺候老爷行了，杀人的事我没学过。如果若着人看见，保不住连我都得拿住杀了。这个事（儿）我倒有治。还不用人多了，着他们一个也走不脱。"房德一听，就欢喜极了，说："我那小爷爷，你有什么法（儿）？你快说罢。"陈彦说："城里有新来的一个人，在哪哪（儿）住着呢。我见他一天家也没什么生意买卖，黑下出去，赶到明了才回来，我就打听了打听他是干的。有一个人暗地（儿）里说给我了，说他是个英雄，有飞檐走壁的能耐，眨眼之工就能走一百里地。是神是人谁也不知道，可都知道他最义气，常给人打抱不平，杀那土棍嘎子①们，所以人都称呼他义士。老爷为么不预备点礼物，去请他的呢？就说李勉要害你，求他报仇。他要是应许了，这个事（儿）就不难办了。"贝氏早在里间（儿）里听见了，说："这个法（儿）行了，快去求他的罢。"房德说："可拿着多少礼物呢？"陈彦说："他是个义气人，看着人情为重，财物为轻。用三百两银子就行了。"贝氏止不住的紧张，说："去罢，去罢。就立（儿）平了三百银子。"房德换了便衣，着陈彦和支成跟着，三（儿）人步下邃（儿）就去了。到了那人门口，陈彦轻轻（儿）的敲了两下。只听见里边（儿）把插管（儿）一拉，开开了一扇门（儿），探出脑袋来，问说："谁叫门（儿）呢哎？"陈彦默伏伏（儿）的说："本县老爷来拜望义士。"那个人说："这里没有义士。"一回头，就要关门。陈彦说："先别上门，有句话说。"那个人说："我得早睡觉。有话，明天再说罢。"房德说："略薄的说两句就走，不敢耽误义士睡觉。"那个人说："有什么话，进来，说。"他三（儿）就进去。把门（儿）关上，走过了一层院子，里头院里有两间的个小屋（儿）。到了屋里，房德爬下就磕头，说："小县不知道义士在这里住。少照应了。今（儿）个见了义士，真是万幸。"那个人慌忙扶起他来，说："老爷是一县之主，怎么行这么大礼，这不失了官体了么？我并不是义士。老爷别错认了人。"房德说："小县单为来拜望义士，哪有认错了的呢？"说完了，就着陈彦把礼物献了，说："拿不出手来的这么点小礼（儿）献给义士，喝个茶哎吃个点心的，义

_____

①土棍嘎子，地方上的无赖恶棍。

士千万不要推辞，将就着留下，就算给我脸了。"那个人一笑，说："我是乡村（儿）里的一个无赖子，满世界跑海①，没一定的安身之处，连点小能耐（儿）都没有，怎敢当这义士的名（儿）呢？这些礼物我用不着，快拿去罢。"房德又作揖，说："礼物虽小，出自小县一点真心（儿），望义士不要推辞。"那个人说："老爷那么样（儿）的来找我这么个野人，又拿着大礼，到底是为什么哎？"房德说："义士收下，我再告诉。"那个人说："我虽然贫贱，发下愿了，不取无义之财。你要不说明了为么，我一定不收。"房德又跪下，假装哭，说："我有这么几年的仇不能报，现今仇人就在眼前，特来求义士可怜我，替我出一膀之力，把这个仇报了，一辈子也忘不了义士。"那个人摇着脑袋说："我说老爷你认差了人了。我连各人都顾不过来，可焉能给人办大事呢？况说这杀人的勾当，不同小可的。若着人知道了，不连累上我么？你们快着走罢。"说完了，就先起身，在外走。房德一把拉住，说："常听见说义士打抱不平。我这咱有大宽枉，义士不可怜我，这个仇恨永远不能报了。"说完了又哭。那个人看着这个光景（儿），就认真了，说："你有什么冤屈事（儿）哎？说罢。可行可止的，该怎么办怎么办？"房德编了一套子瞎话，说李勉从前做官的时候，着人攀拉我，说我是贼。赶拿了我去，各样的刑罚都收拾到了，又枷起来，还着管狱的那个王太千方百计的谋害我。幸亏了有人看见，不至于死。后来换了别的官（儿），才把我放了。这咱听见说我在这里做官呢，就和王太找了来，挟我这一样（儿），和我要多少银子。又串通着我的家人路信在暗地（儿）里谋害。事没有成，他们带着路信往常山大道上就跑了，准是挑唆着颜知府摆治我。我这命，不知道丧在哪一会（儿）？那个人一听，气冲两肋的，说："赶情老爷受过这么大屈呀，这还了的么？老爷先回衙门，这个事（儿）朝着我办罢。我就去，理着他的脚印（儿），哪（儿）赶上哪（儿）杀，替你报仇。后半夜（儿）里听我的信（儿）罢。"房德说："有累义士怜惜我。我在衙门里，点着灯，候着罢。事成之后，另有重谢。"那个人变了颜色（儿），说："我一生就是好打不平，并不图人的谢承。就是你拿来的这个礼物，我也不收。"一落话把（儿），就出了门，只见活像飞的一样，就走了。

①跑海，也作"刨亥"，意为四处找事做。

房德和他那俩家人，你瞅我，我看你的，说："真不是凡人呀。"就立（儿）把礼物收回，就回了衙门了。

再说王太和那俩家奴，见李勉和路信出了城门，不去拜客，只是乱跑。也不知道为什么，一气（儿）就跑了三十里地，天也就晚了，又打听不着店，就在月亮地（儿）里深一脚浅一脚，舍着命的才跑呢，只恐怕后边（儿）有人赶来。在道上，连半句话也不敢说。走到了三更天，一共走了八十多里地，可就来到了个镇店地处。走的人困马乏，路信说："咱们走的不近了，大约着没了事（儿）了。要不，咱们在这里宿了，明天再走罢？"李勉说："宿了，宿了啪怎么呢？"就在村里喊叫，说："嘻！借光呀，哪头（儿）有店哎？"喊叫了好几声，听见有人（儿）答应，说："打这（儿）上北去，道西里就是店呀。"他们就在北一拐角，见门口挂着个笊篱，就知道是店。他们就敲了敲门（儿）。店家开开门，领进他们的；把牲口，揭了鞍子，拴的槽上，喂上草料。路信说："店家掌柜的，有闲屋（儿）没有哎？给俺们拣一座。"店家说："正对劲（儿），还有一座闲屋（儿），很干净。"就立（儿）点上了个灯，领的他们屋里去。李勉坐的板凳上，呼咧呼咧的直喘。王太到底不知道是怎么回事，心里就忍不住了，问说："请问李老爷，房德待咱们不错哎，说了拨马夫送咱们到常山，从从容容的再走不好？如今怎么把行李撇下，活像逃难的一样，受这个辛苦，路信又跟咱们来，这是怎么的个事（儿）哎？"李勉大"嘻"了一声，说："你不知道。要不是路二爷，咱们死无葬身之地了。宁可脱了这个难，还顾的行李和辛苦了么？"王太吓了一跳，问是怎么个事（儿）。李勉才想着要说，这个工夫里店家见他们五个人五匹马，来的恍恍惚惚的，黑更半夜，一点（儿）行李也没有，疑惑着是做贼的，就来到屋里盘问，说："众位客人做什么买卖哎？打哪里来哎？怎么这么晚才下店哎？"李勉正一肚子闷气没处说呢。见店家来问，就答应，说："嘻！说起来可就话长了。店家，你坐下，我爽利跟你告诉告诉罢。"就把房德做贼犯到他手里，怎么放的他，怎么为他坏的官（儿），怎么到的他衙门里，他怎么款待。今（儿）个因为我辞别着要走，他回到官宅里，听了女人的话，要谋害我。幸亏了这位路二爷报信（儿），才跑到了这里。把前前后后的事（儿）细说了一遍。王太一听这话，咬牙切齿的冲着北骂了几句，说：

"房德呀房德，我把你这个忘恩失义的狠心贼，若早知道你是这么个东西，可怎么会放了你？"店家也哼呀嗐的替他们伤心。路信说："店家，俺们主人今（儿）个走乏了，忙弄给俺们弄点东西（儿）吃了，早些（儿）睡觉，明天好赶紧走道。"店家答应了一声就出去了。只见床底下，腾的下子出来了一个大汉，浑身打整的顶俐落，手里拿着明煌煌的细刀子，带着一身的杀气。吓的李勉那一伙子人，魂飞天外，都跪下，说："壮士，饶命罢！"那个人扶起他们来，说："你们不用嫌怕，我自有话说。我一生好打不平，要杀天下没良心的人。刚才房德和我说你要谋害他，求我来杀你。哪知道这个小子，是安了没良心，拿着当报仇。若不是你说明了以前的事（儿），差一点（儿）就没错杀了你。"李勉又磕头，说："义士，饶命罢！"那个人又拉起他来，说："不用谢。我自然不杀你。你在这里等一会（儿），工夫不大我就回来。"说完了，就出去了。李勉他们也送出去。只见那人在院里往上一踪，就上了房，活像个飞禽一样，眨眼之工就不见了。吓的李勉他们吐舌瞪眼，不知道再回来有什么事(儿)，心里扑腾扑腾的也不敢睡觉，连饭也吃不下去了。

再说贝氏见房德回来，只说是把事（儿）办妥了，礼物原封（儿）也没动，欢喜的着急，连忙整的酒席摆在屋里，两口子点着灯等着。等到了三更多天，忽然听见树上那老鸹野鹊的怪叫，树叶子哗哗喇喇的也直落。房德抬头一看，正是那个人回来了，就上前，作揖迎接。那个人也不理他。才说要问问呢，只见那人在腰里掏出细刀子来，恼恨恨的指着房德就骂，说："你这个没良心的贼子。李勉是你的大恩人，你不说报恩，反倒听女人的话要害他。事（儿）没有办成，你就该后悔，又拿一篇子瞎话来哄我。若不是他和我告诉实事（儿），连我也显着不义气，就得错杀了人。刺你一万刀子，才能出了我这不平之气。"房德才一张嘴要说话呢，脑袋早就下来了。吓的贝氏成了一团（儿），连动也动不的了。那个人指着，骂说："你这个不贤慧的泼妇，不劝你男人做好事，倒教给他害恩人，我看看你这心是个什么样（儿）的？"一脚把她踢倒，用刀子在胸膛上叱流就是一下子，把五脏六腑都掏出来，血淋淋的拿在手里，在灯影（儿）里一看，说："我只当这个狗妇肚里和人不一样呀。原来也是这样。可怎么这么毒狠呢？"掠的旁边（儿），又把脑袋割下来，把俩脑袋拴成堆（儿）装的一个口袋（儿）里，擦了擦手上的血，把刀子掖起来，一出屋（儿）就跳墙走了。

　　再说李勉五个人，在店里等到了五更天，忽然听见门外有动息（儿）。众人都出来看的时候，正是那个人回来了，把那俩人头放下，说："我把房德这个贼子杀了，把他女人也开了膛了，这不是他们那俩狗头？"李勉又嫌怕又欢喜，跪下就磕头，说："你老真称的起义士。天下少有。请把名姓（儿）说给我，以后必当重报。"那个人一笑，说："我从来没有吐过名姓，也不图人的报答。"说完了，在怀里掏出来了一包子药，着指甲挑上了一点（儿），弹的那俩人头上，刀断的地处。又把药包撅起来，和李勉一拱手，出了屋里门（儿）。李勉送出去，只见那个人往上一蹿，蹿的房檐（儿）上去，又和李勉点了点头，顺着墙就走了。李勉回来一看，那人头一会（儿）比一会（儿）的小，抽锅子烟的工夫化成了一片清水。这才放了心。待到了明天，和店家算了账，备上马就走了。又走了两天，才到了常山，见了颜知府。颜知府见是朋友到了，活像天上掉下来的一样，大闪仪门，手拉手的进了衙门，王太路信和俩家人在后边（儿）跟着。颜知府一看四五个人没有行李，心里就纳闷（儿），问是怎么的个缘故？李勉把以前的事（儿），怎么来怎么去的一告诉，大伙子好后怕罢。待了两天，邻封的县官知道柏香县的老爷太太都着人杀了，就详文到了颜知府那。也都到了柏香县，验明了尸首，细问了问情由，陈彦只得把房德要害李勉的事（儿）从头至尾的一说，就立（儿）差了些个马快①，带着陈彦，拿那个人。就来到那个人住的地处，看了看，光有几间空房子，连个人影（儿）也没了。那官们就没法（儿），就说柏香县黑下有了贼，把老爷太太杀了，把脑袋也拿了去，没处拿人。把个事（儿）遮掩过去了。又置买棺椁，装殓起来，埋了。李勉在常山住了俩月，就辞别着，回了家了。这个时候王锜做了犯法的事，充的永军不回。凡自在他手里坏了的官，都是原归旧职。李勉又当了几个月的问官，没有半年升到了监察御史。人们都说："还是做好事的好呀！"

---

　　①马快，指古代衙门里侦缉逮捕罪犯的差役。

60

破毡笠①

　　明朝正德年间，苏州府昆山有个人，姓宋，名敦，大号玉峰，是个官宦人家子弟。他媳妇（儿）卢氏。就是这么两口人过日子。因为老的（儿）给丢下了点（儿）事业，所以他家两口子也不做什么活，吃了来就呆着。俩人都是四十来的岁数，并没生过一男半女。宋敦这一天和他媳妇（儿）说："养儿防备老，积粮预歉年，这是老人常说的话呀。咱俩都是四十多的人了，连个儿也没有。眼看着就白了头发了。赶百年以后，可指着谁呢？"说完了，两眼就掉下泪来了。卢氏说："你家老辈（儿）里又没干过不好事。老天爷必定不着你断子绝孙。这得儿，也有早晚。若是该不着早得儿，就是生养了，也活不了，再说还恐怕把咱俩折死，白受些个累，惹的心里倒不痛快。"宋敦点了点头，说："可是那么个事（儿）。"就擦了擦泪，不提这回事了。才说要出去散散心的呢，只听见院里有人叫了他一声，说："玉峰哥在家里么？"宋敦没听出是谁来，侧着耳朵听了听，那人又叫了一声。这一回可就听出声音（儿）来了。是他的个斜对门（儿），姓刘，叫顺泉，净指着使船，在河里揽些个货，也载人。他这只船，净是硬木打的，值好几百银子。他和宋敦最相好。当时宋敦听见是他叫，就接的屋里来，烧了壶茶，一半（儿）喝着宋敦就问，说："顺泉老弟，今（儿）个怎么这么闲在，没有揽上脚么？"顺泉说："脚可是揽上了。有一件东西，特来和玉峰哥借用。"宋敦说："船上用的东西，我有么？"顺泉说："不是船上用的东西。我知道玉峰哥准有，所以我才敢来张嘴。"宋敦说："要是有，我必定借给你。"原来宋敦家两口子，因为没儿，常满世界在庙里烧香的，有着黄布缝的个口袋（儿），净盛

---

　　①改编自明抱瓮老人《今古奇观》第十四卷《宋小官团圆破毡笠》。

什么烧纸哎铂的，求神用的物件（儿）。当时刘顺泉借这个口袋，也是因为他媳妇（儿）不生育。听见说徽州新修了一座奶奶庙，着实的灵验，有求必应，四外八方那些个烧香祷告的车马不断，刘顺泉恰好揽了上徽州去的货，顺带脚也想着去烧香的。因为没有这个口袋（儿），知道宋敦家有，特来和他借。当时和宋敦说了说这个缘故，宋敦低头不语。顺泉说："玉峰哥莫非不愿意借给我么？我使这一回，要是哪（儿）开了线破了，我赔你新的。"宋敦说："岂有此理呢？我也是想着上奶奶庙里去烧香的。你这船赶多咱走哎？"顺泉说："我这就要开船。"宋敦说："这个口袋，你嫂子还有一副呢，一共是两副，咱俩一人用一副。"顺泉说："若是那么，更好了。"宋敦到了里间（儿）里，和他媳妇（儿）说了说，要和刘顺泉上徽州去烧香的。卢氏也很欢喜。就立（儿）上神龛（儿）上摘下那两副口袋（儿）来，交给刘顺泉一副，各人拿着一副。顺泉说："我先头里上船上等着你的，你可就忙弄来，我那船在西门外桥下湾着呢。你若不嫌船上吃喝不济，你可就不用带什么干粮。"宋敦说："就是罢。你头里走，我随后就到。"宋敦立时打整了些个纸马千张[①]，又拿了两子（儿）香，又拿了一条绳子，包里起来，穿上了一件新衣裳，也来到了西门桥下，上了船。恰好那一天刮的顺风，七十里地走了半天就到了。刘顺泉把船湾在枫桥以下。卸完了货，当天（儿）也没上庙里去，就在船上宿了。第二早起起来，就着河水洗了洗手脸，吃了点（儿）素饭，漱了漱口，把那烧纸和香一总的东西都拿着，着伙计们看着船，俩人箭直的就来到了奶奶庙着。老爷（儿）刚露头。进了山门，看了看，那正殿门还没开呢，他俩就在廊子底下闲游望，说："这个工程真不小呀！"正说这庙的好呢，只听见那边（儿）开了庙门，出来了一个老道，把他俩接的庙里去。老道点上灯。他们把那香哎纸的也着老道烧了。他俩就跪下，祷告，说："奶奶哎，可怜俺们这没儿的穷人罢。"那一个又说："哪怕闺女呢，俺也不嫌。"祷告完了，在那小泥胎（儿）脖子上拴上那根绳（儿），就磕头，老道就敲磬。一人磕了俩头，起来，给老道俩钱（儿），俩人一块（儿）出了庙门。刘顺泉就邀着宋敦上船，一块（儿）回去。宋敦说："一来坐你的船，着你受累，就够我不乐意的了。"

①纸马千张，一种印有经文的黄裱纸。

顺泉说："你说的哪里的话哎，咱们都是谁和谁呢？提不着那个。"宋敦说："你去揽货的罢。我起早①走就行了。"当时刘顺泉就上枫桥着揽载的了。宋敦才说要家走②呢，听见墙那边（儿）有哼哼的声音（儿）。来到跟前一看，有一座小席棚（儿），里头躺着个有病的和尚，叫他也不答应，问他也不说话，从那边（儿）又来了一个老人，说："善人是哪里的哎？你看他，莫非想着修点好么？"宋敦说："这位老师傅又不吃又不喝了，我可怎么着修好呢？"那个人说："这位老师傅是山西人呀，今年七十八岁了。他好的时候说一辈子没吃过腥，见天（儿）念《金刚经》。在这里化缘三年了，搭了这么个小席棚（儿），在里头住着念经，一天吃一顿素饭。也有给他俩钱（儿）的，也有给他点（儿）米的，就这么耐活着。半月以前得了病，有十来天不吃东西（儿）了。打前晌（儿）连点水（儿）也喝不下去了。有人问他赶多咱死？他说给他买棺材的人还没来呢。今（儿）早起连话也说不出来了。他说的那个买棺材的人，好不好（儿）就是善人你？"宋敦一想，心里说：我是为求（儿）在这里来烧香。做这条好事，老天爷不能不知道，万一的，因着这个事（儿），赐给我个儿，也是有的。就问那老人，说："这里有板店么？"那个人说："出了这条过道，往西一拐，道南里有个黑梢门，就是板店。"宋敦说："既是那么，我在这（儿）不熟，你老领我去，一块（儿）看看的不好么？"那个人说："行了。"就领着他，一同到了板店里。这板店里，掌柜的叫陈三郎，正指拨木匠们解板呢。那个人一进门（儿），说："陈三掌柜的，我给你领了个主顾来了。"三郎说："屋里坐着罢，想着买么哎？"那个人说："想着瞧个棺材。"三郎说："上这屋里挑来罢。"三（儿）人就到了盛棺材的那屋里，三郎说："这是头号的，三两银子一个。"还没等着宋敦还价呢，那个老人就说："掌柜的哎，我先跟你说句话。这位善人是给席棚里那个病和尚买棺材。你该别要谎。一半（儿）买卖，一半（儿）修好。"三郎说："既是修好的事，我也就不要赚（儿）了，光要个本（儿）罢。算二两六钱银子，再也少不的了。"宋敦说："价钱很公道，可有一样（儿）。我遂身带着的银子还不够数

———————————

①"早"原作"旱"，疑错。

②家走，回家。

呢。得等着我上枫桥下边，有我的乡亲使船的，叫刘顺泉。我和他借够了，立时就回来。"三郎说："行了，随你的便罢。"那个老人打算着宋敦使个脱身计要走，就不欢喜，说："善人既发了这个慈悲心（儿），怎么又想着脱逃哎？刮风下雨你不知道，身上没带着银子你还不知道么？你没银子，可瞧的什么棺材呢？要光说句空话，谁不会说哎？"正谩怨着呢，只见街上有些个人们，一群一伙的直上东跑，都说那个和尚死了，上前去看的。那个老人又和宋敦说："善人，你没听见么？那老师傅已经死了。他在阴间里巴巴的等着你给他买棺材呢呀！"宋敦就说："罢了。爽利我不去借的了。先把烧香剩下的一两七钱银子掏出来，着陈三郎收下。又把各人身上的衣裳脱下来，说："这件衣裳也值一两多银子，掌柜的先收下，等着我拿钱来赎。"陈三郎说："善人可别怪乎我，本来不认识，我先收下罢。"宋敦又在脑袋上拔下来了一根银簪子，交给那老人。有人说："说书的，你说差了。怎么男人也戴簪子呢？因为明朝时候不梳辫子，是留头戴网子，得有根簪子搏着。当时宋敦把他那簪子递给老人，说："把这根簪子，你拿去，换几吊铜钱，埋殡他花费。"那别人就说："难得这位善人，把衣裳都卖了，可怜了这个和尚。他既办了大事，其余别的小事（儿），咱们大伙子也该凑俩钱（儿）帮助他。宋敦又到了棚着，看了看，那和尚真死了。他就眼里掉泪，看了会子就家走了。

赶到了家，就一大后晌了。他媳妇（儿）见他家来的晚，身上穿的衣裳又没了，脸上又没个欢喜模样（儿），只当是和人打架闹气了，急忙上前去问。宋敦摇着脑袋，说："不是，说起来可就话长了。你先给我烧口水喝。"他媳妇（儿）给他烧中了茶，端的炕上去，一半（儿）喝着，就把遇见病和尚的事（儿）从头至尾一告诉，卢氏说："正该这么着。"宋敦见他媳妇（儿）很贤慧，也就改了那忧愁变成欢喜。两人就睡了觉了。睡到了半夜里，宋敦做了个梦。梦见那个和尚来道谢来了，说："施主，你这一辈子命里该着没儿，寿数也到了头了。因为你心强，老天又给你增上了六年的阳寿，还着我脱生的你跟前做儿，报答你给我买棺材的那个善心。卢氏也梦见有个金身罗汉来到了屋里，睡梦里说梦话就喊叫开了，把宋敦也吵醒了，各人说了说各人的梦，半信半疑的。打这（儿）卢氏就怀了孕。待了十个月的工夫，添了一个小小子（儿），起名（儿）就叫宋金。两口子那个欢喜就不用提。这个时候刘顺泉家也添了个闺女，起名（儿）叫宜春。待了五六年的工夫，两家的孩子都长大了，当间（儿）里就有那好管闲事（儿）的给他们提亲事。刘顺泉倒很愿意的。宋敦嫌他是个使船的，嘴里只管说不出来，心里可是不愿意。又待了几天，得了个暴病（儿）就死了。光剩下卢氏过日子，又把掖着宋金念书。又赶上连年年头不济，村其中那些个不是货的人又欺负她孤儿寡妇，把日子就越过越窄了，十来年的工夫弄了个家产净绝。卢氏一阵子心窄，也得了个病（儿），死了。埋了人以后，宋金连个住处也没了。可有一样（儿）。自小念书心（儿）灵，学的能写会算。那房边有个范举人，选的浙江衢州府江山县的知县，正缺这么个人。有人把宋金举荐了去。范举人一见，着他写了俩字（儿），打了打算子，果然是写的顶好，打的很对，就留的书房里，给他换上衣裳，待了两天，就带着他上任的了。那别的跟班的，什么当门上的，都气害他。范举人耳朵软，就听了众人的话。这一天宋金办错了点事（儿），举人就恼了，把给他的那衣裳也扒下来，就赶出去，不要了。宋金来到外省里，举目无亲。回家，又没盘缠。没别的呀，就得要饭吃，白日满世界跑一天来，黑下就在庙里歇着。头一回要饭吃又摸不下脸（儿）来，吃饱吃不饱的就算一天。慢慢（儿）的就面黄肌瘦的了，不像以前那个模样（儿）了。又是个秋后的天气，忽然间下了一场大雨，又出不去门（儿）。要不了来，就吃不了，在个庙里忍饥挨饿的就这么受着。这雨直下了上一天的工夫才住了。宋金紧了紧裤腰带，出了庙门，也不管泥水，想着去要点么（儿）吃的。刚一下庙台（儿），迎着头子来了个人。宋金睁眼一看，不是别人，正是他爹的好朋友刘顺泉。宋金觉着没脸（儿）见他，把脑袋一低，装不认识，想着漫过去。哪知道刘顺泉眼（儿）尖，早就看见了，在背后一把拉住，叫了一声，说："你不是谁谁么？我听见说你跟了官（儿）了。怎么又弄了这么个样（儿）来？"宋金两眼掉泪，告诉，说："小侄（儿）衣帽不齐，也不用作揖了。"就把范举人待他刻薄的事（儿）说了一遍。刘顺泉说："若是那么，你跟我去，在船上写写账（儿）来，做点零碎活（儿）的，管保你受不了罪（儿）。"宋金就跪下，说："大叔若肯收留我，就是再生的父母了。"当下刘顺泉领着宋金到了河沿（儿）上，自己先上了船，和老婆商量了商量。老婆说："这也是两方便的个事呀，怎么不好呢？"刘顺泉就叫宋金上了船，见了老婆，把自己的绵大袄着他穿上。也见了宜春，着他俩论姐弟。刘顺泉说："还有饭没有哎？给侄子端来吃。"老婆说："饭可是有，就是凉些（儿）。"宜春说："锅里有烧的热茶，泡饭吃行了。"老婆又给他拿出来了点咸菜（儿），递给宋金，说："船上的吃喝（儿）比不的家里呀，侄子得包含着点（儿）。"宋金说："是饭就充饥，是衣就遮寒呀。一辈子常有这个吃，就不离呀。"刘顺泉见他连个帽子也没有，就着宜春在后舱里拿出那顶毡帽来，着他戴上。宜春拿起来一看，破了一道口子，就在脑袋上拔下针线来，把那道口子缝上，掠的船头上，说："拿毡帽去戴的罢。"宋金拿过来戴上。吃完了饭，刘顺泉就着他刷船。根子来了也是个新鲜（儿）。待了两三天，刘顺泉见宋金呆着呢，心里说：新来乍到的就呆着，别着他呆惯了。学懒了，再不服管教了。不如早些（儿）指拨着他做点活（儿）。就喊叫，说："嗐！吃我的饭，穿我的衣裳，得给我做点活（儿）才行了呢。别净呆着呀。我没有闲饭养活闲人呀。没有别的活（儿），闲着搓根绳子，也有用处。怎么巴巴的呆着呢？"宋金惶忙答应，说："是了，是了，哪（儿）有麻哎？"刘顺泉就递给他了一绺麻，告诉给他搓多粗多长的绳子。宋金打这（儿）小心谨慎的做活，也不敢撒懒（儿）。写账算账都是他的，分毫不差。别的船上多有请他去写算的。客人们见了，也都夸他好。刘顺泉家两口子也就另眼（儿）看待他了，各自做的好衣裳好鞋袜，在客人面前说宋金是他的表侄。宋金也认他是表叔，觉着倒得了好地处了。肩不动，身不摇，松心伶俐的就这么跟他在船上混。模样（儿）也强了，打整的再好，谁看见谁喜欢。待了二年多的工夫，到了这一天，刘顺泉心里暗想，说：我这么大年给了，光有个闺女也没儿。常想着给闺女着个女婿儿，防备着养各人的老。这么几年也找不着个合式的。照的宋金这个也就算是好一户（儿）的，可不知道闺女她娘愿意哎不，我去和她商量商量的。就见了老婆，宜春也在旁边（儿），刘顺泉说："咱家闺女也是这么大了，还没个婆家，可怎么着呢？"老婆说："这可是头一条子大事，哪里有那可以的？"刘顺泉说："照的宋金这个（儿）的，牌面（儿）又好，又有才情，百里就不挑一个。"老婆说："要不，咱就许配给他。"刘顺泉假装不愿意，说："你说的哪里的话哎？他又没家没业的，靠着咱们船上吃碗闲饭，咱为什么轻易的就把闺女许给他呢？"老婆说："宋金是官宦人家的子弟。咱和他爹又有交情。当初他爹在着的时候，也有人给咱们提过这回事，你就忘了么？这咱虽然没时，要看他这个人才这个本事，后来有个发迹头（儿）。咱把闺女许给他，也不算丢人，咱们老两口子也就有了倚靠了。"顺泉说："你拿定主意了么？"老婆说："有什么含糊呢。"顺泉说："我早就愿意。我是拿话试探你，看看你怎么个（儿）。"立时叫过宋金来，当面（儿）就许了他这门子亲事。宋金不用各人花钱，白得个媳妇（儿），心里说：这个事（儿）倒不离呢。刘顺泉就找了个择日子（儿）的先生，看了个好晌（儿），告诉给老婆子多咱多咱办喜事（儿）。给宋金做了一身新衣裳，也给闺女买了嫁妆。到了那个晌（儿），就圆房了。第二天，各船上都来贺喜。以后宋金家小两口（儿）顶和美。打这（儿）船上又发财，一天比一天的强。

　　过了一年零俩月，宜春添了个小闺女（儿）。一家子喜欢的和什么来是的。这一个掠下，那一个就抱起来，一天家不下架（儿）。待到了一生日多上，就长花①（儿），也没灌起浆（儿）来，就死了。宋金想的着急，黑下白日的啼哭，两三个月的工夫得了个症候，早起发冷，后晌发热。着医生瞧了瞧，说是个痨瘵病，很不好治。慢慢（儿）的就越利害了，也吃不下东西（儿）的，也做不了活，瘦成了一个骨头架子，脚迟手慢。刘顺泉家老两口子起初还望着他好，连吃了几副药也不见功，心里就烦了。宋金那个模样（儿），三分像人，七分像鬼。成了他们的个眼中钉，恨不得宋金一时死了，才去了这块心病。偏偏（儿）的他又不死。老两口子可就后悔极了，男的谩怨女的，女的抱怨男的。起当初望指着是个倚靠，这咱看这个样（儿）半死不活的，和条死长虫缠的身上一样，解也解不下来。回头看看花枝（儿）也是的个闺女，落这么个结果，耽误了一辈子的事，心里实在的不干净，说："可想个什么法（儿），打发了这个冤家呢？另给俺家闺女寻个好的，才称心呢。"俩人商量了会子，定下了个计，也不着宜春知道，就说上江北揽货的。使着船，走

---

①长花，指天花病。

到了一个没人家的地处，四外净是荒草野地，树木槲林，往前一望，是一片长江，没边（儿）没沿（儿），连个人来往都没有。

这一天刮的是顶头风。刘顺泉把船使的傍了岸，湾住，就骂宋金，说："痨病鬼，你不能做别的活，去上那里，砍把柴火来烧，也省的花钱买哎。"宋金觉着浑身没劲（儿），吃着人家碗饭，不动又不行。拿起来了张镰，一条绳子，强扎挣着上了岸，到了树林子里，喘嘘嘘的，哪有劲（儿）砍柴火呢？就有那着风刮下来的干枝（儿），拾掇了拾掇，弄了一捆，背着就回来了。走的有半里地，忽的声想起来，把那镰丢了。翻身又回去，把镰拿的手里，到了那柴火着，插的柴火捆上，慢慢（儿）的来到了江边湾船的那个地处，一看，那船早就没了，光剩了一片白洋江，天连水，水连天的，一眼望不到边（儿）。宋金就理着江边追赶。哪知道，是越赶越远。连点踪影（儿）也找不着了。眼看着太阳平西的时候，知道是着他丈人扔了，上天无路，入地无门，觉着心里惨凄的慌，就放声大哭起来了。把嗓①子也哭哑了，就爬的地下呆着。忽然间前边（儿）来了一个和尚，问他，说："你那伴（儿）上哪里去了？"宋金慌忙爬起来，给那个和尚作了个揖，说："我是苏州人，姓宋，名字叫金。因为有病，着俺丈人扔的我这里了。求老师傅可怜我罢。"和尚说："你先跟我来宿一宿，明天再说罢。宋金感恩不尽，那不用说。就随着那个和尚去了。走的有一里多地，眼前可就有座庙。领着宋金，到了禅堂里，天也就黑了。和尚打了个火，点上灯，做的饭着宋金吃了，就又问他，说："你丈人和你有什么仇哎，和我说说？"宋金就把以前的事（儿）怎般如此的一告诉，和尚说："你恨的你丈人慌哎不？"宋金说："以前待我也有好处。因为我有病，弃绝了我。这是我命不济，怨不上别人呀。"和尚说："若听你说的这话，你是个忠厚人。你这个病（儿）是伤着内里了，光吃药治不好。你会念佛哎不？"宋金说："不会。"和尚就在包袱里拿出来了一本书，递给他，说："这是《金刚经》。我教给你念。若是一天念一遍，一个月你这病就好了，就是后来，好了病，发了财的时候，你也别忘了念这经。"宋金本是个和尚脱生来的，活着的时候念了一辈子《金刚经》。到这个工夫里，念一个过（儿）就熟了。这是那一辈子的记性

---

① "嗓"原作"噪"，疑错。

还有呢呀。当时念了一后响，就睡了觉了。到了第二早起，宋金醒了一看，光剩了各人在个堤坡子上躺着呢。也没庙了，也没和尚了，那《金刚经》可还在怀里揣着呢。心里纳闷（儿），就爬的江边（儿）上去，噙了一口水，漱了漱口，把经念了一遍，就立（儿）觉着心里豁亮的呢呀，身上也觉着有了劲（儿）了。心里的话，说：这是神家救了我，这也是该着的呀，就望着半悬空（儿）里磕头，感谢苍天。病只管是好了，又一想，各人活像水里的浮萍草，漂漂游游的没个准着落（儿），就信着脚步往前走。走了会子，觉着饿的慌了，远远（儿）的望见前边（儿）树林子里头活像有人家的，就想着上前去要点么（儿）吃。只因为有这一回，宋金可就逢凶化吉，祸去福来了。

赶走到了跟前一看，并没有一家人家。就是有些个刀枪剑戟的在地下插着。他长了长胆子，又上前走了几步。是一座大破庙，庙里掠着八个大皮箱，封锁了个顶严实。他心里想着，说：这必定是贼们寄放的。插上些个兵器，为的是着人不敢近前（儿）。这个东西虽然来历不明，我弄了去也没防碍。就急忙理着道回来。到了江边，恰好来了一只大船。宋金假装嫌怕，和船上说："我是山西人，姓钱名金，跟着俺叔，上湖广去做买卖。路过这个地处，着贼们截了，俺叔也着贼杀了。我央恳着要入了他们的伙，他们所以没杀了我，着我和一个贼看守着截的俺们那东西，他们又上别处打抢人了。和我就伴（儿）的那个贼，夜落后响着长虫咬死了，光剩了我各人。你们为个方便（儿），着船载我去罢。"船上人们都不大信。宋金又说："你们不用含糊。现在那边（儿）庙里有八个大箱，净截的俺们的东西。你们多来几个人，拿着绳子扛子，跟我抬来。离了这个地处，我送给你们一箱。快着走罢。要不，他们来了，就有了大祸了。"船上本是着年（儿）家在外头求财的些个人们。听见说有财就作。立时去了十六个人。到了庙里，真就是有八个大箱。立时，俩人一扛，抬着上了船。打整妥当了，船上问宋金，说："客人想着上哪里去哎？"宋金说："我上南京走亲的。"船上说："俺们这船正要上南京瓜州去，正对劲（儿），捎带着脚（儿）就送了你去了。"当时开了船，三天头上就到了瓜洲，离南京还有十来里地，就把船住下，宋金另雇了一只小船（儿）。把箱，拣着重的，挑了七个，倒的小船（儿）

上去。剩下了一个，送给船上。众人按分（儿）分，那不用说，是一定的。

宋金下了这只船，上的那只船上去，十来里地，又是下水船，还算个道（儿）么。眨眼之工就到了，来到南京东门外，又下了船，找了个店，住下。雇了十四个人，把那七个大箱抬的店里去，叫铁匠配上钥匙。打开箱，一看，里头俱都是珍珠玛瑙玉器，各样的宝贝东西器皿家伙，净是些个古董。你说，这伙子贼，也不家偷了多少年的工夫，多少家子人家，才积攒了这么八个大箱，着宋金一下子就兜揽了去了。当时先卖了一箱，就卖了六千多银子。宋金本是个明白人。如今财帛多了，心里说：开店的没有什么好东西。恐怕他们生了歹心。就在城里先赁了一处大宅院，托人买的奴婢服事打整。就立（儿）换了一身软裥（儿），样样（儿）丰富。又把那六个大箱，把自己用着的就留下，用不着的就都卖了。统共卖了有四万多银子。可巧他住的这个房主也是大家落丕，想着把这庄货卖成死契，就先尽了尽宋金。三言两句就说停当了。写了文书，搵上戳子，税了契，就成了各人的了，重新又翻盖了一个过（儿）。屋里的陈设栏列，八仙桌子，太师椅子，都是靠漆漆了的，正明彻亮，那个阔劲（儿）就说不来。又在本城里开了一座当铺。又要了五六顷地。大管事的有十来个，做活的长工（儿）短工（儿）一大群。低声叫，高声答应。城里关外都称他钱员外。动身，是二马驹子轿车，山西脚（儿），红托泥，威威烈烈，真像个老爷样子。放下宋金，先不用说。

再说宜春那一天见她爹着她男人打柴火的，心里思想，说：俺爹这个人，怎么这么不明白？这么个病人，着他去打柴火的。再说拦着，不着他去，又恐怕惹恼了她爹。正在放心不下的时候又见她爹使着船紧走。宜春慌忙喊叫，说："俺男人还在岸上呢，怎么你就开船哎？"她娘就啐了她一口，说："呸，谁是你男人哎？那个痨病汉子，你还想他么？"宜春就嚷着说："早些（儿）你们给我寻的男人，到这咱又给我散了，你们这是个什么心哎？"她娘说："你爹见他有病，恐怕着上别人，特扔了他了。"宜春一听这话，气了个半死（儿），不住的哭。急忙出了船舱，扯住篷索，就想着投江而死。着她娘双手抱住，又搵的舱里；宜春放声大哭，天一声地一声的就闹开了。她只管嚷她的，她爹她娘只是使着船走。又是顺风，又是下水船，一会（儿）的工夫就走了四五十里地。宜春还不住声（儿），她爹劝她，说："我那闺女哎，你听做爹的话。你就没见么，那个痨病鬼不知道死在哪一会（儿），怎么也是得散了。那不是你的姻缘。倒不如早些（儿）扔了他，脱了这个干净（儿），等着我另给你寻个好的，省的耽误了你一辈子的事多好哎。你别想他了。"宜春说："爹娘做事，伤天害理。就是他死了，也着他落个善终才是呢。可怎么扔的他个没人来往的荒野地处，不定落个什么死首呢呀。他死了，我也不活着了。你们要可怜我，就把船使回去找他的。"她爹说："他拾了柴火来，不见船了，必定投奔个村（儿）去要饭吃的，找他干什么哎？你没见，咱这船是走的下水，又是顺风，早就走了一百多地了。你打了那个望想心（儿）罢。"宜春见她爹不听话，就又在船上往下跳，又着她娘一把拉住。宜春骂下誓的要死，狼号鬼哭，直一个劲（儿）的闹。她爹她娘就留心看着她。待了一宿，第二早起宜春还不拉倒。她爹只得依着她回去找的。在回里走，又是抢风，又是上水，就慢多了。走了一天，还没走了一半（儿）呢。这一黑下又是哭哭啼啼的不得安生。到了第三天傍黑子的时候，才到了以前湾船的那个地处。宜春亲自下了船，去找她男人的。只见堤坡（儿）上撂着一捆柴火一把砍刀，她认得是自己的刀，心里说：这样的荒野地处，俺男人可上哪里去了罢？又是个病人，行走不动，一定是把柴火撂下，跳的江里淹死了。一半（儿）想着，一半（儿）哭，就又往江里跳，着她爹扯住衣裳。宜春说："我那爹娘养了儿的身，养不了儿的心了。我怎么也是得死。不如早些（儿）放了我，着我和俺男人早些（儿）见面（儿）。"俩老人见他闺女寻死觅活的闹，心里实在的不安，说："我那儿呀，这个事（儿）怨俺俩办错了。一时粗心，后悔也没法（儿）了。你可怜俺们这么大年纪了，就是生了你这么根根（儿）。你要死了，俺们也就活不了了。饶了俺们的罪罢，等着俺们在满世界贴帖子给你找他。如果他若没死了，看见贴子，他必定来找。若待个三（儿）月满月的不见音信（儿），任凭你给他念经打醮，超度超度，花多少钱，俺们也不心疼的慌。"宜春听见这么一说，才擦了擦泪，不哭了。她爹立时写了几十帖子，在各城池镇店冲要地处，都贴上。待了三（儿）多月的工夫，老不见音信（儿）。宜春说："俺男人一定是死了。"又大哭了一顿，浑身都换上重孝，修了个牌位（儿）供飨上，请了一棚和尚，吹吹打打的闹了三天三宿，她就明哭到夜，夜哭到明。别的船上听见说，没有不心酸的。哭了半年，才住了声（儿）。她爹和她娘说："咱家闺女这几天不哭了，想必她心里忘下这回事了。和她商量商量另寻主来是怎么着哎？要不，咱家老两口子，守着这么个守寡的闺女，将来可算哪一回呢？"她娘说："你说的是呀。就是怕咱家闺女不肯，慢慢（儿）的劝她罢。"又过了一个多月，可就到了年底了。这一天是腊月二十四。她爹装的酒称的肉，还买些个年货（儿），什么核桃栗子黑枣的。赶二十九后晌，她爹烫上了一壶酒，喝的醉醺醺（儿）的，趁着高兴就劝宜春，说："闺女哎，新年来到了，换了孝罢，穿个红红绿绿的多好哎。"宜春说："男人死了，是穿一辈子的孝，千万可换不的。"她爹一听就恼了，瞪着俩眼吓唬她，说："死了爹娘才穿三年孝了，死了男人怎么就是穿一辈子呢？我着你穿，你就穿；我不着你穿，你就穿不了。"她娘见她爹说的忒利害，就说再等两天再换罢。赶三十（儿）后晌，吃了隔年饺子，把灵牌（儿）也除去了，再换孝罢。宜春见她爹娘说的话不投机，就又哭起来了，说："你们俩人定下计，害了俺男人，又不着我穿孝，也不知道你们是个什么心（儿）？无非是想着着我另嫁人。我宁可穿着孝死了，我也不换了孝活着。"她爹又想着发躁她，着她娘骂了几句，推的船舱里去就睡了觉了。宜春又哭了一宿。第二天就是三十（儿）。宜春在她男人那灵牌（儿）着摆上供祭奠了，又哭了个八开。教她娘劝住。三口子就下隔年饺子。赶熟了，宜春嫌是肉的，就不吃。她爹娘都不欢喜，说："闺女哎，你不肯换孝，吃点（儿）腥荤碍什么哎？年轻的人不用忒过于了，恐怕把各人的身子折掇坏了。"宜春说："我这身子虽然活着，我那心早死了。吃素的就是多余，还尚什么口味呢？"她娘说："你既是不吃腥了，你喝盅酒可行了哎。"宜春说："我活着，喝一盅，喝两盅，喝三盅都行了。可那死的，连半盅也摸不着喝了。"说完了，也不喝酒，就又哭起来了，爽利连素饭也不吃，就睡了觉了。她爹娘看着这个架式，闺女那心活像铁打的刚铸的一样，永远不改，打这（儿）也就不强说她了。

再说宋金在南京住了二年多的工夫，过成了一个大财主，心里想着，说：丈人丈母只管待我不好，我那女人是相亲相爱，这个恩情搁舍不下。所以也不肯另寻。立时把那靠的住的管事（儿）的叫了俩来，把家业托给他们经营着。各人拿了三千两银子，带着四个跟班（儿）的，雇了一只大船，箭直的就来到了昆山，打听了打听他丈人的音信（儿）。邻舍家说前三天里使着船上仪征地方去了。宋金把带着的那银子买了布，就又来到了仪征，下了店。第二天把布发脱完了，就来到了河沿（儿）上，找了半天，可就看见他丈人那船了。远远（儿）的就看见宜春穿白戴孝，就知道没有出门（儿）。叹息了会子，心里想了个计，回到店里，和店家说："河里有只船，船上有个年轻的妇道穿着孝。我知道那是昆山县刘顺泉的船。那个穿孝的妇道，就是他家闺女。我如今失了偶已经三年了，想着寻了他家这个闺女做填房（儿）。"一半（儿）说着，就拿出来了十两银子，交给店家，说："我先送给你老这点小礼（儿），求你老当个媒人，给我说说这个亲事。若说成了的时候，还有重谢。他若问花多少钱的彩礼，你就说，敞着口（儿）要多少，给多少。"店家接了银子，欢欢喜喜的就到了刘顺泉船上，和他说："刘掌船（儿）的，你常上这里来，我也没个照应（儿）。今（儿）个赶的我有点空（儿）。咱家哥（儿）们上酒铺里喝一场子的。"当时邀着刘顺泉到了酒铺里，弄了几样（儿）菜，让刘顺泉坐的上座（儿）。刘顺泉不敢当，说："我一个使船的人，怎敢当掌柜的这么谦让呢？掌柜的有什么话，只管说罢。店家说："你先喝三盅，我再说。"刘顺泉心里越发的疑惑，说："你若不说明，我可是不敢坐下。"店家说："我店里今（儿）个住了一个山西客人，外号叫钱员外，有家财万贯。失偶三年了，还没续上呢。见你家令爱长的貌像主贵，想着寻了做填房（儿），多少彩礼也愿意花。特着我来当媒人说这个事（儿），不知道你心下如何？"刘顺泉说："船家的闺女寻个富豪，岂不是好呢。但有一件。俺家小女守寡，守的忒结实。一说着她改嫁，她就要寻死。这个事（儿）我可不敢应。"说完了就起身要走。店家一把拉住，说："你别走哎。事（儿）成不成不要紧，这也不是我花钱请你。这是钱员外托我，吃喝都是他的。已经预备了，为什么不扰他呢？"刘顺泉只得坐下。一半（儿）喝着酒就又说："钱员外是山西有名的富户。说起来，没有不知道的。若着闺女寻了这样人，不光是享一辈子福，连你家老两口子都有了养老的地处了。上哪里去找这样好事（儿）的？你回去，拿好话哄着她。别错拿了主意。后悔可是一辈子的事（儿）。再找可就找不着这样好事了。"刘顺泉着他家闺女几遍要寻死，早就吓破苦胆了。听着店里这么说，只是摇着头不敢应许。喝了出子酒，也没说停当。店家回去，把刘顺泉的话学说给钱员外。宋金暗里欢喜，说："不错，不错。"又和店家说："亲事不成，也倒罢了。我雇他的船，往上江地处去发货的，可行了哎？难道说他还不愿意么？"店家说："天下的船载天下的货。他这船也是做买卖的，他为什么不愿意呢？那一说就成。"立时又到了刘顺泉船上，说了雇船的事（儿），是上哪里哪里去，多少多少船价，都说明白了。回来，又告诉给员外。宋金立时吩咐跟班的，先把行李搬的船上去，掠着这货明天再搬。宋金浑身穿的和缎棍也是的，四个跟班的围遂着，上了船。刘顺泉家两口子只认着是山西客人。宜春在后舱里早就偷着看见了，心里奇怪，说：哼，怎么这个人（儿）和俺男人那个模样（儿）不差么（儿）来。那的疤瘌那的痦子看了个清楚，就有个七八分（儿）信是她男人了。正心里扑腾扑腾的呢，又见那客人根子一上船就嫌饿的慌，说："船家，我饿的慌了。船上有饭没有哎？凉些（儿）也不碍。弄点（儿）熟茶就着。"又吓唬那跟班的，说："你们吃我的饭，穿我的衣裳，闲着搓根绳（儿）也有用。怎么，吃了来，净巴巴的呆着呢？"这都是宋金以前没时的时候，根子来到船上，刘顺泉家两口子说他的话。他这咱特重说重说，为的是着他们疑惑。殊不知，过去的事（儿），他家两口子早就忘了。宜春可就想着呢。就越信是她男人了，可又不敢立时刻（儿）去认的。又听见客人说："我这脑袋怪冷的，你这船上有顶破毡帽没有哎？借给我戴戴。"刘顺泉傻糊糊的不知道哪里的事，就着宜春递给他。宜春就和她爹娘说："船上这个钱员外，莫的不是俺男人么？要不，怎么他知道咱们船上有破毡帽呢？我看着他这个面貌，和俺男人一样。再说，听他说的这话里有话。这个事（儿）着我很疑惑的。爹爹，你该细盘问盘问他。"她爹一笑，说："我那傻丫头，姓宋的那个痨病鬼，这个时候连骨头都烂了。即便就是没死，也不过满世界要饭吃。怎么会有了这个样（儿）呢？"她娘也说："你以前嫌你爹着你换孝，动不动（儿）的就要寻死。如今见人家客人穿的好长的好，就要认人家是你男人。如果你认，他不认，你就不嫌臊么？"宜春听见她爹娘这么一说，就立（儿）臊的脸红脖子粗的，也就不敢往下说了。她爹就叫的她娘背地（儿）里去，商量着说："娘子哎，咱家闺女认这钱员外是她男人。想必是姻缘到了，这也是该着的事（儿）。夜落店家请我去喝酒的，就是为这个事（儿），说，山西钱员外失偶三年了，愿意寻你家闺女做填房（儿），花多少彩礼也不心疼的慌。因为咱家闺女不愿意出门（儿），所以当时我也没敢应人家。今（儿）个是她自己愿意。为什么不趁着这个劲（儿）许给钱员外呢？你我也就有了着落（儿）了，也就松了这一番心了。"她娘说："你说的可是。钱员外来雇咱们这船，保不住是有这个意思。你赶明天爽利就问问他。"他爹说："是的啪怎么呢？"

到了第二早起，钱员外一起身（儿），梳洗打扮的完了事（儿），又拿起那顶破毡帽来，反过来倒过去的这么看。她爹就问，说："客人你尽自看这顶破毡帽，干什么哎？"员外说："我喜欢缝的这针线。做的这活怪好，必定是个巧妙人（儿）做的。"她爹说："这是俺家闺女缝的呀，可有什么好处呢？夜来店里掌柜的说是客人你失偶三年了，还没续上呢，想着寻俺家闺女做填房（儿），是有这么句话么？"员外说："你可愿意哎不呢？"她爹说："我求之不得的。可有一样（儿）。俺闺女守寡，守的忒结实。一说着她抬身，她就要死。所以夜来我没敢应他。"员外说："你家女婿是怎么死的？"她爹说："俺家女婿得了个痨病。那一年上树林子里打柴的，我也不知道，就开船走了。以后满世界贴帖子找他，也没找着。大约着准是死了。"员外说："你家女婿没死呀。他碰见活神仙救了他了。这咱发了大财了。你若是愿意见他，没别的，把你家闺女叫出来就见了。"他俩在外头这么说话，宜春早就侧着耳朵听着呢。越听，越是她男人。连半点（儿）也不含糊，在船舱里一跳就出来了，哭着说："你个没良心的哎，我为你穿了三年重孝，受了些个千辛万苦，你还不说实话，等着么哎？"宋金也哭着说："我的妻，你快来和我见个面（儿）罢。"俩人到了一块（儿），抱头相哭的就闹起来了。她爹就喊叫她娘，说："娘子哎，不是钱员外呀，原来是咱家女婿到了，咱们忙喇去认罪的罢。"老两口子到了宋金跟前，爬下就磕头。宋金说："你们不用磕头。我再有了病，你们别扔我了就完了。"她爹她娘臊的和那么也是的，也没的说。宜春就立（儿）换了孝，把牌位（儿）扔的水里，顺水漂流了。宋金就叫跟班的过来，给太太磕头。她爹她娘，杀鸡宰鹅，弄酒弄饭，款待女婿。她爹又说："自从姑爷去后，女儿也不吃腥①，也不喝酒。"宋金听见一说，眼里就掉泪，亲自给宜春酾了个盅，劝她开斋。又和她爹她娘的说："你们当初既是想着害我，咱们算是没恩没义。我不能认你们。今（儿）个我将就着喝你们两盅酒，也是看着你家闺女的面（儿）。"还没等着俩老人说话呢，宜春就说："嘻！你别那么说呀。若不是扔了你，你就发了大财了么？再说俺爹俺娘的以前待你也有好处。今（儿）个光记恩，别记仇了。"宋金说："就依着贤妻的话罢。我在南京安下家了。又有庄货，又有地，还有好几座买卖。你们二位老人家别使船了，跟着我去，享后半辈（儿）福的罢。"她爹娘不乐意的着急。等到了第二早起，店家听见说这个事（儿），就来到船上道喜来了。又吃喝了一天一宿。第三天，宋金吩咐了三（儿）跟班的，在王家店里发卖布匹。他们一家子就开船走了。先到了南京，住了些晌（儿）。又回到昆山县，上坟烧纸，感念先人。户族当家，都来瞧看。这个时候范举人已经丢了官（儿），在家里闲着呢。听见说宋金发迹了，回了家了，恐怕在街上碰见不得劲（儿），也不出门（儿）。待了一个多月，宋金又回了南京，那不用提。再说宜春常见她男人念经，就问是怎么个事（儿）。宋金把以前遇见和尚，教给他念《金刚经》的事（儿），告诉给她。宜春也愿意念。就着她男人教给她。两口子直念了一辈子。都是活了九十多岁，白头到老，福寿双全，没有生病就死了。后来子孙发旺，家业兴隆。至这咱还是有名的财主，出了好几员官（儿）。

---

① "腥"原作"醒"，疑错。

61

饼子①

　　浙江嘉兴府长水塘地方，有一个财主，姓金，名字叫钟，有万贯家财，人们都称他金员外。这个人的秉性着实的刻杏。一生最恨这五样（儿）。一、恨天；二、恨地；三、恨自己；四、恨爹娘；五、恨皇上。恨天，是为什么呢？恨他不常，和六月里也是的。秋天的风凉，冬天的雪冷，着人费些个钱，又做夹衣裳，又做绵衣裳。恨地，是为什么呢？恨他长的这树不忒大。若是把这树长的大大的，树身（儿）可以做顶柱，树梢（儿）可以做房梁，那细些（儿）的糊弄着可以做椽子，省的叫木匠，费些个工钱饭食的。恨自己，是为什么呢？恨这个肚子不给作主，不吃饭就饿的慌。恨爹娘，是为什么呢？恨他们给拉拢了些个亲戚，交往了些个朋友，来来往往的先茶后酒得照应。恨皇上，是为什么呢？恨他一年两季（儿）要钱粮。还不光这五样（儿）恨，还有四样（儿）愿意的。头一样（儿），愿意在各人院里长座银山；第二样（儿），愿意各人地里长金豆子；第三样（儿），愿意有个聚宝盆；第四样（儿），愿意有点石成金的个手指头。因为有这四样（儿）愿五样（儿）恨，愿意的到不了手，恨的老绝不了根（儿），心里常是闷闷不足。攒了些个财帛，还是陈粮陈食（儿）的，可就是骑锅子夹灶的怕吃，真就是数着米粒（儿）做饭，称着柴火烧火。只是损人利己的事（儿），没有他做不来的。一辈子没干好事。错了那伤天害理瞒昧良心的事（儿），他才办呢。因为这么，乡亲们给他起了俩外号（儿），一个叫金凉水（儿），一个叫金剥皮。他一生最忔快的，是和尚道士在门口化缘。他说："世界上没有比着这样人们便宜的了。净和人们要东西，再没有给人东西的时侯。我见了他们，活像

---

①改编自明抱瓮老人《今古奇观》第三十一卷《吕大郎还金完骨肉》。

眼里的钉，舌头上的刺。"偏赶的他那宅子旁边（儿），就有座庙，叫福善庵（儿）。金员外从来就没在庙里破费过一个大钱的香钱。他家家里单氏可就和他大两样，最好烧香拨火（儿），吃斋行善的。金员外可又喜欢她，可又恼恨她。喜欢的哪一样（儿）呢？是喜欢她吃斋，不费一大些个饭钱。恼恨的是哪一样（儿）呢？恼恨她行善，耗费一大些个钱财。夫妻俩过了半辈子，没儿没女。因为这么，单氏背着她男人，把自己那簪环首饰，值个二十多两银子，都舍的这福善庵里了，着这庙里的和尚替她念经打醮，给她求儿。那庙里的神仙可也倒灵验。待了一年多的工夫，真个单氏就添了一对双（儿）。俩孩子一样，又虎势，又肥胖，还是长的项福胎像。因为是在福善庵（儿）里求来的，头一个起名（儿）就叫福（儿），第二个起名（儿）就叫善。单氏打得了这俩儿以后，就常背着她男人给这庙里，年供柴，月供米的，养活着这庙里的和尚。俗话说："没有不透风的墙。"日子（儿）长了，金员外耳朵里听见有这么个风声（儿），就指狗骂鸡的见天（儿）暴腾。因为这么，两口子就闹的不和了。今（儿）个吵，明（儿）闹。直打架个三遍三出的，才拉倒。单氏也有个拧牌气（儿），也拿住金员外的面性（儿）了。打架个八开，过后还是一样。两口子本是鬓髻夫妻，同年同岁的。到了这一年，俩人都是五十岁。那俩儿都是九岁上，一块（儿）上学念书，还都是顶心（儿）灵，真是个念书的材料。单氏愿意两口子庆寿，再给他家那俩小子做生日。赶到了这一天，金员外恐怕有亲戚朋友们来庆贺，早起一起身就躲出去了。单氏又把各人那体己钱凑了个几十吊，又偷着开开仓房门，偷了三斗米，都送的庙里去，再着那和尚们给念经。偏赶的这个工夫里金钟打外头家来了。一脚闯进二门的，看见单氏正锁那仓房门（儿）呢，着她男人看见了。又在道上拉拉了些个米粒（儿）。金钟知道是背着他办些个偷偷事（儿），忽了两忽，想着要吵嚷几句。又回头一想，心里说：今（儿）个是个庆贺的好日子，不当打架。再说东西已经出了手了，是已就的回不来了。当时就忍了这口气，装不知道，再没说么（儿）。可只管嘴里不说，到底心里是受不的。一宿也没睡着觉，翻上倒下的心里说：和尚这些个秃汉子们，常来找寻俺家，也怨我那个看家的不行。左思右想的是没法（儿）。错了这些个秃东西们都死了，绝不了我这个祸根（儿）。

直这么哼来哑去的，待了一宿。等到了天明，起来穿上衣裳，在院里走里摸外的，老是想着弄死这和尚们，可又想不起个法（儿）来。正思想着呢，来了俩和尚，一个师傅一个徒弟，是回复夜来后晌打醮的那个事（儿）来了。原来那和尚们也是怕看见金钟，所以来到了门口（儿），不敢往里走。正在门（儿）里，巴着个脖子朝里望呢，金钟早就在旁边（儿）瞧见了。他可是看见和尚了，和尚可没看见他。金钟把①眉头子一皱，心里就有了计了。就立（儿）在屋里拿了几十钱，开开后门（儿）就遛出去了。到了药铺里，买了点子信。一拐角（儿）又到了王三郎烧饼铺里。王三郎刚和出面来。案子上掠着一盔子澄沙馅（儿），才说要打烧饼呢。金钟去了，拿着四十八个钱。原来王三郎这烧饼是卖六个大钱一个，贱卖不赊，言无二价。金钟给了他那四十八个钱，说："三郎，你把我这钱收下。你看咱们除非了不照顾，照顾就是现钱，我有一句话我可得说了。"王三郎说："你只管说罢。"金钟就按着俗话说："现钱卖加一，赊着卖九九。"我今（儿）个是现钱，可得给我把烧饼打大些（儿），多装上点馅（儿）。"王三郎说："行了。买卖赚的好人的钱呀。"金钟说："你别玩戏了。你扤剂（儿），我自己着馅（儿）。"王三郎心里的话，说：有了名（儿）的金凉水（儿）金剥皮。自从我开烧饼铺以来，没有卖过他一个大钱。那么样（儿）的清早黎起的他就拿现钱来照顾。今（儿）个一天买卖必定错不了。难得他要花这四十八个钱，就活像花四吊八百钱一样。他是好占便宜的，就让他自己着馅（儿），拉他这个主顾。真个王三郎扤了四个剂（儿），递给他，说："请员外随便着馅（儿）罢，爱着多少着多少。"金钟就把那信暗里着的那烧饼剂（儿）上，然后再着澄沙捏成烧饼。一连（儿）捏了四个，放的烧饼炉里，登时就熟了。褪的衣裳袖里，热糊糊的就拿的家来了。进了二门一看，那俩和尚正在上房屋里喝茶呢。金钟心里的话，你们这俩秃孽障离死可就不远（儿）了。恼在心里，笑在面上的，到了屋里，和单氏说："这两位师傅待了这么一大早起了，也没吃点（儿）点心，恐怕他们饿的慌了。单氏说："哪里来的点心哎？"金钟说："我才上烧饼铺里去，吃了回的烧饼。我看着打的很好的，我捎了四个来了。"又哄单氏，说："这四个烧饼，我

① "把"原作"巴"，疑错。

是想着给咱家那俩学生撂着。言其这两位师傅，为咱家的事（儿）打醮，费了场子心，要不，先着他们吃了罢。赶咱家那学生下了学来，另给他们去买的。"单氏一听，打心（儿）里欢喜，心里说：俺男人打这（儿）以后要回心转意呀，可是不离。忙弄拿过来了一个碟子，把那四个烧饼放的碟（儿）里，就着丫鬟给那俩和尚端上去了。那俩和尚知道金钟不喜欢他们，见他家来，就坐不住了。又见丫鬟给他们端上烧饼的，知道是单氏的一番好意思，也没迭的吃，就说："这烧饼是实意着咱们吃的呀，也就不用打回了。"就把这四个烧饼褪的袖里，道了个骚扰就走了。金钟心里说：这秃驴不久的就要见阎王呀。打心里恨的慌，那不用提。

再说金家这俩学生，多咱下了学，就上这福善庵（儿）里跑着玩（儿）的。就当着这一天，他俩偷着空（儿）就又去了。和尚心里说：金家这俩学生常在庙里来玩（儿），也没点好东西（儿）给他们吃。人家他娘又和咱们很好的。有她给的那四个烧饼，我还没吃呢。就立（儿）拿出来，在火上炙了炙，就着这俩学生一人俩就吃了。又给他们沏上两碗茶，着他俩喝了。不吃不喝的时候还好。赶吃了喝了，哈，可就了不的了。就活像万条箭钻上心来，一团火烧在身上一样呀。两个学生都喊叫肚里疼，躺的地下就打开了滚（儿）了，跟着的那书童也抽不起来。和尚着惶着忙，不知道是哪里的事。只得着沙弥抬的他们家去。金钟家夫妻俩吓的这一跳可真不小呀，忙唰问书童是怎么个事（儿）。书童说："下了学，俺们一块（儿）上庙里去玩（儿）的了。那老师傅拿出来了四个烧饼，着他俩吃了。吃了以后，他们就嚷肚里疼。"那老师傅说："这烧饼是他家的呀。今（儿）早起是着我吃的。我没舍的吃，着他家这俩学生吃了。"金钟听见一说，明知道是坏了事（儿）了。俗话说："纸糊的灯笼心（儿）里明呀。"只得把那信烧饼的实情（儿）和单氏说知了。单氏一听，就越脚忙手乱的了。就拿凉水过来，灌这俩学生。毒已经串发开了，哪里灌好了呢？眨眼之工，这俩孩子七窍流血，就是俩冤鬼了。单氏千思万想，叫天叫地，拢总这么俩（儿），不成望着各人的男人害死呀，再说和他打闹一场，孩子已经是活不了了，也是白添上生气。可又想儿的心盛，苦楚难熬，走头无路的。到了屋里，解下自家的抽腰带来，拴的房梁上，就上了吊了。金钟也哭了会子。擦了擦泪，才说上屋里去和单氏说话呢，抬头一看，见单氏在房梁上打秋千呢。哎呀了一声，吓了个多半死（儿）。

俗话说："莫道凶恶没报应，今天灾祸一齐来。"金钟立时身得重病，躺的床上不省人事（儿）了。两三天的工夫，也就上阴间里，找他那女人孩子的了。活跳跳（儿）的一家子人，说个死，连一个也没剩下。他家那当家子们常嫌金钟刻吝，恨的他牙根（儿）疼。见他家一家子都死绝了，你瞧罢，男男女女，大大小小，老老少少，活像分了蜂也是的就都来了，你抢这个，我夺那个，把家具、物件（儿）、什么财帛、房屋、地产，一时都属了别人了。这也是金钟自作自受。当家子抢完了东西，这才安排着把一家子的尸首都埋了。你看这不干好事不出好心的人，打算着害人家，反倒害了自己。俗话说："人着人死天不肯，天着人死有何难。"若愿意着他死他就死了，不愿意着他死他就不死，这世界上就没了仇人了。说了金钟，因为心不济，害了自己一家子，还有个，因为心好，圆全了自己一家子的。

62

吕玉寻亲①

　　江南常州府无锡县东关里有一家姓吕，哥（儿）三（儿）。老大叫吕玉，老二叫吕宝，老三叫吕珍。大哥（儿）俩都有人首（儿），老三年轻，还没有寻上呢。老大他媳妇（儿）是王氏。老二他媳妇（儿）是杨氏，都有几分颜色。这哥（儿）三（儿），就是老二叫吕宝的，不安分守己，吃喝嫖赌，无所不干，就是不愿意做活。他家家里杨氏偏赶的又不贤慧，不能劝说他。俗话说："妻贤夫祸少呀。"还不光不能劝他，反倒净挑唆着他和别的哥（儿）们打架。因为这么，妯娌俩也不忒和美。俗话说："言和意不和的。"老大家有个小子，叫喜（儿），方才六岁，跑着玩（儿）跑迷糊了。两口子想的吃不下东西（儿）的，满世界找了好几天，也找不着个踪影（儿）。因为这么，吕玉在家里也就站不住脚了。就操扯了个本（儿），办了点（儿）布匹，就满世界去贩卖，捎着打听儿子的消息（儿）。每年正二月里出去，到八九月里就回来。待了四年的工夫，可是赚俩钱（儿），到底找不着儿子的下落。晌（儿）多了，心里也就掠下了。赶到第五年头（儿）上，吕玉又出去做买卖的。在道上碰见了个贩布匹的大客人。一听说话，那客人就知道吕玉懂眼②，是个做买卖的材料，就邀着他上山西，一去贩布匹，回来办绒线，其中有好大的利钱，能以发财。吕玉听见说发财，就跟了他去了。赶到了山西，把货都发脱出去了。偏赶的山西这一年年景不济，人吃人的年头（儿）。到了要账的时候，人们都还不起账，吕玉也不能回家。直等了三年，才把账要齐了。那个布客人，因为耽误了吕玉回家了，就把赚的这钱和他平半（儿）

――――――――――

①改编自明抱瓮老人《今古奇观》第三十一卷《吕大郎还金完骨肉》。

②懂眼，有眼力，内行。

批了。吕玉得了这个钱，就办了点子绒线，自己就回来了。这一天早起走到了陈留地方，上茅厕里解了解手（儿）。见茅厕边（儿）上掠着个青布褡裢（儿），褡裢（儿）两头有俩陈字（儿）。拿的手里，觉着沉掂掂的。到了店里，打开一看，不是别的，净是着人喜欢的东西，雪白的银子，大约着有个二百两来的。吕玉心里说："这可算是外财，拾了可也没什么不好。可有一样（儿），那丢银子的若找不着了，可不定死活呢。常听见老人们说，'拾金不昧，莫大的阴功。'人该知足长足的。我如今有做买卖赚的这银子，就足够花的了。再一说，我今年三十挂零（儿）了，有个儿失迷了还找不着，贪这个横财，可有什么好处呢？就不如积点（儿）阴功，行点（儿）方便，着他物归本主，也于心无愧。一定是这个主意。"就忙弄跑到拾银子的那个茅厕着，就在那一弯（儿）里等着有人来找来，就给人家。直等了一天的工夫，不见有人来找。又回了店，住了一宿，到第二天只得起身，心里又说：这不是我没心给他，是他不来找来。又走出去了五百多地，到了南宿州地方，天晚了，下了店，遇见了一个同下店的客人，提起买卖的事来了。那客人说："我最没耳性。前五六天里走到了陈留地方，在茅厕里解了解手（儿）。偏赶的那一会（儿）那本县的官（儿）在那（儿）路过。贪着看了看热闹（儿），起来，就把个青布褡裢（儿）忘了，里头有二百两银子。走了一天，赶下了店要睡觉哎，才想起来了。心里想着，工夫大了就有人（儿）拾了去了，再回去找的也是枉然，认着倒运就完了。吕玉一听，和他拾银子的那个日子（儿）又对，银数褡裢（儿）也不差么（儿），就问那客人，说："老兄贵姓高名，家住哪里？"那客人说："不敢。贱姓陈，名叫朝凤，敝处徽州，现今在杨州开着个杂粮店。老兄你贵姓哎？"吕玉说："不敢。贱姓吕。"客人说："贵处的哎？"吕玉说："敝处常州无锡县。回家正走杨州，是必由之路。咱们哥（儿）们搭傍一块（儿）走。我送老兄到家，到你府上去拜望拜望。"陈朝凤就遂话答话的，说："若不嫌我茅庵，到我那（儿）住几天再走更好。"吕玉说："老兄你说的哪里的话呢？哥（儿）们遇成堆（儿），这也不同小可的。俗话说：'千里有缘来相会。无缘对面不相识呀。'提不着茅庵不茅庵呀。"俩人在店里说了会子话，就睡了觉了。赶第二早起，俩人就伴（儿）就一块（儿）

走了。走了上一天的工夫，早早（儿）的就到了杨州了。吕玉也跟着陈朝凤到了他那铺子里。陈朝凤先茶后酒那不用提。吕玉一半（儿）喝酒，就先提起陈朝凤丢银子的事来了，问他是个什么褡裢（儿）？陈朝凤说："是个青布褡裢（儿），一头着白线做了个陈字（儿），当各人的个暗记（儿）。吕玉在店里，俩人说话的时候，早就打算着是他的。又听见这一说，就更不含糊了，说："小弟前几天里在陈留地方拾了一个褡裢（儿），和老兄你说的仿佛。我拿来，你看看对不对哎？"陈朝凤接到手里一看，原封（儿）是各人的东西，一点（儿）不差，就说："正是，正是。"又看了看那银子，一点（儿）也没动。吕玉说："在店里的时候，我这心早已就还了你这银子了，老兄收起来罢。"陈朝凤觉着过意不去，要和吕玉平半（儿）分了。吕玉坚志的推辞不肯。陈朝凤说："若是不分，也得受几两银子的谢礼。"吕玉说："咱们哥（儿）们，交情为重，财物为轻。老兄收下，再也别提这回事了。"陈朝凤感恩不尽，惶忙吩咐厨房里预备饭，心里说：难得吕玉这样好人。拾金不昧的这个恩典，可怎么报答他呢？原来陈朝凤家有十二岁的一个闺女。当时心里想着和吕玉结了儿女姻亲，不断来往，可不知道他有儿没有？俩人喝着酒，陈朝凤就问吕玉，说："老兄有几个令郎哎？"吕玉一听，不觉两眼就掉下泪来了，说："小弟只有一个儿，在那六七年前跑着玩（儿）跑迷糊了，至今也没找着个音信（儿），下边（儿）也没有别的。"陈朝凤听见一说，也替吕玉难受，低头不语就呆起来了。呆了会子，又问吕玉，说："老兄家那令郎多大上失迷的哎？"吕玉说："六岁上。"陈朝凤又问，令郎叫什么名（儿）？是什么样法（儿）来？"吕玉说："小儿奶名（儿）叫喜（儿）。长过花（儿），可没落下麻子，脸也不黑。"陈朝凤听见一说这个模样（儿），面带喜色，就和铺里伙计吐吥着说了几句话。铺里那伙计听说完了，点了点头（儿）就出去了。吕玉见他盘问的巧奇（儿），心里着实的疑惑。待了抽锅子烟的工夫，进来了个小人（儿），大约着有个十三四岁（儿），穿着个毛蓝布大夹袄，长的很俊气。见了吕玉，深深的作了个揖，就和陈朝凤说："爹爹叫喜（儿）来有什么事（儿）哎？"陈朝凤说："你先在这（儿）待待（儿）。"吕玉听见说了个喜（儿），和他家迷糊了的那个小子一样的名（儿），心里就越发的疑惑开了。又见那孩子的面目，和各人家迷糊了的那孩子，方上方下的。可又听见和陈朝凤叫爹，知道他俩必定是父（儿）们，又不敢轻易的问。脸上就带出造难的样（儿）来了，不错眼珠的瞅着那个孩子。那个孩子也尽自瞅着吕玉。吕玉这个工夫里可就忍不住了，就问陈朝凤，说："这一位年轻的是老兄家的令郎么？"陈朝凤说："这不是我亲生的小儿呀。在那七年以前有个客人在这（儿）路过，就领着他，到了我这铺里，说新近才失了偶了，留下了这么个孩子。因为想着上淮安去投亲的，道上得了点病（儿），盘缠又短少，情愿把这个孩子么暂且算当的这一块（儿），也不用价钱试多了，四两银子就够了，等着投亲回来再赎。"当时那人说的，和棵上摘下来也是的，所以我可怜他，给了他四两银子。那人临走的时候哭哭啼啼的舍不了这个孩子，这个孩子可倒不怎么的他。那人自打走了以后，一扎脚（儿）六七年了，老没有回来。我心里很疑惑的。末后我底细问了问这个孩子，才知道他是无锡县的，因为跑着玩（儿）跑迷糊了，着拐子哄骗到了这（儿）。又问他父亲的名字，他说的是老兄的姓名。我见他长的很精神的，只管是个孩子净说大人话（儿），我实在的喜欢他，就和我那小女一样的看待。现今跟着先生念书呢，顶好的聪明，一学里就数着他念的书多了。我也是常想着到贵县去打听个真实，可家里事（儿）多，脱不了身，所以把这个事（儿）就拉拉下了。方才我听着老兄说的很对，所以我特打发人叫他来，着老兄自己认个仔细。这也是老天爷安排的这样凑巧的事（儿），也是老兄的好心感动的。喜（儿）一听这话，心里又喜欢又凄凉，不觉两眼掉下泪来了。吕玉也哭着说："小儿腿上有个暗记（儿）。左腿胳髅膊（儿）下边（儿）有俩黑痦子。"喜（儿）听见说，就忙弄解开腿，挽起裤子来，看了看，真个可就是有俩黑痦子。吕玉一见，知道一定是各人的儿，没了含糊了，就把喜（儿）抱的怀里，叫了一声："我那儿呀，我是你亲爹呀。这六七年的工夫不见你，我打算着早就没了你了，哪成望又见了面（儿）。"当时父儿俩那个亲热就不用提。吕玉惶忙起来，道谢陈朝凤，说："小儿若不是老兄府上收留下，今（儿）个可哪里摸着见面（儿）了罢。"陈朝凤说："老兄有拾金不昧的好心，老天爷自然知道。这是神指鬼拨（儿）的，着你到我这（儿）来认儿，着你们父子团圆了呀。小弟以前不知道是老兄家的令郎，有些个慢待，实在的对不着老兄。"吕玉又着喜（儿）给陈朝凤磕头谢恩。陈朝凤惶忙扶起喜（儿）来，着他坐的吕玉跟前，说："老兄有还我银子的这个好意，我也没别的报答。若是不择嫌我，我有一个闺女，年十二岁，和老兄这令郎结为夫妇，咱们就是永远的姻亲了。"吕玉见陈朝凤说的不是虚言，净是真情实话，当面（儿）就应允了。这一黑下吕玉家父儿俩就在一块（儿）宿了，说了一宿离别的苦楚。第二早起起来，吕玉就要辞着走。陈朝凤苦苦的拦着，按新亲家新女婿待承（儿），全当饯行。喝了几盅酒，陈朝凤就拿出来了二十两银子，和吕玉说："俺家女婿在我这（儿）待了几年的工夫，有些个慢待的地处，已经过去的事（儿）了，也就不用说了。如今有这点小礼（儿），拿着，在道（儿）上喝个茶。"吕玉说："亲家不择嫌我，和我结了亲，我就当拿些个彩礼。因为在路上，也未免的显着轻忽，可怎么反倒收亲家的礼呢？我一定不敢受。"陈朝凤说："这是我给俺家女婿的，碍不着亲家你的事（儿）。亲家若是不收，就是嫌少。要不，就是不允这门子亲事。"吕玉推辞不过，只得收下，就又教喜（儿）拜谢。陈朝凤惶忙扶起来，说："拿不出手来的这么点东西（儿），值不的谢。"又着喜（儿）到了里头院里，道谢了丈母。这一天是大吃八喝。到了后响，又宿了一宿。吕玉心里说：我因为还了他的银子，父子见了面（儿），这岂不是天意呢？又定了这么门子好亲事，这就是好上加好了，我可怎么报答他呢？那陈亲家又给了二十两银子，这也算外财，我也不要。我使着济了贫，多修点好。一定是这个主意。第二早起陈朝凤早早的又预备了饭。吃了，吕玉打整上行李，父儿俩雇了一只小船（儿），顺着河路就走了。走出来了十来里地，只听见前边（儿）呼儿喊叫的，又看见没数的人，活像一窝蜂也是的，不知道为什么缘故。赶到了跟前，赶情是坏了一只大摆渡船。过河的人，有百八十口子，都掉的水里了，直喊叫救命。岸上的人直求别的船打捞。那别的船错要钱（儿）不行。正在那里吵嚷呢，吕玉心里说：见死不救，是没人心。我这二十两银子，干么不是花了呢，还有比着救人强的么？当下就和那别的船上说："掌船的哎，快快（儿）的救人。若把这一船人都救下，我出二十两银子给你们。"那别的船听见说有银子，就立（儿）活像飞也是的就来了好几十只，在四下里打救。岸上的人也有几个会浮水的，也跳下去救的了。还是银子是好东西呀，俗话说："财帛能通神路呀。"眨眼之工把一船人都救出来了，连一个也没淹死。吕玉就拿出那二十两银子来，给他们分散。得了银子的，欢天喜地的就走了。那逃活命的人们也都来谢救命之恩，那不用提。只见内中有一个人，细打量了打量吕玉，惶忙近前，叫了声："哥呀，你上哪里来呀？"吕玉猛然间一看，不是别人，正是他三兄弟吕珍。吕玉意想不到是他兄弟来找他。欢喜的俩巴掌扤不成堆（儿），说："有愧，有愧。多年在外，着兄弟来找，在船上遇见这个危险。苍天有眼，着我救出你来。"忙弄把吕珍扶的他们那只船上去，把他那湿衣裳脱了，给他换上干衣裳。吕珍死里逃生，活像做个梦也是的在船上呆了会子，心里才定贴了。吕玉又叫过喜（儿）来，和他叔认识了。把还银子，遇见喜（儿），结亲的这些个事（儿），从头至尾的说了一遍。吕珍也叹息了会子。吕玉问他，说："兄弟哎，你可怎么到了这（儿）了？"吕珍说："哥呀，真着我一言难尽就完了。自从哥哥出外以后，一去三年不回来，人们风言风语的传说你在山西得了个暴病（儿）死了。我二哥家去了一告诉，举家老小哭了一回，都换上孝了。俺嫂子也穿上白衣裳，戴上白鬏了。我老是信不准。俗话说：'耳听为虚，眼见为实呀。'那二哥新近又直逼刻着俺嫂子出门改嫁。俺嫂子不从他。因为这么，就着兄弟上山西来扫听个真实。不成望在这（儿）遇见。我又遭了这么大难，着哥哥救了我，这不是我的福呀，真是哥哥你的好心积的呀。俗话说：'好心感动天和地呀。'咱们忙喇在家赶罢。早早的到了，俺嫂子也就放了心了，别人也就不这言那语的了。家去的晚了，还恐怕生出别的枝节来呢呀。常说：'夜长梦多呀。'"吕玉听见这一说，心里活像刀子搅也是的，恨不得插翅（儿），一下子飞的家去，忙弄叫船家开船，连夜（儿）赶。心里和箭一样，只嫌走的慢。船和飞也是的，只嫌走的不快。那个使心急就不用提。

　　再说吕玉家家里王氏，自从听见男人的凶信（儿），起头心里还半信半疑的。后来听见他第二个小叔（儿）吕宝说，说的活脱（儿）像真的，心里也就没了挂戗（儿）了，到底总想着听他三小叔吕珍的个信（儿），再作道理。哪知道吕宝是心怀不仁。他哥死不死，他也知不准。为的是上他嫂子面前，说他哥死了，他嫂子又没儿，必定不守寡，况且年纪（儿）

又不忒大，又有几分颜色，顶好找主。劝着她出了门（儿），各人好使些个彩礼。他嫂子知道他人性不济，决意的不听。他又着他媳妇（儿）杨氏净拿好话劝说他嫂子，说："嫂子哎，俺哥已经死了。论理可是当守着呀。不能守到老了啪，也得守三年。等着干了坟头土，再出门（儿），人家也不笑话。赶自要是日子宽绰啪，守寡可是有名呀。朝廷家知道了，给你立牌房挂匾，万古传流的固然是体面，谁不愿意呢？可惜，咱们没有什么东西。谁给你出头办这个事（儿）呢？现时就缺吃的少穿的，又没有什么进项。就是想着守寡，也是守不起。为人一生，不图名就图利呀。若是没名没利，白受一辈子苦，不落个冤死么？再说，近四十的人了，早一年是一年的事（儿）。趁着年轻寻个好主，就有了一辈子的饭碗子了。我说的这净好话，不能在瞎道上指你。你这咱是心上不在肝上的，也想不起好理（儿）来。俗话说：'旁观者清，当局者迷。'就是后来你想起我来，也不骂我。你这咱听我好言相劝，早些（儿）出门（儿）是便宜。等着往后老了，可就寻不着好主了。常说：'事要三思，免劳后悔。'错了姐（儿）们靠近，人家谁这么苦苦的劝你哎？人家谁不知道少说几句话出气（儿）匀式①？我劝你是好，不是赚你呢呀。说不说在我，听不听可在你。你就忘了那俗话说的：'听人劝，吃饱饭。'我说这些个话，你细咂咂滋味（儿），是这么个事（儿）不是哎？"杨氏只管嘴上和抹上蜜也是的，和掠上油也是的，说的这么甘甜这么好听，王氏只当耳旁风，装听不见。俗话说："你有千条妙计，我有一定之规。"心里有个老主意。杨氏说了会子鬼话，见她大嫂（儿）没有出门（儿）的意思，回去就和她男人说："王氏这个老婆，是铁打的心。说不说，她不怎么的。"吕宝说："等着我另想法（儿）。"再说王氏听了她小叔媳妇（儿）这一套子瞎话，心里连动也不动，说："俺男人千乡百里的出外，哪（儿）呢哎就有顺带脚的信息。人们这么说那么道的，谁看了看回来了？就是别人（儿）看见，也当不了我看看呀。我既是着俺三小叔亲自到山西打听的了，错他回来，我不能信以为真了。他既到了山西，他哥若是真死了，不能起灵家来，也得把骨尘背的家来。到那个时候还得我自己拿主意。谁的话我也不听，谁也犯不上赶出我的。一定是这个主意。"王氏心如

①匀式，方言，均匀。

铁石，那不用提。

　　再说吕宝这个东西，自从他兄弟吕珍找他哥的走了以后，听见他媳妇（儿）说王氏难劝，心里气闷，跑的玩钱局里，输了好几十吊钱。人家找上门（儿）来要账，他没钱还人家，人家不放他过门（儿），正在门口呛嚷呢。这个工夫里来了个媒人，说："这些个人为什么抬杠哎？"吕宝抬头一看，忽然间坏心一动，就有了计了，就和那要账的人们说："朋友们不用着急了。我下边（儿）紧打饥荒还账就是了。"那要账的说："你得给俺们个准晌（儿）来。俺们是赶多咱来？"吕宝说："不过十天，我给朋友们送去，不用再来了。"那要账的说："吕宝，俺们看着你也是个朋友，可别支着俺们呀。到十天头上你若不去，俺们也是还得来。"吕宝说："朋友们还信不及我么？若说了不算，那个算个事（儿）么？俗话说：'说话如着箭'，才行了呢呀。朋友们只管放心，若有了一差二错，把我这个'吕'字（儿）倒写了。"那要账的说："嗜！吕宝，赶自你会起誓。'吕'字（儿）倒写了，还是个吕。你别闹这些个哎。"吕宝说："别管是吕不是吕，到那一天我准给你们送去就完了。"那人们说："吕宝你可别忘了俗话说的：'君子一言，快马一鞭。'"吕宝说："就是罢。"那要账的就走了。吕宝就立（儿）问这个媒人，说："你上这村里来，有什么事（儿）哎？常说：'夜猫进宅，无事不来。'"那媒人说："这新近，某村里来了个贩珍珠玛瑙的大客人。他说他失了偶了，想着在这里寻个人（儿）。"吕宝说："这客人有多大年纪（儿）？"媒人说："三十五六岁（儿）。"吕宝说："他是寻后婚（儿）哎？是寻闺女哎？"媒人说："若是般配，后婚（儿）也行了，只要有几分颜色。"吕宝说："俺哥死的外头了。我想着把俺嫂子给这客人说说，你看着行不行哎？"那媒人知道他嫂子是好人才，年纪（儿）又合式，就说："那才好呢。你若作的主了，我就去说的了。"吕宝说："你去说的罢。客人若愿意，可着他多出价钱呀。"媒人说："那还用说么？好歹咱们是当块（儿），他是外来人，我还能胳膊肘朝外扭么？常说：'亲不亲，当乡人呀。'我只有向你的，你只管放心罢。"媒人回去，见了客人，怎般如此的一说，怎么怎么个人（儿），客人就情愿出三十两银子。就立（儿）把银子交给媒人，又谢了媒人五两。媒人就把银子交给吕宝，说："你去和客人见个面（儿），定规定规是赶多咱娶？”吕宝得了银子，就见了客人，说：“贵客人愿意多咱娶亲哎？”那客人说：“丁对丁，卯对卯，今（儿）个就好呀。”吕宝说：“可有一样（儿）。俺嫂子脸皮（儿）薄。若好好（儿）的着她上轿，她必定是不愿意。赶去娶的时候，客人多带几个人，给她个冷不防，闯进门的，只看戴着白鬏的就是。也不用说么。推着的推着，拉着的拉着，打整她上了轿，飞也是的就跑了。”客人紧忙预备，那不用提。

再说吕宝回到家来，不敢和他嫂子说这个事（儿），恐怕他嫂子不从，再惹的她跳井上吊的。倒不如默儿无知的，不露山不露水的，把事（儿）办了，倒秀密[①]呢。到了各人屋里。偷着和他媳妇（儿）打了个手势，说：“那个人，今（儿）后晌就着江西客人娶了去了。我怕她哭哭啼啼的。我先躲出去。眼看着也快到时候了。那里人来了，就抢她上轿。你可别和她说。”正说着话呢，只听见外边（儿）有脚动（儿）响。吕宝打算着是娶亲的来了，惶忙就跑出去了，也没和他媳妇（儿）说明戴白鬏的那个事（儿）。也是神道先知。出门（儿）一看，不是别人，正是他嫂子王氏。见吕宝家来，恍恍惚惚的像说不说的那个样（儿），实在的着人可疑惑。因为这么，遛遒着上他家窗户外头来，听听他说么。自不小心，一步迈的劲（儿）大，着吕宝听见了。两口子在屋里低言俏语（儿）的说了半天，王氏也没听清楚说的么来。就是末了听见了个“抢她上轿，你可别和她说”，这么两句话，王氏心里就越发的疑惑。见吕宝出去了，就问她小叔媳妇（儿），说：“你婶子，咱们姐们（儿）在一个锅里搅杩勺这些个年（儿）了，连脸（儿）可也没有红过。只管没有什么好，可也没有什么不好。刚才他叔家来，说话的这个光景（儿）莫非在我身上作了昧良心的事了？你婶子和我说个明白，也是咱家姐们（儿）的情肠。常说：‘明人不作暗事。’”杨氏一听，就立（儿）粗了脖子红了脸的，说：“你这是说的哪里的话哎？嫂子，你要嫁人，那还不好说么？最不该先在我这（儿）来卖个幌子。你看你这个才是的呢。船还没翻呢，就要先下水。”王氏着她呛白了几句，又恼的慌，又苦的慌，来到了各人屋里，寻思着实在的难过。丈夫在外，不知下落。三小叔吕珍一时半会（儿）的又回不来。亲戚家又离着忒远，紧忙弄送不了个信（儿）去。

①秀密，意为低调、简单。

邻舍背下的又怕吕宝是个无赖子，不敢出头管闲事。我早晚是得上了他的圈套。左思右想，是走头无路的。就想起那俗话说的："人活百岁也是死，不如早死早脱生。"正凄惨着呢，只听见外间屋里盆（儿）碗（儿）乱响，连说了几个："死了好，死了好。"王氏就立（儿）觉着浑身打颤。到外头看了看，并没个人影（儿）。又回到屋里，只觉着活像拉拉扯扯的，还说是死了好。王氏哭哭啼啼的，正项（儿）里就想着找个短道（儿）。又着鬼这么一缠磨，心里就越没了路（儿）了。拿定主意了，错自尽了不行。说话就到了点灯的时候了。隔着窗户眼（儿）往外一瞅，只见杨氏直在大门着出来进去的。王氏见她这样，心里知道必定有事，就忙喇慌的插了门了。杨氏听见她一上闩，就跑来，说："嫂子哎，你怎么上门上的这么早哎？哪有贼来偷你？你这么胆（儿）小，莫非你见了鬼了么？怎么这么惶悚哎？"一半（儿）说，一半（儿）走。到了门（儿）着，把门撞开。这个时候王氏知道一定没好事（儿），又到了里间（儿）里，忙弄插上隔山门（儿），弄了一条绳子，栓的房梁上，挽了个套，叫了一声："天爷，你给我报仇罢！"长叹了一口气，把脑袋舒的那绳套里，头上戴的那白鬏也掉在地下，就上了吊了。哪知道，人不该死，总有救。顶粗的一条绳子，不知道怎么，和刀子割也是的就折了，"扑"的一声把王氏就掉在地下。杨氏听见屋里吓溜扑腾的，急忙又抽①开隔山门（儿），往里一看，屋里黑谷洞的。又往前一迈步（儿），一脚绊倒，和王氏滚了个一堆，把脑袋上戴的那黑鬏早就掉了。俩人都是披头散发的。杨氏虽然没吓死，也就七八分没气（儿）了。养醒了老大半天，爬起来，慌忙跑到厨房里，点上了个灯，端了来一看，只见王氏在当屋子，上气（儿）不接下气（儿）嘴里舔痰续沫的，脖子里拴着一条绳子。杨氏知道她是上吊了，忙弄把绳子给她解了。正在生死之间，忽然听见外边（儿）有人敲门，杨氏早就知道是那个事（儿）。就想着到外头去领人家进来，着手一摸，把各人那黑鬏掉在地下了，手忙脚乱拾起来就戴上了。嗯，这个鬏，就是各人的个媒人，就摸着各人卖了。这一戴不要紧，赶情戴差了，把王氏那个白鬏戴上了。忙弄跑出去，到了大门着，和那娶亲的一脚门里一脚门外，杨氏把插管（儿）一拉，开开大门。那客人一看，

①抽（zhōu），同"擤"（zǒu）。

就想起吕宝说的那话来了，看见戴白鬏的就抢。着灯笼一照，早看见杨氏戴着白鬏呢。一声暗号（儿），带来的那打手，如狼似虎，一拥就都跑进来了。见了杨氏，就活像饿虎扑食，饿鹰见雀一样，赶上前去，拉着就走，别人就在后边（儿）推着。杨氏直喊叫，说："不是我，不是我。"客人哪管他三七二十一。抢到轿上，鸣锣响鼓，火炮连天，抬起来，和飞也是的早就走远了。赶到了家，杨氏若和她新男人一告诉这个事（儿），这岂不是个活笑话呢？大约着杨氏得了客人，比跟着吕宝还强，那不用提。

再说王氏上吊折了绳子，自从杨氏给她解开，慢慢（儿）的也就苏醒过来了。听见外边（儿）喊叫，吓的没处藏没处躲的。又听见门外明灯火杖，鼓乐喧天的，直上西南去了，越走越远。待了会子，听不见动息（儿）了，才出了屋里门（儿），看了看，院里鸦鹊不动的。连叫了几声，你婶子，你婶子。叫了十声，九不答应。末了那一声，也是白叫了。心里就明白了，知道是抢亲的错抢了去了。恐怕还回来打倒来，忙弄又插上门，上上闩，黑谷影子里拾起那鬏来，上的炕上，安生伏业（儿）的歇了一宿。到了第二早起，起来梳脑袋一看，是个黑鬏，没了各人那白鬏了。才说上地下去找的呢，只听见外头有人叫门（儿）。王氏侧着耳朵听了听（儿），不是别人，正是她二小叔吕宝。王氏算恨极了他了。听见，假装听不见，只是不给他开门。待的那工夫大的呢，才问吕宝，说："谁叫门（儿）呢哎？"吕宝在门外听着是他嫂子的声音（儿），心里又急躁又疑惑。王氏又尽自不给他开门。吕宝就使劲喊叫，说："嫂子，忙喇开门来罢。兄弟吕珍打听了哥哥的准信（儿）回来了。"王氏听见说吕珍兄弟回来了，也不管是真是假，就迭不的找她那白鬏了。慌忙把黑鬏戴的脑袋上，赶开开门一看，哪里来的吕珍哎，正是吕宝说的瞎话。吕宝进来，到了屋里一看，不见他媳妇（儿）杨氏了。又见他嫂子戴着个黑鬏，就问，说："嫂子哎，我妻杨氏上哪里去了？"王氏说："你们自己做的事，我怎么知道呢？"吕宝又问："你怎么不戴白鬏了？"王氏怎长怎短的这么一告诉，吕宝叫了一声苦呀。本心里是望指着卖嫂子，哪成望倒把各人的老婆卖了。一宿的工夫，客人也早就走远了。把那三十两银子，还了人家一半（儿），又输了一半（儿）。再想着另娶，手里又没了东西了，谁家还寻他哎？那坏心又一动，说：一不做，二不休。爽利再找个主罢。倒是得卖了王氏呢。再卖个几十两银子，就又够另寻人（儿）的了。把脚一跺，就在外走。刚走到大门着，只见从门外来了四五个人，箭直的就进来了。不是别人，正是他大哥吕玉，兄弟吕珍，领着侄子喜（儿），又雇了俩挑行李的，来到家。吕宝心里觉着讨愧，没脸（儿）见他那哥哎兄弟的，打后门里就跑出去了。王氏一见男人回来，是意外之喜。又见有十三四的个小子，也不敢认，就问吕玉说："这是谁哎？"吕玉从头至尾说了一遍。赶情是失迷了的自家那儿，如今长成大小伙子了，王氏听见一说，活像天上掉下来的一样。也把吕宝办的这些个事（儿），一字一板（儿）的告诉了一回。吕玉说："我若昧下人家这二百两银子，怎能够父儿们见了面（儿）？要爱惜那二十两银子，兄弟们也不能碰的道上。若碰不见兄弟，可怎么知道家里的信（儿）。如今阖家聚会，老少团圆，这都是老天爷安排就了的呀。靠指着人，万不能有这样巧事（儿）。俗话说：'天无绝人之路呀。'吕宝做这昧良心的事，不顾羞耻，不顾脸面，皇天不佑，着他夫妻离散了，岂不是自作自受呢？"自打这（儿）以后，吕玉是净行善，事事（儿）靠天，不由己。因为这么，家业富豪，子孙兴旺，真就是积善之家，必有余庆呀。他三兄弟吕珍居心不错，跟着他大哥坐享太平。惟独吕宝满世界跑海，不知下落，大约着落了个冻饿而死。可见人性不得一样。一母同胞的弟兄，一善一恶，都是报应。谁敢说上天没赏罚哎？

63

犯事者①

苏州府有个财主，叫王甲，和他同乡李乙有个仇口（儿）。王甲光想着害了李乙，老不得劲（儿）下手。到了这一天黑家，粗风暴雨，对面（儿）看不见人，舒手不见掌。李乙和他家里蒋氏正在睡觉的时候，忽然听见门外有十来个人大喊摇旗的，把门撞开。李乙家夫妇俩隔着窗户一看，只见青脸红花，箭直的就进了屋（儿）了。蒋氏吓的慌忙藏的床下头了，剩下他男人李乙。才说要躲避躲避，只见有个恶模恶样的，大长胡子，也板着脸，过去，揪住李乙的头发，一刀杀死，也没有抢东西就走了。蒋氏在床下吓的浑身抖擞，不敢喊叫。待了会子，那人们都走远了，蒋氏也就在床底下爬上来，放声大哭。把那邻舍背下的就都惊动起来了，来到跟前一看，李乙的身子和脑袋早就分了家了。那邻舍家都叹息了会子。蒋氏说："杀俺男人的，不是别人，正是仇人王甲。"众人说："你怎么知道呢？"蒋氏说："我在床下看的清楚的呢。他可是在脸上抹上墨了，我认得他那头脸（儿）和他那大长胡子。还有一说，若是做贼的，他为么光杀人，不抢东西呢？这凶手一定是他。求好乡亲们给我作主罢。"众人说："他和你男人有仇，那是俺们都知道的。就是贼人，俺们也得报官。明早（儿）你跟俺们进城，先喊了冤，再着代书写张呈字，告状就完了。"众人们各自回家。蒋氏到了屋里，插上门（儿），又哭了会子，也就睡不着觉了。孤伶伶的待到了第二天早起，又央恳着那邻舍家，一块（儿）就上了长州县来了。可巧，赶的官（儿）坐大堂放告。蒋氏到了大堂上，喊了一声："我冤呀老爷。"官（儿）抬头一看，接了呈字，看见上头是人命大事，当面（儿）就准了状，遂后乡亲们也来报了案。

①改编自明抱瓮老人《今古奇观》第二十九卷《怀私怨狠仆告主》。

官（儿）就立（儿）刷了票子，着捕班（儿）里去拿凶手，那不用提。

再说王甲杀了李乙回到家来，把脸洗干净了，还捣着耳朵偷铃铛，装不知道的呢呀，心里觉着这个事（儿）办的很秀密。神不知，鬼不觉，谁也没看见，把仇就报了。洋洋得意的，也不堤防。自己暗里正欢喜着呢，只见门外来了一伙子马快，箭直的就进了院子了，给了他个冷不防，一把锁套在脖子里，牵着就走。来到县里，知县立时坐堂，问他，说："你为什么杀了李乙哎？"王甲说："李乙本是着贼杀了，小的不敢行凶。"知县又把蒋氏叫上来，问说："你为什么告他杀了你男人？"蒋氏说："当时民女躲在床下，看的清楚，认得是他。"官（儿）说："黑更半夜的，你怎么看的这么真呢？"蒋氏说："民女认得他是个大头脸长胡子，不能含糊。还有一样可疑惑的事（儿）。若是作贼的，不光杀人，必定还得抢东西。这个，他光杀了人，没抢东西。夙先里又有仇。这不是他，是谁呢？"官（儿）又叫四邻上堂，问说："王甲和李乙有仇，你们可知道么？"众人都说："果然是有仇。那不抢东西，光杀了人，也是实情。"官（儿）就吩咐着王甲跪锁，上光棍架子。左一个死（儿），右一个死（儿）的，收拾了半天。那王甲是个富家子弟，怎能当的起这样的苦呢？只得招了口供，说："小弟实系和李乙有仇，所以当着刮风下雨，假装做贼的，把他杀死。这是实话，不敢瞒老爷。"官（儿）吩咐招房把供写的清清楚楚的，立时把王甲就掐了狱了，详上文的，但等着到了时候，西门外出斩，那不用提。

且说王甲招了口供下了狱，就活像生鸟入笼，活鱼到锅的一样。想着变脱，又实在的没法（儿）。忽然间想起有个相好的，是个刀笔手，叫邹老人。不怕有什么闹头的官司，就是十大恶，他也能料理。正心里道念着呢，他儿王小二给他送了饭来了。王甲怎般如此的和他儿这么一说："如果邹老人若用着银子了，敞着口的给他。可别心疼财帛，耽误了我的命。"他儿样样（儿）都答应了。回到家来，立时就找了邹老人去，把他爹犯的事怎长怎短的告诉了一遍，想着花银子打点出来。邹老人说："你爹当堂招了口供。知县又是新到任，亲口问成了的案。就是有银子给他，他也是不敢反招的。除非了投别的门子，看势做事，才能脱了这个案呢。我和南京做刑部的徐大人有个来往。你给我备办三百两银子，我上南京去投他这个大门氅（儿）的。或是买他个人情，或是遇见别的楞缝（儿），把你爹这个套（儿）就摘了。"王小二说："可有什么楞缝（儿）呢？"邹老人说："你不用管。把银子交给我，不消一个月，管保着你爹出了狱。这咱先不能说。"王小二回到家来，凑了三百两银子，交给邹老人，着他赶紧的去。邹老人立刻收拾上行李，告诉王小二着他爹宽心，不久的就要打救出他来。说完了话，辞别了王小二，疾忙起身，直往南京去了。到了南京，下了店，歇了两天，置了些个好礼物，来到刑部衙门里，着差人禀报了。徐大人出来，迎接进去。住了十来天的工夫，想不起个法（儿）来，又不敢试急紧。正愁闷着呢，忽然间马快们拿了二十多贼来了，解到刑部衙门里定罪。邹老人打听着，这贼里头有俩苏州人。心里欢喜，点了点头（儿），自言自语的说："有了法（儿）了。"待到了第二天，吃完了早起饭，邹老人邀的徐大人一个闲屋里去，拿出来了一百两银子，给徐大人，说："我家里有个亲戚犯了事，被押在狱，求大人照应。"徐大人只管是做大官，也不怕银子扎手，就说："那事好说。"又一想，说："两省里的事（儿），隔府调县，难给他出力呀。"邹老人说："不难，不难。俺们亲戚是和李某人有仇。李某人着贼杀了。没有拿住凶手。所以李某人之妻蒋氏，疑惑着是俺们亲戚杀的，就指着名（儿）告了。俺们亲戚受刑不过，屈打成招，被押在狱。夜来我见解了二十多贼来了，其中有俩苏州人。若着这俩贼承认了这个案，他俩怎么也是死罪了，给他点（儿）银子，未尝不行。如果事成了的时候，俺们亲戚必定忘不了大人的恩典。"徐大人已经接了一百两银子，当面（儿）就应许了。邹老人也和那俩贼商量妥了，给了他们银子，这俩贼也答应了。到了过堂的时候，徐大人叫上他们来，问说："你们杀过多少人哎？"这俩贼说："某年某月，在哪里哪里，杀了谁谁，这新近又在苏州杀了李某人。"徐大人写了口供，叠成文书，打发报马投在苏州府长州县。邹老人也就回来了。赶长州县知县接了文书一看，杀李乙的凶手已经有了，立时就在监里放出王甲来。李乙之妻蒋氏听见这话，也没的说，只说是那一天黑家认差了人了。如今拿住凶手，也就出了气了。再说王甲一出狱门，就活像活鱼入水，圈鸟出笼的一样，欢天喜地，摇摇摆摆的来到了自己门口。忽然起了一阵狂风，王甲大喊了一声，说："不好了。李乙在这里等着我呢，害死我了。"往后倒退了三步，"扑"的一声倒在地下，叫也是叫不醒的了。不多一时浑身冰凉，胳膊腿（儿）都挺了。这是说的真人命，想着找个假凶手。再说个假人命，想着找个真凶手的。因为不大的点事（儿），惹了一个大祸。若不是老天爷保护，差一点（儿）就得落个冤死呀。

明朝成化年间，浙江汶州府永嘉县有个王生，娶妻刘氏。跟前有个小闺女（儿），才两生日了。这么两口半人过日子。男女做活的有四五个，也不算财主，可也不算穷，还是书香主。王生可是没进学呢，也就作文成篇①（儿）的了，成年①（儿）家在家里用工夫。同窗弟们也常来找他，他也有时候出去投师访友的。刘氏又勤又俭，着实的贤慧。夫妻俩那个和美就不用提。这一天正当着三月天气，又有两三个同学的，拿着一大瓶子酒，邀着他在洼里去游花看景。到了野外，只见天气清亮，春风和暖。三四个人就在大树阴凉（儿）里饮酒取乐（儿）。直待到了傍晌午子，心足意满，各自回家。王生多贪了几杯，带了点（儿）酒意。来到了自己门口，看见俩小做活的正和一个人吵嚷呢。王生一看，是个卖姜的，湖州人，姓吕。因为那小做活的少给了人家姜钱，人家不愿意，所以在门口臧嚷。王生和那卖姜的说："这些个钱就不少了。你怎么只是在我这里嚷呢？你好不懂事哎。"那卖姜的说："我本是个小买卖（儿），没有什么大来头。怎么少给我钱呢？先生，你在别的上头打算盘。为个一点子半点子的值不的这么小家子势。"王生听见说他小家子势，又有点酒性（儿），就反了脸，骂说："哪里来的这么个野卖姜的，你就敢这么说我？"走上前去，一推两撞，拳打脚踢。哪知道那卖姜的有个痰火病根（儿）。趁着他这一推，就跌倒在地，立时气闷，就要上阴间里去看看的。王生一见，吓了一跳，把那点酒气（儿）也吓没了。慌忙叫做活的挽的家来，养醒了会子，那卖姜的哼了一声，就苏醒过来了。王生自知理亏，说："我酒后无德②，冒犯着你了。别和我一样。"先沏了一壶茶，然后又是酒又是饭的，着他吃喝了。余外又给了他一匹白布。可见人不死就爱财。那卖姜的接到手里，欢欢喜喜的就走了，直奔船道口过河。王生若有未到先知的能耐，留下他住几天，也是情甘愿意。可惜他没有袁天罡、李

①成年，常年。

②"德"原作"得"，疑错。

淳风①这个本事。当时就着那卖姜的走了，就惹出飞天的大祸来了。

王生见他走了，心里还是扑腾腾的，老个定贴不住。到了屋里，和他家里刘氏说："今（儿）个差一点（儿）就没惹出个大事来。不离，不离。"这个时候正当着傍黑子。刘氏就着丫鬟，烫了一壶酒，弄了两样（儿）菜，给她男人压惊。夫妇俩喝酒，正在高兴的时候，王生心里才觉着消停些（儿）了，忽然听见外头有人叫门，说："有紧事（儿）。"王生一听，又吓了个多半死（儿）。端出灯来，看了看，不是别人，正是船道口里那使船的周四（儿），手里拿着一匹白布，一个小竹篮（儿），急急忙忙的和王生说："先生，你有了大祸了。拿着你，怎么做出这样人命事来？"王生一听，吓的脸上一点血色（儿）也没了，就问是怎么回事。周四（儿）说："先生，你认得这白布和这竹篮子么？"王生看了看，正是卖姜的那个竹篮子，也是各人给他的那匹白布，就说："今（儿）个在我门口，来了个卖姜的。因为这么这么回事，我给了他一匹白布。这篮子，是他盛姜的那个家伙。怎么到了你手里了？"周四（儿）说："今（儿）个傍黑子，有一个人上船道口里去，要过河。赶上了船，不知道怎么，"哎呀"了一声，往后就倒。我紧忙弄拉了他一把，没拉住，他就倒在船上，告诉我，说着先生你打坏了他了。把这白布竹篮子都交给我当个证见，着我替他打官司，还着我给他家家里送个信（儿）去，好来声冤告状。说了这么几句话，把眼一合，把腿一伸，就咽了气（儿）了。现今那死尸在我船上掠着呢。我觉着和先生怪好的，不能按他说的那么办。所以我先给先生送个信（儿）来，请先生到我船上去看看的，是可以怎么着办？"王生到了船上一看，果然是有个死尸。就立（儿）就吓掉了魂（儿）了，摸着苦胆都吓破了，肚里一进一进的，连步都迈不动了，慢慢（儿）的扶着墙根（儿）走的家来，到了屋里，把这个事（儿）说给他妻刘氏。刘氏长叹了一口气，说："这可怎么着呢？"王生说："事到临头了，也就说不上了。元宝顶门，只得拿银子去当。央恳着船家趁着月黑天，把这尸首想个法（儿）除消了，免的生出别的枝节来。"王生就把碎银子拿出来了个二三十两，和周四（儿）说："周四哥，你可别满世界嚷，着外人知道了。俗话说：'天知地知，你知我

①袁天罡、李淳风，唐代著名道士，两人合著有《推背图》，预言后世之事。

知。'把这个事（儿）密而无知的办好了，后来我也忘不了你。事（儿）是我自己办错了，也是出于无心。你我都是本地（儿）的人。常说：'乡亲为重呀。'何苦的给外来人报仇呢？就是报了仇，于你可有什么好处呢？就不如秀秀密密（儿）的，把这个尸首扔了他。我也给你点（儿）谢礼。过后咱们还是好乡亲。"周四（儿）说："可扔的哪里呢？如果明早（儿）若有人看见，追问情由，连我可也脱不了干净（儿）。"王生说："离这里不远就是俺们的坟，顶清静的地处，你也知道。你先弄的那里去，我遂后打发人去埋了，可有谁知道呢？"周四（儿）说："先生，你说的可也很是。既要那么着，可该怎么谢承我呢？"王生就把手里拿的那二三十两银子给他。周四（儿）嫌少，就说："王先生，你拿着这人命忒不值钱了，怨的你打死他。就是个路死贫人死的你地里，也不光值这点银子（儿）哎。幸亏了死的我船上了。若是死的别人船上，你这不是倾家败产的事么？人命大事，说抱了鼓就抱了鼓呀。这不是吹糖人（儿），出口气（儿）就完。俩人抬着一个鸡翎（儿），你可倒闹了个轻妙。我今（儿）个碰见这个事（儿），我想这是天要给我一个小富贵呀。我还打算着在你身上发财呢呀。就凭这个事（儿），你给我一百两银子，也不算多。"王生听着他这一套子话，银子少了是不行，又恐怕闹事，所以也没敢说么，又到了家。家里本是没什么积余。就把他家里那好衣裳，什么首饰，也凑了个十两八两的，也拿出来，递给周四（儿），说："周四哥，我实在是没有东西了。我这几年日子过的顶窄，你还不知道么？若是那几年，别说有这么点事（儿）。就是没这么点事（儿），你说出口来，摘摘借借的我也不能驳回。今（儿）个只当没有这点东西（儿），包含着点子罢。"周四（儿）听他说话，眼里含着泪花，怪可怜视见（儿）的，自己也知道是丧良心讹赖人的事（儿），也就不争竟了，说："先生，你是念书。以后照应着我点（儿）就完。"王生说："错不了。"就又来到家，弄的酒饭，着周四（儿）吃喝了，也就放了点（儿）心了。遂即叫了俩家人，拿着铁锨锭钩，就去埋人的了。这家人，有一个姓胡的，力量过大，人都叫他胡大力。当时把人埋了，回到家来，也就东发亮（儿）了。王生着做活的关上大门，到了各人屋里，和刘氏说："不成望我遇见这样横事，着人这么欺负我。"说完了，就哭起来了。刘氏就劝他，说："这也是命里造就的呀。破点财（儿），完了事（儿），还算不离呢呀。不用这么难受，以后靠着老天爷，求着没是没非（儿）的。穷也是过，富也是过。财帛是淌来之物。俗话说：'财帛，财帛，花了另来。'时气不济打在头上了，可有什么法（儿）呢？直闹了一宿的工夫，你歇歇（儿）罢。"王生听着他家里，擦了擦泪，也就不说么了。待了几天，王生见那个事（儿）平妥了，就又用工夫念书。这一天正在学里做文章呢，周四（儿）这个小子就来了，假装着来劝王生，实意是想着借东西。借了，可是不还。明借，暗骗。王生只得勉强应酬着。待几天就来一趟。横竖来的有个十来趟子。来了，就得刮磨点东西（儿）去。王生觉着在他手里有短（儿），多咱来了也是当客待他。周四（儿）旋旋（儿）的手里就从容了。把船也卖了。开了一座小布铺。打这（儿）也就没什么话说了。

哪知道王生又过了一年的工夫，那三岁的闺女长花（儿），堪堪至死。王生家夫妻俩守着啼哭，没一点法（儿）。听见有人说，本县城里有个治瘢疹的先生，姓徐，真有手到病除的能耐，人都称呼他是神仙一把抓，治一个，好一个。王生就和他家里刘氏商量着写了个请帖，就着家人胡大力拿着，去请徐先生的。临走的时候，嘱咐胡大力，说："疾疾忙忙的，越快越好。"胡大力连声答应，说："是，是。"一出门（儿），和飞的一样就走了。到了第二天晌午，酒饭都预备好了，老不见请先生的回来。直等到了傍黑子，在村外看了看，还是没影（儿）。等的王生家夫妇俩是急有心火。眼看着天道又黑了。看了看，闺女那病是一会（儿）不如一会（儿）的，光有出来的气（儿），没有回去的气（儿）了，不多的一会（儿）就死了。王生家夫妻俩，就活像摘了心的一样，哭了个不了。叫木匠割了个匣子，装起来就埋了。到了第三天头半晌（儿），胡大力才回来了，说："徐先生有人请去治病的了，至如今还没回来呢。"王生哭着说："可见我闺女是该着不成人呀。单赶的咱们请先生，他就不在家，哪有这么不凑巧的呢。"又待了几天，王生听见别的家人说，那一天胡大力请先生的，在道上看戏，把请帖丢了，所以没请了先生来，编了套子瞎话哄人。王生想闺女的心（儿）盛，心里打算着，若不耽误了请先生，闺女还死不了呢！越想越有气，打心（儿）里恨的胡大力慌，着几个做活的抓住他，就要打。胡大力说："你闺女是天生的短命鬼（儿），又不是我摔死她了。莫非你还着我替她偿命么？"王生一听这话，咬牙切齿的就骂胡大力，说："好你个奴才，耽误了我的大事，你还敢倖嘴么？"就着做活的捆着他，着鞭子就打，一气（儿）打了五十鞭子。打的手里没了劲（儿）才住了，把胡大力打的皮开肉展，鲜血直流。拐拉拐拉的走到了各人屋里，气忿忿的说："无故的着他打这一顿，真是恨的人慌，不能和他拉倒了。他在我手里也有很大的短处。等着我养好了伤，俺们再说。也着他经经（儿）我的利害。他打了我，他算出了气了。我有个养好了的时候，我要毁他一下子可就不轻。"自言自语的说了会子，那个恼恨心不退。拿定主意了，错给他个道（儿）走不行。真是俗话说的："势败奴欺主，时衰鬼欺人。"

再说王生，自从他家那个小闺女死了以后，想的实在的难受，不断的哼呀嘻的。朋友们也常来给他宽心，慢慢（儿）的也就掠下了。这一天正在院里闲遛打呢，忽然间从门外进来了一伙子衙役，拿着铁链子，也不管这那，望着王生就套。王生吓了一跳，说："我是个念书人，怎么这么轻慢我哎？到底是为什么哎？"衙役们说："呸，呸。好个杀人害命的念书人。走罢，相好的。官差，吏差，来人不差。你有什么话，当堂去说的罢。"刘氏在屋里听着，不知道为什么事（儿），也不敢向前。那一伙子衙役推着拉着的，把王生带到了永嘉县。官（儿）立时坐堂。衙役们把王生带上去，跪在堂下。早有个原告跪着呢。王生抬头一看，不是别人，正是家人胡大力。因为打了他一顿，他怀恨在心，就自己出名（儿）告了。问王生，说："今有胡大力告你打死了个湖州人，是个卖姜的。为什么缘故？从实说来，免的受累。"王生说："清天老爷，不用听他一面之词。小的自小念书，身体软弱。怎么会打死人呢？这胡大力是小的的个家人。因为前几天里有了过失，小的打了他几下子，所以他记恨着小的就告了，为的是解他的恨。求老爷的明断罢。"胡大力又给官（儿）磕头，说："老爷是清天。不用听他些个谎话。主子打奴才，都是常行理（儿），小的也不能记恨着。他打死的人，现在他家坟左边（儿）埋着呢。万望老爷差人去掘坟的。掘出尸首来就是真的。要掘不出尸首来，小的情愿认个诬告的罪。"官（儿）听见他这话，点了点头（儿），说："可是。"遂即差人掘取尸首。不多一时，果然抬了一个尸首来。官（儿）

亲自验了，说："有尸首为凭，这一定是个真事（儿）了。"就吩咐皂家着打王生。王生又回话，说："那尸首已经烂了。怎么是新近打死的呢？既是打死的日子（儿）多了，为什么当时不来告，等到如今呢？这分明是胡大力背来的尸首，凭空里要害小的。"官（儿）说："你说的可也是。"胡大力又说："这尸首实系是上年打死的，因为俺俩有主子奴才的情分，我不忍得告他，也是望着他回头改过。况且这奴才告主子，先有一个抗上的罪。所以小的没有告他。哪成望他还是任意行凶，有过不改。小的恐怕以后再惹出事来，受了他的连累，只得把他以前犯的法告明了老爷。老爷若是不信，也可以叫四邻来，问果然是有这么回事没有？"官（儿）吩咐差人，疾忙叫了四邻来，问了问。众人说："上年某月某日，可是有个卖姜的着王生打死了，当时又还醒过来了，以后不知道怎么样。"王生这个时候着众人证住他了,脸上一红一赤的,也就没言答对了。官（儿）说："如今事（儿）已经真了，你还有什么话说？若不打你，你怎么是肯招了呢？"舒手，拔了一根大签，扔在堂下，喝了一声打。两边（儿）的皂隶过来，把王生搉倒，实落落的打了二十板子。可怜一个软弱书生，怎能受的这么苦打了呢？只得把当时的事（儿）从实招了呀。官（儿）当堂写了口供，说："这人虽然是他打死的，没有苦主来告，不能成案。暂且吩咐，把王生先收了狱，等着有了苦主再作道理。把尸首仍旧还抬出去，埋的个闲地处。"官（儿）就退了堂了。胡大力把仇恨已经报了，觉着洋洋得意，也不敢再回王家了，就自己找了个地处住着，那不用提。

再说刘氏，自从王生着衙役锁去，放心不下，打发做活的在城里打听消息（儿）。做活的知道把王生掐了监了，就忙弄跑回去，告诉给内当家的。刘氏一听见这个信（儿），往后就倒，躺在地下，就没了气（儿）了。幸亏了丫鬟们急忙给她叫魂（儿），可就还醒过来了。喘了两口气，就放声大哭起来了。哭了老大半天，着丫鬟劝着才住了。忙弄拿了点（儿）碎银子，又叫了一个丫鬟跟着，就在城里来探望她男人来了。到了狱门着，着看狱的告诉了王生句话。王生就来到了狱门口。夫妻见了面（儿），抱头相哭，把嗓子都哭哑了。王生说："这是奴才害我到这个家业。"刘氏恨骂了胡大力一顿，就把那碎银子交给她男人，说："把这个该怎么花的就怎么花，买服看狱的，着他们好好（儿）的看待，免的受大苦。"

王生接了银子，天道也就傍黑子了，刘氏只得回到家来。又哭了会子，也吃不下东西（儿）的了，就囫囵个（儿）着躺的炕上，凄凄惨惨的自己就睡着了。

　　再说王生自打到了狱里，虽然有点（儿）小买服，也不过免的不受那些个私刑呀。那就伴（儿）的人们都是披头散发，多少晌（儿）不洗脸，囚磨的和鬼也是的，王生看见也是焦心。况说这个事（儿）还不定怎么着呢，死活不知。虽然常有人来送饭送衣裳的，也免不了受些个饥寒。真是俗话说的："人犯王法，身无主呀。"刘氏打算着折变些个家财，把他买出来。又一想，人命大事不同别的案子。又没人（儿）敢出保。俗话说："只打贼情盗案，不打人命牵连。"王生在狱里待了半年的工夫，自己觉着比十年的工夫还大呢呀。忧愁闷倦，旋旋（儿）的就积累成病了。刘氏煎汤熬药，给他送的狱里去。吃了也不见功，堪堪至死。这一天家人又来给他送饭。王生说："你回去告诉给刘氏，说我这病沉重了，早晚必定要死。着她忙弄来和我见一面（儿）。晚了就见不了了。"家人急忙回去告诉给刘氏。刘氏不敢迟误。就立（儿）出了大门，两步当一步走，十步当五步迈，来到了狱门口，和王生见了面（儿），大长鼻子小长泪，那不用说。王生开口，和刘氏说："我没出息错伤了人命，坐监坐狱的不冤呀。着你跟着我担惊受怕的，我实在见不着你了。如今病不见轻，觉着没逃（儿）。所以叫你来再见一面（儿），我就是死了也甘心。胡大力这个奴才，我在阴间里去，也得告他三状，万不能和他干休了。"刘氏哭着说："你不用说些个心窄的话。一天不死，就盼望着好呀。把心放宽亮些（儿），人命既是错打死的，又没苦主来告，我回去，把咱那家业折变净了，我也救出你来，胡大力这个东西，欺心害主，天理不容，以后自有报仇的日子（儿）。"王生说："若是这么，我还有个出去的日子，就恐怕我这病利害，不能等着了。"刘氏说："不碍。你只管放心罢。又劝了会子，哭着就家来了。到了屋里，躺的炕上，翻上倒下的不知道怎么着好。做活的们就在院里拾掇零碎活，也替内当家的作难，说："可惜咱们当家的，着个卖姜的就送了命了。"正在院里念自牙（儿）呢，抬头一看，见有个人从大门里就进来了，手里拿着些个礼物，问那做活的们，说："王先生在家里么？"做活的们仔细看了看，吓了一身凉汗，就喊叫着说："不好。打鬼，打鬼。"就东逃西散，南蹿北跑。那个人不知道哪里的事，就说："我来望看你们当家的来了。怎么说我是鬼呢？"刘氏在屋里听见外头喧嚷，就出来看。那个人走到刘氏跟前，深深的作了个揖，问了个好，说："大娘你不认我哎，听我说说就知道了。我是湖州那个卖姜的吕大呀。因为去年王先生待我好，又是酒又是饭的款待了我，又送给了我一匹白布，我感恩不尽。当时我打这（儿）走了，就回了家了。这一年多的工夫又在别处做了回的买卖。心里老是忘不了王先生的好处。所以我没有别的孝敬，就在我们那本地（儿）生产的些个野艺（儿），弄了点（儿），特来到府上望看望看王先生。俗话说：'千里送鹅毛，礼轻人物重。'我来到院里，也不知道为么，你家这些个做活的们都说我是鬼。"吕大正说着呢，旁边（儿）那个家人又嚷，叫说："太太，不用吃他这一脱。他知道太太想法，要救当家的，所以他就来脱化了个人形（儿）来闹。这正是个钩命鬼。"刘氏拦住做活的，就和吕大说："他们说你是鬼，我也不信。可有一件，着你害的俺男人好苦呀。"吕大吓了一跳，说："先生在哪里？我怎么害了他？"刘氏就把以前的事（儿），怎来怎去的，细细的说了一遍，她男人现今在狱里受罪。吕大一听，心如刀搅，身似油煎，往上一跳，说："可怜，可怜。天下就有这样的冤屈事。去年我打这里走了，箭直的到了船道口。船家见我是个卖姜的，可又拿着一匹白布，他问我底里情由。我就把王先生待我的事（儿）和他一说，他就要买我这匹白布。人见了便宜，哪有不贪的呢？我见他给我的那价钱合式，就卖给他了。他又喜欢我这个竹篮子。我也给了他，当了船钱。哪成望他安上没良心，为的得了这两样（儿）东西来倾害人哎。真是狼心狗肺。我不早来救了先生，着先生受这个样（儿）的苦，这真是我的错了。"刘氏说："今（儿）个若不是你来，连我也不知道俺男人是冤枉呀。当时那死尸，可是哪里的呢？"吕大抬头一想，说："是了，是了。当时俺们在船上说话的时候，水里可是漂着个死尸，到了岸（儿）着就不走了。怨的我见使船的这个狗子，不错眼珠的瞅着。谁打算着他有狼心哎？生生（儿）的做出这样伤天害理的事来。可恨，可恨。事已如此，不可迟慢。大娘把我拿来的这点东西（儿）快快（儿）的收下，咱们忙弄上永嘉县去喊冤的，救出先生来。"刘氏收了礼物，给吕大做了饭吃，俩人放开脚步，一气（儿）走到了城里。到了衙门口，喊了冤。出来了个门上，说："什么事？去写字的罢。"吕大写了呈字，拿着，回到大堂上，已经到了点灯的时候了。官（儿）传下令来要坐晚堂，喊堂的发梆打点，把三班（儿）六房都喊了来伺候。官（儿）吩咐，叫吕大和刘氏上堂。吕大刘氏都上来，跪下，把呈字递上去。官（儿）从头至尾看了一遍，问刘氏，说："你男人王生打死人，你怎么还来喊冤呢？"刘氏就把实情一诉，官（儿）又问吕大，说："你是哪里的人，为什么给刘氏抱告打官司呢？"吕大也把当时的话细细的诉了一回，和刘氏说的一样。官（儿）又问吕大，说："莫非你是刘氏买来的人么？"吕大往上跪爬了半步，连忙磕头，说："清天老爷，小的虽然是湖州人，在这里做买卖多年了，也有些个熟和人都认识我，可怎么瞒了老爷了？如果当时我若是将死的时候，为什么不求船家找个靠紧的人来看看呢，托他给我声冤报仇，可为什么托给船家呢？即便就是临死病重说不出话来，死后也该有个湖州人，或是当家子或是亲戚的，见我老不回家，来到这里打听个信（儿）来。若访查出我是着人打死了，难道说他就不替我喊冤告状么？为什么，待了一年多的工夫，反倒是王家的家人出名（儿）告的呢？小的因为当时王先生待我顶厚道，小的感恩不尽，所以今（儿）个我特来补报前时的情义。一进门（儿），王家做活的都说我是鬼。我细问了问那个情节，才知道王先生有这样的冤屈事。虽然不是小的害的他，他也是因为小的受的害。所以小的不忍着他被害，来到老爷堂前喊冤，冒犯老爷的威颜。死罪，死罪。求老爷的天恩罢。"官（儿）说："你这里既有认识的，你说说都是哪村里的，姓么叫么？"吕大掐着手指头，算着说："谁谁，谁谁，还有谁谁。"说出来了十来个人。官（儿）就拿笔，都记出来。把后来说的四五个名（儿），当堂着红笔点了。吩咐了俩班（儿）里下乡去叫的，连王家那四邻也来叫。班（儿）里领命去了。不多一时，把在点（儿）的都叫了来了。拿上到单（儿）的，官（儿）说："把叫来的点（儿）都叫上来。"那人们一齐上了堂。还没跪下呢，就惊惊乍乍的说："那不是湖州吕大哥么？你怎么到了这里了？奇怪，奇怪。想必你去年没有死么？为你一个人，王先生在狱里受了多大的罪。"官（儿）又着王家那四邻细认了认。都这么一睖睁说："莫的是俺们眼花了么？这不是和王生打架的那个卖姜的么？当时到了船上就死了，怎么又到了这里呢？"那一个说："天下一样的人可是多的呢呀，没有这么一样的。"又一个说："一定是他。天下的人，着我见一回面（儿），我就能记他一辈子。官（儿）听见众人都钢梆硬证的，心里已经就明白了。当堂就批准了呈字，和众人们说："你们下去。可不许声嚷这个事（儿）。若不听我的话，立时就拿来，重打，不饶。"众人齐声说："是。"下了堂，各自回家。官（儿）又叫上班（儿）里来，说："你们去叫周四（儿）来。见了他，拿好话哄他，可别露出真情来。连胡大力都叫来，明天过晌午堂下听审。"班（儿）里领命去了，官（儿）也着吕大和刘氏先下去，等着明天坐晚堂伺候着听审。俩人磕头，谢恩，下了堂。刘氏领着吕大到了狱门口，和王生见了面（儿），把吕大来了的事（儿）细细的说了一遍。王生欢喜的着急，把那病也就好了个七八分了，就和吕大说："我起头光谩怨胡大力还不知道周四（儿）这么毒狠呢呀。若不是老客人你来了，连我自己也不知道冤枉呀。吩咐刘氏领的吕大家去，好好的看待。到了第二天，吃完了早起饭，刘氏和吕大又到了城里，伺候着过堂。只见有俩衙役，把周四（儿）带了来了。吕大远远（儿）的望见，就作揖，问好，说："好哎周四哥。打我年上过河以后，一晃一年多了。听见说你得了个外财，开了个布铺，不使船了。你那买卖可好哎？"周四（儿）抬头一看，正是吕大。把脸臊了个彤红，箭直的成了个哑巴①，一言不发。又待了一会（儿），也把胡大力拿了来了。天道也就太阳平西的时候了。该班头拿了到单（儿），官（儿）坐了晚堂，先叫上吕大的，又叫胡大力上来。官（儿）指着吕大，问胡大力，说："你认得这个人哎不？"胡大力仔细一看，吓了一跳，哼了一声，没言答对。官（儿）心里早就明白了。把惊堂木一摔，骂胡大力，说："好你这个背主的奴才，你主人待你怎么不好了。你和周四（儿）一气合谋，指尸讹诈，罪该万死。胡大力说："那人实系是我主子打死的呀，老爷。当时埋人的时候，还是我埋的呢呀。小的不敢妄控。"官（儿）气的冷笑了一声，又骂说："你还敢胡说？吕大既是死了，那边（儿）跪的是谁？"吩咐差人拉下去打。打完了，又上架子，把胡大力收拾了好几个死（儿），放下来，着草纸

---

①"巴"原作"吧"，疑错。

火熏，熏活了又打。胡大力大喊着说："老爷，我疼呀。"官（儿）说："为的是着你小子疼。"胡大力又说："老爷不用打了，我说实话！"官（儿）就叫扶起他来，跪下。胡大力说："若说小的怀恨，告俺家主子，小的情甘认罪。若说小的和周四（儿）合谋，小的就是死了也不敢承认。当时我主人打死吕大，着水灌了，又还醒过来，给他弄的酒饭，着他吃喝了，又给了他一匹白布，他就上船道口过河的了。就是那一天吃后晌饭以大后，周四（儿）弄着尸首叫俺家主子的门，说是怎么怎么回事。俺主人一家子都信了实了，就着银子买的周四（儿），不着他传说。和小的弄的坟上去埋了。以后因为主人打小的，小的挟着这个私仇，就到老爷堂前告了。尸首真假，小的一昧不知。若不是吕客人回来，连小的也不知道主人受屈呀。那死尸的来历，都在周四（儿）身上。"官（儿）写了口供，把胡大力喂督下去。又在到单（儿）上，把周四（儿）那名（儿）着红笔一点，站班的就忙喊叫，说："周四（儿）上来，周四（儿）上来。快着点（儿）。"周四（儿）上了堂，衙役们说："跪下。"官（儿）抬头一看，大骂周四（儿），说："好你个狼子野心的周四（儿）。放着船你不使，你要想些个歪的，指尸讹诈，诬赖好人。你良心何在？真是可杀不可留的东西。"周四（儿）看见吕大在旁边（儿）跪着呢，明知道脱不过这一阵的，又不能说瞎话，心里一进一进。官（儿）拍着公案桌子，说了一声："打。"只见过来了四个皂隶，早就把周四（儿）搿倒了，揪着辫子的揪着辫子，搿着腿的搿着腿，打了二百小板（儿）。周四（儿）只得把欺心的事都招了呀。俗话说："不打不承招。"周四（儿）说："上年某月某日，吕大拿着一匹白布，一个小竹篮（儿），上船过河。小的问他这白布是买的不是？他就把王生打他的情节一说，恰好这个时候从上溜里漂来了个死尸。小的低头一想，把良心就藏的脊梁后头了，主意要讹王生一下子。立时买了他的白布，骗了他的竹篮，把水里那个死尸捞在船上。到了王生家，和他一说，王生本是个念书人，实在的好哄，一说就信了。给了小的几十两银子，把尸首就埋的他家坟上了。这是实话，不敢瞒老爷。"官（儿）说："是，可只管是，其中还有些个情节。哪里这死尸来的就这么对劲（儿），就和吕大一样，想必是你在别处谋害来的人罢？"周四（儿）高声叫道："老爷，不是小的谋害的人。有其谋害别人，为什么不就在船上谋害了吕大呢？"小的也想到这尸首不和吕大一样。只因为王生和吕大只见过一面（儿），必定认不出来。况说还是个黑下灯光之下，谁能看的这么清楚呢？俗话说：'灯下不观色。'又有白布竹篮为证，他必定不疑惑。所以小的欺心哄了他一下子，他真就着小的哄了。他家一家子，连男女做活的，都没认出真假来。那尸首的来历，小的实系不知道。"吕大也说："小的当时过河的时候，可是有个死尸。这话是真。"官（儿）也就不追究了。写了口供，周四（儿）又说："小的那个本心，光想诈他的财帛，并没心害他呀，求老爷恩典罢。"官（儿）大骂一声，说："你是个伤天害理，瞒昧良心的狠贼。你光为诈他的财帛，差一点（儿）就没要了他的命，着他家败人亡了，像你这个样（儿）的凶恶，不知道害了多少人了？我也是做永嘉县一回，为民除害，是我的正差。那胡大力是王家的奴才，拿着这有踪没影（儿）的事，着主人受了冤屈，也是实在的可恨。"喝令重打。皂家把胡大力搵下就打。哪知道胡大力刚才收拾了好几个死（儿），搁不住受刑了，打的还没有四十下子呢，早就没了气（儿）了。差人们抬的堂下去，官（儿）又叫打周四（儿）。皂家又揪过来，搵倒。打了七十棒子，也就昏迷过去了。官（儿）见俩人都死了，就吩咐他们家里的人，到官场中来，领尸。又在狱里放出王生来，当堂开消了。把周四（儿）布铺里的货物钱财都抄了来，官（儿）说："这个本该入官。"只因为王生是个念书人，受了周四（儿）的谋害。官（儿）当堂就给了王生了。王生吕大都磕头，谢恩，下了堂，到了王生家里。吕大觉着王生为他受了热（儿）了，心里是很不乐意。王生见吕大救出他来，心下也是不安。俩人叹息了个不了，以后套成交情，不断来往。王生自打这（儿）学会了忍耐，改了脾气。就是有人堵着门（儿）骂，也不理会。一门（儿）呢用苦工夫念书，几年（儿）的工夫进学、中举、会进士。这是因着天给的命运，所以当时没受了害。

附录：戴遂良学术年表①

年份	事件	备注
1856 年	生于法国阿尔萨斯，父亲系斯特拉斯堡大学医学系教授	
1879 年	从事医生工作	
1881 年	在比利时加入耶稣会	
1887 年	被派遣到直隶东南教区任教职	
1892 年	《官话入门：汉语口语使用教程，供赴直隶东南部传教士使用，河间府日常口语声韵》（*Koan hoa jou men. Cours pratique de chinois parlé à l'usage des missionnaires du Tcheli S. E. Sons et tons usuels du Ho kien fou*），1895 年改名为《汉语汉文入门》（*Rudiments de parler et de style chinois*），见下	分为《汉语入门》（口语）（*Rudiments de parler chinois*），包括第一至六卷和《汉文入门》（书面语）（*Rudiments de style chinois*，包括第七至十二卷）

①此年表为编者整理，主要依据《通报》（*T'oung Pao*, Leide: E. J. Brill, 1898, p. 75; 1901, p. 163;1903, p. 155; 1904, p. 481; 1905, p. 256; 1906, p. 533; 1908, pp. 492,717; 1909,p. 102; 1931, p. 150）、《戴遂良神父著作概要》（Henri Bernard, « Bibliographie méthodique des œuvres du père Léon Wieger », *T'oung Pao*, seconde série, vol. 25, No. 3/4 （1927）pp. 333-345）、《戴遂良神父的汉学著述》（« L'Œuvre sinologique du R. P. Wieger », *Revue apologétique: doctrine et faits religieux*, p. 501）以及戴遂良著述的出版信息。

续表

年份	事件	备注
1894 年	第四卷：《民间道德与习俗》（*Rudiments 4: Morale et usages populaires*），908 页 第五、六卷（合为一册）:《民间叙事》(*Rudiments 5 et 6: Narrations vulgaires*)，693+697 页	中文、注音、法文对照，1905 年再版，名为 *Rudiments 4: Morale et usages*，547 页（该版后被译为英文①） 中文、注音、法文对照，1895 年再版，1903 年三版，785 页
1895—1896 年	第一卷:《河间府介绍》(*Ho-Kien-Fou*)，748 页;《河间府方言》(*Dialecte de Ho-Kien-Fou*)，749—1513 页	中法对照，1899 年再版，名为《北方官话指南：结构、措辞》(*Langage parlé du Nord. Mécanisme. Phraséologie*)；1912 年三版名为《汉语口语手册》(*Chinois parlé manuel, Koan-hua du du Nord, non-pékinois*)，1146 页；1938 年再次出版，名为 *Chinois parlé: manuel, grammaire, phraséologie*
1897 年	第二卷：《要理问答》(*Catéchèses*)，894 页	依据《要理问答四本》。1905 年再版名为《要理问答及注释》(*Catéchèses et gloses*)，1909 年三版名为《新进教士要理问答》(*Catéchèses à l'usage des néo-missionnaires*)
1898 年	第三卷：《布道要义》(*Sermons de mission*)，879 页	1902 年再版名为《节日布道要义》(*Sermons de fête*)，陆续出版至 1925 年
1900 年	《汉文入门》（书面语）开始出版：第十二卷：《汉字与词汇》(*première partie:Caractère*, 431 pages; *seconde partie: Lexiques*, 223, 206, 197 pages)	1905 年再版，1916 年三版改名为《汉字》(*Caractères chinois*)，1924 年四版改名为《汉字：字源、字形、词汇》(*Caractères chinois: étymologie, graphies, lexiques*)，1932 年五版，1963 年七版（台湾：康熙出版社）

① *Dr. L. Wieger's moral tenets and customs in China. Texts in Chinese*, translated and annotated by L. Davrout, S. J., Ho-kien-fu, Catholic Mission Press, 1913, 604 pages.

年份	事件	备注
1900—1903 年	第七、八卷:《半文言: 道德行为》(*Demi-style. Morale en action*) 第九卷:《儒家思想引文》(*Concordance des livres classiques*) 第十卷:《其他思想引文》(*Concordance des philosophes non classiques*) 第十一卷:《历史必备》(*Bréviaire historique*)	第七、八、九、十、十一卷是后来《哲学文献集》和《历史文献集》的初稿
1903—1905 年	《历史文献集: 中国政治史(至 1905 年)》(*Textes historiques: histoire politique de la Chine, depuis l'origine jusqu'en 1905*),共三卷,2173 页	中法对照,1912 年再版,内容增补至当年,1922—1923 年三版,1929 年四版内容均增补至当年
1905 年	《汉语入门》(一至六卷)获法国美文与铭文学院颁发的"儒莲奖"	
1906—1908 年	《哲学文献集》之《儒教》(*Textes philosophiques, Confucianisme*),550 页	中法对照,1930 年再版
1908 年	《汉文文法: 结构、措辞》(*Langue écrite. Mécanisme. Phraséologie*),102 页	1937 年再版
1909 年	《近世中国民间故事》(*Folk-lore chinois moderne*),422 页	中法对照
1910 年	《日用粮》(*Je yong leang Pain quotidien*)	1919 年再版
1910—1913 年	《中国佛教》(*Bouddhisme chinois*),包括"佛家生活"479 页、"佛在中国"453 页	中法对照,1951 年再版
1911—1913 年	《道教》(*Taoïsme*),包括"道藏目录"336 页和"道家宗师"521 页	中法对照,1930 年再版,1950 年三版
1917 年	《中国宗教信仰及哲学观点通史》(*Histoire des croyances religieuses et opinions philosophiques en Chine depuis l'origine jusqu'à nos jours*),722 页	1922 年再版,1927 年三版,英文版 *A history of the religious beliefs and philosophical opinions in China* 由 Edward Chalmers Werner 于 1927 年翻译出版

年份	事件	备注
1920 年	《历代中国：至三国》（*La Chine à travers les âges, première et deuxième périodes : jusqu'en 220 après J. C.*），531 页	1923 年再版，1991 年香港、埃克斯–普罗旺斯联合再版，英文版 *China throughout the ages* 由 Edward Chalmers Werner 于 1928 年翻译出版
1921 年	《现代中国》译丛（*La Chine moderne*），共 10 卷 第一卷《绪论》（*Prodromes*） 第二卷《新潮》（*Le Flot montant*），483 页	中法对照
1922 年	《现代中国》译丛第三卷《逆流与泡沫》（*Remous et écumes*），452 页	中法对照
1923 年	《现代中国》译丛第四卷《学校以外》（*L'Outre d'école*），474 页	中法对照
1924 年	晋升献县教区宗座代牧 《现代中国》译丛第五卷《国家主义、排外、反基督教》（*Nationalisme*），294 页	中法对照
1925 年	《现代用语》（*Locutions modernes/Néologie*）	1936 年三版，16 000 个条目，中法对照
	《现代中国》译丛第六卷《惹火》（*Le feu aux poudres*），292 页	中法对照
1927 年	《现代中国》译丛第七卷《砰！》（*Boum!*），250 页	中法对照
1928 年	《亚当主义在中日》（*Amidisme chinois et japonais*），51 页	
1931 年	《现代中国》译丛第八卷《混乱》（*Chaos*），207 页	中法对照
1932 年	《现代中国》译丛第九卷《1919 年以前的学校和官方的道德主义》（*Moralisme officiel et écoles, jusqu'en 1919*），468 页 《现代中国》译丛第十卷《1920 年以来各种道德主义纲要》（*Moralisme divers, depuis 1920. Syllabus*），314 页	中法对照
1933 年	卒于河北献县